U0318963

现代铝加工生产技术丛书

主编 赵世庆 钟 利

铝合金熔炼与铸造技术

（第2版）

唐 剑 刘静安 陈向富 陈 瑜 编著

扫码查看本书数字资源

北 京

冶 金 工 业 出 版 社

2024

内 容 简 介

本书介绍了变形铝及铝合金的成分、组织与性能、变形铝及铝合金材料的生产工艺、典型产品的性能，重点论述了变形铝合金熔炼技术、中间合金制备技术、净化技术、晶粒细化技术、铸造工具的设计与制造、铸造工艺技术、铸锭均匀化退火技术等，并详细讨论和介绍了铸锭的质量检验及检测技术、铸锭缺陷的形成与对策、熔炼与铸造设备。本书内容丰富，数据翔实，密切结合生产实践，列举与解释了大量在生产中常见技术、质量难题实例，实用性强。

本书是铝加工生产企业工程技术人员必备的技术读物，也可供从事有色金属材料与加工的科研、设计、教学、生产和应用等方面的技术人员和管理人员使用，同时可作为大专院校有关专业师生的参考书。

图书在版编目(CIP)数据

铝合金熔炼与铸造技术/唐剑等编著. —2版. —北京：冶金工业出版社，2022.1（2024.5重印）
（现代铝加工生产技术丛书）
ISBN 978-7-5024-9056-0

Ⅰ.①铝…　Ⅱ.①唐…　Ⅲ.①铝合金—熔炼　②铝合金—铸造
Ⅳ.①TG292

中国版本图书馆CIP数据核字(2022)第022992号

铝合金熔炼与铸造技术（第2版）

出版发行　冶金工业出版社　　**电　　话**　(010)64027926
地　　址　北京市东城区嵩祝院北巷39号　　**邮　　编**　100009
网　　址　www.mip1953.com　　**电子信箱**　service@mip1953.com

责任编辑　高　娜　美术编辑　彭子赫　版式设计　郑小利
责任校对　郑　娟　责任印制　窦　唯
北京虎彩文化传播有限公司印刷
2009年4月第1版，2022年1月第2版，2024年5月第3次印刷
880mm×1230mm　1/32；14.75印张；433千字；445页
定价79.00元

投稿电话　(010)64027932　投稿信箱　tougao@cnmip.com.cn
营销中心电话　(010)64044283
冶金工业出版社天猫旗舰店　yjgycbs.tmall.com
（本书如有印装质量问题，本社营销中心负责退换）

《现代铝加工生产技术丛书》

编辑委员会

《现代铝加工生产技术丛书》

主要参编单位

西南铝业（集团）有限责任公司

东北轻合金有限责任公司

中国铝业股份有限公司西北铝加工分公司

北京有色金属研究总院

广东凤铝铝业有限公司

广东中山市金胜铝业有限公司

上海瑞尔实业有限公司

《丛书》前言

节约资源、节省能源、改善环境越来越成为人类生活与社会持续发展的必要条件，人们正竭力开辟新途径，寻求新的发展方向和有效的发展模式。轻量化显然是有效的发展途径之一，其中铝合金是轻量化首选的金属材料。因此，进入21世纪以来，世界铝及铝加工业获得了迅猛的发展，铝及铝加工技术也进入了一个崭新的发展时期，同时我国的铝及铝加工产业也掀起了第三次发展高潮。2007年，世界原铝产量达3880万t（其中：废铝产量1700万t），铝消费总量达4275万t，创历史新高；铝加工材年产达3200万t，仍以5%~6%的年增长率递增；我国原铝年产量已达1260万t（其中：废铝产量250万t），连续五年位居世界榜首；铝加工材年产量达1176万t，一举超过美国成为世界铝加工材产量最大的国家。与此同时，我国铝加工材的出口量也大幅增加，我国已真正成为世界铝业大国，铝加工业大国。但是，我们应清楚地看到，我国铝加工材在品种、质量以及综合经济技术指标等方面还相对落后，生产装备也不甚先进，与国际先进水平仍有一定差距。

为了促进我国铝及铝加工技术的发展，努力赶超世界先进水平，向铝业强国和铝加工强国迈进，还有很多工作要做：其中一项最重要的工作就是总结我国长期以来在铝加工方面的生产经验和科研成果；普及和推广先进铝加工技术；提出我国进一步发展铝加工的规划与方向。

几年前，中国有色金属学会合金加工学术委员会与冶金工业出版社合作，组织国内20多家主要的铝加工企业、科研院所、大专院校的百余名专家、学者和工程技术人员编写出版了大型工具书——《铝加工技术实用手册》，该书出版后受到广大读者，特别是铝加工企业工程技术人员的好评，对我国铝加工工业的发展起到一定的促进作用。但由于铝加工工业及技术涉及面广，内容十分丰富，《铝加工技术实用手册》因篇幅所限，有些具体工艺还不尽深入。因此，有读者反映，能有一套针对性和实用性更强的生产技术类《丛书》与之配套，相辅相成，互相补充，将能更好地满足读者的需要。为此，中国有色金属学会合金加工学术委员会与冶金工业出版社计划在“十一五”期间，组织国内铝加工行业的专家、学者和工程技术人员编写出版《现代铝加工生产技术丛书》(简称《丛书》)，以满足读者更广泛的需求。《丛书》要求突出实用性、先进性、新颖性和可读性。

《丛书》第一次编写工作会议于2006年8月20日在北戴河召开。会议由中国有色金属学会合金加工学术委员会主任谢水生主持，参加会议的单位有：西南铝业（集团）有限责任公司、东北轻合金有限责任公司、中国铝业股份有限公司西北铝加工分公司、北京有色金属研究总院、广东凤铝铝业有限公司、华北铝业有限公司的代表。会议成立了《丛书》编写筹备委员会，并讨论了《丛书》编写和出版工作。2006年年底确定了《丛书》的分工。

第一次《丛书》编写工作会议以后，各有关单位领导十分重视《丛书》的编写工作，分别召开了本单位的编写工作会议，将编写工作落实到具体的作者，并都拟定了编写大纲和目录。中国有色金属学会的领导也十分重视《丛书》的编写工作，将《丛书》的编写出版工作列入学会的2007~2008年工作计划。

为了进一步促进《丛书》的编写和协调编写工作，编委会于2007年4月12日在北京召开了第二次《丛书》编写工作会议。参加会议的有来自西南铝业（集团）有限责任公司、东北轻合金有限责任公司、中国铝业股份有限公司西北铝加工分公司、北京有色金属研究总院、广东凤铝铝业有限公司、上海瑞尔实业有限公司、广东中山市金胜铝业有限公司、华北铝业有限公司和冶金工业出版社的代表21位同志。会议进一步修订了《丛书》各册的编写大纲和目录，落实和协调了各册的编写工作和进度，交流了编写经验。

为了做好《丛书》的出版工作，2008年5月5日在北京召开了第三次《丛书》编写工作会议。参加会议的单位有：西南铝业（集团）有限责任公司、东北轻合金有限责任公司、中国铝业股份有限公司西北铝加工分公司、北京有色金属研究总院、广东凤铝铝业有限公司、广东中山市金胜铝业有限公司、上海瑞尔实业有限公司和冶金工业出版社，会议代表共18位同志。会议通报了编写情况，协调了编写进度，落实了各分册交稿和出版计划。

《丛书》因各分册由不同单位承担，有的分册是合作编写，编写进度有快有慢。因此，《丛书》的编写和出版工作是统一规划，分步实施，陆续尽快出版。

由于《丛书》组织和编写工作量大，作者多和时间紧，在编写和出版过程中，可能会有不妥之处，恳请广大读者批评指正，并提出宝贵意见。

《现代铝加工生产技术丛书》编委会

2008年6月

第2版前言

《铝合金熔炼与铸造技术》是《现代铝加工生产技术丛书》之一，该书自2009年出版发行以来，为广大铝加工熔铸行业从业人员在生产技术、教学以及应用方面提供了指导和参考，在行业得到好评，一度成为畅销书。该书出版已10年有余，随着铝加工技术的发展，熔铸技术也发生了很大的变化，一些新技术、新工艺和新成果得到应用，书中部分内容已显过时，亟须修订和完善，以适应铝加工熔铸技术的发展和产品质量需求。因此在本次修订过程中，作者对第1版约50%以上内容作了修订，增加约40%新内容，补充了熔铸相关安全和环保方面的内容，以满足广大专业科技人员和从业者的需要。熔炼和铸造是变形铝合金材料制备与加工的第一道工序，也是控制铝合金材料冶金质量的关键工序。铝合金材料的质量指标主要包括化学成分、内部组织、内外表面质量、力学性能和尺寸与形位公差，其中的前四项与熔铸是密不可分的，而且熔铸缺陷在后续加工中具有遗传性，对产品的终身质量都有影响，因此，提高锭坯的质量对提高产品的质量有着极其重要的意义。

“提质、降耗、减损、安全”是熔铸行业永恒的主题，企业界、学术界投入了大量人力、物力和财力开展研发工作，并取得了许多可喜成果，如先进熔体净化技术、晶粒细化技术、LHC低液位铸造技术、复合铸造技术、检测技术、节能环保与安全等。我国也做了大量工作，也在这些方面取得了一些成效。但从总体来看，我国在铝合金熔炼和铸造技术方面与国际先进水平比较仍有一定差距，仍需继续努力。

为了及时总结国内外的研发成果，并结合作者长期在生产第一线从事本行业的生产实践经验和科研工作经历，在第1版基础上，编写了本书，以期对促进我国铝合金熔炼和铸造技术的发展有所裨益。

本书编写分工为：第3、4章和第6、7、10章由唐剑编写，第1章和第8章由刘静安编写，第2章和第5章由陈向富编写，第9章由陈瑜编写，全书由唐剑和刘静安审定。

本书在编写过程中，徐正权、刘涛、石燚、王剑、廖江、夏友龙等同志作了大量工作，同时重庆斯肯达公司张洪为第2、5章，常州三思环保科技有限公司谢其林为第3章，重庆臻弘科技有限公司李华秀为第4、6、7章，重庆驰能杨壮志和石家庄爱迪尔电气有限公司张艳国为第10章提供了数据、图片等资料。本书也得到深圳Pyrotek公司、Novelis PAE公司、RHI公司等的支持和帮助，同时引用了国内外某些企业的有关生产实例、图表和数据，也参考了一些教授、学者著作中的有关资料，得到了国内外行业专家和工人师傅的指导，在此一并表示衷心的感谢。

本书除了内容修订外，还提供了丰富的数字资源，这也是本书的特色之一，读者可扫码查看。

特别说明：由于本书是《现代铝加工生产技术丛书》中《铝合金熔炼与铸造技术》一书的修订版，作者征得1版丛书编辑委员会同意负责修订工作，并保留了1版文前的有关丛书编委会、主要参编单位、《丛书》前言等内容，未作改动，以体现连贯性和传承性。

由于作者水平所限，书中不妥之处，恳请广大读者批评指正。

作　者

2021年8月

第1版前言

熔炼与铸造是变形铝合金材料制备与加工的第一道工序，也是控制铝合金材料冶金质量的关键工序，而且熔铸缺陷在后续加工中具有遗传性，对产品的终身质量都有影响，因此，提高锭坯的质量对提高产品的质量有着极其重要的意义。

为了高速、优质、低成本、高效益生产变形铝合金的锭坯，各国政府、企业界、学术界均投入了大量人力、物力和财力开展了研发工作，并取得了许多可喜成果，如先进熔体净化技术、晶粒细化技术、LHC低液位铸造技术等。我国也做了大量工作，在熔体净化、晶粒细化、电磁搅拌、蓄热节能喷嘴、可调铸造工具等方面也有所突破。但从总体来看，我国在铝合金熔炼与铸造技术方面与国际先进水平仍有一定差距。因此，在中国有色金属学会合金加工学术委员会与冶金工业出版社的组织下，作者参阅了国内外有关铝合金熔炼与铸造方面的先进技术，并结合作者本人长期在生产一线的实践经验和科研成果，编写了本书，以期对我国铝合金熔炼与铸造技术、工艺和设备的发展有所裨益。

本书详细介绍了铝合金熔炼与铸造技术、工艺与设备等，全书共分9章，内容包括：绪论、中间合金的制备技术、铝合金的熔炼技术、铝合金的熔体净化、铸造工具的设计与制造、铝及铝合金的铸造、铝及铝合金铸锭均匀化与加工、铝合金铸锭的质量检验及缺陷分析、铝合金熔铸设备等。在内容组织和结构安排上，力求理论联系实际，切合生产实际需要，突出实用性、先进性和行业特色，为读者提供一本实用的技术著作。

本书是铝加工生产企业工程技术人员必备的技术读物，也可供从事有色金属材料与加工的科研、设计、教学、生产和应用等方面的技术人员与管理人员使用，同时可作为大专院校有关专业师生的参考书。

本书第4~7章和第9章由唐剑编写，第2、3章由王德满、苏堪祥编写，第1章和第8章由刘静安编写。全书由刘静安教授和谢水生教授审定。

本书在编写过程中，严文锋、牟大强、杨荣东等同志做了大量工作，同时得到不少专家和工人师傅的指导，并参阅了国内外有关专家、学者的一些文献资料和一些企业的生产实例、图表和数据等，在此一并表示衷心的感谢。

由于作者水平有限，书中不妥之处，敬请广大读者批评指正。

作　者
2008年12月

目　录

1 绪　　论

第1章
数字资源

世界铝（包括再生铝）产量的85%以上被加工成板、带、条、箔、管、棒、型、线、粉、自由锻件、模锻件、铸件、压铸件、冲压件及其深加工件等铝及铝合金产品。无论是何种铝及铝合金产品，其铸锭（件）的质量都直接关系到材料的使用性能，尤其对变形铝及铝合金加工材来说，铸锭质量是至关重要的。铝及铝合金铸锭的化学成分、内部组织和性质，既决定了铝及铝合金铸锭的加工性能，也对铝及铝合金加工材的最终性能有着直接的影响。因此合理的熔炼工艺和铸造工艺，将对铸锭成型和获得理想的结晶组织具有决定作用。所以学习和研究铝及铝合金熔炼和铸造技术，对于提高铝及铝合金加工材质量，充分发挥铝及铝合金材料在航天、航空、兵器、交通、建筑，电子、包装等工业应用，具有十分重要的意义。本书着重研究变形铝及铝合金的熔炼与铸造技术。

1.1　铝的基本特性与应用范围

铝是地壳中分布最广、储量最多的一种金属元素之一，约占地壳总重量的8.2%。仅次于氧和硅，比铁（约5.1%）、镁（约2.1%）和钛（约0.6%）的总和还多。它的化学元素符号为Al，在元素周期表中是第三周期主族元素，具有面心立方点阵，无同素异构转变。原子序数为13，相对原子质量为26.9815。表1-1列出了纯铝的主要物理性能。表1-2列出了铝的基本特性及主要应用领域。

表1-1　纯铝的主要物理性能

性　　能	条　件	高纯铝 （99.996%）	工业纯铝 （99.5%）
原子序数		13	
相对原子质量		26.9815	

续表 1-1

性　能	条 件	高纯铝（99.996%）	工业纯铝（99.5%）
晶格常数/m	20℃	4.0494×10^{-10}	4.04×10^{-10}
密度/$kg\cdot m^{-3}$	20℃	2698	2710
	700℃		2373
熔点/℃		660.24	约 655
沸点/℃		2060	
熔解热/$J\cdot kg^{-1}$		3.961×10^{5}	3.894×10^{5}
燃烧热/$J\cdot kg^{-1}$		3.094×10^{7}	3.108×10^{7}
凝固体积收缩率/%			6.6
比热容/$J\cdot(kg\cdot K)^{-1}$	100℃	934.92	964.74
热导率（25℃）/$W\cdot(m\cdot K)^{-1}$	25℃	235.2	222.6（O 状态）
线膨胀系数/$\mu m\cdot(m\cdot K)^{-1}$	20~100℃	24.58	23.5
	100~300℃	25.45	25.6
弹性模量/MPa			70000
切变模量/MPa			26250
声音传播速度/$m\cdot s^{-1}$			约 4900
电导率/% IACS		64.94	59（O 状态） 57（H 状态）
电阻率/$\mu\Omega\cdot m$（20℃）	20℃	0.0267（O 状态）	0.02922（O 状态） 0.03025（H 状态）
电阻温度系数/$\mu\Omega\cdot m\cdot K^{-1}$		0.1	0.1
磁导率/$H\cdot m^{-1}$		1.0×10^{-5}	1.0×10^{-5}
反射率/%	$\lambda=2500\times10^{-10}m$		87
	$\lambda=5000\times10^{-10}m$		90
	$\lambda=20000\times10^{-10}m$		97
折射率①	白 光		0.78~1.48
吸收率①	白 光		2.85~3.92

①与材料表面状态有关。

表 1-2 铝的基本特性与主要应用领域

基本特性	主要特点	主要应用领域举例
质量轻	铝的密度是 2.7kg/cm^3，与铜（密度 8.9kg/cm^3）或铁（密度 7.9kg/cm^3）比较，约为它们的1/3。铝制品或用铝制造的物品重量轻，可以节省搬运费和加工费用	用于制造航空器、轨道车辆、汽车、船舶、电子、包装、桥梁、高层建筑和质量轻的容器等
强度好，比强度高	铝的力学性能不如钢铁，但它的比强度高。可以添加铜、镁、锰、铬等合金元素，制成铝合金，再经热处理，而得到很高的强度。铝合金的强度比普通钢好，也可以和特殊钢媲美	用于制造桥梁（特别是吊桥、可动桥）、飞机、压力容器、集装箱、建筑结构材料、小五金等
加工容易	铝的延展性优良，易于挤出形状复杂的中空型材和适于拉伸加工及其他各种冷热塑性成形	受力结构部件框架，一般用品及各种容器、光学仪器及其他形状复杂的精密零件
美观，适于各种表面处理	铝及其合金的表面有氧化膜，呈银白色，相当美观。如果经过氧化处理，其表面的氧化膜更牢固，而且还可以用染色和涂刷等方法，制造出各种颜色和光泽的表面	建筑用壁板、器具装饰、装饰品、标牌、门窗、幕墙、汽车和飞机蒙皮、仪表外壳及室内外装修材料等
耐蚀性、耐气候性好	铝及其合金，因为表面能生成硬而且致密的氧化薄膜，很多物质对它不产生腐蚀作用。选择不同合金，在工业地区、海岸地区使用，也会有很优良的耐久性	门板、车辆、船舶外部覆盖材料，厨房器具、化学装置，屋顶瓦板，电动洗衣机、海水淡化、化工石油、材料、化学药品包装等
耐化学药品	对硝酸、冰醋酸、过氧化氢等化学药品不反应，有非常好的耐药性	用于化学装置、包装及酸和化学制品包装等

续表 1-2

基本特性	主要特点	主要应用领域举例
导热、导电性好	导热、导电率仅次于铜，为钢铁的 3~4 倍	电线、母线接头、锅、电饭锅、热交换器、汽车散热器、电子组件等
对光、热、电波的反射性好	对光的反射率，抛光铝为 70%，高纯度铝经过电解抛光后为 94%，比银（92%）还高。铝对热辐射和电波，也有很好的反射性能	照明器具、反射镜、屋顶瓦板、抛物面天线、冷藏库、冷冻库、投光器、冷暖器的隔热材料
没有磁性	铝是非磁性体	船用罗盘、天线、操舵室的器具等
无毒	铝本身没有毒性，它与大多数食品接触时溶出量很微小。同时由于表面光滑、容易清洗，故细菌不易停留繁殖	餐具、食品包装、鱼罐、鱼仓、医疗机器、食品容器等
吸音性	铝对声音是非传播体，有吸收声波的性能	用于室内天棚板等
耐低温	铝在温度低时，它的强度反而增加而无脆性，因此它是理想的低温装置材料	冷藏库、冷冻库、南极雪上车辆、氧及氢的生产装置

1.2 铝合金的分类、成分、组织与性能

1.2.1 铝合金的分类

纯铝比较软，富有延展性，易于塑性成形，在纯铝中可以添加各种合金元素，制造出满足各种性能、功能和用途的铝合金。根据加入合金元素的种类、含量及合金的性能，铝合金可分为变形铝合金和铸造铝合金，如图 1-1 中 1 和 2 所示。

在变形铝合金中，合金元素含量比较低，一般不超过极限溶解度 B 点成分。按成分和性能特点，可将变形铝合金分为不可热处理强化铝合金和可热处理强化铝合金两大类。不能热处理强化的铝合金和一些热处理强化效果不明显的铝合金的合金元素含量小于图 1-1 中的 D

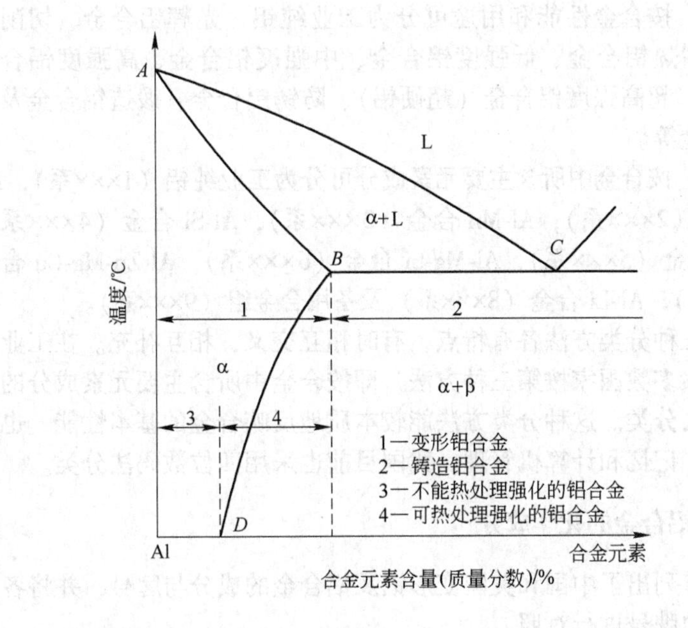

图 1-1 铝合金分类示意图

点。可热处理强化铝合金的合金元素含量相应于状态图 1-1 中 *D* 点与 *B* 点之间的合金含量，这类铝合金通过热处理能显著提高力学性能。

铸造铝合金具有与变形铝合金相同的合金体系和强化机理（除应变硬化外），同样可分为热处理强化型和非热处理强化型两大类。铸造铝合金与变形铝合金的主要差别在于，铸造铝合金中合金元素硅的最大含量超过多数变形铝合金中的硅含量，一般都超过极限溶解度 *B* 点。铸造铝合金除含有强化元素之外，还必须含有足够量的共晶型元素（通常是硅），以使合金有相当的流动性，易于填充铸造时铸件的收缩缝。

变形铝合金的分类方法很多，目前，世界上绝大部分国家通常按以下三种方法进行分类。

（1）按合金状态图及热处理特点分为不可热处理强化铝合金和可热处理强化铝合金两大类。不可热处理强化铝合金有：纯铝、Al-Mn、Al-Mg、Al-Si 系合金等。可热处理强化铝合金有：Al-Mg-Si、Al-Cu、Al-Zn-Mg 系合金等。

（2）按合金性能和用途可分为工业纯铝、光辉铝合金、切削铝合金、耐热铝合金、低强度铝合金、中强度铝合金、高强度铝合金（硬铝）、超高强度铝合金（超硬铝）、防锈铝合金、锻造铝合金及特殊铝合金等。

（3）按合金中所含主要元素成分可分为工业纯铝（1×××系），Al-Cu 合金（2×××系），Al-Mn 合金（3×××系），Al-Si 合金（4×××系），Al-Mg 合金（5×××系），Al-Mg-Si 合金（6×××系），Al-Zn-Mg-Cu 合金（7×××系），Al-Li 合金（8×××系）及备用合金组（9×××系）。

这三种分类方法各有特点，有时相互交叉，相互补充。在工业生产中，大多数国家按第三种方法，即按合金中所含主要元素成分的四位数码法分类。这种分类方法能较本质地反映合金的基本性能，也便于编码、记忆和计算机管理。我国目前也采用四位数码法分类。

1.2.2 铝合金的化学成分

本节列出了中国和美国变形铝及铝合金的成分与牌号，并将各主要国家的牌号进行对照。

变形铝合金的成分是用质量分数表示，有范围的数值为相应合金元素的最小值和最大值，无范围的数值为杂质元素的最大含量。未标明铝含量的，铝的含量为其余。

1.2.2.1 中国变形铝及铝合金的化学成分

按 GB/T 3190—2011 标准制定的中国变形铝及铝合金的化学成分，见附表 1。此表适用于以压力加工方法生产的铝及铝合金加工产品（板、带、箔、管、棒、型、线和锻件）及其所用的铸锭和板坯。表中，含量有上下限者为合金元素；含量为单个数值者，铝为最低限，其他杂质元素为最高限。“其他”一栏系指未列出或未规定数值的金属元素。表头未列出的某些元素，当有极限含量要求时，其具体规定列于空白栏中。

1.2.2.2 中国变形铝合金牌号及与之对应的国外牌号

中国的变形铝合金牌号及与之近似对应的国外牌号，见附录 2。

1.3 铝合金的主要相组成

工业变形铝合金及铝合金半连续铸造状态下的相组成见表 1-3。

表 1-3 工业变形铝合金及铝合金半连续铸造状态下的相组成

合金			主要相组成（少量的或可能的）
类别	系	牌号	
1××× 系合金	Al	1A85~1A99	α+$FeAl_3$、$Al_{12}Fe_3Si$
		1070A~1235	α+$Al_{12}Fe_3Si$
2××× 系合金	Al-Cu-Mg	2A01	θ($CuAl_2$)、Mg_2Si、N(Al_7Cu_2Fe)、α($Al_{12}Fe_3Si$)、[S]
		2A02	S(Al_2CuMg)、Mg_2Si、N、$(FeMn)_3SiAl_{12}$、[S]、(FeMn)Al_6
		2A04	S(Al_2CuMg)、Mg_2Si、N、$(FeMn)_3SiAl_{12}$、[S]、(FeMn)Al_6
		2A06	S(Al_2CuMg)、Mg_2Si、N、$(FeMn)_3SiAl_{12}$、[S]、(FeMn)Al_6
		2A10	θ($CuAl_2$)、Mg_2Si、N(Al_7Cu_2Fe)、$(FeMn)_3SiAl_{12}$、S(Al_2CuMg)、(FeMn)Al_6
		2A11	θ($CuAl_2$)、Mg_2Si、N(Al_7Cu_2Fe)、$(FeMn)_3SiAl_{12}$、[S]、(FeMn)Al_6
		2B11	θ($CuAl_2$)、Mg_2Si、N(Al_7Cu_2Fe)、$(FeMn)_3SiAl_{12}$、[S]、(FeMn)Al_6
		2024	S(Al_2CuMg)、θ($CuAl_2$)、Mg_2Si、N(Al_7Cu_2Fe)、$(FeMn)_3SiAl_{12}$、[S]、(FeMn)Al_6
		2B12	S(Al_2CuMg)、θ($CuAl_2$)、Mg_2Si、N(Al_7Cu_2Fe)、$(FeMn)_3SiAl_{12}$、[S]、(FeMn)Al_6
		2A13	θ($CuAl_2$)、Mg_2Si、N(Al_7Cu_2Fe)、α($Al_{12}Fe_3Si$)、[S]
	Al-Cu-Mn	2219	θ($CuAl_2$)、N(Al_7Cu_2Fe)、$(FeMn)_3SiAl_{12}$、[(FeMn)Al_6、$TiAl_3$、$ZrAl_3$]
		2A17	θ($CuAl_2$)、N(Al_7Cu_2Fe)、$(FeMn)_3SiAl_{12}$、Mg_2Si、[S]、(FeMn)Al_6
	Al-Cu-Mg-Si-Mn	2A50	Mg_2Si、W、θ($CuAl_2$)、AlFeMnSi、[S]
		2B50	Mg_2Si、W、θ($CuAl_2$)、AlFeMnSi、[S]
		2A14	Mg_2Si、W、θ($CuAl_2$)、AlFeMnSi
	Al-Cu-Mg-Fe-Ni-Si	2A70	S(Al_2CuMg)、$FeNiAl_9$、[Mg_2Si、N(Al_7Cu_2Fe)或Al_6Cu_3Ni]
		2A80	S(Al_2CuMg)、$FeNiAl_9$、[Mg_2Si、N(Al_7Cu_2Fe)或Al_6Cu_3Ni]
		2A90	S(Al_2CuMg)、θ($CuAl_2$)、$FeNiAl_9$、Mg_2Si、Al_6Cu_3Ni、α($Al_{12}Fe_3Si$)

续表 1-3

合金			主要相组成(少量的或可能的)
类 别	系	牌 号	
3××× 系合金	Al-Mn	3003	$(FeMn)Al_6$、$(FeMn)_3SiAl_{12}$
4××× 系合金	Al-Si	4A01	Si(共晶)、β(Al_5FeSi)
		4A13	Si(共晶)、β(Al_5FeSi)、AlFeMnSi
		4A17	Si(共晶)、β(Al_5FeSi)、AlFeMnSi
		4032	Si(共晶)、S(Al_2CuMg)、$FeNiAl_9$、Mg_2Si、β(Al_5FeSi)、[初晶硅]
		4043	Si(共晶)、α(Fe_2SiAl_8)、β(Al_5FeSi)、$FeAl_3$
5××× 系合金	Al-Mg	5A02	Mg_2Si、$(FeMn)Al_6$、[β(Al_5FeSi)]
		5A03	Mg_2Si、$(FeMn)Al_6$、[β(Al_5FeSi)]
		5082	Mg_2Si、$(FeMn)Al_6$、[β(Al_5FeSi)]
		5A43	Mg_2Si、$(FeMn)Al_6$、[β(Al_5FeSi)]
		5A05	β(Mg_5Al_8)、Mg_2Si、$(FeMn)Al_6$
		5A06	β(Mg_5Al_8)、$(FeMn)Al_6$
		5B06	β(Mg_5Al_8)、$(FeMn)Al_6$、[$TiAl_2$]
		5A33	β(Mg_5Al_8)、Mg_2Si、[$(FeMn)Al_6$]
		5A12	β(大量)、Mg_2Si
		5A13	β(大量)、Mg_2Si、$(FeMn)Al_6$
		5A41	β(Mg_5Al_8)、Mg_2Si、$(FeMn)Al_6$
		5A66	[β]
		5183	Mg_2Si、W、$(FeMn)_3Si_2Al_{15}$、[$(FeCr)_4Si_4Al_{13}$]
		5086	Mg_2Si、W、$(FeMn)_3Si_2Al_{15}$
6××× 系合金	Al-Mg-Si 及 Al-Mg-Si-Cu	6061	Mg_2Si、$(FeMn)_3Si_2Al_{15}$、$CuAl_2$
		6063	Mg_2Si、$(FeMn)_3Si_2Al_{15}$
		6070	Mg_2Si、$(FeMn)_3Si_2Al_{15}$

续表 1-3

合金			主要相组成(少量的或可能的)
类别	系	牌号	
7×××系合金	Al-Zn-Mg	7003	η、T($Al_2Mg_3Zn_3$)、Mg_2Si、AlFeMnSi、[$ZnAl_3$ 初晶]
	Al-Zn-Mg-Cu	7A03	η、T($Al_2Mg_3Zn_3$)、S、[AlFeMnSi、Mg_2Si]
		7A04	T(AlZnMgCu)、Mg_2Si、AlFeMnSi、[η]
		7075	T(AlZnMgCu)、Mg_2Si、AlFeMnSi、[$CrAl_7$]
		7A10	T(AlZnMgCu)、Mg_2Si、AlFeMnSi
8×××系合金	Al-其他元素	8A06	$FeAl_3$、α(AlFeSi)、β
		8011	η、T($Al_2Mg_3Zn_3$)、S、[AlFeMnSi、Mg_2Si]
		8090	α(Al)、Al_3Li、Al_3Zr

1.4 合金元素及微量元素在铝合金中的作用

变形铝合金中的各种添加元素在冶金过程中相互之间会产生物理化学作用，从而改变材料的组织结构和相组成，得到不同性能、功能和用途的新材料，合金化对变形铝合金材料的冶金特性起重要的作用。以下简要介绍铝合金中主要合金元素和杂质对合金组织性能的影响。

1.4.1 铜元素

铜是重要的合金元素，有一定的固溶强化效果，此外，时效析出的 $CuAl_2$ 相有着明显的时效强化效果。铝合金中铜含量通常在2.5%~5%，铜含量在4%~6.8%时强化效果最好，所以大部分硬铝合金的含铜量处于这个范围。铝铜合金中可以含有较少的硅、镁、锰、铬、锌、铁等元素。

1.4.2 硅元素

共晶温度577℃时，硅在固溶体中的最大溶解度为1.65%。尽管溶解度随温度降低而减少，但这类合金一般是不能热处理强化的。铝硅合金具有极好的铸造性能和抗蚀性。

若镁和硅同时加入铝中形成铝镁硅系合金，强化相为 Mg_2Si。镁和硅的质量比为 1.73∶1。设计 Al-Mg-Si 系合金成分时，基本上按此比例配置镁和硅的含量。有的 Al-Mg-Si 合金，为了提高强度，加入适量的铜，同时，加入适量的铬以抵消铜对抗蚀性的不利影响。

变形铝合金中，硅单独加入铝中只限于焊接材料，硅加入铝中亦有一定的强化作用。

1.4.3 镁元素

镁在铝中的溶解度随温度下降而迅速减小，在大部分工业用变形铝合金中，镁的含量均小于6%，而硅含量也低，这类合金是不能热处理强化的，但可焊性良好，抗蚀性也好，并有中等强度。

镁对铝的强化是明显的，每增加 1%镁，抗拉强度大约升高 34MPa。如果加入 1%以下的锰，可起补充强化作用。因此加锰后可降低镁含量，同时可降低热裂倾向，另外，锰还可以使 Mg_5Al_8 化合物均匀沉淀，改善抗蚀性和焊接性能。

1.4.4 锰元素

在共晶温度 658℃时，锰在 α 固溶体中的最大溶解度为 1.82%。合金强度随溶解度增加不断增加，锰含量为 0.8%时，伸长率达最大值。Al-Mn 合金是非时效硬化合金，即不可热处理强化。

锰能阻止铝合金的再结晶过程，提高再结晶温度，并能显著细化再结晶晶粒。再结晶晶粒的细化主要是通过 $MnAl_6$ 化合物弥散质点对再结晶晶粒长大起阻碍作用。$MnAl_6$ 的另一作用是能溶解杂质铁，形成（Fe、Mn)Al_6，减小铁的有害影响。

锰是铝合金的重要元素，可以单独加入形成 Al-Mn 二元合金，更多的是和其他合金元素一同加入，因此大多铝合金中均含有锰。

1.4.5 锌元素

锌单独加入铝中，在变形条件下对合金强度的提高十分有限，同时存在应力腐蚀开裂倾向，因而限制了它的应用。

在铝中同时加入锌和镁，形成强化相 $MgZn_2$，对合金产生明显的强化作用。$MgZn_2$ 含量从0.5%提高到12%时，可明显增加抗拉强度和屈服强度。镁的含量超过形成 $MgZn_2$ 相所需要的量时，还会产生补充强化作用。

由于调整锌和镁的比例，可提高抗拉强度和增大应力腐蚀开裂抗力，所以在超硬铝合金中，锌和镁的比例控制在2.7左右时，应力腐蚀开裂抗力最大。

如在Al-Zn-Mg基础上加入铜元素，形成Al-Zn-Mg-Cu合金，其强化效果在所有铝合金中最大，它们也是航天、航空工业、电力工业上的重要的铝合金材料。

1.4.6 微量元素和杂质的影响

1.4.6.1 铁和硅

铁在Al-Cu-Mg-Ni-Fe系锻铝合金中，硅在Al-Mg-Si系锻铝中和在Al-Si系焊条及铝硅铸造合金中，均作为合金元素加入，在其他铝合金中，硅和铁是常见的杂质元素，对合金性能有明显的影响。它们主要以 $FeAl_3$ 和游离硅存在。当硅含量大于铁时，形成 β-$FeSiAl_5$（或 $Fe_2Si_2Al_9$）相，而铁大于硅时，形成 α-Fe_2SiAl_8（或 Fe_3SiAl_{12}）。当铁和硅比例不当时，会引起铸件产生裂纹，铸铝中铁含量过高时会使铸件产生脆性。

1.4.6.2 钛和硼

钛是铝合金中常用的添加元素，以Al-Ti或Al-Ti-B中间合金形式加入。钛与铝形成 $TiAl_3$ 相，成为结晶时的非自发核心，起细化铸造组织和焊缝组织的作用。Al-Ti系合金产生包晶反应时，钛的临界含量约为0.15%，如果有硼存在，则减小到0.01%。

1.4.6.3 铬

铬是在Al-Mg-Si系、Al-Mg-Zn系、Al-Mg系合金中常见的添加元素。在600℃时，铬在铝中溶解度为0.8%，室温时基本上不溶解。

铬在铝中形成（CrFe)Al_7 和（CrMn)Al_{12} 等金属间化合物，阻碍再结晶的形核和长大过程，对合金有一定的强化作用，还能改善合金韧性和降低应力腐蚀开裂敏感性。但会增加淬火敏感性，使阳极氧化膜呈黄色。

铬在铝合金中的添加量一般不超过0.35%，并随合金中过渡族元素的增加而降低。

1.4.6.4 锶

锶是表面活性元素，在结晶学上锶能改变金属间化合物相的行为。因此用锶元素进行变质处理能改善合金的塑性加工性能和最终产品质量。由于锶具有变质有效时间长、效果和再现性好等优点，近年来在Al-Si铸造合金中取代了钠的使用。在挤压用铝合金中加入0.015%~0.03%锶，使铸锭中β-AlFeSi相变成α-AlFeSi相，减少了铸锭均匀化时间60%~70%，提高材料力学性能和塑性加工性，改善制品表面粗糙度。对于高硅（10%~13%）变形铝合金，加入0.02%~0.07%的锶元素，可使初晶硅减少至最低限度，力学性能也显著提高，抗拉强度σ_b由233MPa提高到236MPa，屈服强度$\sigma_{0.2}$由204MPa提高到210MPa，伸长率δ_5由9%增至12%。在过共晶Al-Si合金中加入锶，能减小初晶硅粒子尺寸，改善塑性加工性能，可顺利地热轧和冷轧。

1.4.6.5 锆元素

锆也是铝合金的常用添加元素。一般在铝合金中加入量为0.1%~0.3%，锆和铝形成$ZrAl_3$化合物，可阻碍再结晶过程，细化再结晶晶粒。锆亦能细化铸造组织，但比钛的效果差。有锆存在时，会降低钛和硼细化晶粒的效果。在Al-Zn-Mg-Cu系合金中，由于锆对淬火敏感性的影响比铬和锰小，因此宜用锆来代替铬和锰细化再结晶组织。

1.4.6.6 稀土元素

稀土元素加入铝合金中，使铝合金熔铸时增加成分过冷，细化晶粒，减少二次枝晶间距，减少合金中的气体和夹杂，并使夹杂相趋于球化。还可降低熔体表面张力，增加流动性，有利于浇注成锭，对工艺性能有着明显的影响。

各种稀土加入量约0.1%为好。混合稀土（La-Ce-Pr-Nd等混合）的添加，使Al-0.65%Mg-0.61%Si合金时效GP区形成的临界温度降低。含镁的铝合金，能激发稀土元素的变质作用。

1.4.6.7 杂质元素

在铝合金中有时还存在钒、钙、铅、锡、铋、锑、铍及钠等杂质元素。这些杂质元素由于熔点高低不一，结构不同，与铝形成的化合物亦不相同，因而对铝合金性能的影响各不一样。

钒在铝合金中形成难熔化合物，在熔铸过程中起细化晶粒作用，但比钛和锆的作用小。钒也有细化再结晶组织、提高再结晶温度的作用。

钙在铝中固溶度极低，与铝形成 $CaAl_4$ 化合物，钙又是铝合金的超塑性元素，大约 5%钙和 5%锰的铝合金具有超塑性。钙和硅形成 $CaSi_4$，不溶于铝，由于减小了硅的固溶量，可稍微提高工业纯铝的导电性能。钙能改善铝合金切削性能。$CaSi_2$ 不能使铝合金热处理强化。微量钙有利于去除铝液中的氢。

铅、锡、铋元素是低熔点金属，它们在铝中固溶度不大，略降低合金强度，但能改善切削性能。铋在凝固过程中膨胀，对补缩有利。高镁合金中加入铋可防止钠脆。

锑主要用作铸造铝合金中的变质剂，变形铝合金中很少使用。仅在 Al-Mg 变形铝合金中代替铋防止钠脆。锑元素加入 Al-Zn-Mg-Cu 系合金中，能改善热压与冷压工艺性能。

铍在变形铝合金中可改善氧化膜的结构，减少熔铸时的烧损和夹杂。铍是有毒元素，能导致人体过敏性中毒。因此，用于制造食品和饮料器皿的铝合金中不能含有铍。焊接材料中的铍含量通常控制在 8×10^{-4}%以下。用作焊接基体的铝合金也应控制铍的含量。

钠在铝中几乎不溶解，最大固溶度小于 0.0025%，熔点低(97.8℃)。合金中存在钠时，在凝固过程中，钠吸附在枝晶表面或晶界；热加工时，晶界上的钠形成液态吸附层，产生脆性开裂，即“钠脆”。当有硅存在时，形成 NaAlSi 化合物，无游离钠存在，不产生“钠脆”。当镁含量超过 2%时，镁夺取硅，析出游离钠，产生“钠脆”。因此高镁铝合金不允许使用钠盐熔剂。防止“钠脆”的方法有氯化法，使钠形成 NaCl 排入渣中，加铋使之生成 Na_2Bi 进入金属基体；加锑生成 Na_3Sb 或加入稀土亦可起到相同的作用。

氢气在固态熔点的条件下比在固态的条件下溶解度要高，所以在液态转化固态的时就会形成气孔，氢气也可以用铝还原空气中水气而产生，也可以从分解碳氢化合物中产生。固态铝和液态铝都能吸氢，尤其是当某些杂质，如硫的化合物在铝表面上或在周围空气中最为明显。在液态铝中能形成氢化物的元素能促进氢吸收，但其他元素如铍、铜、锡和硅则会降低氢的吸收量。

除在浇铸中形成孔隙外，氢又导致次生孔隙、起泡以及热处理中高温变坏（内部气体沉积）。氢在铝合金中是一种极其有害的杂质，熔体中的氢含量应采用在线除气装置加以限制。

1.5 变形铝合金制品对锭坯的要求

随着铝加工技术的发展以及科技进步对材料要求的不断提高，铝合金铸锭质量对铝合金材料性能至关重要，因而铝合金材料对铸锭组织、性能和质量提出了更高要求，尤其对铸锭的冶金质量提出越来越高的要求。

1.5.1 对化学成分的要求

随着铝合金材料组织、性能均一性的要求，材料对合金成分的控制和分析提出了很高要求。首先为了使组织和性能均一，对合金主元素采取更加精确的控制，确保熔次之间主元素一致，铸锭不同部位成分偏析最小。同时为了提高材料的综合性能，对合金中的杂质和微量元素进行优化配比和控制。其次，对化学成分的分析的准确性和控制范围要求越来越高。

1.5.2 对冶金质量的要求

铸锭的冶金质量对材料后序加工过程和最终的产品有着决定作用。长期生产实践表明，铝材约70%缺陷是铸锭带来的，铸锭的冶金缺陷必将对材料产生致命的影响。因此，铝合金材料对铝熔体净化质量提出了更高的要求，最主要是以下三个方面：

（1）铸锭氢含量要求越来越低，根据不同材料要求，其氢含量控制有所不同。一般来说，普通要求的产品氢含量控制在0.15～0.2mL/(100gAl)以下；而对于特殊要求的航空、航空材料，双零箔等氢含量应控制在0.10mL/(100gAl)及以下。当然由于检测方法的不同，所测氢含量值会有所差异，但其趋势是一致的。

(2) 对于非金属夹杂物要求降低到最低限度，要求夹杂物数量少而小，其单个颗粒应小于10μm；而对于特殊要求的航空、航空材料，双零箔等制品非金属夹杂的单个颗粒应小于5μm。非金属夹杂一般通过铸锭低倍和铝材超声波探伤定性检测，或通过测渣仪定量检测。当今发展可以通过电子扫描等手段对非金属夹杂物组成进行分析和检测。

(3) 碱金属控制。碱金属主要是金属钠对材料的加工和性能造成一定危害，要求在熔铸过程要尽力降低其含量，因此碱金属钠(除高硅合金外)一般应控制在$5\times10^{-4}\%$以下，甚至更低，达$2\times10^{-4}\%$及以下。

1.5.3 对铸锭组织的要求

铸锭组织对铝及铝合金材料性能有着直接的影响，一般说来铸锭组织缺陷有光晶、白斑、花边、粗大化合物等组织缺陷，这些缺陷对材料性能造成相当大影响，材料不能有这些组织缺陷。但随着铝加工技术发展，材料对铸锭组织提出更高的要求：一是铸锭晶粒组织更加细小和均匀，要求铸锭晶粒度一级以下，甚至比一级还小，使铸锭晶粒尺寸（直径）达到160μm以下，仅为一级晶粒度的一半以下；二是铸锭的化合物尺寸不仅要求小而弥散外，而且对化合物形状也提出不同要求；此外，随着铝材质量要求不断提高，对铸锭的组织提出更新更高的要求。

1.5.4 对铸锭几何尺寸和表面质量要求

随着铝加工技术的发展，为了提高铝材的成材率，对铸锭几何尺寸和表面质量提出了更高的要求，铸锭表面要求平整光滑，减少或消除粗晶层、偏析瘤等表面缺陷，铸锭厚差尽可能小，减少底部翘曲和肿胀等，使铸锭在热轧前尽可能少铣或不铣面。挤压等加工前减少车皮或不车皮。

1.6 现代铝合金熔铸技术的发展趋势

随着铝材被广泛应用于航天、航空、建筑、交通、运输、包装、电子、印刷、装饰等众多国防和民用领域，铝加工技术得到了迅速的发展和提高，我国企业开发出了PS板基、制罐料、高压电子箔、波音飞机锻件等技术含量高的产品，填补了国内空白，替代了进口。然而，由于我国铝加工业起步晚，规模小，技术落后，铝加工业不仅要面临国内竞争，而且还要与国外发达国家的大企业进行更激烈的竞争，这就要求国内铝加工企业不断加大投入，推动铝加工技术迅速向前发展，缩小与国外先进水平的差距，在竞争中生存和发展。

熔铸是铝加工的第一道工序，为轧制、锻造、挤压等生产提供合格的锭坯，铸锭质量的高低直接与各种铝材的最终质量密切相关。20世纪90年代以来，特别是21世纪开始，国内熔铸技术得到了迅速的发展和提高，不断追求“提质（提高质量）、降耗（降低能耗）、减损（减少烧损）、安全”，某些方面甚至达到了国际先进水平。但在整体上看，我国的熔铸技术水平同国际先进水平相比，还存在一定差距。

1.6.1 熔铸设备

多年来熔铸设备的发展一直追求大型、节能、高效和自动化。在国外，大型顶开圆形炉和倾动式静置炉得到广泛应用，容量一般达30~90t，甚至多达200t以上，熔铝炉装料完全实现机械化。铸造机通常使用液压铸造机，大型液压铸造机可铸100t/次及以上，最大铸锭重量达30t。熔炼炉燃烧系统一般采用中、高速烧嘴，加快炉内燃气和炉料的对流传热，燃烧尾气通过换热器将助燃空气加热到350~400℃，从而将熔炼炉的热效率提高到70%以上。燃烧系统的新发展是使用快速切换蓄热式燃烧技术，即所谓的“第二代再生燃烧技术”，它采用机械性能可靠，迅速频繁切换的四通换向阀和压力损失小、比表面积大且维护简单方便的蜂窝型蓄热体，实现了极限余热回收和超低NO_x排放，同时，用计算机控制熔铸生产全过程已较为普遍。

另外，为了使熔化炉内铝熔体的化学成分、温度更均匀，减少劳动强度等，通常在炉底安装电磁搅拌器。

1.6.2 晶粒细化

众所周知，在铝液中加入晶粒细化剂，可以明显改善铸锭的组织。晶粒细化的方法有多种，使用最广泛的是二元合金 Al-Ti、三元合金 Al-Ti-B，产品主要有 Al-4Ti 和 Al-5Ti-1B 块状或棒状细化剂。近年来随着 Al-Ti-C 晶粒细化剂开发，Al-Ti-C 在一些特殊要求铝材产品得到一些应用，取得较好细化效果。随着技术不断进步，人们不断探索高效洁净的细化剂。

1.6.3 熔体净化和检测

多年来，铝合金制品对铸锭的内部质量尤其是清洁度的要求不断提高，而熔体净化是提高铝熔体纯洁度的主要手段，熔体净化可分为炉内处理和在线净化两种方式。

1.6.3.1 炉内处理

炉内熔体处理主要有气体精炼、熔剂精炼和喷粉精炼等方式。炉内处理技术的发展较慢，国内只有 20 世纪 90 年代中期出现的喷粉精炼相对较新，其除气除渣效果较气体精炼和熔剂精炼稍好，但因精炼杆靠人工移动，精炼效果波动较大。为了克服这一缺点，采用较先进具有代表性的技术有两种：一种是从炉顶或炉墙向炉内熔体中插入多根喷枪或旋转喷头喷粉或气体精炼；另一种是在炉底均匀安装多个可更换的透气塞，由计算机控制精炼气流和精炼时间。

1.6.3.2 在线净化

炉内处理对铝合金熔体的净化效果是有限的，要进一步提高熔体纯洁度，尤其是进一步降低氢含量和去除非金属夹渣物，必须采用高效的在线净化技术。

A 在线除气

在线除气装置是各大铝熔铸厂重点研究和发展对象，种类繁多，典型的有 SNIF（spinning nozzle inert flotation）、Alpur 等采用旋转喷头的设备。我国在 20 世纪 80 年末有不少厂家先后从国外购买了 SNIF、Alpur 等装置，此后，在引进装备的基础上，也自行开发了多种除气设备，如 ILDU、HLD 等。这些除气装置都采用 N_2 或 Ar 作为精炼气体，能有效去除铝熔体中的氢。如在精炼气体里加入少量的Cl_2、CCl_4或SF_6等物质，还能很好地除去熔体中的碱金属和碱土金属，对于提高熔体质量发挥至关重要的作用。随着技术进步和对产品质量的更高要求，在线除气方面要求进一步提高除氢效果的同时，还要进一步减少夹渣物的产生。降低运行成本是在线净化的发展方向。

B 熔体过滤

过滤是去除铝熔体中非金属夹杂物最有效和最可靠的手段，从原理上讲有饼过滤和深过滤之分。过滤方式有多种，效果最好的有管式过滤、床式过滤和泡沫陶瓷过滤板。

床式过滤和管式过滤的应用，大大地提高熔体过滤效果，但这两种过滤方式体积大，安装和更换过滤介质费时费力，仅适用于批量单一合金的生产。相反，泡沫陶瓷过滤板因使用方便，过滤效果好、价格低，在全世界广泛使用。世界上50%以上的铝合金熔体都采用泡沫陶瓷过滤板过滤。该技术发展迅速，为满足高质量产品对熔体质量的要求，过滤板的孔径越来越细，产品已从15ppi、20ppi、30ppi、40ppi、50ppi发展到60ppi、70ppi，甚至更高。

C 检测技术

铝熔体和铸锭内部纯洁度的检测有测氢和夹杂物两种，前者的种类很多，目前世界上使用的测氢技术有二十多种，如减压凝固法、热真空抽提法、载气熔融法等，但应用最广泛的是以Telegas和ASCAN为代表的闭路循环法，该法数据可靠，是目前唯一适合铸造车间使用的检测方法。

在我国，对铝合金夹杂物检测的研究较少，使用的方法仅限于铸锭的低倍和氧化膜检查两种，对铝熔体的非金属夹杂物检测几乎是空白，而在欧美发达国家对铝熔体的夹杂物检测研究较多，比较成熟的方法有ABB的PoDFA、LAIS和LiMCA。其中前两种都是以过滤定量金属后，过滤片上的夹杂物面积除以过滤的金属量作为指标，不能连续测量。LiMCA是一种定量测量方法，其第二代、第三代等产品LiMCA可同时测量过滤前后的夹杂物含量，过滤前使用硅酸铝取样头，过滤后使用带伸长管的硼硅玻璃取样头，伸长管可减少除气装置产生的悬浮气泡对测量结果的影响。LiMCA可连续检测熔体中的15~

155μm 的夹杂物，是目前最先进的、测量速度最快、测量结果最直观的夹杂物检测仪。在国内如西南铝业也引进在线测渣仪，并应用于科研生产。

氢含量和夹杂物含量检测可有效监控铝熔体净化处理的效果，为提高和改进工艺措施提供依据，对提高铝材质量意义重大。

1.6.4 铸造技术

半连续铸造是世界上应用最普遍、历史最悠久的铝合金铸造技术，我国从 20 世纪 50 年代初从苏联引进了此技术。对于铝合金铸造，除达到铸锭成型的基本目的之外，各铝加工企业和研究机构，一直致力于提高铸锭表面质量，减少或消除粗晶层偏析瘤等表面缺陷，减少铸锭厚差及底部翘曲和肿胀等，使铸锭在热轧前尽可能少铣或不铣面，提高成材率。

铸造技术的新进展和有前途的技术有：脉冲水和加气铸造、电磁铸造、气滑铸造、复合铸造技术、可调结晶器、低液位铸造（LHC）、ASM 新式扁锭结晶器等。

2 中间合金制备技术

第2章
数字资源

铝及铝合金的熔炼过程中，需要在熔体中添加一定的合金元素使其合金化，以满足对组织、性能的要求。熔制铝合金时，合金元素的添加方法一般有四种：一是以纯金属直接加入；二是以中间合金形式加入；三是以化工材料的形式加入；四是以添加剂形式加入。

一般来说，熔点低、在铝中溶解度大、易氧化烧损（如镁）、易挥发（如锌）、在合金中含量高且范围宽（如铜）的合金元素一般以纯金属形式加入；对熔点高、溶解慢或易偏析和需要精确控制的低含量合金元素一般以中间合金形式加入。

2.1 中间合金的使用

2.1.1 使用中间合金的目的

铝合金熔制过程中，大多数合金化元素是以中间合金的形式加入。中间合金一般是由两种或三种元素熔制而成的合金。使用中间合金，主要从以下方面考虑：

（1）有些合金元素的含量范围较窄，为使合金获得准确的化学成分，不适于加入纯金属，而需以中间合金形式加入。如6A02合金中的铜含量为0.2%~0.6%，采用Al-Cu中间合金较为合适。

（2）某些纯金属熔点较高，不能直接加入铝熔体中，而应先将此难熔金属预先制成中间合金以降低其熔点。如镍的熔点为1445℃，制成含镍20%的中间合金时，其熔点降为780℃；锰的熔点为1245℃，制成含锰10%的中间合金时，其熔点降为780℃。

（3）某些纯金属密度大，在铝中溶解速度慢，这些合金元素若以纯金属形式加入，易造成偏析，因此须预先制成中间合金，如铁、镍、锰等。

（4）某些纯金属表面不清洁，有的锈蚀严重，直接加入熔体易污染熔体，因此宜预先制成中间合金后使用，如铁片等。

（5）某些单质易蒸发或氧化，熔点高，在铝中溶解度低，如硅。单质硅以块状等形式存在时，因其几何尺寸偏大，因此需要在高温下长时间溶解，增加了氧化烧损，影响生产效率和冶金质量，且不利于准确控制成分，因此应预先制成中间合金。

因此，使用中间合金的目的是：防止熔体过热，缩短熔炼时间，降低金属烧损，便于加入高熔点、难熔和易氧化挥发的合金元素，从而获得成分均匀、准确的熔体。

但并不是所有的合金化元素都要以中间合金形式加入，下述情况可直接使用纯金属：

（1）熔点低、在铝中溶解度大的合金元素，当它在合金中含量高且范围较宽时，可在炉料熔化一部分后以纯金属形式加入，如铜。

（2）熔点低、易氧化烧损且在铝中溶解度大的金属，制成中间合金反而多了烧损，因此宜以纯金属形式加入，如镁。

（3）熔点低、易蒸发且在铝中溶解度大的金属，也应直接以纯金属形式加入，如锌。

2.1.2 对中间合金的要求

（1）成分均匀，以保证合金得到准确的化学成分。

（2）杂质元素含量尽可能低，以免污染合金成分。

（3）熔点较低，最好是与铝的熔点接近，既可减少金属烧损，又可加快熔化速度。

（4）中间合金中的元素含量尽可能高一些，这样既可减少中间合金的用量，又可减少中间合金的制造量。

（5）有足够的脆性，易于破碎，便于配料。

（6）不易蒸发和腐蚀，无毒，便于保管。

（7）在铝中有良好的溶解度，以加快熔炼速度。

（8）中间合金锭纯净度高，氧化夹杂物少，对成品合金的污染小。

（9）易于搬运。中间合金锭的形状和单块重量应满足使用方便的原则。

（10）中间合金锭应有明显的标识。

2.1.3 熔制中间合金的原辅材料要求

几种常用中间合金允许使用的原材料及对原材料的要求见表 2-1。

表 2-1 几种常用中间合金允许使用的原材料及对原材料的要求

中间合金	原材料的要求					
	合金化元素				铝锭	
	成分	表面质量	规格	存放	成分	表面
Al-Be	$w(Be) \geqslant 98.0\%$	铍片表面应清洁、呈钢灰色鳞片状或块状		金属铍不允许在露天堆放，也不允许与酸、碱及化学活性物质贮放在一起。铍应贮存在库房中	$w(Al) \geqslant 99.70\%$	无较严重飞边和气孔，允许有轻微的夹渣；表面应整洁，无油污、霜雪、雨水等外来物质
Al-Cr	$w(Cr) \geqslant 98.0\%$	金属铬的表面应清洁，呈现铬的本色，断面应致密无气孔	铬以块状存在，最大块度应能通过 150mm×150mm 筛孔，通过 10mm×10mm 筛孔的量不得超过总重的 10%，不得有 3mm×3mm 的筛下物	金属铬应贮于库房中		
Al-Cu	$w(Cu+Ag) \geqslant 99.95\%$	铜板表面应洁净，无污泥、油污等各种外来物	熔制前将电解铜板切成易于加工的形状和尺寸	铜板应贮存在库房中		
Al-Fe	可用 C、Mn、Si、Ni、Cu 含量低的铁片或低碳钢片	表面应清洁，无泥土、油污及严重的铁锈	铁可使用厚度为不大于 10mm 的铁片或低碳钢片			
Al-Mn	$w(Mn) \geqslant 99.8\%$	电解金属锰应呈银白色或浅棕色，但不允许发黑，产品中不允许有外来夹杂物	一般电解锰以片状存在，小于 3mm×3mm 的数量应不超过总重量的 15%	金属锰不准露天堆放，严禁与酸、碱等化学活性、腐蚀性物质混放。应贮存在库房中		

续表 2-1

中间合金	原材料的要求					
	合金化元素				铝锭	
	成分	表面质量	规格	存放	成分	表面
Al-Ni	$w(Ni + Co) \geq 99.2\%$，$w(Co) \leq 0.50\%$	电解镍均应洗净表面及夹层内电解液，表面洁净，无污泥油玷污等	电解镍板平均厚度应不小于3mm。熔制前将电解镍板切成易于加工的形状和尺寸	电解镍应存放于库房中	$w(Al) \geq 99.70\%$	无较严重飞边和气孔，允许有轻微的夹渣；表面应整洁，无油污、霜雪、雨水等外来物质
Al-Si	$w(Si) \geq 98.0\%$ 的工业硅	工业硅的表面及断面应清洁，不允许有夹渣、泥土、粉状硅粘结，以及其他非冶炼过程所带异物	块状，其粒度一般为6~200mm；小于6mm、大于200mm的颗粒总和应不超过10%	工业硅应贮存于库房中		
Al-Ti	海绵钛时 $w(Ti) \geq 99.1\%$	应为浅灰色海绵状金属，表面清洁，无目视可见的夹杂物	一般粒度要求为0.83~12.7mm	贮存在库房中。包装容器不允许破漏，密封完好。不准露天堆放，严禁与酸碱等腐蚀性物质混放		
	TiO_2时，$w(TiO_2) \geq 99\%$，$w(H_2O) \leq 0.6\%$		粉状	贮存于库房中		

2.1.4　常用中间合金成分和性质

常用中间合金成分和性质见表 2-2。

表 2-2　常用中间合金的成分和性质

中间合金	化学成分（质量分数）/%					性质	
	合金化元素	Si	Fe	Zn	其他杂质	熔点/℃	脆性
Al-Be	2~3Be	≤0.6	≤0.6	≤0.3	≤0.1	700~820	不脆
Al-Cr	2~4Cr	≤0.6	≤0.6	≤0.3	≤0.1	780~840	不脆
Al-Cu	33~50Cu	≤0.6	≤0.6	≤0.3	≤0.1	550~590	脆
Al-Fe	8~12Fe	≤0.6		≤0.3	≤0.1	860~920	稍脆
Al-Mn	8~12Mn	≤0.6	≤0.6	≤0.3	≤0.1	770~820	不脆
Al-Ni	17~23Ni	≤0.6	≤0.6	≤0.3	≤0.1	770~820	不脆
Al-Si	15~25Si		≤0.6	≤0.3	≤0.1	630~770	稍脆
Al-Ti	2~5Ti	≤0.6	≤0.6	≤0.3	≤0.1	900~1100	不脆
Al-V	2~4V	≤0.6	≤0.6	≤0.3	≤0.1	850~950	不脆

2.1.5　常用中间合金的金相组织❶

（1）AlCr4 中间合金。铝铬化合物呈细小的块状或杆状，分布均匀。粒子平均尺寸小于 60μm，单个粒子最大尺寸小于 300μm。见图 2-1。

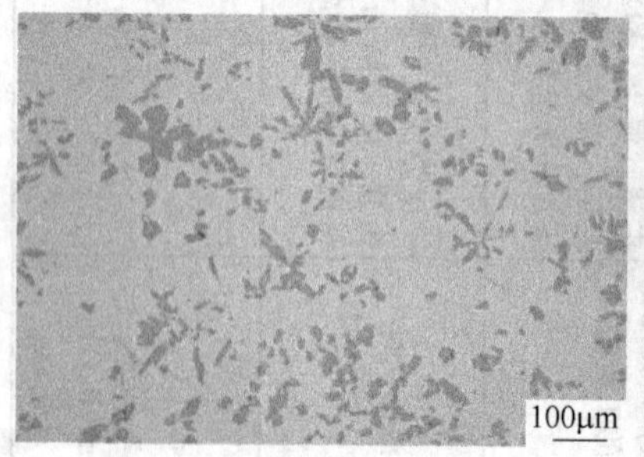

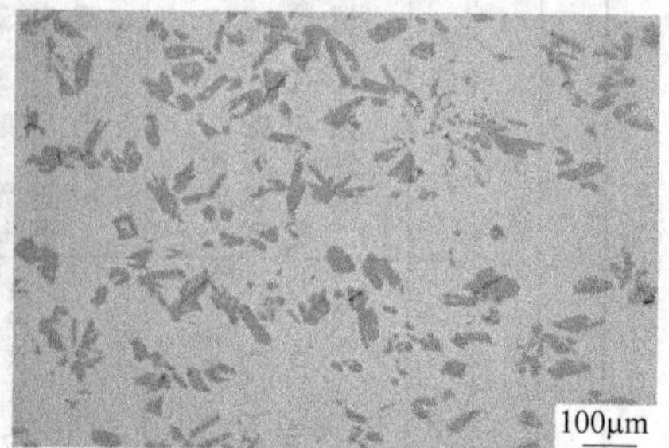

图 2-1　AlCr4 金相组织

❶　本节常见中间合金典型显微组织照片、数据由重庆肯达公司提供。

（2）AlCu50 中间合金。Cu_2Al 粒子呈细小点状或块状，80%以上细小枝晶网状+20%以下条网状，分布均匀。见图 2-2。

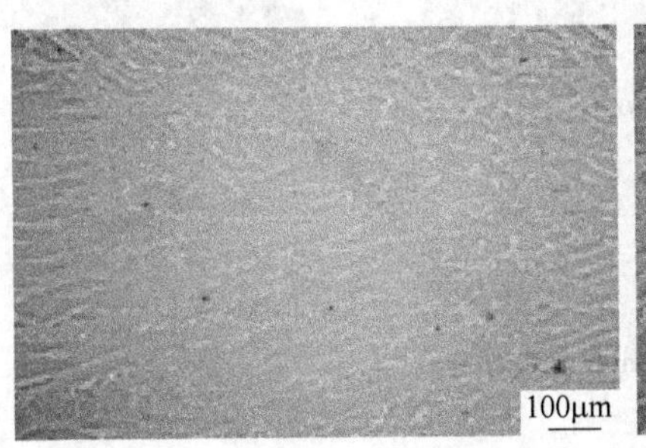

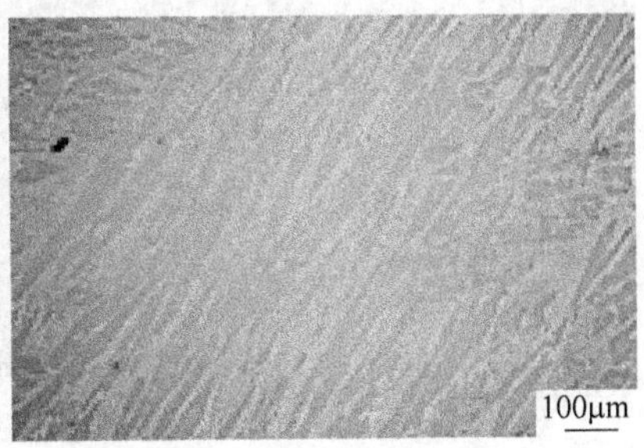

图 2-2 AlCu50 金相组织

（3）AlFe10 中间合金。初晶铁呈条状，分布均匀。95%以上的长径尺寸小于 500μm，极个别初晶铁长径尺寸小于 1500μm。共晶铁呈细须状，分布均匀。95%以上的共晶铁长径尺寸小于 150μm，极个别共晶铁长径尺寸小于 300μm。见图 2-3。

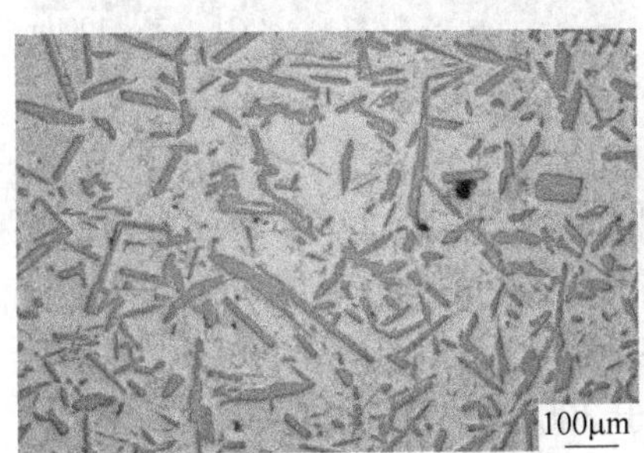

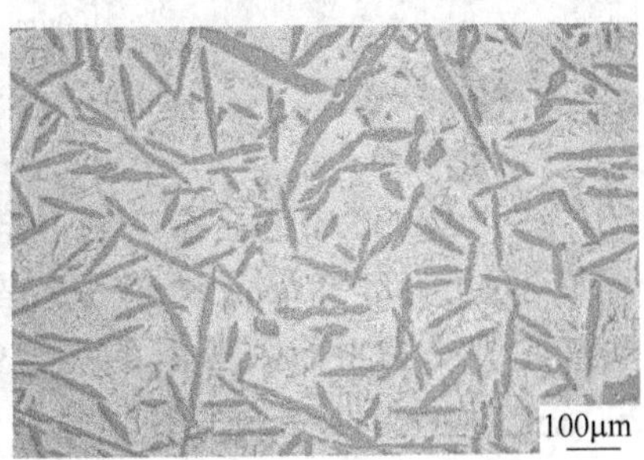

图 2-3 AlFe10 金相组织

（4）AlMn10 中间合金。铝锰化合物呈细小块状+少量长棒状，分布均匀。80%以上的块状长径尺寸小于 80μm，单个块状最大长径尺寸小于 200μm，单个长棒状最大尺寸小于 1200μm，不允许有长板条状铝锰化合物。见图 2-4。

（5）AlNi10 中间合金。95%以上的 $NiAl_3$ 粒子呈细小点状+少量长条状，呈方向性均匀分布。见图 2-5。

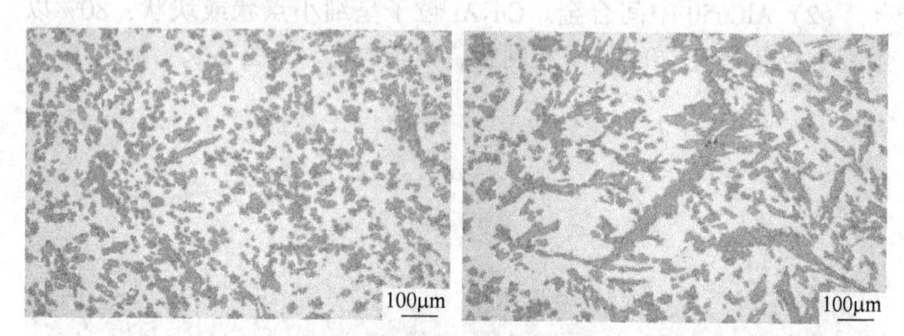

图 2-4 AlMn10 金相组织

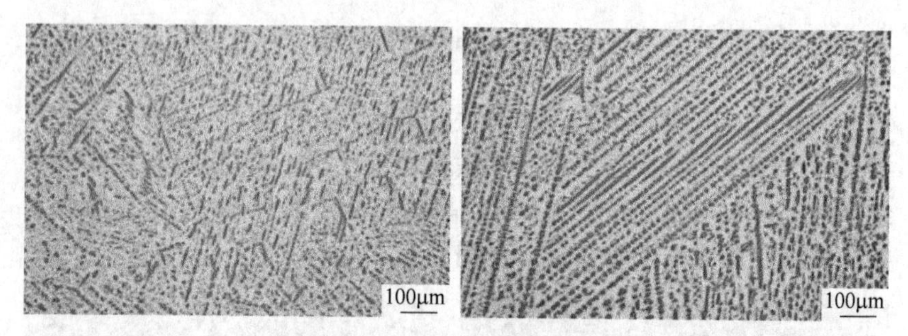

图 2-5 AlNi10 金相组织

（6）AlSi20 中间合金。初晶硅呈细小块状，分布大致均匀。粒子平均尺寸小于 70μm，极个别初晶硅长径尺寸小于 300μm；共晶硅呈细条状或蠕虫状，分布均匀。95% 以上的共晶硅长径尺寸小于 200μm，极个别共晶硅长径尺寸小于 300μm。见图 2-6。

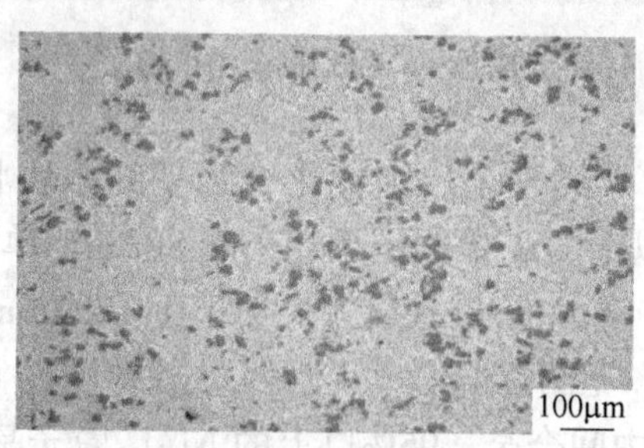

图 2-6 AlSi20 金相组织

(7) AlTi4 中间合金。$TiAl_3$ 粒子 98%以上呈块状+少量细小杆状，分布大致均匀，粒子平均尺寸小于 40μm，单个粒子最大尺寸小于 150μm。见图 2-7。

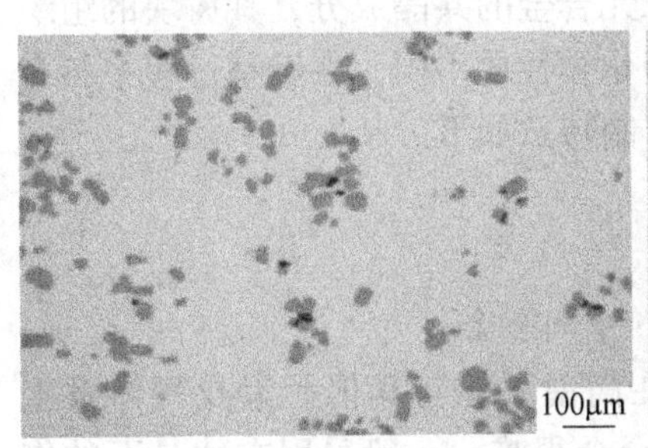

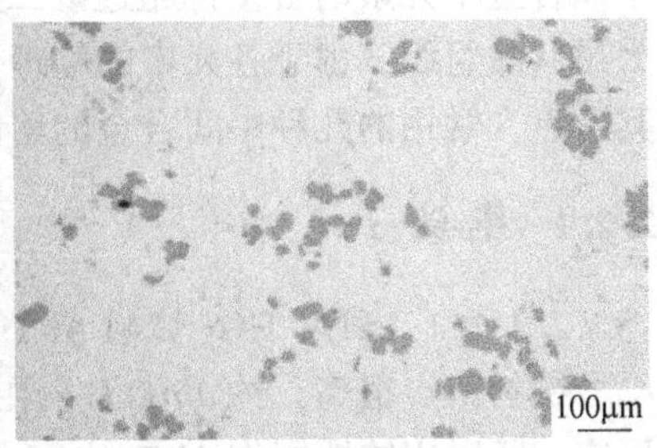

图 2-7 AlTi4 金相组织

除以上常见中间合金外，还有一些经常使用如 Al-B、Al-Zr、Al-Sc、Al-P、Al-Sr 等中间合金，用于铝合金的性能提升、变质等。

中间合金作为铝及铝合金熔炼铸造的一种原材料，应用普遍、用量较大，中间合金的加入不仅仅影响铝合金的成分，其质量对终端产品质量也存在影响，特别是高强高韧铝合金。中间合金的主元素成分、杂质元素成分、第二相、夹杂、制备方法等均可能对其合金化、细化、变质处理效果产生影响，甚至不良的组织会遗传到终端产品。因此，铝加工企业对中间合金的制备设备、原材料质量、生产工艺(如熔炼、冷却、产品形状等) 以及过程控制越来越关注。

2.2 中间合金的熔制技术

中间合金的熔制方法，目前采用的有以下两种：

(1) 熔配法。将两种或两种以上的金属同时加热熔化，或者用先后加热熔化的办法使这些金属相互熔合制取中间合金。如熔制 Al-Cr、Al-Cu、Al-Fe、Al-Mn、Al-Ni、Al-Si 等中间合金所用的方法。

目前，大多数中间合金都采取先将易熔金属铝熔化，并加热至一定温度后，再分批加入难熔的金属元素熔合而成。

(2) 还原法。也称热还原法。利用在热的状态下使某些金属化合物被其他更活泼的金属元素还原成金属，并熔入本体金属中而制成。如用铝还原二氧化钛制成的 Al-Ti 中间合金。

以铝为基的二元中间合金，成分含量差别较大。一般来讲，二元中间合金中元素的含量都超过该二元合金的共晶成分，其铸块的组织为过共晶组织，由于各元素的物理化学性质不同，在熔制过程中各有其特点，常用的几种中间合金的熔制特点如下。

2.2.1　铝-钛

2.2.1.1　利用 TiO_2 熔制 Al-Ti 中间合金

钛的熔点很高，约 1700℃，在高温下能与其他元素及气体发生反应。所以用纯钛制作 Al-Ti 中间合金很难，一般采用在冰晶石的作用下，用熔融状态下的铝还原二氧化钛的方法制作 Al-Ti 中间合金。其化学反应如下：

$$2TiO_2 + 2Na_3AlF_6 \longrightarrow 2Na_2TiF_6 + Na_2O + Al_2O_3 \quad (2\text{-}1)$$

$$Na_2TiF_6 + 4Al \longrightarrow 2NaF + TiAl_4 + 2F_2 \quad (2\text{-}2)$$

熔炼时除留出一定量原铝锭作为冷却料，将其余的原铝锭装入炉内，升温熔化，待铝全部熔化后，扒除表面渣，将等量的二氧化钛和冰晶石粉末均匀混合后，加入金属液表面。继续升温至 1100～1200℃，然后将二氧化钛压入铝液中，此时如冒出浓烈白烟，表明上述反应正常进行。待白烟停止，即可认为反应停止，清出炉内结渣，加入冷却料，除去表面白渣，经搅拌后即可进行铸造。

合格的 Al-Ti 中间合金铸块，断面具有明显的金属光泽，并有金黄色的均匀的钛斑点，呈细晶粒结构。Al-Ti 中间合金用中频感应炉制作，也可在火焰反射炉中制作，利用海绵钛与铝制作中间合金时，合金成分易于控制，较为准确，操作方便、省力，缺点是海绵钛价格昂贵，生产成本高。Al-Ti 中间合金的 $w(Ti)$ 一般为 2%～4%，因为一般铝合金中含钛量很低，通常 $w(Ti)$ 不超过 0.2%～0.4%，因此生产含 $w(Ti)$ 3%的中间合金就能满足要求。

2.2.1.2　利用海绵钛熔制 Al-Ti 中间合金

利用海绵钛熔制 Al-Ti 中间合金，熔炼时留出一定量原铝锭作为冷却料，将其余的原铝锭装入炉内，升温熔化，待铝全部熔化后，扒出表面渣。均匀撒入一层覆盖剂，待熔体温度升至1100~1200℃时，将海绵钛分多次加入到熔体中，加入海绵钛后，及时用耙子将其推入熔体，减少海绵钛的烧损。待海绵钛充分溶解后加入冷却料，熔体成分均匀后即可铸造。铸造过程中勤搅拌，防止成分偏析。

2.2.2 铝-镍

Al-Ni中间合金是用纯度99.2%以上的电解镍板和原铝锭在感应电炉或反射炉中熔制的。由于镍的熔点很高，因此在中频感应炉中熔制质量较好。熔制时除留一部分冷料外，其余的铝和镍板同时装入炉内，提高导磁性加速熔化，镍在溶解时放出大量的热，故不宜多搅拌，待全部熔化搅拌后，即可铸造。

用反射炉熔制Al-Ni中间合金时，先留出4%冷料及镍块，其余炉料尽可能一次装完，升温熔化，当炉料软化下塌时，撒上8%~10%的覆盖剂，温度升至950~1000℃，可分2~3次加镍块，每次都应彻底搅拌、扒渣、用熔剂覆盖。待镍全部熔化后，加入冷料，温度降至800~850℃时即可铸造，铸块宜铸成小块以便于使用。

2.2.3 铝-铬

Al-Cr中间合金是用原铝锭和$w(Cr)=98.0\%$纯度的金属铬熔制的，中间合金的铬含量按4%控制。

因铬的密度大（$7.14g/cm^3$），远大于铝的，在熔制时容易产生重度偏析，因此铬应以小块加入，同时加强搅拌，防止铬沉底。此外，在熔炼温度下铬在熔融状态铝中溶解缓慢，为加速溶解，应加强搅拌。

在中频感应炉或反射炉熔制铝铬中间合金的方法是：先将铝锭装炉熔化，待铝全部或一半熔化后，扒去表面渣，将铬块加入铝液中，继续升温至1000~1100℃。熔化过程中应经常搅拌，加速熔化，待铬全部熔化后，扒出表面渣，即可铸造。

2.2.4 铝-硅

Al-Si中间合金是用原铝锭和硅纯度97.0%以上的结晶硅在感应

炉中熔制，也可以在反射炉或坩埚炉熔制。

硅的密度为2.4g/cm³，与铝液的密度接近，硅极易与氧化合而生成难熔的SiO_2，当把硅加入铝液中时，硅易浮在溶液表面，极不易溶解。此外硅的氧化烧损大，实收率低，为此加硅时有以下要求：

（1）加硅前把大小块结晶硅分开，小块用纯铝板包起来；

（2）加硅前扒净表面渣，防止氧化渣与硅块互混成团，影响硅的实收率；

（3）加硅时，熔体温度在1000℃为宜，再将碎块、小块、大块的顺序依次加入，用耙子将硅块压入熔体内，不要过多搅拌，待全部熔化再彻底搅拌。铸造温度可控制在750~800℃，不宜过高。

w(Si)为20%的Al-Si中间合金铸块具有无光泽的灰色，熔点为700℃左右。

2.2.5 铝-铁

Al-Fe中间合金是用原铝锭和厚度小于5mm、锈蚀少、干燥、小块的低碳钢板熔制而成的。用反射炉、感应炉或坩埚炉均可熔制。w(Fe)一般控制在8%~12%的范围内。

铁片加入熔体前，必须充分预热烘烤，以免加入时引起金属熔体飞溅。铁的密度为7.8g/cm³，熔点为1534℃，将铁加入熔融铝中，极易沉底粘底，彻底熔化困难；而采取提高温度的方法易氧化烧损，造渣多，也不宜采纳；当w(Fe)大于6%~8%时，溶解很慢。

为此，熔制时要将铁分批加入。Al-Fe中间合金熔体流动性不好，铸造温度宜控制稍高一些，以上限为宜。

w(Fe)为10%的Al-Fe中间合金熔点约800℃，铸块表面有带有收缩小孔的突出物，断口呈粗晶组织。

2.2.6 铝-铜

Al-Cu中间合金是用原铝锭和电解铜板熔制而成。

铜的密度为8.9g/cm³，是铝的三倍多，将电解铜板加入铝熔体中，极易沉底，即使长时间升温，加强搅拌，也很难将粘在炉底的铜板熔化。因此应将铜板剪成小块，当铝锭熔化到铝液能淹没铜板时即将铜板加入炉内，这样可以避免铜板粘底，也能缩短熔化时间。熔炼温度控制在900℃以内即可。由于熔化温度不高，熔体流动性较好，因而铸造温度不宜过高，一般控制在680~720℃。铸造开头时，铸造温度可控制在上限，过程中可控制在700℃或稍低一些，同时还可以采用多种方法加强冷却，以免因铸造温度高、冷却不好，脱模时摔碎铸块。

w(Cu) 为40%的Al-Cu中间合金熔点约570℃，铸块表面有灰白色的光泽，在大气中长期保存，表面氧化成绿色的氧化铜。铸块很脆，易打碎。

2.2.7 铝-锰

Al-Mn中间合金是用原铝锭和锰纯度大于93%的金属锰熔制而成，可在反射炉、中频感应炉熔制。

金属锰的密度为7.43g/cm^3，是铝的2.8倍，且锰在铝中的溶解较困难，故应将锰砸碎至不大于20mm的粒状，分批地加入铝液中，加锰温度控制在950~1000℃。

也可以使用电解锰熔制Al-Mn中间合金。电解锰纯度高，粒度小，呈细碎薄片状，加入铝熔体时易与氧化膜及熔渣包在一起浮在表面，造成烧损，降低实收率。因此可将加电解锰的温度控制在加难熔成分的上限，加锰前扒净表面渣，再将电解锰加入熔体内，如有团块浮于表面可压入熔体内，待全部熔化搅拌均匀后即可铸造。

w(Mn) 为10%的Al-Mn中间合金，熔点约780℃，铸块表面有较圆滑的突出物。

2.3 中间合金的熔铸工艺与设备

中间合金一般采用反射炉和中频炉熔制。反射炉是熔制中间合金常用的设备，因使用的燃料不同可分为若干类，操作工艺大同小异。与感应炉对比，反射炉熔制中间合金的优点是容量大，生产效率高，一般容量在8~10t，感应电炉的容量一般不超过200kg；反射炉能耗少，可以节约能源。缺点是反射炉熔制的中间合金质量不如感应炉熔制的质量高；金属的烧损大；成分的准确性精度不高；劳动强度大，劳动条件不好；不适合小批量的生产。中频感应炉熔制中间合金，金属烧损少，一般不超过1.0%，合金质量较好。对于含高熔点元素且用量不大的中间合金，宜在中频感应电炉中制取，如Al-Ti、Al-Cr、Al-V等。在大生产中，中频感应炉具有辅助熔炉的作用。

下面介绍一下反射炉和中频炉熔制中间合金的工艺。

2.3.1　反射炉

2.3.1.1　工艺流程

反射炉熔制中间合金工艺流程为：装炉→升温熔化→扒渣→继续升温→加难熔成分→搅拌→保温→扒渣→导炉→加冷料→扒渣→搅拌→精炼→静置→出炉→取样→铸造。

2.3.1.2　炉子准备

新修、大修和中修后的炉子，以及长期停炉的炉子，生产前要认真检查炉底、炉墙及流口砖是否正常。炉子正常后进行烘炉。烘好后将温度升至正常熔炼温度进行清炉。清炉后洗炉。

合金转组要进行洗炉。洗炉前认真大清炉，炉子清好后装入原铝锭洗炉，洗炉料用量不少于炉子容量的40%，Al-Si中间合金洗炉料应将温度升至900℃以上，其他中间合金洗炉料温度升至1000℃以上，每隔30min彻底搅拌一次，待炉内结底彻底熔化后，方可降温铸造。

装炉前炉子一定彻底清理干净。连续生产同种合金五熔次需放干、大清炉，每生产一熔次中间合金后进行小清炉。

2.3.1.3　装炉与熔炼

先将炉温升至900℃以上，除留下的冷却料及难熔金属外，将其余的炉料一次装入炉内。炉料软化下塌时在熔体表面均匀撒入覆盖剂，炉料全部熔化后，温度达720℃以上时，扒净表面渣，撒入适量的覆盖剂，继续升温至加难熔成分温度。当温度升至加难熔成分温度时，扒净熔体表面渣，然后将难熔成分分批均匀加入。除电解锰和结晶硅外，其余难熔成分加入后应加强搅拌，以加速溶解。电解锰和结晶硅加入后，不宜过多搅拌，待其基本熔化后，加强搅拌，使金属液体温度上下趋于一致。

此外，为减少金属损耗，缩短熔化时间，在加难熔成分过程中，应根据烧渣情况加入适量覆盖剂并适当扒渣。具体操作是，如烧渣过多，先将渣子扒出，然后加入覆盖剂和下一批的难熔成分，待难熔成分完全熔化后立即扒出表面渣，充分搅拌，然后向炉中加入冷却料并搅拌，保证合金成分均匀一致，即可出炉铸造。

表 2-3 列出几种常见中间合金熔炼时加难熔成分的温度范围，在生产实践中，锰、铁、硅的温度宜控制在上限；电解铜板、电解镍板最好在能被熔体淹没时加入（不露头，不沉底），使铝锭与铜板、镍板的熔化、溶解同时进行，有利于缩短熔炼时间，提高生产效率，也有利于获得均匀一致的合金成分。表 2-3 是几种中间合金在反射炉中熔制的工艺制度。

表 2-3　反射炉熔制中间合金工艺制度

中间合金	加难熔成分要求			最高熔炼温度/℃	冷却料用量/%	铸造温度/℃	原料
	加入温度/℃	加入批次	每批间隔时间/h				
Al-Cr	1000~1100	2	1.0~1.5	1100	0~2	950~1000	纯铬
Al-Cu	液体能淹没铜板时	1		1050	6~10	680~750	电解铜板
Al-Fe	900~1100	2	1.5~2.0	1100	0~2	950~1000	低碳钢薄片
Al-Mn	900~1000	2	1.5~2.0	1050	0~2	900~950	金属锰
Al-Mn	950~1050	1		1050	0~2	900~950	电解锰
Al-Ni	液体能淹没镍板时	1		1050	2~4	800~850	电解镍板
Al-Si	950~1000	1		1100	4~6	750~800	结晶硅
Al-Ti	1100~1200	1		1200		1000~1050	海绵钛

2.3.1.4 铸造与标识

用反射炉熔制中间合金时，出炉前在流槽入口处撒入精炼剂块，并向后炉膛中加入冷却料，方可导炉。导炉完毕，在熔体表面撒入熔剂粉，进行彻底搅拌，扒除浮渣，并用气体或熔剂块精炼熔体。

铸造前，所用工具和铸模必须烘烤预热，去除水分和潮气。铸造温度按照表 2-3 进行。Al-Cu、Al-Si 的铸造温度应偏中下限，而

Al-Mn、Al-Fe 的铸造温度应控制在中上限。这是根据中间合金的铸造流动性情况而确定的。

铸造过程中每隔一段时间搅拌一次熔体，防止合金成分偏析。铸造开始和铸造终了时，要分别取试样进行化学成分分析。

铸块表面的浮渣要打渣，所有铸块都要有清晰的印记，包括合金牌号、炉号、熔次号及批次号。

2.3.1.5 中间合金的管理

中间合金铸块必须按合金、熔次、批次分开，分区保管，以防混料，方便使用。

2.3.2 中频感应炉

2.3.2.1 坩埚的准备

坩埚是用石英砂按比例调和后捣制而成，坩埚及炉口材料成分见表 2-4。新坩埚须经烘烤和烧结，并用纯铝锭洗炉。洗炉后，对坩埚应仔细检查是否有裂纹和砂眼等，有缺陷不准使用，须重新捣制。

表 2-4 坩埚及炉口材料成分

材料名称	坩埚材料成分/%	炉口材料成分/%
石英砂	直径 2~3mm 的占 42.25%，直径 0.25~0.5mm 的占 27%	直径 2~3mm 的占 40%
细石英粉	25	35
硼酸	2.5	
耐火黏土		25
水	3	适量

注：石英砂的密度 2.6~2.65g/cm³，成分为：$w(SiO_2)>96\%$，$w(Al_2O_3)<1.5\%$，$w(Fe_2O_3)<1\%$，$w(MgO)<1.0\%$，$w(CaO)<1.0\%$。

正常生产时，出炉后应清炉，以保持炉膛的容量，延长坩埚的寿命。合金转组时，必须洗炉。

2.3.2.2 部分中间合金熔制工艺

中频感应电炉通常生产 Al-Ti、Al-Cr、Al-Ni 等中间合金，有时也生产其他中间合金。其流程如下：

炉料准备→装炉→熔化→扒渣→继续升温→加难熔成分→全部熔化后加入冷却料→搅拌扒渣→出炉铸造。各合金的工艺制度见表2-5。

表2-5 中频感应电炉制取中间合金的工艺制度

中间合金	配料成分含量/%	难熔成分加入方法	冷却料用量	熔炼温度/℃	铸造温度/℃	备注
Al-Ti	4	炉料熔化后，扒出表面渣后，将 TiO_2 加入熔体表面，边压边搅拌（加入前应与冰晶石按1：1混合）	炉料的10%	1100~1300	1000~1100	用 TiO_2 配入
Al-Cr	4	炉料熔化，扒出表面渣后即可加入熔体		1000~1100	900~950	
Al-Ni	20	与铝锭同时装炉	炉料的10%~15%	950~1000	900~950	

配料时，Al-Ti 中间合金的含钛量按4%计算，钛若以 TiO_2 配入，TiO_2 中的含钛量按60%计算。其余中间合金的难熔成分按表2-5的规定配入。

Al-Cr 中间合金铬的粒度不宜过大，一般在10mm左右，否则不易熔化，增加金属烧损和吸气，影响合金质量。铬加入熔体后应加强搅拌，加速熔化。

Al-Ni 中间合金的镍板应切成适宜装炉的小块，与铝锭同时装炉。镍板未完全熔化时不需搅拌熔体，待镍板全部熔化后，彻底搅拌，扒除浮渣，调整好铸造温度，即可出炉铸造。

每炉在铸造后期取样进行化学成分分析。

2.3.2.3 标识与管理

所有铸块都要有清晰的印记，包括合金牌号、炉号、熔次号及批次号。

中间合金铸块必须按合金、熔次、批次分开，分区保管，以防混料，方便使用。

2.4　铝合金添加剂

铝合金添加剂可替代铝中间合金，合金元素以添加剂形式加入，产品熔化充分，无夹渣，产品质量得以提高。无钠环保配方，符合国家环保要求，各项指标稳定，配料准确，使用方便。铝合金添加剂适用于铝合金熔炼时配制和调整合金中锰、铁、铬等化学元素的含量。

铝合金添加剂一般为圆柱体（如图 2-8 所示），主成分含量通常在 60%以上，单位用量少，加入铝液后发生放热反应，熔体温度基本保持不变，炉温损失小，有降低能源消耗的作用。铝合金添加剂有助熔剂型、铝型和复合型等不同类型，常用铝合金添加剂主要有锰剂、铁剂、铬剂、铜剂、镍剂，其规格可根据添加元素、用户需求进行制作。不同类型铝合金添加剂的优势和不足如表 2-6 所示。铝合金添加剂的使用温度一般在 730~750℃，实际生产中，根据添加剂的类型不同，可以在扒净熔体表面浮渣、保证足够扩散时间的前提下降低加入温度。

典型铝型添加剂的主要成分、密度、元素实收率等见表 2-7 和表 2-8。

Fe80F 1.25kg/块

Mn75Al 0.5kg/块

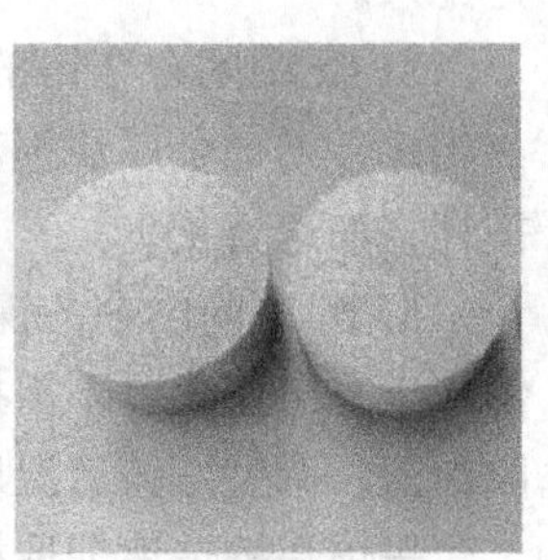

Cr75Al 100g/块

图 2-8　铝合金添加剂形状及质量举例

表 2-6 不同类型铝合金添加剂的优势和不足

产品类型	优 势	不 足
助熔剂型	熔化速度快； 使用成本低； 所含的助熔剂可起到清渣作用	加入后产生烟气较大； 反应相对比较剧烈
铝型	加入后基本无烟气，更加环保； 适用于对盐类敏感，质量要求较高的产品	熔化速度与助熔剂型基本相当或略慢
复合型	熔化速度、烟气量、使用成本等介于助熔剂型和铝型之间； 可根据使用要求定制开发，满足不同质量要求	—

表 2-7 典型铝型添加剂主要成分

类 别	成 分					
	w(Mn)/%	*w*(Cr)/%	*w*(Fe)/%	*w*(Cu)/%	*w*(水分)/%	*w*(铝粉)/%
铝型锰剂	80±2		≤0.2	≤0.2	≤0.5	≥19
铝型铁剂			80±2	≤0.2	≤0.5	≥19
铝型铬剂		80±2	≤0.19	微量	≤0.5	≥19

表 2-8 典型铝型添加剂密度和元素实收率

类 别	密度/g·cm^{-3}	单块质量/g	实收率/%
铝型锰剂	3.9~4.2	180±15	≥95
铝型铁剂	3.4~3.7	180±15	≥95
铝型铬剂	3.5~4.0	180±15	≥95

铝合金添加剂产品需要对成分、密度、水分、外观、断口、熔解性能等项目进行检测及质量确认。表 2-9 列出了主要检测项目，其具体数值仅供参考，用户可根据需要进行选择。

表 2-9　铝合金添加剂主要检测项目及内容

检测项目	内　容	检测项目	内　容
化学成分	主元素及常见铝合金杂质元素	外观	不允许有潮解； 不允许有 3mm 以上的飞边
密度	根据含量、类型有所变化，不低于铝熔体密度	断口	不允许有颗粒聚集物
水分	≤0.5%	熔解性能	模拟客户使用条件

铝合金添加剂产品包装应注意防潮，储存于通风干燥处，防止受热、受潮。一般产品拆箱后应在三天内使用完。

3 铝及铝合金熔炼技术

第 3 章
数字资源

3.1 概述

3.1.1 熔炼目的

熔炼的基本目的是：熔炼出化学成分符合要求，并且获得纯洁度高的铝合金熔体，为铸造成各种形状的铸锭创造有利条件。具体如下：

(1) 获得化学成分均匀并且符合要求的合金。合金材料的组织和性能，除受生产过程中的各种工艺因素影响外，在很大程度上取决于它的化学成分。化学成分均匀指的是金属熔体的合金元素分布均匀，无偏析现象；化学成分符合要求指的是合金的成分和杂质含量应在国家等有关标准范围内。此外，为保证制品的最终性能和加工过程中的工艺性能（包括铸造性能），应将某些元素含量和杂质控制在适当范围内。

(2) 获得纯洁度高的合金熔体。熔体纯洁度高是指在熔炼过程中通过熔体净化手段，降低熔体中的含气量，减少金属氧化物和其他非金属夹杂物，尽可能避免在铸锭中形成气孔、疏松、夹渣等破坏金属连续性的缺陷。

(3) 复化不能直接回炉使用的废料使其得到合理使用。不能直接回炉使用的废料包括部分外购废料、加工工序产生的碎屑、被严重污染或严重腐蚀的废料、合金混杂无法分清的废料等。这些废料通过复化重熔，一方面可以提高金属纯洁度，避免直接使用污染熔体，另一个方面可以获得准确的化学成分，以利于使用。

3.1.2 熔炼特点

铝是非常活泼的金属，能与气体发生反应，如：

$$4Al + 3O_2 \longrightarrow 2Al_2O_3 \tag{3-1}$$

$$2Al + 3H_2O \longrightarrow Al_2O_3 + 3H_2 \tag{3-2}$$

而且这些反应都是不可逆的，一经反应金属就不能还原，因此会造成金属的损失。而且生成物（氧化物、碳化物等）进入熔体，将会污染金属，造成铸锭的内部冶金缺陷。

因此在铝合金的熔炼过程中，应严格选择工艺设备（如炉型、加热方式等），制定严谨的工艺流程，并严格进行操作，以降低金属损失和减少质量缺陷。

铝合金熔炼的特点可以概括如下：

（1）熔化温度低，熔化时间长。铝合金的熔点低，可在较低的温度下进行熔炼，一般熔化温度在700~800℃。但铝的比热容和熔化潜热大，熔化过程中需要热量多，因此熔化时间较长。与铁相比，虽然铝比铁的熔点低得多，但熔化同等数量的铝和铁所需热量几乎相等。

（2）容易产生成分偏析。铝合金中各元素密度偏差较大，在熔化过程中容易产生成分偏析。因此在合金熔炼过程中应加强搅拌，并针对添加合金元素的不同，采用不同的搅拌方法。

（3）铝非常活泼，能与氧气发生反应。铝与氧发生反应，在熔体表面生成 Al_2O_3。这层表面薄膜在搅拌、转注等操作过程中易破碎，并进入熔体中。铝及铝合金的氧化，一方面容易造成熔炼过程中的熔体烧损，使金属造成损失；另一方面因 Al_2O_3 的密度与金属熔体的接近，其中质点小、分散度大的 Al_2O_3 在熔体中呈悬浮状态难以除去，易随熔体进入铸锭造成夹渣缺陷。因此，在熔化过程中应加强对熔体的覆盖，减少氧化物的生成。

（4）吸气性强。铝具有较强的吸气性，特别在高温熔融状态下，金属熔体与大气中的水分和一系列工艺过程接触的水分、油、碳氢化合物等，都会发生化学反应。一方面可增加熔体的含气量，另一方面其生成物可污染熔体。因此，在熔化过程中必须采取一切措施尽量减少水分，并对工艺设备、工具和原辅材料等都严格保持干燥和避免污染，并在不同季节采取不同形式的保护措施。

（5）任何组元加入后均不能除去。铝合金熔化时，任何组元一旦进入熔体，一般都不能去除，所以对铝合金的加入组元须特别注意。

误加入非合金组元或组元加入过多或过少，都可能出现化学成分不符，或影响制品的铸造、加工或使用性能。如误在高镁铝合金中加入钠含量较高的熔剂，则会引起“钠脆性”，造成铸造时的热裂性和压力加工时的热脆性；向7075合金中多加入硅，则会给铸锭成型带来一定的困难。

(6) 熔化过程易产生粗大晶粒等组织缺陷。铝合金的熔铸过程中容易产生粗大晶粒、粗大化合物一次晶等组织缺陷，熔铸过程中产生的缺陷在加工过程无法补救，严重影响材料的使用性能。适当地控制化学成分和杂质含量以及加入变质剂（细化剂），可以改善铸造组织，提高熔体质量。

3.1.3 熔炼炉

3.1.3.1 按加热能源分类

熔炼炉按加热能源不同可分为燃料加热和电加热式。

(1) 燃料加热式。燃料加热式包括天然气、石油液化气、煤气、柴油、重油、焦炭等，以燃料燃烧时产生的反应热能加热炉料。

(2) 电加热式。电加热式由电阻组件通电发出热量或者让线圈通交流电产生交变磁场，以感应电流加热磁场中的炉料。

3.1.3.2 按加热方式分类

按加热方式的不同，可将熔炼炉分为直接加热和间接加热。

(1) 直接加热式。燃料燃烧时产生的热量或电阻组件产生的热量直接传给炉料的加热方式，其优点是热效率高，炉子结构简单。但是燃烧产物中含有的有害杂质对炉料的质量会产生不利影响；炉料或覆盖剂挥发出的有害气体会腐蚀电阻组件，降低其使用寿命；由于以前燃料燃烧过程中燃料/空气比例控制精度低，燃烧产物中过剩空气（氧）含量高，造成加热过程金属烧损大，现在随着燃料/空气比例控制精度的提高，燃烧产物中过剩空气（氧）含量可以控制在很低的水平，减少了加热过程的金属烧损。炉料熔化过程中容易产生熔体局部过热。

(2) 间接加热式。间接加热方式有两类：第一类是燃烧产物或通电的电阻组件不直接加热炉料，而是先加热辐射管等传热中介物，然后热量再以辐射和对流的方式传给炉料；第二类是让线圈通交流电产生交变磁场，以感应电流加热磁场中的炉料，感应线圈等加热组件与炉料之间被炉衬材料隔开。间接加热方式的优点是燃烧产物或电加热组件与炉料之间被隔开，相互之间不产生有害的影响，有利于保持和提高炉料的质量，减少金属烧损。感应加热方式对金属熔体还具有搅拌作用，可以加速金属熔化过程，缩短熔化时间，减少金属烧损。但是由于热量不能直接传递给炉料，所以与直接加热式相比，热效率低，炉子结构复杂。

3.1.3.3 按操作方式分类

按操作方式的不同，可将熔炼炉分为连续式和周期式。

(1) 连续式。连续式炉的炉料从装料侧装入，在炉内按给定的温度曲线完成升温、保温等工序后，以一定速度连续地或按一定时间间隔从出料侧出来。连续式炉适合于生产少品种大批量的产品。

(2) 周期式。周期式炉的炉料按一定周期分批加入炉内，按给定的温度曲线完成升温、保温等工序后将炉料全部运出炉外。周期式炉适合于生产多品种、多规格的产品。

3.1.3.4 按炉内气氛分类

按炉内气氛不同，可将熔炼炉分为无保护气体和保护气体式。

(1) 无保护气体式，炉内气氛为空气或者是燃料自身燃烧气氛，多用于炉料表面在高温能生成致密的保护层，能防止高温时被剧烈氧化的产品。

(2) 保护气体式。如果炉料氧化程度不易控制，通常把炉膛抽为低真空，向炉内通入氮、氩等保护气体，可防止炉料在高温时剧烈氧化。随着产品内外质量要求不断提高，保护气体式炉的使用范围不断扩大。铝锂合金熔炼一般采用这种方式。

生产中可根据生产规模、能源情况及对产品质量的要求等因素具体选择。

3.1.4 熔炼方法

3.1.4.1 分批熔炼法

分批熔炼法是一个熔次一个熔次的熔炼，即一炉料装炉后，经过熔化、扒渣、调整化学成分、精炼处理，温度合适后出炉，炉料一次出完，不允许剩有余料，然后再装下一炉料。这种方法适用于铝合金的成品生产，它能保证合金化学成分的均匀性和准确性。

3.1.4.2 半分批熔炼法

半分批熔炼法与分批熔炼法的区别，在于出炉时炉料不是全部出完，而留下 1/5~1/4 的液体料，随后装入下一熔次炉料进行熔化。

此法的优点是所加入的金属炉料浸在液体料中，从而加快了熔化速度，减少烧损；可以使沉于炉内的夹杂物留在炉内，不至于混入浇铸的熔体之中，从而减少铸锭的非金属夹杂；同时炉内温度波动不大，可延长炉子寿命，有利于提高炉龄。但是，此法的缺点是炉内总有余料，而且这些余料在炉内停留时间过长，易产生粗大晶粒而影响铸锭质量。

半分批熔炼法适用于中间合金以及产品要求较低、裂纹倾向较小的纯铝制品的生产。

3.1.4.3 半连续熔炼法

半连续熔炼法与半分批熔炼法相仿。每次出炉量为 1/3~1/4，即可加入下一熔次炉料。与半分批熔炼法所不同的是，即留于炉内的液体料为大部分，每次出炉量不多，新加入的料可以全部搅入熔体之中，以致每次出炉和加料互相连续。

此法适用于双膛炉熔炼碎屑或复化料的生产。由于加入炉料浸入液体中，不仅可以减少烧损，而且还使熔化速度加快。

3.1.4.4 连续熔炼法

此法加料连续进行，间歇出炉，连续熔炼法灵活性小，仅适用于纯铝的熔炼。

铝合金熔炼时，应尽量缩短熔体在炉内停留时间。熔体停留时间过长，尤其在较高的熔炼温度下，大量的非自发晶核活性衰退，容易引起铸锭晶粒粗大缺陷，同时也增加了熔体吸气和氧化倾向，使熔体中非金属夹杂、烧损和含气量增加，再加上液体料中大量地加入固体料，严重污染金属，为铝合金熔炼所不可取。因此，分批熔炼法是最适合于铝合金成品铸锭生产的熔炼方法。

3.2 熔炼过程中的物理化学作用

铝合金的熔炼，若在大气下的熔炼炉中进行，则随着温度的升高，金属表面与炉气或大气接触，会发生一系列的物理化学作用。由于温度、炉气和金属性质不同，金属表面可能产生气体的吸附和溶解或产生氧化物、氢化物、氮化物和碳化物。

3.2.1 炉内气氛

炉内气氛指熔炼炉内的气体组成，包括空气、燃烧物及燃烧产物的气体。炉内气氛一般为氢（H_2）、氧（O_2）、水蒸气（H_2O）、二氧化碳（CO_2）、一氧化碳（CO）、氮（N_2）、二氧化硫（SO_2），各种碳氢化合物（主要是以 CH_4 为代表）等。熔炼炉炉型、结构，以及所用燃料的燃烧或发热方式不同，炉内气氛的比例也不相同。大气熔炼条件下几种典型炉内气氛见表 3-1。

表 3-1 几种典型熔化炉炉气成分

炉 型	气体组成(质量分数)/%						
	O_2	CO_2	CO	H_2	C_mH_n	SO_2	H_2O
电阻炉	0~0.40	4.1~10.30	0.1~41.50	0~1.40	0~0.90		0.25~0.80
燃煤发射炉	0~22.40	0.30~13.50	0~7.00	0~2.20		0~1.70	0~12.60
燃油反射炉	0~5.80	8.70~12.80	0~7.20	0~0.20		0.30~1.40	7.50~16.40
外热式燃油坩埚炉	2.90~4.40	10.80~11.60				0.40~2.10	8.00~13.50
顶热式燃油坩埚炉	0.20~3.90	7.70~11.30	0.40~4.40			0.40~3.00	1.80~12.30

从表 3-1 可以看出，炉气组成中除氧及碳氧化合物外，还有大量的水蒸气。此外，火焰反射炉中的水蒸气比电阻炉中的水蒸气要多得多。

3.2.2 液态金属与气体的相互作用

3.2.2.1 氢的溶解

氢是铝及铝合金中最易溶解的气体之一。铝所溶解的气体，按其溶解能力，其顺序为H_2、C_mH_n、CO_2、CO、N_2（见表3-2）。在所溶解的气体中，氢占90%左右。

表3-2 铝合金溶解的气体组成（体积分数） （%）

H_2	CH_4	H_2O	N_2	O_2	CO_2	CO
92.2	2.9	1.4	3.1	0	0.4	
95.0	4.5		0.5			
68.0	5.0		10.0		1.7	15.0

凡是与金属有一定结合力的气体，都能不同程度溶解于金属中，而与金属没有结合力的气体，一般只能进行吸附，但不能溶解。气体与金属之间的结合能力不同，则气体在金属中的溶解度也不相同。

金属的吸气由三个过程组成：吸附、扩散、溶解。

吸附有物理吸附和化学吸附两种。物理吸附是不稳定的，单靠物理吸附的气体是不会溶解的。然而当金属与气体有一定结合力时，气体不仅能吸附在金属之上，而且还会离解为原子，其吸附速度随温度升高而增大，达到一定温度后才变慢，这就是化学吸附。只有能离解为原子的化学吸附，才有可能进行扩散或溶解。

由于金属不断地吸附和离解气体，当气体表面某一气体的分压达到大于该气体在金属内部的分压时，气体在分压差及与金属结合力的作用下，便开始向金属内部进行扩散，即溶解于金属中。其扩散速度与温度、压力有关，金属表面的物理、化学状态对扩散也有较大影响。

气体原子通过金属表面氧化膜（或熔剂膜），其扩散速度比在液态中慢得多。氧化膜和熔剂膜越致密、越厚，其扩散速度越小。气体在液态中扩散速度比固态中快得多。

在金属液体表面无氧化膜的情况下，气体向金属中的扩散速度与金属厚度成反比，与气体压力平方根成正比，并随温度升高而增大。

其关系式如下：

$$v=\frac{n}{d}\sqrt{p_{\mathrm{H}}}\,\mathrm{e}^{-E/2RT} \tag{3-3}$$

式中，v 为扩散速度；n 为常数；d 为金属厚度；E 为激活能；p_{H} 为气体分压；R 为气体常数；T 为铝液温度。

气体在金属中的溶解是通过吸附、扩散、溶解而进入金属中，但溶解速度主要取决于扩散速度。

由于氢是结构比较简单的单质气体，其原子或分子都很小，较易溶于金属中，在高温下也容易迅速扩散，所以氢是一种极易溶解于金属中的气体。

氢在熔融态铝中的溶解过程：物理吸附→化学吸附→扩散（H_2）→2H→2[H]

氢与铝不起化学反应，而是以离子状态存在于晶体点阵的间隙内，形成间隙式固溶体。因此，在达到气体的饱和溶解度之前，熔体温度越高，则氢分子离解速度越快，扩散速度也就越快，故熔体中含气量越高。在压力为 0.1MPa 下，不同温度时氢在铝中的溶解度如表 3-3 所示。

表 3-3　不同温度下氢在铝中的溶解度（0.1MPa）

温度/℃	氢在铝中的溶解度/mL·(100gAl)$^{-1}$
850	2.01
658（液态）	0.65
658（固态）	0.034
300	0.001

表 3-3 说明，在一定的压力下，温度越高，氢在铝中的溶解度就越大；温度越低，氢在铝中的溶解度就越小。在固态时，氢几乎不溶于铝。表 3-3 也说明，在由液态到固态时，氢在铝中的溶解度发生急剧的变化。因此，在直接水冷铸造条件下，由于冷却速度快，氢原子从液态铝中析出成为分子氢，分子氢还来不及排出熔体，最后以疏松、气孔的形式存在于铸锭中。因此，也说明了铝及铝合金最容易吸收氢而造成疏松、气孔等缺陷。

3.2.2.2 与氧的作用

在生产条件下，无论采用何种熔炼炉生产铝合金，熔体都会直接与空气接触，也就是和空气中的氧和氮接触。铝是一种比较活泼的金属，它与氧接触后，必然产生强烈的氧化作用而生成氧化铝。其反应式为：

$$4Al + 3O_2 \xlongequal{} 2Al_2O_3 \tag{3-4}$$

铝一经氧化，就变成了氧化渣，成了不可挽回的损失。氧化铝是十分稳定的固态物质，如混入熔体内，便成为氧化夹渣。

由于铝与氧的亲和力很大，所以氧与铝的反应很激烈。但是，表面铝与氧反应生成 Al_2O_3，Al_2O_3 的分子体积比铝的分子体积大，即：

$$\alpha = \frac{V_{Al_2O_3}}{V_{Al}} > 1(\alpha = 1.23) \tag{3-5}$$

所以表面的一层铝氧化生成的 Al_2O_3 膜是致密的，它能阻止氧原子透过氧化膜向内扩散，同时也能阻止铝离子向外扩散，因而就阻止了铝的进一步氧化。此时金属的氧化将按抛物线的规律变化，其关系式如下：

$$W^2 = K\tau \tag{3-6}$$

式中，W 为氧化物重量；K 为氧化反应速度常数；τ 为时间。

金属在其氧化膜的保护下，氧化率随时间增长而减慢。铝、铍属于这类金属。某些金属固态时的 α 值如表 3-4 所示。

表 3-4 某些金属固态时 α 的近似值

金属	Mg	Al	Zn	Ni	Be	Cu	Si	Fe	Li	Ca	Pb	Ce
氧化物	MgO	Al_2O_3	ZnO	NiO	BeO	Cu_2O	SiO_2	Fe_2O_3	Li_2O	CaO	PbO	Ce_2O_3
α	0.78	1.23	1.57	1.60	1.68	1.74	1.88	3.16	0.60	0.64	1.27	2.03

若 $\alpha<1$，则氧化膜容易破裂或呈疏松多孔状，氧原子和金属离子通过氧化膜的裂缝或空隙相接触，金属便会继续氧化，氧化率将随时间增长按直线规律变化，其关系式如下：

$$W = K\tau \tag{3-7}$$

镁和锂即属于此类，即氧化膜不起保护作用，因而在高镁铝合金中加入铍，改善氧化膜的性质，则可以降低合金的氧化性。

在温度不太高时，金属多按抛物线规律变化；高温时多按直线规律氧化。因为温度高时原子扩散速度快，氧化膜与金属的线膨胀系数不同，强度降低，因而易于被破坏。例如铝的氧化膜强度较高，其线膨胀系数与铝相近，其熔点高，不溶于铝，在400℃以下呈抛物线规律，保护性好。但在500℃以上时，则按直线规律氧化，在750℃时易于断裂。

炉气性质要由炉气与金属的相互作用性质决定。若金属与氧的结合力比碳、氢与氧的结合力大，则含CO_2、CO、H_2O的炉气会使金属氧化，这种炉气是氧化性的；否则，便是还原性的。

生产实践表明，炉料的表面状态是影响氧化的一个重要因素。在铝合金熔炉一定时，氧化烧损主要取决于炉料状态和操作方法。例如在相同的条件下熔炼铝合金时，大块料时烧损为0.8%~2.0%；打捆片料时烧损为2%~10%；碎屑料的烧损可高达30%。另外熔池表面积大，熔炼时间长，都会增加烧损。

降低氧化烧损主要应从熔炼工艺着手。一是在大气下的熔炉中熔炼易烧损的合金时尽量选用熔池表面积小的炉子，如低频感应电炉；二是采用合理的加料顺序，快速装料以及高温快速熔化，缩短熔炼时间，易氧化烧损的金属尽可能后加；三是采用覆盖剂覆盖，尽可能在熔剂覆盖下的熔池内熔化，对易氧化烧损的高镁铝合金，可加入0.001%~0.004%的铍；四是正确地控制炉温及炉气性质。

3.2.2.3 与水的作用

熔炉的炉气中虽然含有不同程度的水蒸气，但以分子状态（H_2O）存在的水蒸气并不容易被金属所吸收，因为H_2O在金属中的溶解度很小，而且水在2000℃以后才开始离解。水蒸气之所以是造成铸锭内部疏松、气孔的根源，是因为在金属熔融状态这样的高温下，分子H_2O要被具有比较活性的铝所分解，而生成原子状态的[H]。

$$3H_2O + 2Al \longrightarrow Al_2O_3 + 6[H] \tag{3-8}$$

所分解出的[H]原子，很容易地溶解于金属熔体内，而成为铸锭内疏松、气孔缺陷的根源。这种反应即使是在水蒸气分压力很低的情况下，也可以进行。

据资料介绍，在1m^{3}的空气中若有10g水，则可折合成1g氢，而1g氢则足以使1t铝的体积增大2%~3%。

水分的主要来源有以下几个方面：

（1）空气中的水分。空气中有大量的水蒸气，尤其在潮湿季节，空气中水蒸气含量更大。空气中的水分含量受地域和季节因素影响。

我国北方比较干燥，南方相对潮湿。尤其在夏季气高温季节，空气绝对湿度更大。铝合金在这样条件下生产时如不采取除气净化等措施，将会增加合金中气体的溶解量。根据西南某厂历年生产统计资料证明，每年5月到10月是空气中湿度较大的季节，在净化条件差的情况下，在这个季节里生产的铸锭，易产生疏松、气孔，7、8、9三个月尤为严重。

如某厂某年对2017合金熔体做过的测定，在一般熔炼温度下，气体含量和大气温度的关系见表3-5。

表3-5 2017合金熔体的气体含量与大气湿度的关系

月份	1	2	3	4	5	6	7	8	9	10	11	12
湿度（平均）	30	32	34	38	38	40	52	60	46	40	32	30
含气量(平均)/mL·(100gAl)$^{-1}$	0.11	0.11	0.12	0.125	0.13	0.14	0.155	0.16	0.14	0.12	0.10	0.10

（2）原材料带来的水分。用于生产铝合金的原材料以及精炼用的熔剂或覆盖剂，如潮湿，熔炼时蒸发出来的大量水蒸气必定成为铸锭疏松、气孔的根源，因此生产中严禁使用潮湿的原材料。对于极易潮湿的氯盐熔剂，尤应注意其存放保管。有些容易受潮熔剂，入炉前应在一定温度下进行烘烤干燥。

（3）燃料中的水分及燃烧后生成的水分。当采用反射炉熔炼铝合金时，燃料中的水分以及燃烧时所产生的水分，是气体的主要来源。燃料中的水分指的是燃料原来吸附的水分。燃烧产生的水分指的是燃料中所含的氢或碳氢化合物与氧燃烧后生成的水分。

（4）新修或大修的炉子后耐火材料上的水分。炉子新修或大修后，耐火材料及砌砖泥浆表面吸附有水分，在烘炉不彻底时，熔炼的前几熔次甚至几十熔次，熔体中气体含量将明显升高。

（5）精炼气体含水量高，精炼处理时带入熔体。

我国是一个幅员辽阔的国家，由于所在地点不同，一年四季温度和湿度都不一样，在铝加工厂环境湿度还未能控制的条件下，自然界的湿度是有明显影响的。因此，由原材料保管到工艺过程和工艺装备，都要进行严格选择和控制。

3.2.2.4　与氮的作用

氮是一种惰性气体元素，它在铝中的溶解度很小，几乎不溶于铝。但也有人认为，在较高的温度时，铝可能与氮结合成氮化铝。

$$2Al + N_2 \longrightarrow 2AlN \tag{3-9}$$

同时氮还能和合金组元镁形成氮化镁。

$$3Mg + N_2 \longrightarrow Mg_3N_2 \tag{3-10}$$

在一些金属中形成氮化物的过程，首先表现为激烈地溶解 N_2，而随着温度升高，N_2 的溶解度减小。氮还能溶解于铁、锰、铬、锌和钒、钛等金属中，形成氮化物。

氮溶于铝中，与铝及合金元素反应，生成氮化物，形成非金属夹渣，影响金属的纯洁度。

有些人还认为，氮不但影响金属的纯洁度，还能直接影响合金的抗腐蚀性和组织上的稳定性，这是由于氮化物不稳定，它遇到水后，马上由固态分解产生气体：

$$Mg_3N_2 + 6H_2O \longrightarrow 3Mg(OH)_2 + 2NH_3\uparrow \tag{3-11}$$

$$AlN + 3H_2 \longrightarrow Al(OH)_3 + NH_3\uparrow \tag{3-12}$$

3.2.2.5　与碳氢化合物的作用

任何形式的碳氢化合物（C_mH_n）在较高的温度下都会分解为碳和氢，其中氢溶解于铝熔体中，而碳则以元素形式或以碳化物形式进入液态铝，并以非金属夹杂物形式存在。其反应式如下：

$$4Al + 3C \longrightarrow Al_4C_3 \tag{3-13}$$

例如天然气中的 CH_4 燃烧，在熔炼温度下则发生下列反应：

$$CH_4 + 2O_2 \longrightarrow CO_2 + 2H_2O \tag{3-14}$$

$$3H_2O + 2Al \longrightarrow Al_2O_3 + 3H_2\uparrow \tag{3-15}$$

$$3CO_2 + 2Al \longrightarrow 3CO\uparrow + Al_2O_3 \tag{3-16}$$

$$3CO + 6Al \longrightarrow Al_4C_3 + Al_2O_3 \tag{3-17}$$

3.2.3 影响气体含量的因素

3.2.3.1 合金元素的影响

金属的吸气性是由金属与气体的结合能力所决定的。金属与气体的结合力不同，气体在金属中的溶解度也不同。

蒸气压高的金属与合金，由于具有蒸发吸附作用，可降低含气量。与气体有较大的结合力的合金元素，会使合金的溶解度增大。与气体结合力较小的元素则与此相反，增大合金凝固温度范围，特别是降低固相线温度的元素，易使铸锭产生气孔、疏松。

铜、硅、锰、锌均可降低铝合金中气体溶解度，而钛、锆、镁则与此相反。

3.2.3.2 温度的影响

熔融金属的温度越高，金属和气体分子的热运动越来越快，气体在金属内部的扩散速度也增加。因而，在一般情况下，气体在金属中的溶解度随温度升高而增加。图 3-1 是氢在铝中溶解度与温度关系的试验结果。

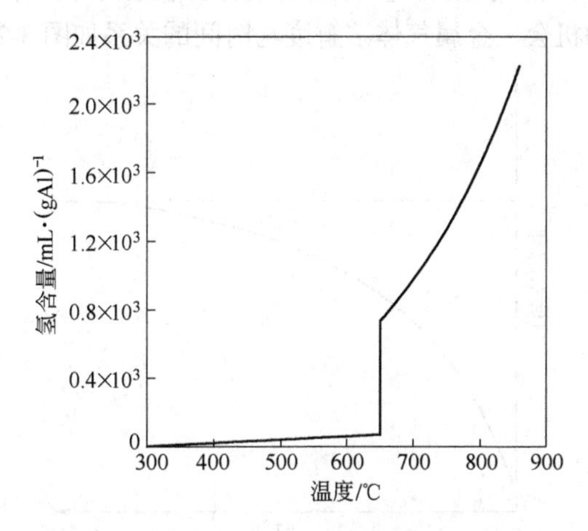

图 3-1 纯铝（99.99%）中氢的溶解度与温度的关系

3.2.3.3 压力的影响

压力和温度是两个互相关联的外界条件。对于金属吸收气体的能力而言，压力因素也有很重要的影响。随着压力增大，气体溶解度也增大。其关系式如下：

$$S = K\sqrt{p} \tag{3-18}$$

式中，S 为气体的溶解度（在温度和压力一定的条件下）；K 为平衡常数。表示标准状态时金属中气体的平衡溶解度，也可称为溶解常数；p 为气体的分压力。

公式（3-18）表明，双原子气体在金属中溶解度与其分压平方根成正比。真空处理熔体以降低其含气量，就是利用了这个规律。

3.2.3.4　其他因素

由于金属熔体表面有氧化膜存在，而且致密，它阻碍了气体向金属内部扩散，使溶解速度大大减慢。如果氧化膜遭到破坏，就必然加速金属吸收气体。所以在熔铸过程中，任何破坏熔体表面氧化膜的操作，都是不利的。

其次，对任何化学反应，时间因素总是有利于一种反应的连续进行，最终达到它对气体溶解于金属的饱和状态。因此，在任何情况下暴露时间越长，吸气就越多。特别是熔体在高温下长时间的暴露，就增加了吸气的机会。金属气体溶解度与时间的关系如图 3-2 所示。

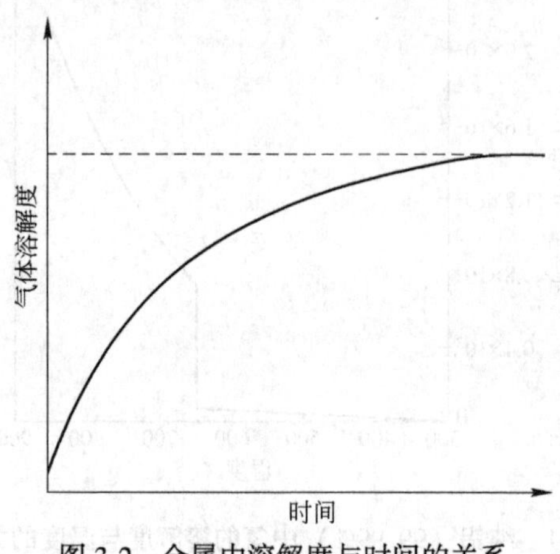

图 3-2　金属中溶解度与时间的关系

因而，在熔炼过程中，总是力求缩短熔炼时间，以尽量降低熔体的含气量。

在其他条件相同时，熔炉的类型对金属含氢量有一定的影响。在使用坩埚煤气炉熔炼铝合金时的含气量可高达 0.4mL/(100gAl) 以上，有熔剂保护时为 0.3mL/(100gAl) 左右；电阻炉为 0.25mL/(100gAl) 左右。

3.2.4 气体溶解度

熔炼时，铝液和水气发生反应的结果，氢溶于铝液中，氢在铝液中的溶解度 S 和熔体温度 T，炉气中的水分压 p_{H_2O} 服从下列关系（sievert 方程）：

$$S = k_0\sqrt{p_{H_2O}}\exp^{(-\Delta H/2RT)} \tag{3-19}$$

式中，ΔH 为氢的摩尔溶解热，J/mol；k_0 为常数；T 为铝液绝对温度，K；R 为气体常数；S 为氢在铝液中的溶解度，mL/(100gAl)；p_{H_2O} 为铝液面上的水分压，Pa。

氢在铝液中的溶解度是吸热反应，ΔH 是正值，因此，水气分压 p_{H_2O} 越大，熔体温度 T 越高，则氢在铝液中溶解度 S 也越大。上式也可改写成对数形式。

$$\lg S = -\frac{A}{T} + B + \frac{1}{2}\lg p \tag{3-20}$$

对纯铝为：

$$\lg S = -\frac{2760}{T} + \frac{1}{2}\lg p + 1.356 \tag{3-21}$$

溶解度公式中常数 A、B 的数值见表 3-6，铝液中气体检测方法就是根据这一原理进行检测。

表 3-6 铝及铝合金气体溶解度方程常数

合金成分（质量分数）/%	A	B	合金成分（质量分数）/%	A	B
Al99.9985（液态）	2760	1.356	Al+3%Mg	2695	1.506
Al99.9985（固态）	2080	−0.625	Al+3.5%Mg	2682	1.521
Al+2%Si	2800	1.35	Al+4%Mg	2670	1.535
Al+4%Si	2950	1.47	Al+5%Mg	2640	1.549
Al+6%Si	3000	1.49	Al+5.5%Mg	2632	1.563

续表 3-6

合金成分（质量分数）/%	*A*	*B*	合金成分（质量分数）/%	*A*	*B*
Al+8%Si	3050	1.51	Al+6%Mg	2620	1.574
Al+10%Si	3070	1.52	1×××、3003	2760	1.356
Al+2%Cu	2950	1.46	2219、2214	2750	1.296
Al+4%Cu	3050	1.50	6070、2017	2750	1.296
Al+6%Cu	2720	1.50	2024、2618、2A80	2730	1.454
Al+2%Mg	2720	1.469	5052、7075	2714	1.482
Al+2.5%Mg	2710	1.491			

3.3 熔炼工艺流程及操作工艺

铝合金的一般熔炼工艺过程如下：

熔炼炉的准备⟶装炉熔化（加铜或锌）⟶扒渣与搅拌（加镁、铍）⟶调整成分⟶出炉⟶清炉
（调整成分⟶精炼⟶出炉）

熔炼工艺的基本要求是：尽量缩短熔炼时间，准确控制化学成分，减少熔炼烧损，降低能耗，以及正确地控制熔炼温度，以获得化学成分符合要求且纯洁度高的熔体。

熔炼过程的正确与否，与铸锭的质量及以后加工材的质量密切相关。

3.3.1 熔炼炉的准备

为保证金属和合金的铸锭质量，尽量延长熔炼炉的使用奉命，并且要做到安全生产，事先对熔炼炉需做好各项准备工作。这些工作包括烘炉、洗炉及清炉。

3.3.1.1 烘炉

凡是新修或中修过的炉子，进行生产前需要烘炉，以便清除炉中的湿气。不同炉型采用不同烘炉制度。表 3-7 是某企业 35t 天然气炉新修或大修后的烘炉制度。

表 3-7 35吨天然气炉新修或大修后的烘炉制度

序号	加热定温/℃	升温时间/h	保温时间/h	累计时间/h	炉门状况
1	100	18	36	54	开
2	150	10	16	80	开
3	200	10	10	100	开
5	300	22	24	146	开
7	400	22	36	204	开
8	500	12	12	228	关
9	600	8	36	272	关
10	800	16	16	304	关
11	1050	10	10	324	关

3.3.1.2 洗炉

A 洗炉的目的

洗炉的目的就是将残留在熔池内各处的金属和炉渣清除出炉外，以免污染另一种合金，从而确保产品的化学成分。另外对新修的炉子，可清出大量非金属夹杂物。

B 洗炉原则

新修、中修和大修后的炉子生产前应进行洗炉；长期停歇的炉子，可以根据炉内清洁情况和要熔化的合金制品来决定是否需要洗炉；前一炉的合金元素为后一炉的杂质时，应该洗炉；由杂质高的合金转换熔炼纯度高的合金需要洗炉。

表 3-8 列出了常用铝合金转换的洗炉制度。

表 3-8 常用铝合金转换的洗炉制度（仅供参考）

上熔次生产之合金	下熔次生产下述合金前必须洗炉	根据情况选择是否洗炉
1×××系（1100 除外）	所有合金不洗炉	
1100	1A99、1A97、1A93、1A90、1A85、1A50、5A66、7A01	

续表 3-8

上熔次生产之合金	下熔次生产下述合金前必须洗炉	根据情况选择是否洗炉
2A02、2A04、2A06、2A10、2A11、2B11、2A12、2B12、2A17、2A25、2014、2214、2017、2024、2124	1×××系、2A13、2A16、2B16、2A20、2A21、2011、2618、2219、3×××系、4×××系、5×××系、6101、6101A、6005、6005A、6351、6060、6063、6063A、6181、6082、7A01、7A05、7A19、7A52、7003、7005、7020、8A06、8011、8079	2A01、2A70、2B70、2A80、2A90、2117、2118、6061、6070
2A13	1×××系、2A16、6005、2A20、2219、3×××系、4×××系、5×××系、6101、6101A、6005、6005A、6351、6060、6063、6181、6082、7A01 7A05、7A19、7A52、7003、7005、7020、8A06、8011、8079	2011
2A16、2B16、2219	1×××系、2A13、2A20、2A21、2011、2618、3×××系、4×××系、5×××系、6101、6101A、6005、6351、6060、6063、6181、7A01、7A05、7A19、7A33、7A52、7003、7005、7020、7475、8A06、8011、8079	2A70、2B70、2A80、2A90、6061、6070、7A09
2A70、2B70	除 2A80、2A90、2618、4A11、4032 外的所有合金	
2A80、2A90	除 2618、4A11、4032 外的所有合金	2A70
3A21、3003、3103	1×××系、2A13、2A20、2A21、2011、2618、4A01、4004、4032、4043、5A33、5A66、5052、6101、6101A、6005、6005A、6060、6063、7A01、7A33、7050、7475、8A06	2A70、2A80、2A90、5082、6061、6063A、7A09、8011
3004、3104	1×××系、2A13、2A16、2B16、2A20、2A21、2011、2618、3A21、3003、4A01、4A13、4A17、4004、4032、4043、5A33、5A66、5052、6101、6101A、6005、6005A、6060、6063、7A01、7A33、7050、7475、8A06、8011	2A70、2A80、2A90、3103、5082、6061、6063A、7A09
4A11、4032	其他所有合金	2A80、2A90

续表 3-8

上熔次生产之合金	下熔次生产下述合金前必须洗炉	根据情况选择是否洗炉
4A01、4A13、4A17	除 4A11、4004、4032、4043、4047 外的所有合金	2A14、2A50、2B50、2A80、2A90、2014、2214、5A03、6A02、6B02、6101、6005、6060、6061、6063、6070、6082、8011
4004	除 4A11、4032、4043A 外的所有合金	2A14、2A50、2B50、2A80、2A90、2014、2214、4047、6A02、6B02、6351、6082
5×××系 6063	1×××系、2A16、2B16、2A20、2011、2219、3A21、3003、4A01、4A13、4A17、4043、5A66、7A01、8A06、8011	
2A14、2A50、2B50、6A02、6B02、6061、6070	1×××系、2A02、2A04、2A10、2A13、2A16、2B16、2A17、2A20、2A21、2A25、2011、2219、2124、3A21、3003、4A01、4A13、4A17、4043、5A66、6101、6101A、7050、7075、7475、8A06、8011	2A12、2A70、2B70
7A01	除 2A11、2A12、2A13、2A14、2A50、2B50、2A70、2A80、2A90、2011、5A33、7×××系外的所有合金	2014、2214、2017、2024、2124、3004、4A11、4032、5A01、5A30、5005、5082、5182、5083、5086、6061、6070
7×××系	7A01 及其他所有合金	5A33

C 洗炉时用料原则

向高纯度和特殊合金转换时，必须用 100% 的原铝锭；新炉开炉，一般合金转换时，可采用原铝锭或纯铝的一级废料；中修或长期停炉后，如单纯为清洗炉内脏物，可用纯铝或铝合金的一级废料进行。洗炉时洗炉料用量一般不得少于炉子容量的 40%，但也可根据实际酌情减少。

D 洗炉要求

装洗炉料前必须放干、大清炉；洗炉后必须彻底放干；洗炉时的熔体温度控制在800~850℃，在达到此温度时，应彻底搅拌熔体，其次数不少于三次，每次搅拌间隔时间不少于30min。

3.3.1.3 清炉

清炉就是将炉内残存的结渣彻底清除出炉外。每当金属出炉后，都要进行一次清炉。当合金转换时，一般要求的制品连续生产5~15熔次，高品质要求的制品每生产一熔次，一般都要进行大清炉。大清炉时，应先均匀向炉内撒入一层熔剂，并将炉膛温度升至800℃以上，然后用三角铲将炉内各处残存的结渣彻底清除。

3.3.1.4 煤气炉（或天然气炉）烟道清除制度

A 清扫目的

集结在烟道内的升华物含有大量的硫酸钾和硫酸钠盐，在温度高于1100℃时能和熔态铝发生复杂的化学反应，可能产生强烈爆炸，使炉体遭受破坏。

集结在烟道内的大量挥发性熔剂，会降低烟道的抽力，从而影响炉子的正常工作，因此必须将这些脏物定期清除出去。

B 爆炸原因

熔炼铝合金时需要用大量的NaCl、KCl等制作的熔剂，这些熔剂在高温时易于挥发，并与废气中的SO_2起反应，即：

$$2NaCl + SO_2 + H_2O + 1/2O_2 \longrightarrow Na_2SO_4 + 2HCl \quad (3\text{-}22)$$

$$2KCl + SO_2 + H_2O + 1/2O_2 \longrightarrow K_2SO_4 + 2HCl \quad (3\text{-}23)$$

生成的硫酸盐随温度升高而增加，凝结在炉顶及炉墙上，并大量地随炉气带出集聚在烟道内。上述硫酸盐产物若与熔态铝作用，则其反应为：

$$3K_2SO_4 + 8Al \longrightarrow 3K_2S + 4Al_2O_3,\ \Delta G = 3511.2\text{kJ} \quad (3\text{-}24)$$

$$3Na_2SO_4 + 8Al \longrightarrow 3NaS + 4Al_2O_3,\ \Delta G = 3247.9\text{kJ} \quad (3\text{-}25)$$

以上反应为放热反应，反应时放出人量的热能，反应温度可达1100℃以上。因此，在一定的高温条件下，当硫酸盐浓度达到一定值时，遇到熔态铝，就存在爆炸的危险。

C 清扫制度

在前一次烟道清扫及连续生产一季度时，应从烟道内取烟道灰分析硫酸根含量，以后每隔一月分析一次；当竖烟道内硫酸根含量超过表3-9规定时，应停炉清扫烟道。

表3-9 竖烟道硫酸根允许含量表

温度/℃	硫酸根允许含量（不大于）/%
1000	45
1000~1200	38

此外，竖烟道温度不允许超过1200℃；要经常检查烟道是否有漏铝的现象，如果漏铝应立即停炉进行处理。

3.3.2 熔炼工艺流程和操作

3.3.2.1 装炉

熔炼时，装入炉料的顺序和方法不仅关系到熔炼时间、金属的烧损、热能消耗，还会影响到金属熔体的质量和炉子的使用寿命。装料的原则有：

(1) 装炉料顺序应合理。正确的装料要根据所加入炉料性质与状态而定，而且还应考虑到最快的熔化速度，最少的烧损以及准确的化学成分控制。

装炉时，先装小块或薄块废料，铝锭和大块料装在中间，最后装中间合金。熔点低易氧化的中间合金装在中下层，高熔点的中间合金装在最上层，其中Al-Zr中间合金也有在炉料熔化完后，熔体温度在740℃左右加入。所装入的炉料应当在熔池中均匀分布，防止偏重。

小块或薄板料装在熔池下层，这样可减少烧损，同时还可保护炉体免受大块料的直接冲击而损坏。中间合金有的熔点高，如Al-Ni和Al-Mn合金的熔点为750~800℃，装在上层，由于炉内上部温度高容易熔化，也有充分的时间扩散；而Al-Si中间合金易氧化，熔点低，应装中下层。使中间合金分布均匀，有利于熔体的成分控制。

炉料装平，各处熔化速度相差不多，这样可以防止偏重时造成的局部金属过热。

炉料应尽量一次入炉，二次或多次加料会增加非金属夹杂物及含气量，同时多次加料。使炉膛和熔体温度降低，造成能耗损失。

(2) 对于质量高的产品，如航天航空等材料，炉料除上述的装炉要求外，在装炉前可向熔池内撒20~30kg熔剂，在装炉过程中对炉料要分层撒熔剂，这样可提高炉料的纯洁度，也可减少烧损。

(3) 电炉装料时应注意炉料最高点距电阻丝的距离不得少于100mm，否则容易引起短路。

3.3.2.2 熔化

炉料装完后即可升温熔化。熔化是从固态转变为液态的过程。这一过程的好坏，对产品质量有决定性的影响。

A 覆盖

熔化过程中随着炉料温度的升高，特别是当炉料开始熔化后，金属外层表面所覆盖的氧化膜很容易破裂，将逐渐失去保护作用。气体在这时候很容易侵入，造成内部金属的进一步氧化。并且已熔化的液滴或液流要向炉底流动，当液滴或液流进入底部汇集起来的液体中时，其表面的氧化膜就会混入熔体中。所以为了防止金属进一步氧化和减少进入熔体中的氧化膜，在炉料软化下塌时，应适当向金属表面撒上一层熔剂进行覆盖，其用量见表3-10。这样也可以减少熔化过程中的金属吸气。

表3-10 覆盖剂种类及用量（仅供参考）

炉型及制品		覆盖剂用量（占投料量）/%	覆盖剂种类
电炉熔炼	一般制品	0.4~0.5	熔剂
	高品质制品	0.5~0.6	
煤气炉熔炼	一般制品	1~2	KCl : NaCl按1 : 1混合
	高品质制品	2~4	

注：对于高镁铝合金，应一律用2号熔剂进行覆盖。

B 加铜、锌

当炉料熔化一部分后，即可向液体中均匀加入锌锭或铜板，以熔池中的熔体刚好能淹没铜板和锌锭的时候为宜（不露头、不沉底）。

这里应该强调指出的是，铜板的熔点为1083℃，在铝合金熔炼温度范围内，铜是溶解在铝合金熔体中。因此，铜板如果加得过早，熔体未能将其盖住，这样将增加铜板的烧损；反之如果加得过晚，铜板来不及溶解和扩散，将延长熔化时间，影响合金的化学成分控制。

电炉熔炼时，应尽量避免更换电阻丝带，以防脏物落入熔体中，污染金属。

C 搅动熔体

熔化过程中应注意防止熔体过热，特别是天然气炉（或煤气炉）熔炼时炉膛温度高达1200℃，在这样高的温度下容易产生局部过热。为此，当炉料化平之后，应适当搅动熔体，以使熔池里各处温度均匀一致，同时也利于加速熔化。

3.3.2.3 扒渣与搅拌

当炉料在熔池里已充分熔化，并且熔体温度达到熔炼温度时，即可扒除熔体表面漂浮的大量氧化渣。

A 扒渣

扒渣前应先向熔体上均匀撒入熔剂，以使渣与金属分离，有利于扒渣，可以少带出金属。扒渣要求平稳，防止渣卷入熔体内。扒渣要彻底，因浮渣的存在会增加熔体的含气量，污染金属熔体。

B 加镁、加铍

扒渣后便可向熔体内加入镁锭，同时要用2号熔剂进行覆盖，以防镁的烧损。对于高镁铝合金，为防止镁的烧损，并且改变熔体及铸锭表面氧化膜的性质，在加镁后须向熔体内加入少量（0.001%～0.004%）的铍。铍一般以Al-Be中间合金形式加入，为了提高铍的实收率，也有将Na_2BeF_4与2号熔剂按1∶1混合加入，加入后应进行充分搅拌。

$$Na_2BeF_4 + Al \longrightarrow 2NaF + AlF_2 + Be \tag{3-26}$$

为防止铍的中毒，在加铍（仅指加Na_2BeF_4）操作时应戴好口罩。另外，加铍后扒出的渣滓应堆积在专门的堆放场地或做专门处理。

C 搅拌

在取样之前、调整化学成分之后，都应当及时进行搅拌。其目的在于使合金成分均匀分布和熔体内温度趋于一致。这看起来似乎是一种极简单的操作，但是在工艺过程中是很重要的工序。因为一些密度较大的合金元素容易沉底，另外合金元素的加入不可能绝对均匀，这就造成了熔体上下层之间，炉内各区域之间合金元素的分布不均匀。如果搅拌不彻底（没有保证足够长的时间和消灭死角），容易造成熔体化学成分不均匀。一般加入密度大的纯金属（如铜、锌）后应贴近炉底最低处向上搅拌，以使成分均匀；密度小的纯金属（如镁）应向下搅拌。补料量少时应多搅拌数分钟，以确保成分均匀。

搅拌应当平稳均匀进行，不应激起太大的波浪，以防氧化膜卷入熔体中。采用电磁搅拌最佳。

3.3.2.4 取样与调整成分

熔体经充分搅拌之后，在熔炼温度中限进行取样，取样温度一般不低于720℃，对炉料进行化学成分快速分析，并根据炉前分析结果调整成分。取样与调整成分的具体要求见3.4节。

3.3.2.5 精炼

工业生产的铝合金绝大多数在熔炼炉不设气体精炼过程，而主要靠静置炉精炼和在线熔体净化处理，但有的铝加工厂仍设有熔炼炉内精炼，其目的是提高熔体的纯洁度。这些精炼方法可分为两类：气体精炼法和熔剂精炼法。其操作工艺详见第四章铝合金熔体净化。

3.3.2.6 出炉

当熔体经过精炼处理，并扒出表面浮渣。待温度合适时，即可将金属熔体转注到静置炉，为铸造作准备。

3.3.2.7 清炉

清炉操作见3.3.1.3节。

3.3.3 熔炼时温度控制和火焰控制

3.3.3.1 温度控制

熔炼过程必须有足够高的温度以保证金属及合金元素充分熔化及溶解。加热温度过高，熔化速度越快，同时也会使金属与炉气、炉衬等相互有害作用的时间缩短。生产实践表明，快速加热以加速炉料的熔化，缩短熔化时间，对提高生产率和质量都是有利的。

但是另一方面，过高的温度容易发生过热现象，特别是在使用火焰反射炉加热时，火焰直接接触炉料，以强热加于熔融或半熔融状态之金属，容易引起气体侵入熔体。同时，温度越高，金属与炉气、炉衬等互相作用的反应也进行得越快，因此会造成金属的损失及熔体质量的降低。过热不仅容易大量吸收气体，而且易使在凝固后铸锭的晶粒组织粗大，增加铸锭裂纹的倾向性，影响合金性能。因此，在熔炼操作时，应控制好熔炼温度，严防熔体过热。图 3-3 为熔体过热温度与晶粒度、裂纹倾向之间的关系。

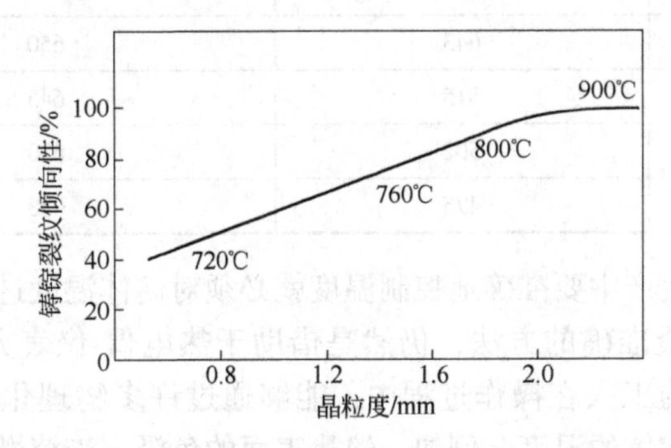

图 3-3 熔体过热与晶粒度、裂纹倾向之间的关系（Al-4%Cu 合金）

但是过低的熔炼温度在生产实践中是没有意义。因此，在实际生产中，既要防止熔体过热，又要加速熔化，缩短熔炼时间。熔炼温度的控制极为重要。目前，大多数工厂都是采用快速加料后高温快速熔化，使处于半固体、半液体状态时的金属较短时间暴露于强烈的炉气及火焰下，降低金属的氧化、烧损和减少熔体的吸气。当炉料化平后出现一层液体金属时，为了减少熔体的局部过热，应适当地降低熔炼温度，并在熔炼过程加强搅拌以利于熔体的热传导。特别要控制好炉料即将全部熔化完的熔炼温度。因金属或合金有熔化潜热，当炉料全部熔化完后温度就回升，此时如果熔炼温度控制过高就会造成整个熔池内的金属过热。在生产中，发生的熔体过热大多数是温度控制不好造成的。

实际熔化温度的选择，理论上应该根据各种不同合金的熔点温度来确定。各种不同合金具有不同的熔点，即不同成分的合金，在固体开始被熔化的温度（称为固相线温度）及全部熔化完毕的温度（称为液相线温度）也是不同的。在这两个温度范围内，金属处于半液半固状态。表3-11是几种铝合金的熔融温度。

表3-11 几种铝合金的熔融温度

合金	熔融温度/℃	
	开始熔化（固相线温度）	熔化完成（液相线温度）
1070	643	657
3003	643	654
5052	643	650
2017	515	645
2024	502	630
7075	475	638

在工业生产中要准确地控制温度就必须对熔体温度进行测定，测定熔体温度最准确的方法，仍然是借助于热电偶-仪表方法。但是，有实践经验的工人在操作过程中，能够通过许多物理化学现象的观察，来判断熔体的温度。例如，熔池表面的色泽、渣滓燃烧的程度以及操作工具在熔体中粘铝或者软化等现象，但是，这些都不是绝对可靠的，因为它受到光线和天气的影响从而影响其准确性。

由表3-11可知，多数合金的熔化温度区间是相当大的，当金属是处于半固体、半液体状态时，如长时间暴露于强热的炉气或火焰下，最易吸气。因此在实际生产中多选择高于液相线温度50~60℃的温度为熔炼温度，以迅速避开这半熔融状态的温度范围，是合适的。常用铝合金的熔炼温度如表3-12所示。

表3-12 常用铝合金的熔炼温度

合金	熔炼温度范围/℃
3A21、3003、3104、3004、2618、2A70、2A80、2A90	720~770
其余铝合金	700~760

3.3.3.2 火焰控制

气体燃料火焰反射炉大部分使用天然气或煤气，要使这些可燃气体燃烧后达到适当的炉膛温度，需要相应的火焰控制，以实现合理的加热或熔化。

层流扩散火焰，由于燃料与空气的混合主要靠分子扩散，火焰可明显地分成四个区域：纯可燃气层，可燃气加燃烧产物层，空气加燃烧产物层，纯空气层。如图 3-4 所示。燃料浓度在火焰中心为最大，沿径向逐渐减小，直至燃烧前沿面上减为零。在工业上，常见的是紊流扩散火焰，在层流的条件下，增加煤气和空气的流速，可使层流火焰过渡到紊流火焰。紊流火焰是紊乱而破碎的，其浓度分布比较复杂，各区域之间不存在明显的分接口。

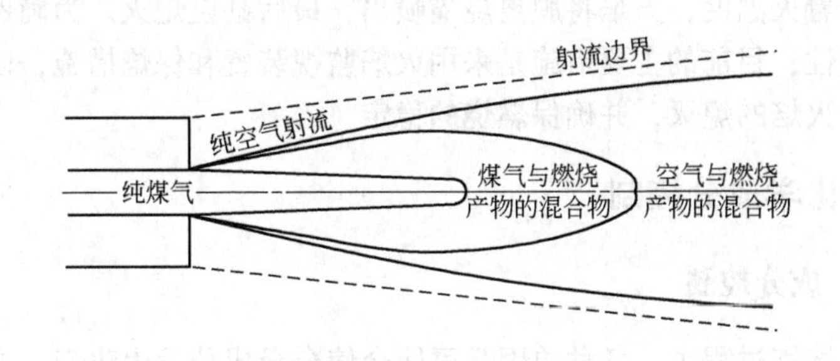

图 3-4 层流扩散火焰结构

火焰是可见的高温气流，火焰长度的调节与控制有重要的实际意义，影响火焰长度的因素很多，主要有：

(1) 可燃气和空气的性质。发热量越高的可燃气在燃烧时，要求的空气量越多，混合不易完成，在其他条件相同的情形下，所得火焰越长。

(2) 过剩空气量。通常以过剩空气系数表示，适当加大过剩空气系数可缩短火焰。

(3) 喷出情形。改善喷出情形，增加混合能力，可以缩短火焰；有一种火焰长度可调式烧嘴，通过改变中心煤气与外围煤气或中心空气与外围空气的比例，来得到不同长度的火焰。

现代化的大生产，熔铝炉的燃烧控制实现全自动化的控制，燃气流量，空气、燃气配比，点火、探火以及炉温、炉压的操作均由计算机自动完成。针对当今采用比较多的圆形熔铝炉，在设计选用燃烧器方面，可考虑适当的火焰长度，安装烧嘴和设计烧嘴砖时，应设计合适的下倾角和侧倾角，在熔炼炉的熔化期，高压全流量开启燃烧器，利用火焰长度，实现强化对流冲击加热，并形成旋转气流，实现快速加热和熔化。在保温期，以及静置炉的保温，则小流量燃烧，依靠火焰和炉壁的辐射来均匀和维持炉温，以减少铝液烧损和防止金属过热。

在实际生产中要防止回火的产生。所谓回火，即可燃气混合物从烧嘴喷出的速度小于火焰的传播速度，此时燃烧火焰会向管内传播而引起爆炸。但是可燃气混合物从烧嘴喷出的速度过大，则混合来不及加热到着火温度，火焰将脱离烧嘴喷出，最后甚至熄灭。为确保火焰的稳定性，目前的主要措施是采用火焰监视装置和保焰措施，以便及时发现火焰的熄灭，并确保燃烧的稳定。

3.4 化学成分控制

3.4.1 成分控制

在熔炼过程中，各种原因都可能会使合金成分发生改变，这种改变可能使熔体的真实成分与配料计算值发生较大的偏差，因而须在炉料熔化后，取样进行快速分析，以便根据分析结果确定是否需要调整成分。

3.4.1.1 取样

熔体经充分搅拌之后，即应取样进行炉前快速分析，分析化学成分是否符合标准要求。取样时的炉内熔体温度应不低于熔炼温度中限，一般不低于720℃。

快速分析试样的取样部位要有代表性，天然气炉（或煤气炉）在两个炉门中心部位各取一组试样，电炉在1/2熔体的中心部位取两组试样。取样前试样勺要进行预热，对于高纯铝及铝合金，为了防止试样勺污染，取样应采用不锈钢试样勺并涂上涂料。

3.4.1.2 成分调整

当快速分析结果和合金要求成分不相符时，就应调整成分——冲淡或补料。

A 补料

快速分析结果低于合金要求的化学成分时需要补料。为了使补料准确，补料量应按下列原则进行计算：

(1) 先计算量少者后计算量多者；

(2) 先计算杂质后计算合金元素；

(3) 先计算低成分的中间合金，后计算高成分的中间合金；

(4) 计算新金属；

(5) 最后进行核算。

一般可按下式近似地计算出所需补加的料量，然后予以核算，算式如下：

$$X = \frac{(a - b)Q + (C_1 + C_2 + \cdots)a}{d - a} \tag{3-27}$$

式中，X 为所需补加的料量，kg；Q 为熔体总重（即炉内金属熔体总重量，一般指投料量），kg；a 为某成分的要求含量,%；b 为该成分的分析含量,%；C_1、C_2 分别为其他金属或中间合金的加入量，kg；d 为补料用中间合金中该成分的含量（如果是加纯金属，则 d = 100),%。

举例说明其计算方法。

例 3-1 如有 2024 合金装炉量为 24000kg，该合金的控制成分见表 3-13。

表 3-13 2024 合金的控制成分标准

成分	Cu	Mg	Mn	Fe	Si	Cr	Zn	Ti	Al
含量（质量分数）/%	4.65	1.65	0.55	≤0.5	≤0.5	≤0.10	≤0.25	≤0.15	余量

取样实际分析结果见表 3-14。

表 3-14 2024 合金的实际分析结果

成分	Cu	Mg	Mn	Fe	Si	Cr	Zn	Ti	Al
含量（质量分数）/%	4.40	1.50	0.50	0.25	0.24	0.05	0.05	0.05	余量

计算其补料量：

因 Al-Fe、Al-Mn 和 Al-Cu 所含杂质含量较少，在补料时虽然可能带入一些，但对于 2024 合金装炉量为 24000kg 的情况下，所带入的杂质对该合金的成分影响不大，故为了计算简单起见，将这些中间合金所带入的杂质忽略不计。

铁对该合金属于杂质，其含量应越少越好。为了防止铸造裂纹，应使铁大于硅 0.05%以上，故应补入质量分数为 0.04%的铁，以满足铁、硅之比的要求。即

Al-Fe：$24000 \times (0.29 - 0.25)/(10 - 0.29) = 99(\text{kg})$

Al-Mn：$24000 \times (0.55 - 0.50)/(10 - 0.55) = 127(\text{kg})$

因铜、镁为该合金的主要元素，故补料量还应考虑上述补入量的含量。即

$$\text{Mg}: \frac{24000 \times (1.65 - 1.50) + 1.65 \times (96 + 120)}{100 - 1.65} = 40(\text{kg})$$

$$\text{Al-Cu}: \frac{24000 \times (4.65 - 4.40) + 4.65(96 + 120 + 38)}{40 - 4.65} = 200(\text{kg})$$

核算：略。

B 冲淡

快速分析结果高于国家、交货等有关标准的化学成分上限时就需冲淡。

在冲淡时含量高于化学成分标准的合金元素要冲淡至低于标准要求的该合金元素含量上限。

一般铝加工熔铸企业都制定了铝合金化学成分内控标准，以便使这些合金获得良好的铸造性能和力学性能，同时考虑分析误差等，确保合金实际成分不脱标。因此，在冲淡时一般都冲淡至接近或低于企业内控标准上限所需的化学成分。

在冲淡时一般可按照下式计算出所需的冲淡量：

$$X = Q(b - a)/a \tag{3-28}$$

式中，b 为某成分的分析量，%；a 为该成分的（企业内控）标准上限的要求含量，%；Q 为熔体总重，kg；X 为所需的冲淡量，kg。

例 3-2 根据上炉料熔化后快速分析结果见表 3-15。

表 3-15 上炉料熔化后快速分析结果

成分	Cu	Mg	Mn	Fe	Si	Zn	Ti	Al
含量（质量分数）/%	5.2	1.60	0.60	0.30	0.20		0.05	

由分析结果看出铜含量比要求的高，厂内标准上限为 $w(\mathrm{Cu})=4.8\%$，而快速分析 $w(\mathrm{Cu})$ 已高达 5.2%，于是冲淡量为：

$$\frac{(5.2-4.8)\%\times 24000}{4.8\%}=2000(\mathrm{kg})$$

核算：略。

3.4.1.3 调整成分时应注意的事项

（1）试样有无代表性。试样有无代表性是因为某些元素密度较大，溶解扩散速度慢，或易于偏析分层，故取样前应充分搅拌，以均匀其成分。由于反射炉熔池表面温度高，炉底温度低，没有对流传热作用，取样前要多次搅拌，每次搅拌时间不得少于 5min。

（2）取样部位和操作方法要合理。由于反射炉熔池大而深，尽管取样前进行多次搅拌，熔池内各部位的成分仍然有一定的偏差，因此试样应在熔池中部最深部位的 1/2 处取出。取样前应将试样模充分加热干燥，取样时操作方法正确，使试样符合要求，否则试样有气孔、夹渣或不符合要求，都会给快速分析带来一定的误差。

（3）取样时温度要适当。某些密度大的元素，它的溶解扩散速度随着温度的升高而加快。如果取样前熔体温度较低，虽然经过多次搅拌，其溶解扩散速度仍然缓慢，此时取出的试样仍然无代表性，因此取样前应控制熔体温度适当高些，一般不低于 720℃。

（4）补料和冲淡时一般使用中间合金，避免使用熔点较高和较难熔化、溶解的新金属料。

（5）补料量或冲淡量在保证合金元素要求的前提下应越少越好。且冲淡时应考虑熔炼炉的容量和是否便于冲淡的有关操作。

（6）在加入冲淡量较多的情况下，还应补入其他合金元素，使这些合金元素的含量不低于相应的标准值和要求。

（7）若快速分析结果与配料值或补料相差大，特别是补料量与配料值相加已超过合金成分的上限，一定要分析偏差的原因，不能盲目补料。

（8）原则上熔炼炉调整好合金成分，特别是如 Mn 等高熔点合金元素，不易溶解和扩散，应尽量减少保温炉补料量或不补料，确保成分的准确性和均匀性。

3.4.2　1×××系铝合金的成分控制

（1）控制铁、硅含量，降低裂纹倾向。1×××铝合金工业纯铝部分，当其品位较高时，应控制 $w(\mathrm{Fe}) > w(\mathrm{Si})$，以降低铸锭的热裂纹倾向。这是因为当纯铝中 $w(\mathrm{Fe}) > w(\mathrm{Si})$ 时，其有效结晶温度范围区间比 $w(\mathrm{Si}) > w(\mathrm{Fe})$ 的情况缩小 34℃，合金的热脆性降低，因而合金的热裂纹倾向也降低。

生产 1035 品位以下纯铝时，可不控制铁、硅含量，这是因为合金中的铁硅总量增加，不平衡共晶量增加，合金在脆性区的塑性提高，裂纹倾向低。

此外，在 1070、1060 合金 $w(\mathrm{Si}) > w(\mathrm{Fe})$，调整铁、硅比会造成纯铝品位降级的情况下，也可不调整铁、硅比，而是采用加晶粒细化剂的方法来弥补，提高合金抵抗裂纹的能力。

（2）控制合金中钛含量。钛能急剧降低纯铝的导电性，因此，用作导电制品的纯铝一般不加钛。

3.4.3　2×××系铝合金的成分控制

3.4.3.1　Al-Cu-Mg 系合金的熔炼

控制合金中铁、硅含量，降低裂纹倾向性。

2A11、2024、2A12 是 2×××系里比较有代表性的合金。下面以 2A11、2024、2A12 合金为例，介绍铁、硅含量对裂纹倾向的影响及其含量控制。

2024、2A12 合金处于热脆性曲线的上升部分，合金形成热裂纹的倾向随硅含量增加而增大。同时，合金中铁、硅杂质数量越多，铸态塑性越低，形成冷裂纹的倾向越大，因此，为了消除2A12合金热裂和冷裂倾向，应尽量降低硅含量，并控制 $w(Fe) > w(Si)$。一般大直径圆锭和扁锭控制 $w(Si) < 0.30\%$，$w(Fe)$ 比 $w(Si)$ 多0.05%以上。2A11合金处于热脆性曲线的下降部分，具有较大的热裂纹倾向。为减少热裂纹，通常控制合金中 $w(Si) > w(Fe)$。

3.4.3.2 Al-Cu-Mg-Fe-Ni系合金的熔炼

2A70成分控制上，尽量控制 $w(Fe)$ 及 $w(Ni)$ 小于1.25%，并尽量控制 $w(Fe):w(Ni)$ 约为1∶1。

3.4.4 3×××系铝合金的成分控制

（1）抑制粗大化合物一次晶缺陷。3×××系部分合金（如3003、3A21），在合金中锰含量过高时在退火板材中容易产生 $FeMnAl_6$ 金属化合物一次晶缺陷，恶化合金的组织和性能。为抑制 $FeMnAl_6$ 金属化合物的产生，控制合金中的锰含量，一般控制合金中 $w(Mn) < 1.4\%$。此外，适量的铁可显著降低锰在铝中的溶解度，控制 $w(Fe)$ 在0.4%~0.6%，同时使 $w(Fe + Mn) < 1.8\%$。

（2）减少裂纹倾向。为减少裂纹倾向，控制合金中 $w(Fe) > w(Si)$，并在熔体中添加晶粒细化剂细化晶粒。

3.4.5 4×××系铝合金的成分控制

成分接近共晶成分时，应尽量控制 $w(Si) < 12.5\%$，降低粗大初晶硅缺陷。

3.4.6 5×××系铝合金的成分控制

控制合金中 $w(Na) < 1 \times 10^{-3}\%$，避免钠脆性。

3.4.7 6×××系铝合金的成分控制

Mg_2Si 是该系合金的强化相，该系合金在成分控制上是Si剩余，一般硅控制在中上限。

3.4.8 7×××系铝合金的成分控制

7×××系合金裂纹倾向性大。如7A04合金，其主成分及杂质几乎都对裂纹具有重要的影响。在成分控制上，应将铜、锰含量控制在下限，以提高固、液区的塑性；镁控制上限，使合金中的镁与硅形成 Mg_2Si，从而降低游离硅的数量；该合金处于热脆性曲线的上升部分，因此对扁锭或大直径圆锭，应控制 $w(Si) < 0.25\%$，并保证 $w(Fe)$ 比 $w(Si)$ 多0.1%以上。

3.5　主要铝合金的熔炼特点

3.5.1　1×××系铝合金的熔炼

1×××铝合金在熔炼时应保持其纯度。1×××铝合金杂质含量低，因此在原材料的选择上对纯度高的合金制品使用原铝锭。在熔炼时，为避免晶粒粗大，熔炼温度一般不超过750℃，液体在熔炼炉（尤其火焰炉）停留不超过2h。熔制高精铝时，要对与熔体接触的工具喷上涂料，避免熔体增铁污染。

3.5.2　2×××系铝合金的熔炼

3.5.2.1　Al-Cu-Mg 系合金的熔炼

（1）减少铜的烧损，避免成分偏析。2×××系合金中的 Al-Cu-Mg 合金的铜含量较高，熔炼时铜多以纯铜板形式直接加入。在熔炼时应注意以下问题：为减少铜的烧损，并保证其有充分的溶解时间，铜板应在炉料熔化下塌，且熔体能将铜板淹没时加入，保证铜板不露出液面（即不露头，不沉底）。为保证成分均匀，同时防止铜产生重度偏析，铜板应均匀加入炉内，炉料完全熔化后在熔炼温度范围内搅拌，搅拌时先在炉底搅拌数分钟，然后彻底均匀地搅拌熔体。

（2）加强覆盖、精炼操作，减少吸气倾向。2×××系合金一般含镁，尤其2A12、2024合金镁含量较高，合金液态时氧化膜的致密性差，同时因为结晶温度范围宽，因此产生疏松的倾向性较大。为防止疏松缺陷的产生，熔炼时应加强对熔体的覆盖，并可采用适当的精炼除气措施。

3.5.2.2　Al-Cu-Mg-Fe-Ni 系合金的熔炼

2×××系合金中的 Al-Cu-Mg-Fe-Ni 合金中因铁、镍在铝中的溶解度小，不易溶解，因此熔炼温度一般控制在720~760℃。

3.5.2.3 Al-Cu-Mg-Si 系合金的熔炼

2×××系合金中的 Al-Cu-Mg-Si 合金熔炼制度基本同于 2A11 合金的。

3.5.3 3×××系铝合金的熔炼

3×××系铝合金的主要成分是锰。锰在铝中的溶解度很低，在正常熔炼温度下含锰10%的 Al-Mn 中间合金其溶解速度是很慢的，因此，装炉时 Al-Mn 中间合金应均匀分布于炉料的最上层。当熔体温度达到720℃后，应多次搅动熔体，以加速锰的溶解和扩散。应该注意的是一定确保搅拌温度，否则如搅动温度过低，取样分析后的锰含量往往要比实际含量偏低，按此分析值补料可能会造成锰含量偏高。同时 Mn 在熔炼炉补足目标值，尽量不在保温炉补料或少补料，确保成分准确性和均匀性。

3.5.4 4×××系铝合金的熔炼

4×××系铝合金硅含量较高，一般将熔炼温度控制在750~800℃，并充分搅拌熔体。

3.5.5 5×××系铝合金的熔炼

（1）避免形成疏松的氧化膜。5×××系铝合金含镁较多，因 V_{MgO}/V_{Mg}为0.78，因此该系合金表面的氧化膜是疏松的，氧化反应可继续向熔体内进行。合金中镁含量越高，熔体表面氧化膜的致密性越差，抗氧化能力越低。氧化膜致密度差会造成以下危害：氧化膜失去保护作用，合金烧损严重，镁更易烧损；氧化膜致密性差，使合金吸气性增加；易形成氧化夹杂，降低铸锭质量，在铸锭表面存在氧化夹杂易引起应力集中，导致铸锭裂纹倾向增加。

为此，采取的措施是：合金加镁后及炉料熔化下塌时应在熔体表面均匀撒一层2号熔剂进行覆盖；在熔体中加镁后要加入少量的铍，以改变氧化膜性质，提高抗氧化能力，铍含量因合金中镁含量不同而不同，一般控制在 $w(Be)=0.001\%\sim0.004\%$。但加铍后合金晶粒易粗大，因此在加铍后应加钛来消除铍的有害作用。

（2）选择正确的加镁方法。镁的密度小，在高温下遇空气易燃，不易加入熔体。因此，加镁时将镁锭放在特制的加料器内，迅速浸入铝液中，反复搅动，使镁锭逐渐熔化于铝液中，加镁后立即撒一层2号熔剂覆盖。

（3）避免产生钠脆性。所谓钠脆性，是指合金中含有一定量的金属钠后，在铸造和加工过程中裂纹倾向性增加的现象。高镁铝合金钠脆性产生的原因是合金中的镁和硅先形成 Mg_2Si，析出游离钠的缘故。

$$NaAlSi + 2Mg \longrightarrow Mg_2Si + Na(游离) + Al \quad (3\text{-}29)$$

钠只有在合金中呈游离状态时，才会出现钠脆性。钠的这种影响是因为钠的熔点低，在铝和镁中均不溶解，在合金凝固过程中，被排斥在生长着的枝晶表面，凝固后分布在枝晶网络边界，削弱了晶间联系，使合金的高温和低温塑性都急剧降低，在晶界上形成低熔点的吸附层，降低晶界强度，影响铸造和加工性能，在铸造或加工时产生裂纹。

在不含镁的铝合金中，钠不以游离态存在，总是以化合态存在于高熔点化合物 NaAlSi 中，不使合金变脆。在含镁量少的合金中也没有或很少有钠脆性。因为虽然镁对硅的亲和力比钠的大，镁与硅能优先形成 Mg_2Si，但合金中的含镁量有限，而硅含量相对过剩，合金中的镁一部分要固溶到铝中（镁在铝中的最小溶解度在室温时约为2.3%），另一部分又要以1.73∶1 的比例与硅化合，因此，镁消耗殆尽，过剩的硅仍可与钠作用生成 NaAlSi 化合物，所以不会使合金呈现钠脆性。但在高镁铝合金中，杂质硅被镁全部夺走，使钠只能以游离态存在，因而显现出很大的钠脆性。生产实践证明，当高镁铝合金中 $w(Na)>1\times10^{-3}\%$时，铸锭在铸造和加工时裂纹倾向性急剧增大。

抑制钠脆性的措施就是在熔炼时严禁使用含钠离子的熔剂覆盖或精炼熔体，一般使用 $MgCl_2$、KCl 为主要成分的2号熔剂。为避免前一熔次炉子内残余钠的影响，生产高镁铝合金时，一般提前一到两熔次使用2号熔剂。控制 $w(Na)$ 在 $1\times10^{-3}\%$以下。

3.5.6　6×××系铝合金的熔炼

6×××系铝合金中的熔炼温度一般控制在700~750℃。

3.5.7　7×××系铝合金的熔炼

（1）保证成分均匀。7×××系合金中的成分复杂，且合金元素含量总和较高，元素间密度相差大，为使成分均匀，在操作时应注意以下事项：为减少铜、锌的烧损和蒸发，并保证纯金属有充分的溶解时间，铜板、锌锭应在炉料熔化下塌且熔体能将其淹没时加入，加入时铜板、锌锭不能露出液面（即不露头，不沉底）。为保证成分均匀，并防止铜、锌产生重度偏析，铜板、锌锭应均匀加入炉内，炉料完全熔化后在熔炼温度范围内搅拌，搅拌时先在炉底搅拌数分钟，然后再彻底均匀地搅拌熔体。

（2）加强覆盖精炼操作，减少吸气倾向。7×××系合金中的成分复杂，且合金中镁、锌含量较高，因此熔炼中吸气、氧化倾向很大。此外，结晶温度范围宽，产生疏松的倾向性也较大。因此，在操作时应加强对熔体的覆盖和精炼操作（$w(Mg)>2.5\%$时，采用2号熔剂）；对镁含量高、熔炼时间长的合金制品可适当加铍；保证原材料清洁。

3.6　铝合金废料复化

废料复化的目的是将无法直接投炉使用的废料重新熔化，从而获得准确均匀的化学成分，消除废料表面油污等污染，获得纯洁度高的熔体，以减少熔制成品合金时的烧损，供配制成品合金使用。复化后的复化锭也便于管理和使用。

3.6.1　废料复化前的预处理

废料中一般含有油、乳液、水分等，易使金属强烈地吸气、氧化，甚至还有爆炸的危险，不宜直接装炉，因此复化前应对废料进行预处理。预处理工序如下：

（1）通过离心机进行净化，去掉油类；

(2) 通过回转窑或其他干燥形式干燥器进行干燥，去掉水分等；

(3) 通过打包机或制团机，制成一定形状的料团，便于装炉和减少烧损。

3.6.2 废料的复化

废料复化多在火焰炉中进行，为减少烧损，一般采用半连续熔化方式。具体操作如下：

(1) 第一炉先装入部分大块废料作为底料，底料用量为炉子容量的35%~40%。

(2) 第一炉加料前，应先将覆盖剂用量的20%撒在炉底进行熔化。覆盖剂用量见表3-16。

(3) 炉料应分批加入，彻底搅拌，防止露出液面。前一批搅入熔体后再加下一批料。

(4) 熔化过程中可根据炉内造渣情况适时扒渣，并覆盖。

(5) 熔炼温度为750~800℃。炉料全部熔化，并经充分搅拌后即可铸造，铸造时取一个有代表性的分析试样。

表3-16 覆盖剂用量

类 别	用量（占投料量的百分比）/%
小碎片	6~8
碎屑	10~15
渣子	15~20

3.6.3 复化锭的标识、保管和使用

复化锭根据实际产生废料可按组别，也可按合金进行分类。按组别一般可分为高锌、高硅、低硅、高镍、混合等组别。每块复化锭应有清晰的组别、炉号、熔次号等标识，并按组别、炉号、熔次号进行分组保管。复化锭按成分进行使用。

3.7 熔铸过程的污染与防治

铝合金熔铸污染物主要产生于熔炼过程，其次是保温炉（静置炉）熔体处理过程，其他工序产生污染物相对较少，且各工序的污染物产生和防治不能截然分开，因此本节重点阐述熔炼过程的污染物产生和防治，同时将铸造工序产生的污染物和防治一同描述。

3.7.1 熔铸过程的主要污染物及其产生

3.7.1.1 熔铸过程中的有毒有害气体

熔铸生产中产生的有害气体是多种多样的，其中主要的有如下几种。

A HF 气体

HF 的主要来源有：

(1) 通常采用火焰炉熔炼熔剂，炉气中含有大量的水蒸气和过剩的氧气与熔盐的混合物在高温下发生一系列化学反应。反应生成 HF 不可避免地逸至炉外的空气中。

(2) Al-Ti-B 是在生产铝合金中广泛采用的晶粒细化剂，在熔制 Al-Ti-B 时，Ti 多采用 K_2TiF_6加入，B 则采用 KBF_4加入，它们与铝的反应为放热反应，反应生成物 Ti、B 进入铝熔体，同时生成 HF。熔制 Al-Ti-B 时多采用坩埚炉，这更易使 HF 外逸至空气中。

(3) 利用添加剂对铝合金化是目前广泛采用的合金化工艺，这些添加剂中含有工业钾冰晶石或工业钠冰晶石，在熔炼炉温度较高的条件下反应生成 HF。

(4) 在熔制 Al-Fe、Al-Mn、Al-Si 等中间合金时，一般均采用含工业冰晶石的熔剂进行覆盖或处理浮渣，在高温下，发生冰晶石与水蒸气的相互反应，并生成 HF。在熔铝炉熔炼铝合金时，若使用含工业冰晶石的熔剂，也可发生生成 HF 的反应。

(5) 共晶和亚共晶系 Al-Si 合金，在浇注前必须对共晶硅相进行变质处理。广泛采用的变质剂是含工业冰晶石和氟化钠的钠盐变质剂。用它做变质处理时，亦可发生反应生成 HF。

（6）喷射熔剂也是广泛采用的一种熔体精炼方法，这种熔剂中通常含有 Na_2SiF_6，它是一种随温度升高而逐渐解离的化合物，其解离式为：

$$Na_2SiF_6 = 2NaF + SiF_4 \uparrow \quad (3\text{-}30)$$

SiF_4外逸至空气中后，可与空气中的水蒸气发生作用而生成 HF，其反应式为：

$$SiF_4 + 2H_2O \longrightarrow SiO_2 + 4HF \quad (3\text{-}31)$$

B　Cl_2 和 HCl 气体

（1）Cl_2 和 HCl 气体也是具有刺激性的气体，熔铸生产中它们的主要来源有：

向铝熔体中加镁的同时，通常使用以 KCl、$MgCl_2$ 为主要组成的熔剂。$MgCl_2$ 具有强烈的吸湿性，当其所吸收的水量较高时，需进行重熔脱水处理。在脱水过程中，有大量的 HCl 气体产生，并同时生成 MgO，其反应式为：

$$MgCl_2 \cdot H_2O \longrightarrow MgO + 2HCl \quad (3\text{-}32)$$

熔剂脱水时通常使用的是铁质坩埚，所生成的 HCl 易逸至周围空气中。含水量不高的这种熔剂，虽然不进行重熔脱水处理，在使用中也会有式（3-32）的反应发生。

（2）N_2-Cl_2、Ar-Cl 混合气体精炼是生产铝合金时广泛采用的熔体精炼方法，其中 Cl_2 的含量为 5%～10%。

在精炼用气体输送过程中的管道泄漏、阀门泄漏、软硬接头泄漏和操作不当造成的泄漏，都可使氯气外逸至空气中。

（3）采用含氯气气体的精炼过程中，若喷出的气泡过大，其中的氯气未充分反应就释放至空气中。另外，氯气与熔体中的氢反应也可生成氯化氢气体。

（4）在铝熔体的精炼方法中，还有用 $TiCl_4$、$MnCl_2$、$ZnCl_2$、C_2Cl_6和 CCl_4精炼等，它们在精炼时均可产生 Cl_2 和 HCl 气体。

C　可燃介质中的有害气体

熔铝火焰炉所用的可燃气体，依地域和条件的不同而各异（见表 3-17），但其中的 CO、SO_2、H_2S 等均为有害气体。

表 3-17 某些可燃气体的组分及发热量

可燃气体种类		组分含量（体积分数）/%							发热量/kJ·m^{-3}
		CO_2+H_2S	O_2	CO	H_2	CH_4	C_mH_n	N_2	
高发热量煤气	天然气	0.1~0.2			0~2	85~97	0.1~0.4	1.2~4	33492.1~38515.9
	半焦化煤气	12~15	0.2~0.3	7~12	6~12	45~62	5~8	2~4	22185.5~29305.6
	重油裂化气	6.9	1.5	8	36	27.4	16.7	3.5	25874.5
	焦炉煤气	2~3	0.7~1.2	4~8	53~30	19~25	1.6~2.3	7~13	15490.1~16764.0
中发热量煤气	水煤气	5~7	0.1~0.2	35~40	47~52	0.3~0.6		2~6	10047.6~10466.3
	高炉与焦炉混合煤气	7~8	0.3~0.4	17~19	21~27	9~12	0.7~1.0	33~39	8582.3~10298.8
低发热量煤气	空气发生炉煤气	0.5~1.5		32~33	0.5~0.9			64~66	4144.6~4312.1
	高炉煤气	9~15.5		25~30	2~3	0.3~0.5		55~58	3558.5~4605.2

可燃气体介质是通过管道输送至熔铝炉的端部，若管道、阀门翻板有泄漏，可燃气体将外逸至空气中，在炉气正压熔炼条件下，燃烧不完全的可燃气中的有害成分会外逸。

液体燃料（重油、柴油）也是常用的可燃介质，其主要组分为碳和氢，而且含有硫，在燃烧不完全条件下，也有可能发生一氧化碳和二氧化硫气体逸出。

3.7.1.2 铝合金熔铸生产中的有害粉尘

所有粉尘对人的健康都是有害的，铝合金熔铸生产中产生的粉尘大体有以下几种。

（1）汽化物外逸产生的粉尘。铝合金熔铸生产中产生的汽化物有以下几种情况：

1）碱金属、碱土金属氧化物和氟化物蒸发所引起的粉尘。铝熔体使用的覆盖剂和精炼剂中，存在大量的 KCl、NaCl 和 $MgCl_2$，精炼剂中还存在有氟化物，它们在熔剂的熔制、使用等高温条件下，有某种程度的蒸发外逸至炉外空气中，降温后便可形成粉尘。

2）用含氯的精炼介质精炼时引起的粉尘。铝熔体浇注前的精炼，广泛采用含氯精炼介质（如含氯的混合气体等），它们在精炼时发生与铝的相互反应形成 $AlCl_3$，$AlCl_3$ 的升华温度仅为 180℃，外逸至炉外，降温后形成 $AlCl_3$ 粉尘。

3）火焰炉炉气中产生的粉尘。在火焰炉的炉气中通常有 SO_2 存在，它与炉气中的 NaCl、KCl、O_2 和水蒸气反应可生成 Na_2SO_4、K_2SO_4，其反应式为：

$$2NaCl + SO_2 + H_2O + 1/2O_2 = Na_2SO_4 + 2HCl \quad (3\text{-}33)$$

$$2KCl + SO_2 + H_2O + 1/2O_2 = K_2SO_4 + 2HCl \quad (3\text{-}34)$$

这些碱金属硫酸盐外逸至炉外后便形成粉尘。

（2）熔铝炉砌筑、检修和拆卸过程中产生的粉尘。

（3）某些合金组元蒸发引起的粉尘。在铝合金熔炼的温度条件下，Mg、Zn、Pb、Bi、Sb 等合金组元在不太高的温度下就有一定的蒸气压，在向铝熔体中添加这些组元时，这些金属容易蒸发外逸氧化而导致粉尘。

（4）由铝渣引起的粉尘。在铝合金熔铸的全过程中有大量熔渣产生，在扒渣、运输过程中必将有粉尘产生。

（5）铸造过程中产生的粉尘。铸造时，由于使用润滑油、润滑剂、石墨乳、涂料等，在其配制、使用和清理过程中都可能有粉尘。

（6）使用石棉制品产生的有毒粉尘。砌筑炉、供流流槽、分配流槽、塞底座（引锭头）等采用石棉泥、石棉绳等石棉制品产生的有毒粉尘。

3.7.2　有害气体、粉尘和污染物的危害

第 3.7.1.1 节和 3.7.1.2 节中已就铝合金熔铸中产生的有害气体、粉尘作了介绍，它们对人体的毒性主要表现在以下方面。

3.7.2.1　有害气体的危害

A　HF 的毒性

HF 是一种无色气体，易溶于水而形成氢氟酸，可侵蚀玻璃，空气中的 HF 浓度达到 100mg/m^{3}时，人只能忍受 1min。

B Cl_2 和 HCl 的毒性

Cl_2 为黄绿色的有强烈刺激性的气体，是强氧化剂，与 CO_2 接触形成光气。Cl_2 的毒性主要是由于它极易溶于水形成盐酸和次氯酸。次氯酸又分解成盐酸和新生态氧，引起接触者的上呼吸道黏膜炎性肿胀、充血及眼黏膜的刺激症状。发生严重事故时，因氯的浓度过高，或接触时间较长，能引起呼吸道深部病变、细支气管炎、支气管周围炎、肺炎和中毒性肺水肿。

HCl 对人体的伤害主要是接触盐酸蒸气或烟雾可刺激眼睛，发生眼睑浮肿、结膜炎和咽喉黏膜刺激症状；鼻和口腔黏膜有烧灼感，鼻衄、齿龈出血，进而引起气管炎。

C CO 的毒性

CO 为无色、无臭、无刺激性的气体。在水中的溶解度很低，但易溶于氨水，与空气混合的爆炸极限为 12.5%~74%。当吸入 CO 时，其通过肺泡进入血液循环，立即与血红蛋白结合形成碳氧血红蛋白（H_6CO）。人体吸入 CO 的多少与空气中的 CO 分压有关。

D H_2S 和 SO_2 的毒性

H_2S 是一种无色有毒的气体，也是一种大气污染物。空气中如果含体积分数 0.1%的 H_2S，就会迅速引起头痛眩晕等症状。吸入大量的 H_2S 会造成昏迷、头痛等。工业生产环境不允许空气中的 H_2S 含量超过 0.01mg/L 空气。

SO_2 是一种无色有刺激性的气体，它也是一种大气污染物。SO_2 中毒会引起丧失食欲、大便不通和气管炎症。在工业生产环境不允许空气中的 SO_2 含量超过 0.02mg/L 空气。

3.7.2.2 有害粉尘的危害

铝合金熔铸现场的粉尘对人体影响的常见症状是尘肺。Al_2O_3、$AlCl_3$ 的慢性毒性随着摄入量的多少而对人体产生不同影响，一般影响人体的磷代谢以及细胞的磷酸化过程；人体吸入 MgO 后，MgO 对呼吸道黏膜产生刺激作用，气管出现充血及炎症，肺泡内充满白细胞；ZnO 的危害是接触 ZnO 烟尘时产生金属烟雾热；SiO_2 和氟硅酸钠（Na_2SiF_6）除可引起尘肺之外，接触 Na_2SiF_6的工人中可常见到一种化脓性皮疹；PbO 在空气中的浓度在 0.05mg/L 空气以上时，长期接触者可以发生铅吸收和铅中毒，铅的毒性主要涉及神经、造血、消化、心血管系统和肾脏；CdO 有中等毒性，其急性毒性病变为肺炎和肺水肿，慢性中毒可引起高血压；NaF 的水溶性较高，属高毒性物质，其粉尘对皮肤有刺激作用，可引起皮炎，长期吸入较多的 NaF 可引起氟骨症。

石棉制品是典型的致癌物质，石棉制品产生的有毒粉尘空气通过呼吸进入肺部，且沉积于肺部很难消除，可能诱发肺癌等疾病。

3.7.3　铝合金熔铸中的噪声、热辐射及其危害

铝合金熔铸中的热危害，主要是在开启炉门人工加料、扒渣、搅拌、清炉、精炼作业时，因对流和辐射传热使劳动者受热过多造成的。根据对流和辐射传热量的数学表达式，使人体受噪声、热量过多的主要因素有：

(1) 炉膛温度高，传给人的热量多；

(2) 炉膛内的气压高，对流传热时气体的流速大，使劳动者的受热量增加；

(3) 炉门口的面积大，对流和辐射的传热量多；

(4) 各种风机、空压机等产生噪声。

3.7.4　有毒有害气体、粉尘和物资的防治、防护措施

为了减少环境污染，保护劳动者的身体健康，应采取以下防治、防护措施。

(1) 配置除尘装置。为了有效去除熔铸工序的粉尘，需配置除尘系统。除尘系统多种多样，由于熔铸工艺的复杂性，一般采用负压式布袋除尘器，熔炉生产过程在不同的工作阶段，产生的烟气量、烟气温度和烟气成分是不一样的，为保证烟气处理系统能够适应熔炉的工艺要求，除尘器需要具备如下要求：

1) 除尘器和附属设备（室外部分）进行隔热处理和严格的防腐处理，避免系统冷凝后形成强酸加速设备的腐蚀。

2) 整个管道的安装严格密闭（避免雨水进入），保证零泄漏，

避免和空气直接接触，降低氧化的概率，从而降低因为泄漏而导致的冷热空气混合结露的风险。

3）除尘灰斗加热处理，保证卸灰的流畅性，避免在设备内部板结而影响过滤效率。

4）石灰粉喷射技术（安装于室内），保证系统可正常有效运行，石灰粉喷射技术能够将石灰粉发送到系统中，在布袋表面形成一种粉饼，该粉饼能够有效地避免高温颗粒对布袋表面的损害，最终避免因为酸性而导致的露点降低发生的结露现象。

5）为保证干法脱酸的反应效率，在进入除尘器前设置了专门设计的混合器，以保证混合均匀。

6）主管道的风速不小于 20m/s，有效降低即使是少量的水分堆积而产生的锈蚀现象。

7）温控系统的冷风阀和清灰系统避免直接与室外接触，降低由于空气中的饱和蒸气压降低带来的结露现象。

8）变频风量调节。主要的目的是保证除尘系统能够满足工艺要求（炉膛和炉门的负压控制）。

9）混风温度调节。当系统的温度超过了系统正常工作需要的设定温度（比如 170℃），系统打开野风阀（干燥的野风），通过混风降低除尘器入口的温度，满足除尘器的工作要求。

（2）采用环保工艺和材料。

1）除尘系统采用干法脱酸的原理，采用熟石灰进行酸碱中和反应，减少水污染的现象。

2）选用干净的炉料和环保型熔剂，减少烟气对设备和工作现场的污染。

3）耐材选用环保耐材，应禁止使用石棉等有毒有害材料。

4）减少氯气使用量，或采用环保替代辅材。

5）采用降噪的设备和工艺以及隔音设施和装备。

（3）加强保护。

1）完善捕集罩的形式，提高捕集率，降低酸性气体对厂房内的影响。

2）设备选择适合的防腐型油漆，延长酸性气体对设备的腐蚀。

3）天然气燃烧会产生水分，这是化学反应的性质决定的，在工作状态下不会发生，只需要注意停机的时候让除尘器多运行一会儿。

4）采用预处理器，双室炉还需要配套预处理器。

5）应定期清理火焰炉烟道系统内的沉积物，以保证烟道的抽力。

6）加强教育，操作者在作业时应穿戴好劳动保护用品。

4 铝及铝合金熔体净化

第4章
数字资源

4.1 概述

随着科学技术和工业生产的发展，特别是宇航、导弹、航空和电子工业技术等的飞速发展，对铝合金的质量要求日益严格。大多铝合金材料，除要求合格的化学成分和力学性能外，还要求有合格的内在质量和表面质量。然而，老的传统的熔铸工艺，因其所含气体和非金属夹杂物问题，不能完全满足这些要求。为了减少气体和非金属夹杂物的影响，人们一方面对配制合金的原材料及熔炼过程提出了严格要求，另一方面致力于研发和应用先进的熔体净化技术。熔体净化已成为铝合金材料生产极其重要的生产工艺环节。高效的净化技术对于确保铝合金的冶金质量，提高产品的最终使用性能具有非常重要的意义。

铝合金在熔铸过程中易于吸气和氧化，因此在熔体中不同程度地存在气体和各种非金属夹杂物，使铸锭易产生疏松、气孔、夹渣等缺陷，显著降低铝材的力学性能、加工性能、疲劳抗力、抗蚀性、阳极氧化性等性能，甚至造成产品报废。此外，受原辅材料的影响，在熔体中可能存在一些对熔体有害的其他金属，如 Na、Ca 等碱及碱土金属，部分碱金属对多数铝合金的性能有不良影响，如钠在含 Mg 高的铝—镁系合金中除易引起“钠脆性”外，还降低熔体流动性而影响合金的铸造性能。因此，在熔铸过程中需要采取专门的工艺措施，去除铝合金中的气体、非金属夹杂物和其他有害金属，保证产品质量。

多年来，冶金工作者采用精炼的措施提高熔体质量。所谓精炼，就是向熔体中通入氯气、惰性气体或某种氯盐去除铝合金中的气体、夹杂物和碱金属。随着现代科学技术的发展，出现了许多新的铝合金熔体净化的方法，这些方法的内容已超出了精炼一词所包含的意义，因此现代科学技术引进了熔体净化的概念。所谓熔体净化，就是利用一定的物理化学原理和相应的工艺措施，去除铝合金熔体中的气体、夹杂物和有害元素的过程，包括炉内精炼、炉外精炼及过滤等过程。

铝及铝合金对熔体净化的要求，根据材料用途不一样而有所不同。一般来说，对于一般要求的制品，其氢含量宜控制在 0.18mL/(100gAl) 以下，非金属夹杂的单个颗粒应小于 10μm；而对于航空材料，罐料、双零箔等高要求产品，其氢含量应控制在 0.1mL/(100gAl) 及以下，非金属夹杂的单个颗粒应小于 5μm。非金属夹杂一般通过铸锭低倍和铝材超声波探伤定性检测，或通过测渣仪定量检测。碱金属钠（除高硅合金外）一般控制在 $5\times10^{-4}\%$以下，甚至控制在 $2\times10^{-4}\%$以下。

4.2 铝及铝合金熔体净化原理

4.2.1 脱气原理

4.2.1.1 分压差脱气原理

利用气体分压对熔体中气体溶解度影响的原理，控制气相中氢的分压，造成与熔体中溶解气体浓度平衡的氢分压和实际气体的氢分压间存在很大的分压差，这样就产生较大的脱气驱动力，使氢很快排除。

如向熔体中通入纯净的惰性气体，或将熔体置于真空中，因为最初惰性气体和真空中的氢分压 $p_{H_2}\approx0$，而熔体中溶解氢的平衡分压 $p_{H_2}\gg0$，在熔体与惰性气体的气泡间及熔体与真空之间，存在较大的分压差。这样熔体中的氢就会很快地向气泡或真空中扩散，进入气泡或真空中，复合成分子状态排出。这一过程一直进行到气泡内氢分压与熔体中氢平衡分压相等，即处于新的平衡状态时为止，该方法是目前应用最广泛、最有效的方法。

然而，上述关于吹入惰性气体脱氢的理论分析还不够完整，因为它仅涉及热力学理论而未涉及流体力学和除气反应的动力学研究。

4.2.1.2 预凝固脱气原理

影响金属熔体中气体溶解度的因素除气体分压力之外，就是熔体温度。气体溶解度随着金属温度的降低而减小，特别在熔点温度上变化最大。根据这一原理，让熔体缓慢冷却到凝固，这样就可使溶解在熔体中的大部分气体自行扩散析出。然后再快速重熔，即可获得气体含量较低的熔体。但此时要特别注意熔体的保护，以防止重新吸气。

4.2.1.3 振动脱气原理

金属液体在振动状态下凝固时，能使晶粒细化，这是由于振动能促使金属中产生分布很广的细晶核心。实验也表明振动能有效地达到除气的目的，而且振动频率愈大效果愈好。一般使用5000~20000Hz的频率，可使用声波、超声波、交变电流或磁场等方法作为振动源。

用振动法除气的基本原理是液体分子在极高频率的振动下发生移位运动。在运动时，一部分分子与另一部分分子之间的运动是不和谐的，所以在液体内部产生无数显微空穴都是真空的，金属中的气体很容易扩散到这些空穴中去，结合成分子态，形成气泡而上升逸出。

4.2.2 除渣原理

4.2.2.1 澄清除渣原理

一般金属氧化物与金属本身之间密度总是有差异的。如果这种差异较大，再加上氧化物的颗粒也较大，在一定的过热条件下，金属的悬混氧化物渣可以和金属分离，这种分离作用也叫澄清作用，可以用斯托克斯（Stokes）定律来说明，杂质颗粒在熔体中上升或下降的速度为：

$$v = \frac{2r^2(\rho_2 - \rho_1)g}{9\eta} \tag{4-1}$$

上升或沉降的时间为：

$$\tau = \frac{9\eta H}{2r^2(\rho_2 - \rho_1)g} \tag{4-2}$$

式中，v 为颗粒平均升降速度，cm/s；τ 为颗粒升降时间，s；η 为介质（熔融金属）的黏度（或内摩擦系数），g/(cm · s)；H 为颗粒升降距离，cm；r 为颗粒半径，cm；ρ_1 为颗粒密度，g/cm^3；ρ_2 为介质密度，g/cm^3；g 为重力加速度，cm/s^2。

根据斯托克斯定律可知，在一定的条件下，可以通过介质的黏度、密度，以及悬浮颗粒之大小控制杂质颗粒的升降时间。通常温度高，介质的黏度减小，从而缩短了升降的时间。因此，在熔炼过程中采用稍稍过热的温度，增加金属的流动性，对于利用澄清法除渣是有利的。杂质颗粒直径的大小，对升降所需时间有很大的影响。较大的颗粒，特别是半径大于 0.01cm 以上，而且密度差也较大的颗粒，其沉浮所需时间很短，极有利于采用澄清法除渣。但是实际上，在铝合金熔炼时氧化铝的状态十分复杂，它有几种不同的形态。固态时其密度为 3.53~4.15g/cm^3，在熔融状态时为 2.3~2.4g/cm^3，而且在氧化铝中必然会存在或大或小的空腔和气孔。此外，氧化物的形状也不都是球形的，通常多以片状或树枝状存在，薄片状和树枝状就难以采用斯托克斯公式计算。

澄清法除渣对许多金属，特别是轻合金不是主要有效的方法，还必须辅以其他方法。但是，根据物理学基本原理，它仍不失为一种基本方法。在铝合金精炼过程中，首先仍要用这一简单方法来将一部分固体杂质和金属分开。一般静置炉的应用就是为了这个目的，在静置炉内已熔炼好的金属起着静置澄清作用。当然，静置炉的作用不只是为澄清分渣，还有保温和控制铸造温度的作用，所以也称保温炉。

4.2.2.2　吸附除渣原理

吸附净化主要是利用精炼剂的表面作用，当气体精炼剂或熔剂精炼剂在熔体中与氧化物夹杂相遇时，杂质被精炼剂吸附在表面上，从而改变了杂质颗粒的物理性质，随精炼剂一起被除去。若夹杂物能自动吸附到精炼剂上，根据热力学第二定律，熔体、杂质和精炼剂三者之间应满足以下关系：

$$\sigma_{\text{金-杂}} + \sigma_{\text{金-剂}} > \sigma_{\text{剂-杂}} \tag{4-3}$$

式中，$\sigma_{\text{金-杂}}$为熔融金属与杂质之间的表面张力；$\sigma_{\text{金-剂}}$为熔融金属与精炼剂之间的表面张力；$\sigma_{\text{剂-杂}}$为精炼剂与杂质之间的表面张力。

因为铝液和氧化物夹杂 Al_2O_3 是相互不润湿的，即金属与杂质之间的接触角 $\theta \geqslant 120℃$，如图 4-1 所示。其力的平衡应有如下关系：

$$\cos\theta = \frac{\sigma_{\text{剂-杂}} - \sigma_{\text{金-杂}}}{\sigma_{\text{金-剂}}} < 0 \tag{4-4}$$

因 $\sigma_{\text{金-剂}}$为正值，故符合热力学的表面能关系。所以，铝液中的夹杂物 Al_2O_3 能自动吸附在精炼剂的表面上而被除去。

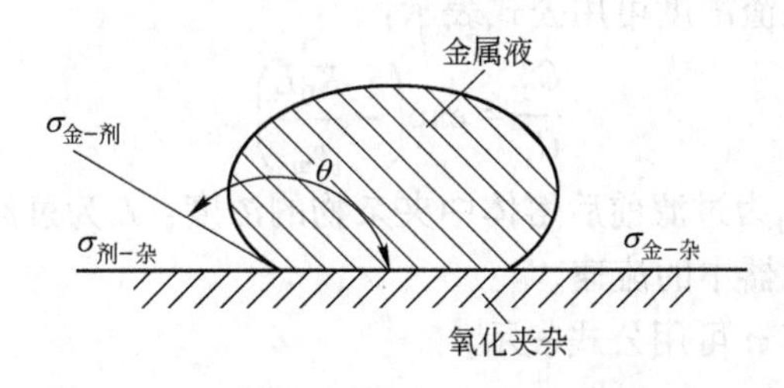

图 4-1 氧化夹渣、铝液、精炼剂三相间表面张力示意图

4.2.2.3 过滤除渣原理

上述两类方法都不能将熔体中氧化物夹杂分离得足够干净，常给铝加工材的质量带来不良影响，所以近代采用了过滤除渣的方法，获得良好的效果。过滤装置种类很多，从过滤方式的除渣机理来看，大致可分机械除渣和物理化学除渣两种。机械除渣作用主要是靠过滤介质的阻挡作用、摩擦力或流体的压力使杂质沉降及堵滞，从而净化熔体；物理化学作用主要是介质表面的吸附和范德华力的作用。不论是哪种作用，熔体通过一定厚度的过滤介质时，由于流速的变化、冲击或者反流作用，杂质较容易被分离掉。通常，过滤介质的空隙越小，厚度越大，金属熔体流速越低，过滤效果越好。

目前，关于熔体过滤的理论研究报道很少。根据 Apelian 等人的研究，过滤介质捕捉夹杂物的速度与夹杂物在熔体中浓度成正比。即：

$$\left(\frac{\mathrm{d}\sigma}{\mathrm{d}t}\right)Z = KC \tag{4-5}$$

式中，σ 为过滤器中捕捉的夹渣量；t 为时间；Z 为距离；C 为熔体中夹杂物的浓度；K 为动力学参数（捕捉速度系数）。

$$K = K_0\left(1 - \frac{\sigma}{\sigma_{\mathrm{m}}}\right) \tag{4-6}$$

式中，σ_{m}为捕捉的最大夹杂量；K_0为与熔体性质、过滤器网目、夹杂物形状及尺寸等有关的动力学参数。

当式（4-6）中 σ 近似 σ_{m}时，K 值为零，表示过滤完毕。过滤终

了时熔体中夹渣浓度可用公式表示：

$$\frac{C_0}{C_1} = \exp\left(-\frac{K_0 L}{v_m}\right) \tag{4-7}$$

式中，C_1、C_0为过滤前后熔体中夹杂物的浓度；L为过滤器厚度；v_m为熔体在过滤器中的流速。

过滤效率 η 可用公式表示：

$$\eta = \frac{C_1 - C_0}{C_1} = 1 - \exp\left(-\frac{K_0 L}{v_m}\right) \tag{4-8}$$

4.3　炉内净化处理

炉内处理亦称为分批处理。根据净化机理，炉内处理可分为吸附净化和非吸附净化两大类。

4.3.1　吸附净化

依靠精炼剂产生的吸附作用达到去除氧化夹杂和气体的目的。

4.3.1.1　浮游法

A　惰性气体吹洗

惰性气体指与熔融铝及溶解的氢不起化学反应，又不溶解于铝中的气体。通常使用氮气或氩气。

根据吸附除渣原理，氮气被吹入铝液后，形成许多细小的气泡。气泡在从熔体中通过的过程与熔体中的氧化物夹杂相遇，夹杂被吸附在气泡的表面并随气泡上浮到熔体表面。已被带至液面的氧化物不能自动脱离气相而重新溶入铝液中，停留于铝液表面就可聚集除去，如图 4-2 所示。

由于吸附是发生在气泡与熔体接触的界面上，只能接触有限的熔体，除渣效果受到限制。为了提高净化效果，吹入精炼气体产生的气泡量愈多，气泡半径愈小，分布愈均匀，吹入的时间愈长，效果愈好。

氮气的除气是根据分压差脱气原理，如图 4-3 所示。由于氮气泡中最初 $p'_{H_2} \approx 0$，在气泡和铝液中的氢的平衡分压间存在差值，使溶于金属中的氢不断扩散进气泡中。这一过程直至气泡中氢的分压和铝液中的氢的平衡分压相等时才会停止。气泡浮出液面后，气泡中的 H_2 也逸出而进入大气中。因此，气泡上升过程中既带出氧化夹杂，也带出氢气。通氮时的温度宜控制在 710~720℃，以避免氮和铝液反应形成氮化铝。

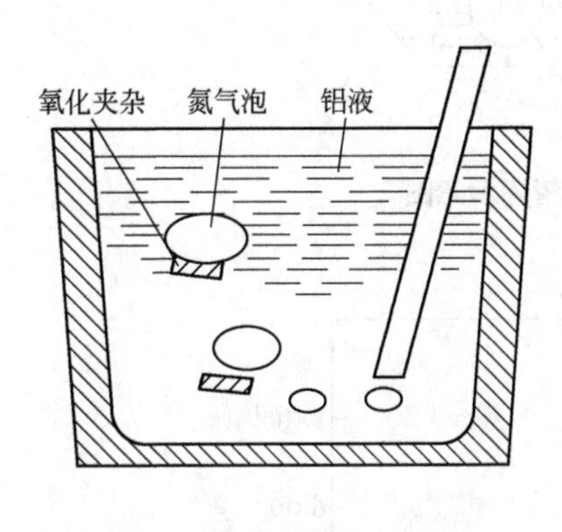

图 4-2 浮游出渣原理图

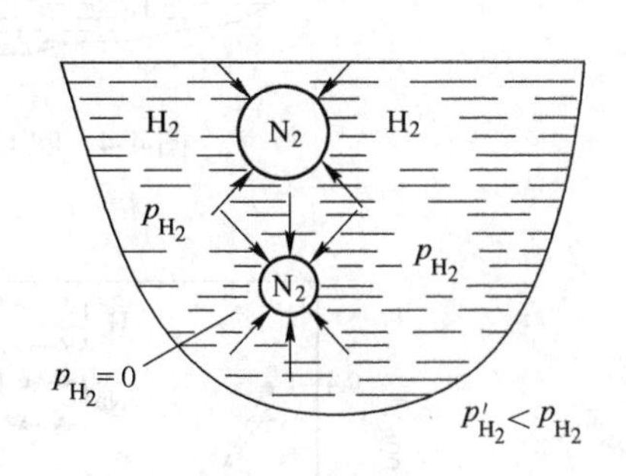

图 4-3 氮气泡除气原理图

B 活性气体吹洗

对铝来说，实用的活性气体主要是氯气。氯气本身也不溶于铝液中，但氯和铝及溶于铝液中的氢都迅速发生化学反应。

$$Cl_2 + H_2 \longrightarrow 2HCl\uparrow$$
$$3Cl_2 + 2Al \longrightarrow 2AlCl_3\uparrow$$

反应生成物 HCl 和 $AlCl_3$（沸点 183℃）都是气态，不溶于铝液，它和未参加反应的氯一起都能起精炼作用，如图 4-4 所示，因此，净化效果比吹氮要好得多，同时除钠效果也显著。氯气虽然精炼效果好，反应平稳，渣呈粉状不为金属液所润湿，渣量少（约 0.60%），渣中金属少（约 36.0%），并兼有除渣、除钠效果等优点，但是氯气及其反应产物有毒，其对人体有害，污染环境，腐蚀设备，而烟尘的收集和处理设备较为复杂，且成本较高。另外，采用氯气处理还有使铸锭产生粗大晶粒的倾向、镁的损失大（可达 0.20%）等缺点。使用时应注意通风及防护。采用氮气精炼其缺点正好与氯气相反，图 4-5 为 1050、6063 合金用氮气和氯气处理的效果。

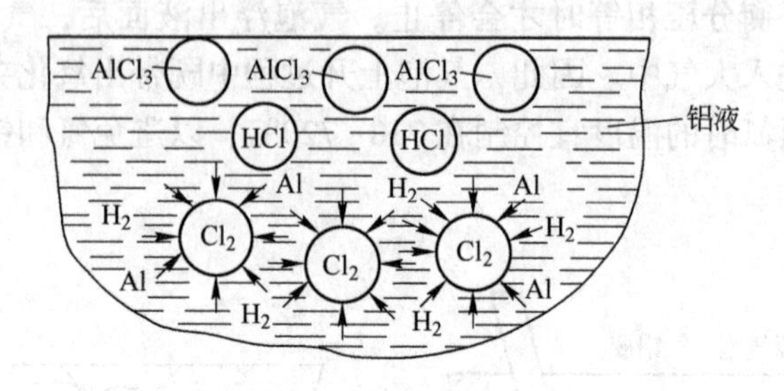

图 4-4 吹 Cl_2 精炼示意图

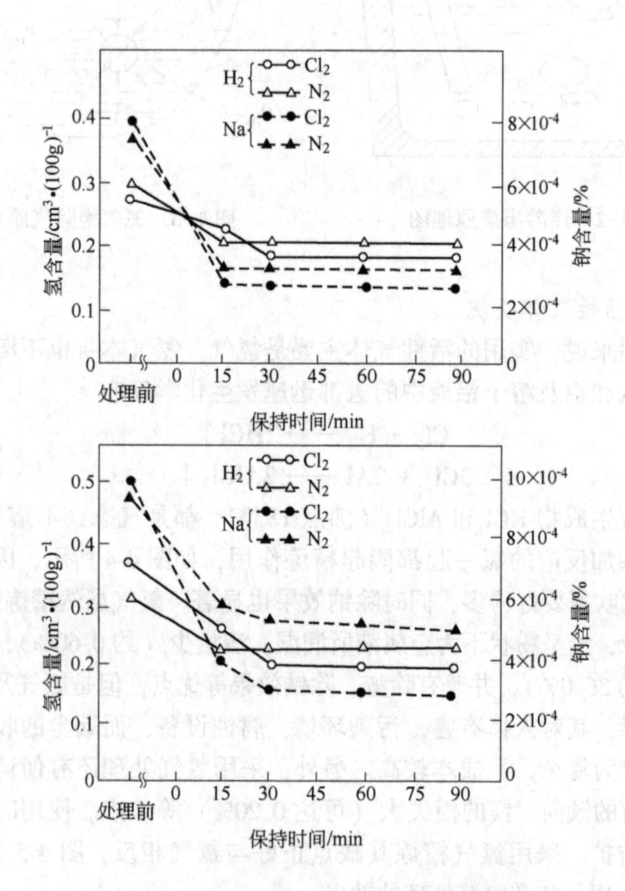

图 4-5 氮和氯精炼前后熔体中氢和钠含量变化

C 混合气体吹洗

单纯用氮气等惰性气体精炼效果有限，氮气无毒，无须采取特别的排烟措施，且镁的损失极小（仅0.01%左右）。但是氮气的精炼效果较差，精炼时易喷溅，渣呈糊状，不仅渣量大（约2.0%），且渣中金属量也大（约60.0%）。而用氯气精炼虽效果好，不仅能除气除渣，而且还能有效地除去金属熔体中碱金属，又对环境及设备有害，所以将两者结合采用混合气体精炼，既提高精炼效果，又减少其有害作用。据资料介绍，采用20% Cl_2 和80% N_2 的混合气体能达到纯氯一样的精炼效果，渣亦呈粉状，渣量少（约0.55%），渣中金属也大为减少（约38.0%），而且减轻了环境污染，改善了劳动条件。这就是为什么要采用氮氯混合气体精炼的原因。

混合气体有两气体混合，如 N_2-Cl_2、Ar-Cl_2；也有三气体混合，如 N_2-Cl_2-CO。N_2-Cl_2、Ar-Cl_2 的混合比采用9∶1或8∶2效果较好。N_2-Cl_2-CO 混合比为8∶1∶1。为了减少环境污染，发达国家普遍采用2%~5% Cl_2 作为混合气体的组成部分（甚至更低）。从使用效果来看几乎没有差异，但这对于减少环境污染是极有利的。

D 氯盐净化

许多氯化物在高温下可以和铝发生反应，生成挥发性的 $AlCl_3$ 而起净化作用：

$$Al + 3MeCl \longrightarrow AlCl_3\uparrow + 3Me$$

式中，Me 表示金属。但不是所有的氯盐都能发生上述反应，需要看其分解压力而定。一般氯盐的分解压需大于氯化铝的分解压，或它的生成热小于氯化铝的生成热，这种氯盐在高温下才能与铝发生反应。常用氯盐有氯化锌（$ZnCl_2$）、氯化锰（$MnCl_2$）、六氯乙烷（C_2Cl_6）、四氯化碳（CCl_4）、四氯化钛（$TiCl_4$）等。在熔体中反应如下：

$$3ZnCl_2 + 2Al \longrightarrow 2AlCl_3\uparrow + 3Zn$$

$$3MnCl_2 + 2Al \longrightarrow 2AlCl_3\uparrow + 3Mn$$

$$3TiCl_4 + 4Al \longrightarrow 4AlCl_3\uparrow + 3Ti$$

因氯盐皆有吸潮特点，使用时应注意脱水和保持干燥；Zn 对部分铝合金含量有限制，使用时应注意用量。C_2Cl_6 为白色晶体，密度 $2.091g/cm^3$，升华温度185.5℃，它不吸湿，不必脱水处理，使用、保管都很方便，为一般工厂所使用。C_2Cl_6加入熔体后发生如下反应：

$$C_2Cl_6 \longrightarrow C_2Cl_4 + Cl_2\uparrow$$

$$C_2Cl_4 \longrightarrow CCl_4 + C\uparrow$$

$$H_2 + Cl_2 \longrightarrow 2HCl\uparrow$$

$$2Al + 3Cl_2 \longrightarrow 2AlCl_3\uparrow$$

$$CCl_4 \longrightarrow 2Cl_2\uparrow + C$$

C_2Cl_4沸点121℃，不溶于铝，熔炼温度下为气态，未完全反应的C_2Cl_4也和$AlCl_3$一起参与精炼。由于产生气体量大，因此精炼效果好。但因C_2Cl_6密度小，反应快不好控制，近来制成一种自沉精炼剂，压制成块，使用较方便。使用C_2Cl_6的缺点是分解出的C_2Cl_6和Cl_2，有部分未反应即逸出液面，有强烈的刺激性气味，因此应采用较好的通风装置。

E 无毒精炼剂

几种无毒精炼剂的典型配方见表4-1。无毒精炼剂的特点是不产生有刺激气味的气体，并且有一定的精炼作用。它主要由硝酸盐等氧化剂和碳组成，在高温下产生反应：

$$4NaNO_3 + 5C \longrightarrow 2Na_2O + 2N_2\uparrow + 5CO_2\uparrow$$

表4-1 几种无毒精炼剂的成分 （%）

序号	$NaNO_3$	KNO_3	C	C_2Cl_6	Na_3AlF_6	NaCl	耐火砖屑	Na_2SiF_6
1	34	—	6	4	—	24	32	—
2	—	40	6	4	—	24	26	—
3	34	—	6	—	20	10	30	—
4	—	40	6	—	20	10	—	20
5	36	—	6	—	—	28	30	—

反应产生的N_2和CO_2起精炼作用，加入六氯乙烷、冰晶石、食盐及耐火砖粉（作者不主张采用耐火砖粉）是为了提高精炼效果和减慢反应速度。

4.3.1.2 熔剂法

铝合金净化所用的熔剂主要是碱金属的氯盐和氟盐的混合物。工业上常用的几种熔剂见表4-2。

表 4-2 常用熔剂的成分和用途

熔剂种类	主要组元	主要成分含量/%	主要用途
覆盖剂	NaCl	39	Al-Cu 系 Al-Cu-Mg 系 Al-Cu-Si 系 Al-Cu-Mn-Zn 系合金
	KCl	50	
	Na_3AlF_6	6.6	
	CaF_6	4.4	
	KCl、$MgCl_2$	80	Al-Mg 系、Al-Mg-Si 系合金
	CaF_2	20	
精炼剂	KCl	47	除 Al-Mg 及 Al-Mg-Si 系以外的其他系合金
	NaCl	30	
	Na_3AlF_6	23	
	KCl、$MgCl_2$	60	Al-Mg 系、Al-Mg-Si 系合金
	CaF_2	40	

熔剂的精炼作用主要是靠其吸附和溶解氧化夹杂的能力。其吸附作用根据热力学应满足如下条件：

$$\sigma_{\text{金-杂}} + \sigma_{\text{金-熔}} > \sigma_{\text{熔-杂}} \tag{4-9}$$

式中，$\sigma_{\text{金-杂}}$为熔融金属与杂质之间的表面张力；$\sigma_{\text{金-熔}}$为熔融金属与熔剂之间的表面张力；$\sigma_{\text{熔-杂}}$为熔剂与杂质之间的表面张力。

即要求$\sigma_{\text{金-杂}}$、$\sigma_{\text{金-熔}}$越大，$\sigma_{\text{熔-杂}}$越小，熔剂的精炼效果就越好。但是单一的盐类很难满足上述要求，所以常常根据熔剂的不同用途和对其工艺性能的要求，用多种盐类配制成各种成分的熔剂。实践证明，氯化钾和氯化钠等氯盐的混合物对氧化铝有极强的润湿及吸附能力。氧化铝特别是悬混于铝液中的氧化膜碎屑，为富凝聚性及润湿性的熔剂吸附包围后，便改变了氧化物的性质、密度及形态，从而通过上浮而更快地被排除。如 45%NaCl+55%KCl 构成的熔剂，熔点只有650℃，且表面张力较小，是常用的覆盖剂。加入少量的氟（NaF、Na_3AlF_6、CaF_2 等）可增加$\sigma_{\text{金-熔}}$，提高熔剂的分离性，防止产生熔剂夹杂，因此氟是常用的铝合金精炼剂。

某些熔盐的性质见表 4-3。图 4-6 和图 4-7 分别为 NaCl-KCl、Na_3AlF_6-Al_2O_3 的二元相图。

表 4-3 某些熔盐的性质

物质名称	化学式	密度 /g·cm^{-3}	熔点 /℃	沸点 /℃	熔化潜热 /kJ·mol^{-1}	$-\Delta H_{298}^{0}$ /kJ·mol^{-1}
氯化铝	$AlCl_3$	2.44	193	187 升华	35.4	707.1
氯化硼	BCl_3	1.43	-107	13	—	404.5
氯化钡	$BaCl_2$	4.83	962	1830	16.8	862.7
氯化铍	$BeCl_2$	1.89	415	532	8.7	498.1
木炭	C	2.25	3800	—	—	—
四氯化碳	CCl_4	1.58	-23.80	77	30.7	136.1
碳酸钙	$CaCO_3$	2.90	—	825 分解	—	1211.3
萤石	CaF_2	2.18	1418	2510	29.8	1226.4
氯化铜	$CuCl_2$	3.05	498	993	—	205.8
氯化铁	$FeCl_3$	2.80	304	332	43.3	405.5
氯化钾	KCl	2.00	771	1437	26.5	438.5
氟化钾	KF	2.48	857	1510	28.6	569.5
氯化锂	LiCl	2.07	610	1383	19.7	409.9
氟化锂	LiF	2.60	848	1093	27.3	615.3
氯化镁	$MgCl_2$	2.30	714	1418	43.3	643.9
光卤石	$MgCl_2$，KCl	2.20	487	—	—	—
氟化镁	MgF_2	2.47	1263	2332	58.8	1127.7
氯化锰	$MnCl_2$	2.93	650	1231	37.8	483.8
氯化铵	NH_4Cl	1.53	520	—	—	315.8
冰晶石	Na_3AlF_6	2.90	1006	—	112.1	3318.0
脱水硼砂	$Na_2B_4O_7$	2.37	743	1575 分解	83.3	3100.4
氯化钠	NaCl	2.17	801	1465	28.2	412.9
脱水苏打	Na_2CO_3	2.50	850	960 分解	29.8	1135.3
氟化钠	NaF	2.77	996	1710	33.2	575.8
工业玻璃	$Na_2O\cdot CaO\cdot 6SiO_2$	2.50	900~1200	—	—	—

续表 4-3

物质名称	化学式	密度 /g·cm^{-3}	熔点 /℃	沸点 /℃	熔化潜热 /kJ·mol^{-1}	$-\Delta H_{298}^{0}$ /kJ·mol^{-1}
氯化硅	$SiCl_4$	1.48	-70	58	8.0	589.6
石英砂	SiO_2	2.62	1713	2250	30.7	914.4
氯化锡	$SnCl_4$	2.23	-34	115	9.2	513.2
氯化钛	$TiCl_4$	1.73	-24	136	10.8	807.2
氯化锌	$ZnCl_2$	2.91	3.8	732	10.9	417.9

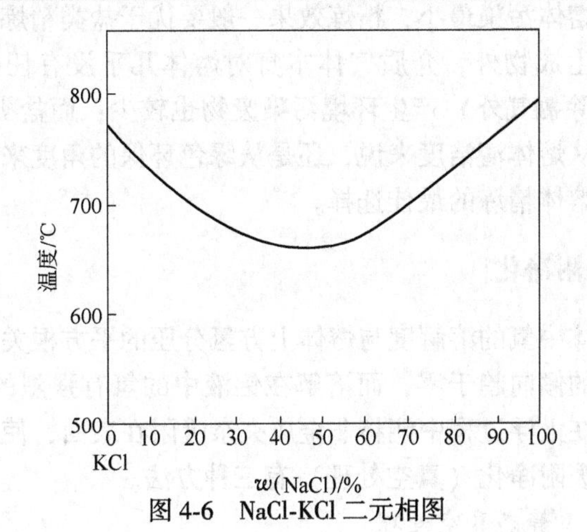

图 4-6 NaCl-KCl 二元相图

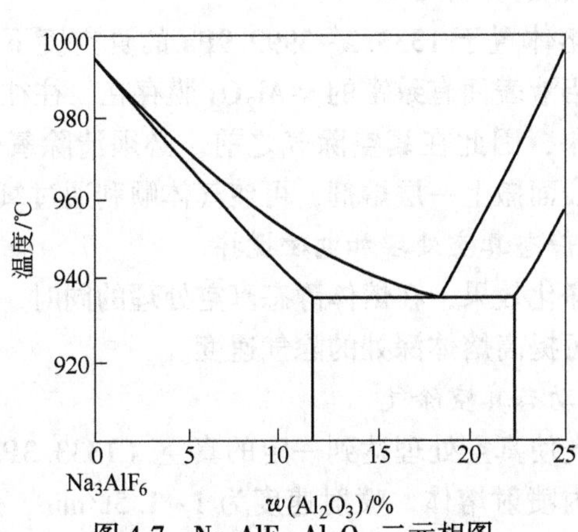

图 4-7 Na_3AlF_6-Al_2O_3 二元相图

一般氯盐对氧化铝的溶解能力并不大，通常为1%~2%，如在熔剂中加入冰晶石（Na_3AlF_6），就使熔剂对氧化物的溶解能力大大加强，冰晶石的化学分子结构和某些性质与氧化铝相似，所以它们在一定温度下就可能互溶，在930℃时形成共晶，冰晶石最大可溶解18.5%Al_2O_3。值得注意的是溶解温度较高，尽管如此，熔剂中添加冰晶石会大大增加溶剂的精炼能力。

根据以上对精炼介质的介绍，大致可以将精炼介质分为气体和盐类两种不同的类型，它们都能对熔体起除气和除渣作用，但只有气体介质精炼对熔体污染最小，精炼效果一般要优于盐类精炼介质。气体精炼除反应生成物外，介质气体本身对熔体几乎没有任何污染，同时，气体（除氯气外）产生环境污染废物也较少；而盐类刚好相反。因而，无论从熔体清洁度来说，还是从绿色环保的角度来讲，气体精炼介质都是熔体精炼的最佳选择。

4.3.2 非吸附净化

根据熔体中氢的溶解度与熔体上方氢分压的平方根关系，在真空下铝液吸气的倾向趋于零，而溶解在铝液中的氢有强烈的析出倾向，生成的气泡在上浮过程中能将非金属夹杂吸附在表面，使熔融铝液得到净化。非吸附净化（真空处理）有三种方法。

4.3.2.1 静态真空处理

此法是将熔体置于1333.3~3999.9Pa的真空度下，保持一段时间。由于熔融铝液表面有致密的γ-Al_2O_3膜存在，往往使真空除气达不到理想的效果，因此在真空除气之前，必须清除氧化膜的阻碍作用。如在熔体表面撒上一层熔剂，可使气体顺利通过氧化膜。

4.3.2.2 静态真空处理加电磁搅拌

为了提高净化效果，在熔体静态真空处理的同时，对熔体施加电磁搅拌，这样可提高熔体深处的除气速度。

4.3.2.3 动态真空除气

除气是预先使真空处理达到一定的真空（1333.3Pa），然后通过喷嘴向真空炉内喷射熔体。喷射速度为1~1.5t/min，熔体形成细小液滴。这样熔体与真空的接触面积增大，气体的扩散距离缩短，并且不受氧化膜的阻碍，所以气体得以迅速析出。与此同时，钠被蒸发烧掉，氧化夹杂聚集在液面。真空处理后熔体的气体含量低于 0.12mL/(100gAl)，氧含量低于 $6\times10^{-4}\%$，钠含量也可降低到 $2\times10^{-4}\%$。真空处理炉有 20 吨级、30 吨级、50 吨级三种，其装置如图 4-8 所示。

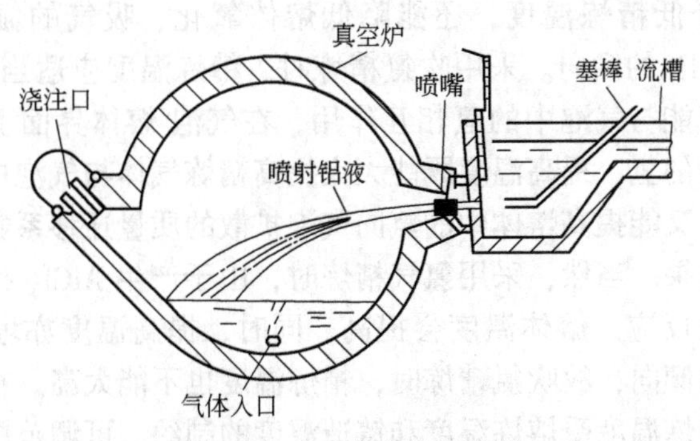

图 4-8 动态真空处理装置

动态真空处理不但脱气速度快，净化效果好，而且对环境没有任何污染，是一种很有前途的净化方法。但这些方法由于受一些条件限制，应用较少。

4.3.3 几种常见炉内熔体净化处理方式

炉内熔体处理方式多种多样，应用比较广泛，比较常见的主要有以下三种方式。

4.3.3.1 精炼管吹气法精炼

炉内净化最简单、最方便、最经济、最常用的就是采用精炼管精炼，即采用精炼管将介质气体（惰性气体、混合气体等）分散导入熔体的炉内精炼方式，在熔体中形成分散的小气泡，气泡在上浮过程中，利用气体分压差原理，将熔体中氢和氧化夹渣带出熔体，既经济，也方便简单，是一种比较常见炉内熔体精炼净化方式。一般来说，炉内精炼主要采用 N_2-Cl_2 混合气体居多。

A 精炼管吹气精炼工艺参数的选择

(1) 精炼温度的选择。在选择精炼温度时应考虑温度对精炼效果的影响、熔体与精炼气体作用时的热效应、温度对熔炼时物理化学过程的影响等三个因素。采用吹氮精炼时，精炼温度适当低一点好。这是因为降低温度虽然降低了熔体中原子氢的扩散速度，但却使熔体黏度增大，气泡在熔体中停留时间延长，熔体中溶解的氢分压增大，气泡-熔体边界的氢浓度降低，因而有利于提高扩散除氢的效果。同时，适当降低精炼温度，还能降低熔体氧化、吸气的倾向及生成 Mg_3N_2 和 AlN 的倾向。采用吹氯精炼时，精炼温度应适当高一些好。这是因为氯能与气泡中的氢相互作用，在气泡-熔体界面上始终保持着最小浓度的氢，提高温度既能大大提高精炼气体与气泡中氢的化学反应速度，又能提高熔体中的氢向气泡扩散的质量迁移系数，有利于提高精炼效果。当然，采用氯气精炼时，由于产生 $AlCl_3$ 和 HCl 的反应都是放热反应，熔体温度会提高。同时，提高温度亦增大熔体氧化、吸气的倾向，故吹氯精炼时，精炼温度也不能太高。在工业生产中，由于精炼温度受熔炼温度和铸造温度的制约，可调范围很小，所以，在熔炼炉精炼时，精炼温度应控制在熔炼温度范围内。对于吹氯精炼，一般以 730~740℃为好；对于吹氮精炼，一般以 710~720℃为好；对于氮-氯混合气体精炼，以 720~730℃为好。一般比铸造时保温炉熔体温度上限高 5~10℃。

（2）吹气压力的确定。精炼管吹气压力主要根据熔池中熔体深度而定。其最小压力以熔体不能进入精炼器为原则，其最大压力要使熔体产生沸腾但不飞溅。假定熔体深 0.7m，700℃时铝液的密度为 2.36g/cm^3，则炉底承受熔体静压力为 0.0165MPa，故最小吹气压力为 16.5kPa。如果熔体深仅 0.4m，则吹气压力需 10kPa。由于铝合金熔炼炉和保温炉（静置炉）的熔池深度一般均在 0.3~0.7m 之间，故吹气表压一般控制在 10~20kPa，气泡高度一般不高于 80mm 即可。

（3）气体用量和吹气时间的确定。吹气精炼时，所需要的精炼气体的数量，理论上可按下式计算：

$$L = (3\beta)^{-1} V_M \cdot h^{-1} \cdot u \cdot R \cdot K^{-1} \cdot \ln[(c_0 - c_p)/(c_z - c_p)] \tag{4-10}$$

式中，L 为使熔体含氢量达到 c_z 所需要的精炼气体体积，m^3；β 为熔体中氢的质量迁移系数，吹氩时，若熔体温度为 700℃，气泡半径3~10mm，则 β 为 0.1~0.15cm/s；V_M 为熔体体积，m^3；h 为气泡在熔体中所处的深度，cm；R 为气泡半径，cm；u 为气泡在熔体中的上浮速度，cm/s；K 为气体进入温度为 T、压力为 p 的熔体中的体积变换系数；c_0 为熔体中气体原始含量；c_p 为气泡-熔体界面上的气体浓度；c_z 为要求使熔体达到的最终含气量。

实际生产中，由于不可能使全部熔体都与精炼气体接触，因而实际的耗气量要比理论耗气量大得多。理论耗气量和实际耗气量的百分比称为气体的利用系数，并用 η 表示。η 的值因精炼方法而异，最好时可达10%~30%，差的时候仅1%~3%。由于合金中原始含气量和要求达到的最终含气量不同，各厂实际采用的精炼气体量差别很大，氮气约1t金属耗气1.6~8m^3，氩气约1t金属耗气2.4~5.5m^3，氯气约1t金属耗气0.6~2.5m^3，其精炼时间一般控制在5~30min。目前，我国很多铝加工熔铸企业基本采用 N_2-Cl_2 混合气体精炼时，约1t金属耗气0.7~2m^3，精炼时间为5~20min。

（4）精炼后静置时间的确定。为了便于小的气泡上浮分离和小的夹杂物的上浮或下沉，吹气精炼后必须让熔体静置。静置时间可按熔体中气泡和夹杂物上浮或下沉所需的时间来确定。理论上，半径小于0.1mm的球形杂质的沉浮时间可按斯托克斯公式（见式（4-2））估算。

经验上，静置时间因制品用途和要求而异。对于产品质量要求高的铸锭，一般控制在30~45min；对于普通铸锭，一般控制在10~20min。

B 炉内氮-氯混合气体精炼应注意的事项

（1）要注意安全。氯气瓶应放置在阴凉处，使用和运输时要防止振动和碰撞；放氯气瓶的地方应设置中和槽，一旦发现漏气，应将瓶嘴拧紧并放入中和槽内。向车间输送混合气体的管路系统及混合气体制备系统，定期必须以氨水作为指示剂，巡回检查所有阀门、接头、压力表、管路等，发现漏气要及时处理。

（2）要保证氮气、氯气的纯度及混合气的混合比。按技术条件和产品质量的要求，确定要控制的气体纯度；混合气的比例要控制在 N_2 90%~95%、Cl_2 5%~10%的范围内。氯含量如果太低，则精炼效果不好；反之，氯含量过高，氯气反应不够充分，有氯气溢出（有毒），产生有毒烟雾，致使操作条件恶化。

（3）做好精炼前的准备工作。精炼前，精炼器要充分预热，对于铁质精炼器最好先涂料；在熔体表面撒上一层熔剂，并打开排烟机，电炉要停电操作。

（4）按要求进行精炼操作。首先，将精炼器放入炉门口烟罩处，打开精炼气体的阀门后，再将精炼器插入熔体中进行精炼。精炼时，应将精炼器放至炉底，均匀而缓慢地移动，消灭死角，切忌定点精炼，精炼气泡高度应控制80mm以内为宜。精炼过程中，压力要适当，应确保精炼时间。精炼结束时，先将精炼器提出液面，再立即关闭送气阀门。精炼后，随即扒渣，可撒上一层覆盖剂对静置炉熔体进行覆盖。

C　常用的氮-氯混合气体精炼装置（系统）

一般铝加工熔铸企业炉内熔体净化处理都普遍采用氮-氯混合气体精炼，图4-9为常用的氮-氯混合气体精炼的典型装置结构示意图。为防止氯气跑漏和中毒，氯气罐通常坐落在碱液中和槽上，广泛使用硫代硫酸钠作中和剂。氯气经减压阀进入储氯罐；氯气和氮气罐中氮气经过流量控制阀、流量计后在管道内混合进入混合罐，混合罐内混合气体的工作压力般控制在0.2～0.35MPa。取样管是取样分析气体成分的地方，通常采用BTN型气体全分析器分析气体的混合比、氧含量及水含量，合格后方可使用。精炼器与混合罐之间用软管连接，连接软管应该采用不吸湿材料，如四氟乙烯高压胶管。精炼器的管头可用石墨、石英制作，也可用多孔陶瓷，采用钢管时应在表面涂覆涂料，吹气孔的直径一般为2～5mm。有的工厂直接采用高纯氮发生装置生产高纯氮，供精炼使用。

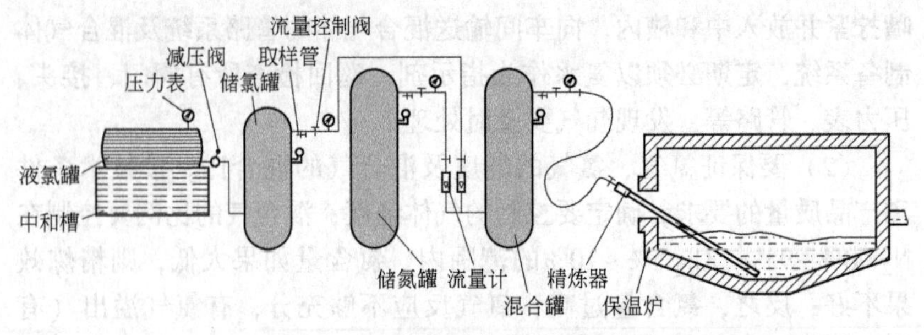

图4-9　氮-氯混合气体装置示意图

D 其他的混合气精炼方法

除了氮-氯混合气体外，目前，国内外还有一些企业采用氩-氯、氮-氟利昂、氮-氯-一氧化碳、氮-六氟化硫等混合气作为精炼气体使用。采用氟利昂-12（CCl_2F_2）的原因是无毒，精炼效果好。将一氧化碳加入氮-氯混合气中的目的是夺取氯气还原熔体中的氧化铝时产生的氧，与之生成二氧化碳，避免氧气再度与铝在气泡表面形成氧化膜。这些混合气的除气效果见图4-10。氟利昂是一种无毒的气体，试验表明，它具有良好的除气、除渣、除有害杂质的综合效能，但环境学家认为它是一种破坏臭氧层的含氟氯烃。六氟化硫是一种高度稳定的气体，也是氟所能生成的最高共价化合物之一，特殊的分子结构使其分子间相互排斥，其优点是易挥发、无毒、不燃烧、无腐蚀性，是一种新开发的产品。在惰性气体中加入2%左右的六氟化硫，由于六氟化硫与铝熔体的反应热大于其他活性气体，因而除气效果变得更好。目前，六氟化硫已在“SIGMA”除气系统中采用。资料介绍，6061 铝合金熔体中氢含量由 0.28mL/(100g) 降至 0.1mL/(100g)。但也有试验发现，它的精炼效果依赖于化学反应，而后者随温度和其他因素而变化。从图 4-10 可看出，采用混合气体是一种行之有效的方法，其中，第三种混合气体（即氮气+5%氟利昂）与纯氯的精炼效果相近，而在除气处理同时对烟囱废气进行的分析表明，废气中的氟利昂等含量，低于千万分之一的这一检验极限。在两种常用的惰性气体中，由于氩气密度较氮气和炉气高，也比氮气的纯度相对要高

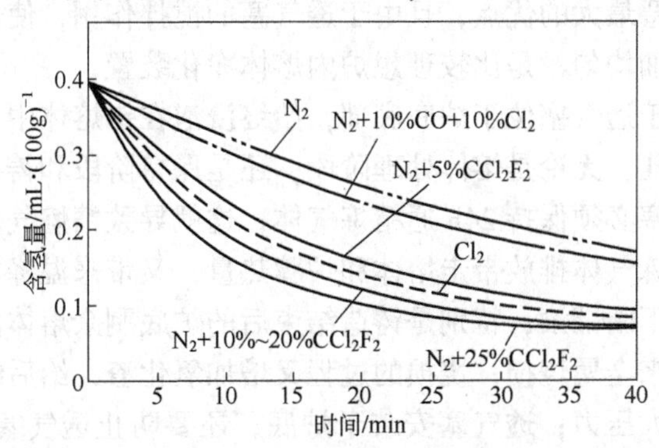

图 4-10 不同混合气精炼剂对纯铝除氢效果的影响

(水含量相对要低)，在其他条件完全相同的情况下，由于氩气泡在熔体中的上浮速度相对较慢，与熔体接触时间相对较长，也不形成副产物，而且，逸出液面后富集于铝液表面，有阻碍炉气中水分与铝液接触的作用，因此，精炼效果相对较好。但氮气相对便宜、易得，因而绝大部分铝加工熔铸一般都采用氮-氯混合气。

4.3.3.2 炉底透气砖（塞）精炼

炉底透气砖（塞）精炼装置就是在炉底均匀安装多个可更换的透气塞，通过透气塞向炉内熔体导入细小的精炼气体（如 N_2、Ar、Cl_2、混合气体等），可有效散布于炉内熔体（透气塞（砖）除气原理及方式详见 4.4.1.1 节）。精炼气体在上浮过程中，分散的微小气泡吸附聚集熔体中的有害气体和夹杂物（如 H_2、氧化物等），并随气泡被带出熔体，从而获得较好的除气效果。与传统人工精炼管吹气精炼相比，由 PLC 控制精炼气体流量和时间，可以达到最佳的炉内除气效果。一般来说，炉底透气塞炉内除气率可以达到 40%，甚至可高达近 50%，除气率比较稳定，同时也附带去除部分夹杂物。较好地解决人工精炼效果波动大、除气率低的问题。

目前，在国内采用炉底透气砖（塞）不多，RHI 奥镁公司开发的炉底铝熔体净化透气系统，整套装置包括多孔透气砖、耐材、供气工艺和控制柜。采用 PLC 控制每一个透气塞精炼气体流量和精炼工艺，整个过程实现自动化控制，可以有效除去保温炉熔体中的氢和夹杂物，降低熔体氢含量，除气效果可达到 40%以上。除气效率高是炉底透气塞最大的优点，且由于透气塞的搅拌作用，使熔体温度和化学成分更加均匀，是比较理想炉内熔体净化装置。

但是由于透气塞位于炉底底部，始终浸泡在铝熔体中，为了不让熔体堵塞塞孔，无论是熔体处理阶段，还是保持阶段和铸次之间的间歇期，透气塞必须保持 24h 通精炼气体，这就导致精炼气体耗气量增加；同时精炼气体排放带走熔体和炉膛热量，又带来温降损失，增加能耗；熔体不断翻滚，特别是铸造结束后的炉底剩余熔体翻滚尤为严重，必将带来金属烧损；烧损的过程又增加氧化渣，给后续熔体过滤处理带来更大压力；透气塞安装于炉底，还要防止透气塞泄漏熔体，发生安全事故。这是炉底透气塞炉内净化的不足之处。

4.3.3.3 炉内旋转喷头精炼

近年来，随着旋转喷头应用于在线铝熔体净化，除气除渣优势比较明显。不少铝加工熔铸企业也将旋转喷头精炼方式应用到保温炉（静置炉）炉内熔体净化，其净化原理详见4.4.1.3节。旋转喷头应用于炉内净化处理取得了比较稳定的效果，其方式有以下几种。

(1) 炉顶式旋转喷头炉内精炼装置。炉顶式旋转喷头精炼装置就是保温炉（静置炉）炉顶插入1个或多个旋转喷头对保温炉炉内进行炉内净化处理。一般通过2~5个旋转喷头对保温炉（静置炉）熔体进行除气，除气效果比较稳定，除气率可以达到40%。但由于该装置安装于保温炉炉顶，旋转杆比较长，旋转喷头在旋转过程中摆动比较大，除气过程中，液面波动较大，易造渣，因而转速不高，一般转速小于200r/min，影响了除气除渣效果。同时，由于置于炉顶，故障率比较高，导致投资和维护费用比较高。采用炉顶旋转喷头插入式炉内净化铝加工熔铸企业不多，国内西南铝在50吨熔铸机组采用了Novelis的伊尔玛炉顶插入式旋转喷头炉内除气装置，除气率比较高，最高可达40%。目前国内未见其他铝加工熔铸企业采用炉顶插入式旋转喷头炉内净化装置。

(2) 移动式（又称卧式）旋转喷头炉内净化装置。移动式（卧式）旋转喷头炉内净化装置是将能伸缩旋转喷头装置安装在移动小车上，通过将移动小车移至保温炉炉门口，然后将旋转喷头伸入保温炉熔池，对保温炉熔池内熔体进行净化处理。其装置如图4-11所示，该装置通过液压缸倾翻至工作角度，一般为30°~40°（与水平方向），处理能力强，采用含氯气混合气体精炼，可有效除氢和碱金属，除气率可以达到30%~40%，碱金属可除去50%以上，控制在$5\times10^{-4}\%$以下。该装置使用方便，除气效果较好。由于可移动，可多台保温炉共用。但由于旋转喷头从保温炉炉门伸入熔池时，受场地和位置限制，其旋转喷头伸入熔体深度和角度不好把握，影响除气效果，造成除气率波动；旋转喷头从保温炉炉门伸入，炉门始终处于开启状态，造成保温炉熔体温降损失，能耗增加，生产效率下降；炉门温度高，又有废气和粉尘，工人操作工作环境差，劳动强度大。移动式旋转喷头炉内净化装置国内外应用还是比较广泛，早期国内铝加工熔铸企业引进了加拿大 Sats 的移动式旋转喷头炉内净化处理装置。Pyrotek 公司开发出国产 FI 系列卧式旋转喷头炉内净化处理装置等，见图 4-11，在国内均也有较好的应用。

（3）侧墙式（又称立式）旋转喷头炉内净化装置。侧墙式（立式）旋转喷头炉内净化装置如图 4-12 所示，是将能伸缩旋转喷头装置固定安装于保温炉墙侧面，通过保温炉侧面炉墙的小门将旋转喷头伸入保温炉熔池，旋转喷头在熔体内旋转喷气过程中，熔池中金属熔体和介质气体的吸和送过程中，带动金属熔体下层移动，从而对整个保温炉熔池内熔体进行净化处理。由于旋转喷头装置机构是固定式的，电动推杆可将旋转喷头装置倾翻至熔池最准确位置，旋转喷头伸入熔池角度和深度也是最准确和合适的，旋转喷头倾翻角度可以是 0°~60°（与垂直方向），除气、除碱金属效果好，也比较稳定，通常情况下可以达到 40%，碱金属可除去 50%以上，控制在 $5\times10^{-4}\%$以下。该装置适合大、中、小型保温炉炉内净化处理，综合来看，是比较理想的炉内熔体净化装置。Pyrotek 公司 SINF 旋转喷头 HD2000 和国产 FI 系列立式旋转喷头炉内净化处理装置在国内得到广泛应用，取得了较好的炉内金属熔体净化效果。

图 4-11 Pyrotek 移动式（卧式）旋转喷头炉内净化装置

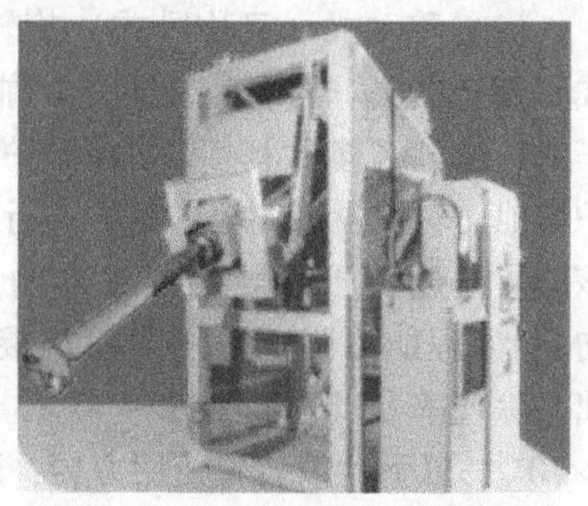

图 4- 12 Pyrotek 立式炉内旋转喷头净化装置

4.4 炉外在线净化处理

一般而言，炉内熔体净化处理对铝合金熔体的净化是相当有限的，要进一步提高铝合金熔体的纯洁度，更重要的是靠炉外在线净化处理，这样才能更有效去除铝合金熔体中的有害气体和非金属夹渣物。炉外在线净化处理根据处理方式和目的，又可分为以除气为主的在线除气和以除渣为主的在线熔体过滤，以及两者兼而有之的在线处理，根据产品质量要求不同，可采用不同的熔体在线净化处理方式。

下面分别就铝熔铸最常见的几种在线处理方式作简要介绍，供铝熔铸企业生产时参考。

4.4.1 介质气体导入熔体方式及其原理

无论在线除气还是炉内除气（参见4.3节炉内净化处理），都借助某种方式将介质气体（如氩气、氮气、氯气或混合气体等）均匀、分散、细小导入金属熔体内部，使其与熔体充分混合，利用气体动力学（分压差）原理，对金属熔体进行除气除渣的熔体净化处理，因而导入方式及其原理对除气效果影响非常大，也非常关键。净化方式不同，其气体导入方式也不尽相同。目前气体导入方式主要有透气砖（塞）、高速喷嘴和旋转喷头三种。下面分别加以介绍。

4.4.1.1 透气砖（塞）

A 透气砖（塞）原理

透气砖（塞）一般是采用刚玉（氧化铝颗粒）、碳化硅、氮化硅、石墨或高铝黏土质等材料烧制而成的高温多孔耐火材料，精炼气体在压力作用下，通过透气砖（塞）的微孔及通道分散成细小的气泡，小气泡吹入熔体，形成分压差，利用气体动力学对熔体进行除气（氢）。实践表明，采用多孔透气砖（塞）进行吹气精炼时，由于气泡比普通单管吹气精炼时要小得多，除气效果比精炼管吹气精炼效果要好很多。用多孔陶瓷对铝熔体进行吹氮精炼时，其氮气的利用率可达10%，除气率可达到50%；而在用普通精炼管精炼时，其利用率只能达到1%~2%，除气率小于30%。图4-13说明，在其他工艺条件相同的情况下，用多孔透气砖吹氩15min即可获得满意的除氢效果。这个结果充分证明，透气砖（塞）具有良好的除气效果。常见透气塞结构如图4-14所示。

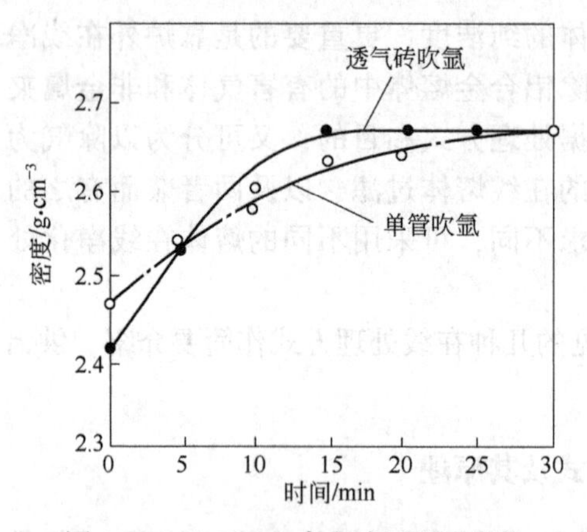

图 4-13 Al-12%Si 合金减压凝固后的密度与吹氩时间的关系

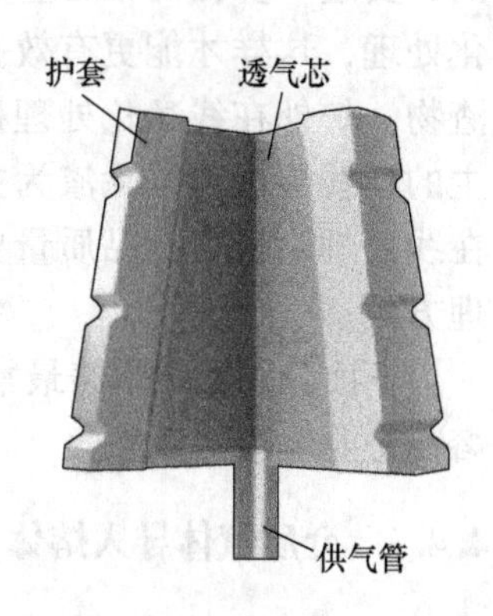

图 4-14 透气砖（塞）结构及在线底吹式精炼示意图

B 影响透气砖（塞）除气效果的主要因素

影响透气砖（塞）除气主要有两大因素，即气泡大小和气体流量。气泡的大小可用喷射雷诺准数作为衡量尺度。德国 S. Kastner 等人经过试验后指出，当雷诺准数 $Re=300$ 时，采用透气砖（塞）喷吹气体具有最好的界面效果。当超过这个准数时，则不再形成单个的小气泡，而是在透气砖（塞）的表面凝结成较大的气泡，整个透气砖（塞）此时起着喷嘴开口的作用。图 4-15（a）是他们用透气砖（塞）以各种不同气体流量对 7kg 熔体除气时的除氢速率，随着气体流量的增高，除氢速率增大。他们认为：气泡脱离透气砖（塞）到熔体的过渡系数要比气泡在气孔口扩大自由表面的速度快得多，这表明，气体流量较高时，对流也加强了，这在除气过程中起着决定性的作用。事实上，他们的发现与图 4-15（b）所描述的规律基本是吻合的。由图 4-15（b）可看出，气体的发泡效率（指单位体积气体表面积与熔体接触时间的乘积）与透气砖（塞）的开孔数及孔径关系极大，开孔数越多越小，则发泡效率急剧增大，但很快趋近极大值，再增大气体流量，气泡数实际没有变化，甚至减少。因此，在吹气流量、吹气时间和铝液温度三个参数中，吹气流量是铝液净化效果的最敏感的参数。气泡发生数和气-液两相实际接触的总面积开始随吹气流量增加而增大，当吹气流量达到一定值 *A* 时，再增加气体流量，气泡发生数和气-液两相实际接触的总面积不变甚至减少，即 A 为该透气砖（塞）的最佳（或饱和）流量值。由于受最佳雷诺准数的限制，单个透气砖（塞）不可能依靠气压来无限地提高吹气量，否则，在气泡的形成和上浮过程中会发生泡径铺展与合泡现象。因此对于大流量的使用场合，应该同时采用多个透气砖（塞）来满足提高除氢效率的要求。所以，一般来说，由于保温炉炉底面积大，透气塞比较适合保温炉炉底炉内除气。

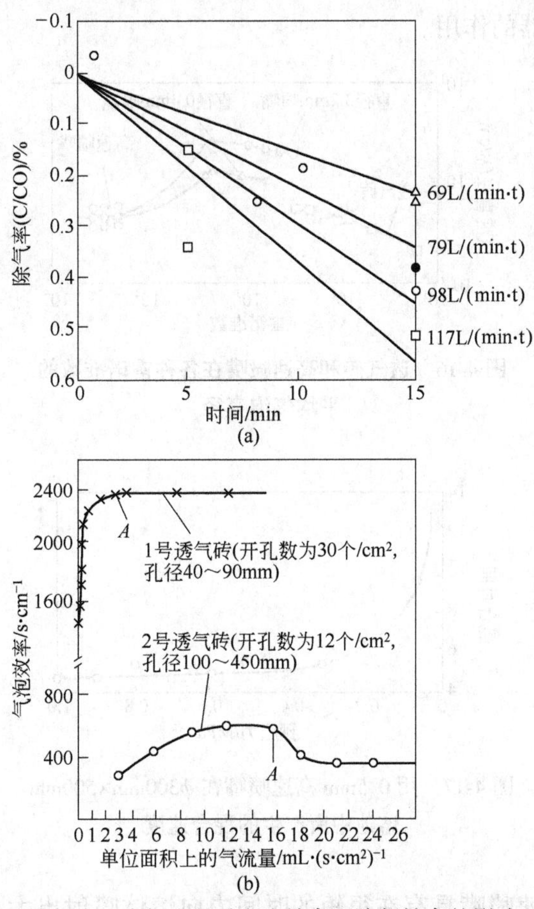

图 4-15　吹气流量对发泡效率和除氢效率的影响

（a）不同气流量下透气砖处理 700℃铝熔体的除氢速率；（b）透气砖发泡效率与吹气流量的关系

4.4.1.2　高速喷嘴

高速喷嘴最早用于 MINT（melt in-line treatment system）装置的除气装置喷气，它是将精炼气体在雷诺准数很高的情况下（见图 4-16）以高压、高速从狭小的喷嘴里喷出，由于高压下的气体密度比正常压力下的气体密度要大得多，当气体射流进入熔体时，压力突然降低，于是便胀裂成很小的气泡，类似于机械式油喷嘴中油的雾化。而气体射流的动能传到喷嘴前的熔体里，喷嘴前熔体的速度可高达 2.5m/s，使气泡很快与熔体混合（见图 4-17），此时，上升气泡也起到空气升液器的作用。

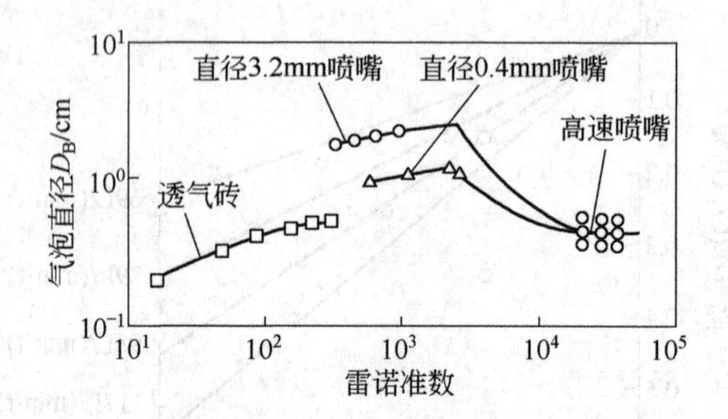

图 4-16　透气砖和高速喷嘴在各种雷诺准数的平均气泡直径

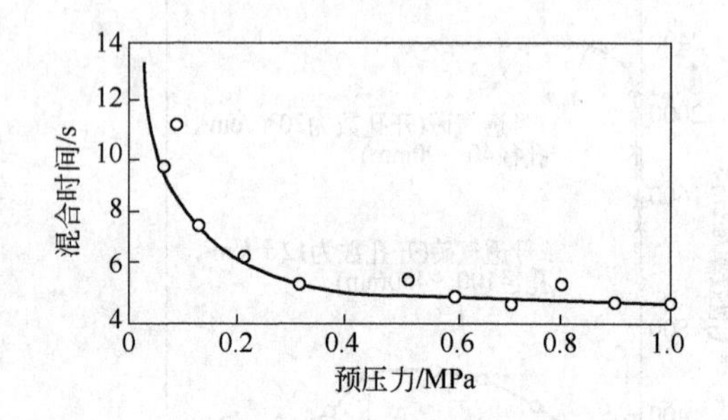

图 4-17　用 0.5mm 高速喷嘴在 ϕ300mm×500mm 熔池中所产生的混合速度

由于高速喷嘴具有在很短的时间内向熔体喷射出大量气体的特点，因此它可以在很短的时间内完成对铝熔体的除气。高速喷嘴处理和静态下真空处理及真空下透气砖处理对铝熔体除氢效果影响的对比见图4-18。这就是MINT装置采用高速喷嘴除气的原因。

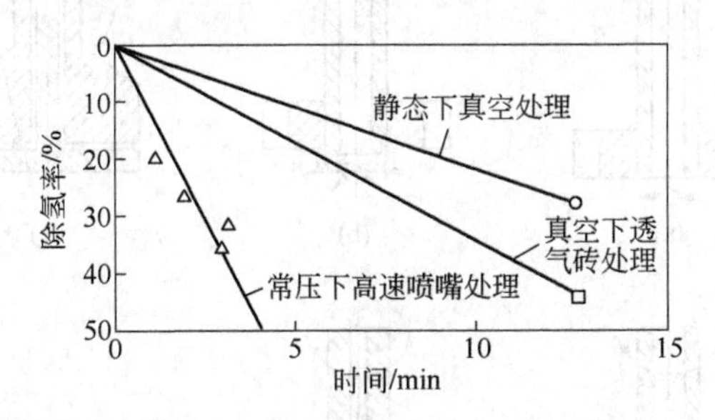

图4-18 几种不同方式的除氢效果比较（铝熔体温度700℃）

4.4.1.3 *旋转喷头*

旋转喷头精炼法就是利用旋转喷头将精炼气体碎末化并导入熔体中的一种在线处理铝熔体的净化工艺方法。旋转喷头的结构形式不一，其碎末化程度和除气效果也不一样。目前已公布的比较典型的有直管式喷头、多孔式喷头、剪切式（SNIF法）、下吸离心式（Alpur法）、上吸离心式（RDU法）、Hycast下入式等，如图4-19所示。

一般来说，旋转喷头的结构与形式、旋转速度、喷头插入熔体的深度和熔池形状是影响除气净化最主要的因素，而旋转喷头的结构与形式又直接影响旋转喷头旋转速度、液面形状，从而影响精炼气体碎末化程度。本节着重描述旋转喷头结构的影响，其他影响因素将在后面具体装置中再加以描述。

A *旋转喷头的结构形式对液面的影响*

一般来说，反应室的液面平稳有利于熔体净化效果，而旋转喷头的结构与形式、旋转速度、喷头插入熔体的深度和反应室形状是影响熔池内液面状态的主要因素，而旋转喷头的结构与形式将对液面产生最直接的影响。旋转喷头一般由转轴和转头组成，图4-19列举了比较典型的六种旋转喷头结构，除SNIF外，其他五种旋转喷头结构形式都差异不大，都是转轴与转头一体结构。而这五种旋转喷头除Hycast外，旋转喷头都是传统从顶盖伸入熔体，因此，我们在设定其他条件不变情况下，旋转喷头在反应室旋转过程中，转

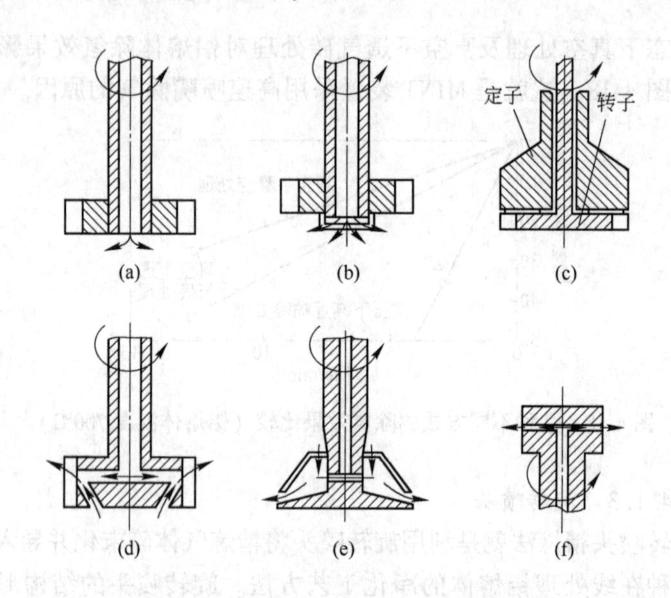

图 4-19 旋转喷头的结构形式示意图

(a) 直管式；(b) 多孔式；(c) SNIF 剪切式；(d) Alpur 下吸离心式；(e) RDU 上吸离心式；(f) Hycast 下入式

轴与转头同步同转速旋转，这必然带动反应室液面旋转，产生旋涡，在熔体表面形成凹面，甚至剧烈翻滚，影响净化效果。而SNIF 旋转喷头是有固定的定子（外部护套）和转子（转子由转轴和转头组成），如图 4-19（c）所示，转子在旋转过程中，其定子（外部护套）不随转子旋转，这样产生涡流的程度会大幅降低。同样，Hycast 旋转喷头从反应室底部向上伸入反应室，如图 4-19（f）所示，转轴不直接带动表面熔体旋转，产生涡流的程度也会大幅降低。图 4-20 为不同旋转喷头插入深度为 500mm，气体流量为 $1.0m^3/h$ 时对液面凹陷深度的影响，说明不同结构形式旋转喷头对液面形状影响是很大的。此外，转头本身结构也有一定影响，由于转头结构千变万化，这里就不再一一讨论。但影响最大的还是转头与转头的配合方式。

B 旋转喷头的结构形式对转速的影响

前面讨论了旋转喷头的结构与形式对熔体表面形状的影响，熔体

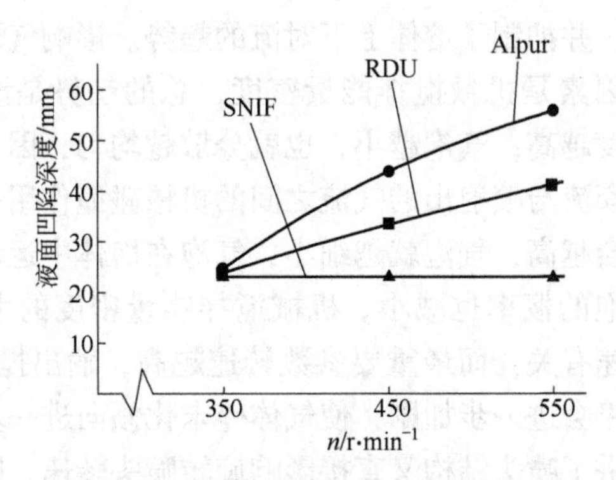

图 4-20 喷头插入深度为 500mm，气体流量为 1.0m^3/h 时对液面凹陷深度的影响

表面形状必然影响旋转喷头转速。图 4-19（a）（b）（d）（e）的结构形式表面形成涡流比图 4-19（c）和（f）两种结构涡流要大很多，造成表面熔体翻滚。为了降低这一影响，图 4-19（a）（b）（d）（e）结构形式的转速难以大幅提高，一般控制在 250~350r/min，通常最高也不会超过 450r/min，否则旋涡大，影响熔体净化效果。旋转喷头是由底部向上伸入熔体，对熔体表面影响小，产生的旋涡小，但由于转轴与箱体之间密封的影响，同样转速也不可能太高。SNIF 是定子加转子旋转喷头结构，克服以上两方面的缺点，表面旋涡小，因而转速可以较高，一般在 350~650r/min,，最高可以达到 720r/min。由此可以看出，旋转喷头的结构形式对转速的影响是非常大的。

C 旋转喷头的结构形式对气体碎末化的影响

精炼气泡在熔体中的大小和运动轨迹直接影响熔体净化效果，而影响精炼气体的主要因素是输入熔体的搅拌能量密度。总能量密度由气体搅拌能量密度和机械搅拌能量密度两部分组成。气体搅拌能量的输入，使气泡产生由下而上的运动，也是造成熔体上下对流的原因，这种运动方式从加大铝液表面的沸腾程度和缩短气泡在铝液中的停留时间两个方面恶化了去氢效果；而机械搅拌能量输入，即在旋转喷头的旋转作用下，气体进行一个碎末化的过程，使气泡均匀弥散分布于旋转的熔体中，并抑制了熔体上下对流的趋势。影响气泡的碎末化程度大小最大的因素是机械搅拌能量密度，总的趋势是该能量密度越大，碎末化程度越高，气泡越小，也就分散越均匀，因为旋转喷头及其造成的熔体紊流与喷射出的气流之间的机械碰撞作用越强烈，气体碎末化程度就会越高，气泡就越细小，气泡在熔体中运动轨迹和时间就会越长，合泡的概率也减小。机械搅拌能量密度的大小与喷头结构、大小和转速有关，而最重要参数转速越高，输出搅拌能量越大，气体紊流程度将会进一步加剧，使气体碎末化倾向进一步加剧，气泡越细小。前面讲了喷头结构又直接影响旋转喷头转速，因此最终还是旋转喷头结构对气体碎末化产生最直接的影响。由于 SNIF 旋转喷头具有转子加定子结构，转速远高于其他结构的旋转喷头，因而 SNIF 旋转喷头结构对气体碎末化的程度就更高。

4.4.2 常见的几种在线除气装置

在线除气是各大铝加工企业熔铸重点研究和发展的对象，种类繁多，典型的有采用透气塞过流除气方式的 Air-Liquide 法，采用固定喷嘴方式的 MINT 法，以及应用更广泛、除气稳定且有效可靠的旋转喷头除气法，如联合碳化公司最早研制的旋转喷头除气装置 SNIF，法国的 Alpur 除气装置等，以及国内企业自行开发的 ILDU、HLD 等系列旋转喷头除气装置，这些除气方式都采用 N_2 或 Ar 作为精炼气体或 Ar(N_2)+少量的 Cl_2(CCl_4) 等活性气体，不仅能有效除去铝熔体中的氢，而且还能很好地除去碱金属或碱土金属，同时还可提高渣液分离效果，下面就几种常见的在线除气装置的使用方式和效果加以介绍。

4.4.2.1 Air-Liquide 装置

Air-Liquide 法是炉外在线处理的一种初级形式，其装置如图 4-21 所示，装置的底部装有透气砖（塞），氮气（或氮氯混合气体）通过透气砖（塞）形成微小气泡，在熔体中上升，气泡在和熔体接触及运动的过程吸附气体，同时吸附夹杂，带出表面，产生净化效果。

此法亦有除渣作用，但效果不是很理想，一般除气率达 15%～30%，其最佳的处理量一般在 30～100kg/min 范围内。

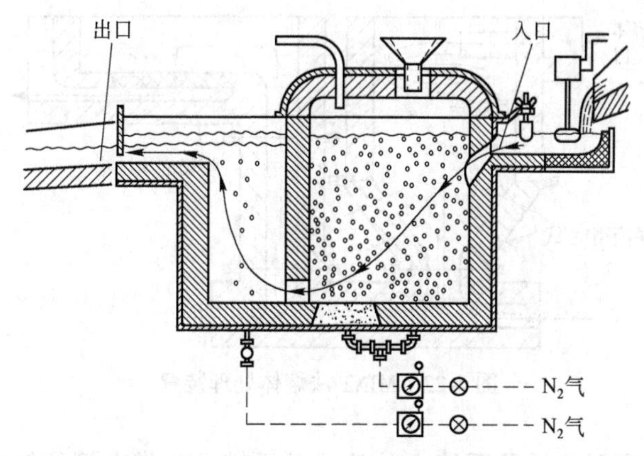

图 4-21 Air-Liquide 法熔体处理装置

4.4.2.2 MINT 装置

MINT 法是美国联合铝业公司（Conalco）于 1982 年发明的一种熔体炉外在线处理装置，如图 4-22 所示，铝熔体从反应器的入口以切线进入圆形反应室，使熔体在其中旋转。反应室的下部装有气体喷嘴，分散喷出细小气泡。旋转熔体使气泡均匀分散到整个反应器中，产生较好的净化效果，净化气体一般为 Ar 气，也可添加 1%~3%的 Cl_2。目前使用过的 MINT 装置型号有 MINT Ⅱ型和 MINT Ⅲ型。MINT Ⅱ型反应器的锥形底部有 6 个喷嘴，气体流量为 $15m^3/h$，铝熔体处理量为 130~320kg/min，反应室静态容量为 200kg。MINT Ⅲ型反应器锥形底部有 12 个喷嘴，气体流量 $25m^3/h$，铝熔体处理量为 320~600kg/min，反应室静态容量为 350kg，MINT 法除气的缺点在于金属熔体在反应室旋转有限，除气率波动较大，且金属翻滚可能产生较多氧化夹渣物。

4.4.2.3 SNIF 旋转喷头装置

SNIF 为旋转喷嘴惰性气体浮游法的简称，是美国联合碳化物公司（Union Carbide，现为 Pyrotek 子公司）研制的一种铝熔体炉外在线处理装置，有单室单转子、双室双转子和三室三转子三种形式。图 4-23 是 SNIF 双室双转子装置，此装置在两个反应室设有两个石墨的气体旋转喷嘴，装置的核心是喷嘴。旋转喷头由转子和定子组成，

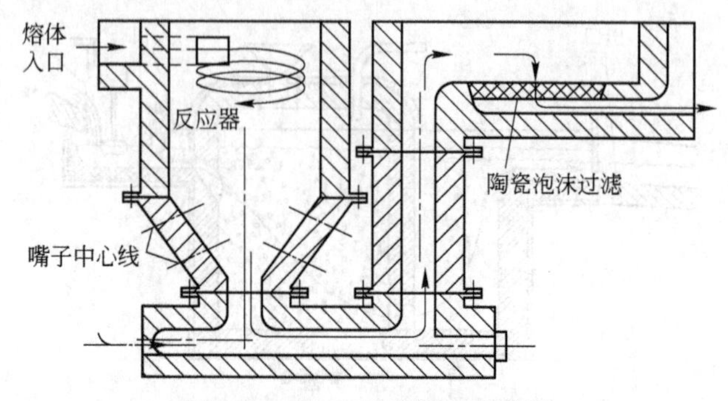

图 4-22　MINT 法熔体处理装置

如图 4-24 所示。转子系统由叶片式石墨转子与带套筒的轴组成，叶片式石墨定子固定在套管上，精炼气体由轴和套间的环形缝中通入，由于叶片的剪切作用，使从定子和转子之间的缝隙出来的气体破碎成极细的气泡分散进入金属熔体，并在旋转喷嘴的搅拌作用下，使精炼气体介质得到了最充分的碎末化，这也是 SNIF 装置独一无二的结构。

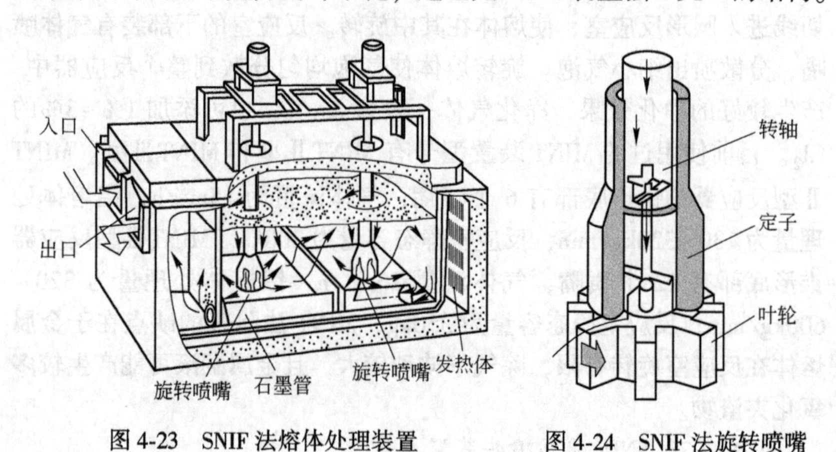

图 4-23　SNIF 法熔体处理装置　　　图 4-24　SNIF 法旋转喷嘴

同时，在金属熔体内形成垂直向下的金属流并使气泡均匀分散，搅拌时的紊流使气泡与金属熔体之间产生极大的接触面积，从而为有效除氢和介质颗粒漂浮到熔体表面创造了有利条件。由于旋转喷头主要是定子和转子结构，转子在定子中旋转，这样定子与上盖之间可以做到完全密封，使除气箱密封达到最佳的密封效果，大幅度降低造渣倾向。

由于SNIF装置有特殊喷头结构使熔体表面不易产生凹面涡流而剧烈翻滚，同时还具有反应室独特结构（如底部阻挡等）以及非常好密封效果，使旋转喷头转速在400~650r/min，最高可达720r/min，因而气体的碎末化程度非常高，气体通过喷嘴转子形成分散、均匀、细小的气泡进入熔体。转子使用寿命可以达到3个月以上，实际使用中最长可达近1年。

由于以上SNIF装置的独特优势，所以该装置除气效果好，实际除气效率高达70%以上，产生渣滓也非常少；同时，转子高速搅动熔体使气泡均匀地分散到整个熔体中去，从而达到非常好的除气、除渣效果。此法避免了单一方向吹入气体造成气泡的聚集，气泡上浮形成气体连续通道，导致气体与熔体接触时间缩短，从而影响净化效果。吹入气体为Ar或N_2（Ar为最佳），为了提高净化效果可混入1%~3%Cl_2。SNIF装置的主要技术性能见表4-4。

表4-4 SNIF装置的主要技术性能

型　　号	旋转喷头/个	流槽深度/mm	静态金属质量/kg	动态金属质量/kg	处理能力/$t \cdot h^{-1}$	除气率/%或处理后[H]/$mL \cdot (100gAl)^{-1}$
P30HB,P30i	1	150	600	750	14	60/[H]≤0.12
P60HB,P60i	2	150	700	950	27	65/[H]≤0.10
P60UHB,P60Ui	2	300	850	1100	27	65/[H]≤0.10
P80HB,P80i	2	150	1150	1250	36	65/[H]≤0.10
P140HB,P140i	2	150	1400	1800	64	65/[H]≤0.10
P140UHB,P140Ui	2	300	1750	2200	64	65/[H]≤0.10
P180UHB,P180Ui	3	300	2650	3250	89	65/[H]≤0.10

注：1. HB代表加热系统。
2. i代表浸入式加热系统。
3. U代表深流槽，适用于流槽较深和金属流量较大的流槽。

4.4.2.4 Alpur旋转除气装置

Alpur是法国Novelis开发的在线熔体处理装置，如图4-25所示。

该装置也是利用旋转喷嘴，使精炼气体呈微细小气泡喷出分散于熔体中，但与 SINF 的喷嘴不同，其净化原理如图 4-26 所示，它同时能搅动熔体进入喷嘴内与气泡接触，使净化效果提高。表 4-5 为 Alpur 装置的主要技术性能。

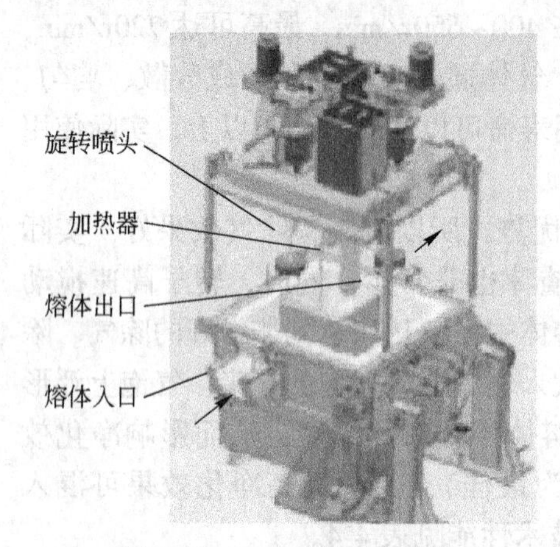

图 4-25　Alpur 装置示意图

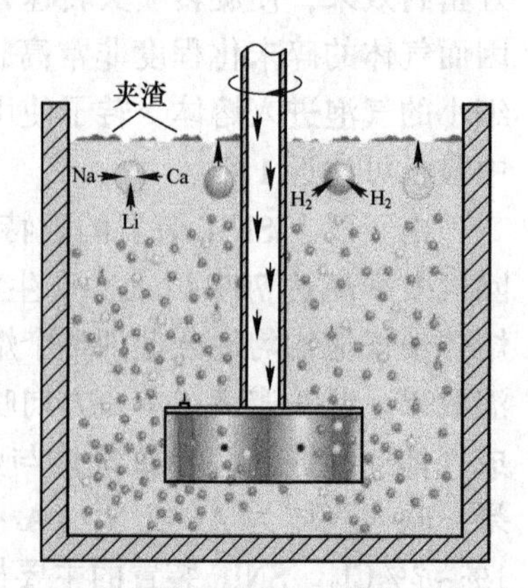

图 4-26　旋转喷头除气除渣示意图

表 4-5　Alpur 装置的主要技术性能

型　号	旋转喷头/个	静态金属质量/kg	动态金属质量/kg	标准处理能力/t·h^{-1}	最大处理能力/t·h^{-1}	除气率/%或处理后［H］/mL·(100gAl)$^{-1}$
G3 1R	1	830	1120	10	20	55/［H］≤0.15
G3 2R	2	1800	2300	30	40	60/［H］≤0.12
G3 2R+	2	1940	2900	45	60	60/［H］≤0.12
G3 3R/3R+	3	2900	4160	60	75	60/［H］≤0.12
G3 4R	4	3900	5600	75	90	60/［H］≤0.12

4.4.2.5　RDU 装置

RDU 是快速除气装置（rapid degassing unit）的英文缩写，它是英国福塞科公司于 1987 年开发并投入使用的一种旋转喷嘴形式的除气装置。其装置结构和喷嘴结构如图 4-27 所示。RDU 的喷嘴也由高纯石墨制成，喷嘴根据泵的工作原理设计，喷嘴在通气和旋转时，除喷出气泡和搅动熔体外，还会产生泵吸作用，使熔体由上而下地进入喷嘴的拨轮内与气体混合后喷出，产生含有气泡的强制流动，增强气-液混合的均匀性，并使气泡变得非常细小，从而提高净化效果。RDU 除气装置的技术性能见表 4-6。

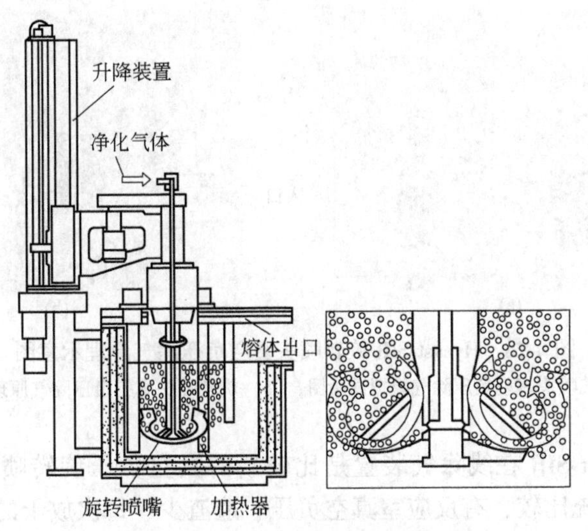

图 4-27　RDU 净化装置结构图

表 4-6　RDU 净化除气装置技术性能

容量 /kg	处理量 /t · h^{-1}	喷嘴直径 /mm	喷嘴转速 /r · min^{-1}	加热方式	加热功率 /kW	保温功率 /kW	升温速度 /℃ · h^{-1}	Ar 消耗 /L · min^{-1}
750	30	250	500	侵入式	27	15	40	60

4.4.2.6　Hycast-SIR 旋转喷头真空负压在线除气装置

Hycast-SIR 在线除气装置是海德鲁公司研发的一种真空负压旋转喷头除气装置，除气原理如图 4-28 所示，该装置与传统旋转喷头除气方式不同之处主要有两点：一是装置旋转喷头是从装置的底部伸入反应室熔体进行旋转喷气，由于转头和转杆均淹没于熔体下部，熔体表面不易产生涡流，熔体表面形成凹面倾向较小。二是反应室需要抽负压，反应室密封达到与外部大气完全隔绝的状况，反应室处于真空负压状态，反应室熔体处理深度可以达到约 1100mm，这样气泡路径增加，气泡在熔体中可以多停留50%时间，降低了熔体表面造渣，大幅减少熔体中氢的逆反应。由于反应室熔体处于真空负压状态，金属熔体是从反应室的底部流出。该装置不仅可以除气，同时也能除渣，对于一般产品，过滤后不需要再进行过滤。

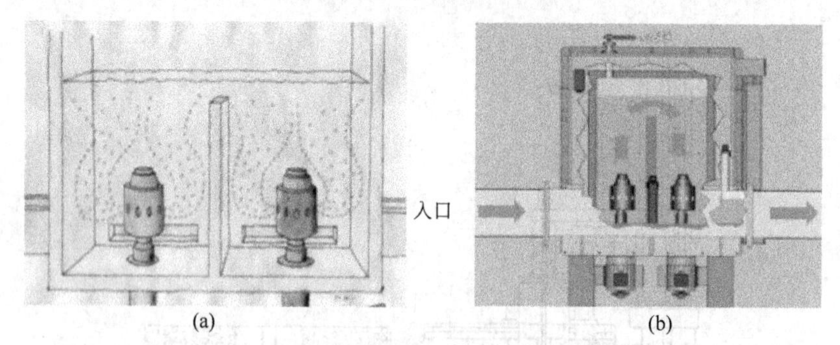

图 4-28 Hycast-SIR 旋转喷头真空负压除气原理示意图
(a) 旋转喷头真空负压除气模拟试验图；(b) 旋转喷头真空负压除气原理示意图

Hycast-SIR 在线除气装置是比较新的真空负压旋转喷头除气装置，与传统比较，有反应室真空负压、造渣少、每次放干的优点。但由于需要负压抽真空，因而装置密封要求非常高，特别是装置密封门的密封，因而设备维护技术要求高，导致投资和维护费用高。同时，为了保证密封也难以添加加热器，升液和除气过程中反应室温度不可控，可能造成反应室充液不成功。反应室的容积一般也不能太大，熔体处理时间受到一定影响；由于旋转喷头从装置底部向上伸入熔体，因此对转轴的配合和耐磨损程度的要求高，否则会产生熔体泄漏造成转轴卡死不能旋转，甚至漏铝，发生安全事故，因而转速也不能过高。Hycast-SIR 真空负压在线除气装置在国内外出现比较晚，目前应用还不是很多。

4.4.2.7 ILDU、HLD 等系列国产在线旋转喷头除气装置

国内开发旋转除气装置制造厂商也不少，典型的有 Pyrotek 公司的 ILDU 系列、重庆臻弘科技有限公司 IILD 系列等除气装置，如图 4-29 所示，它的除气原理和方法与 SINF 法和 Alpur 法相近，它的除气箱采用旋转喷头法除气。内部由隔板分为除气区和静置区，内置

浸入式加热器，可在铸造或非铸造期间对金属熔体进行加热和保温。采用 Ar 气(或 N_2 气)，加 1%～3%的 Cl_2（或 CCl_4），可提高熔体净化效果。主要技术参数见表 4-7。

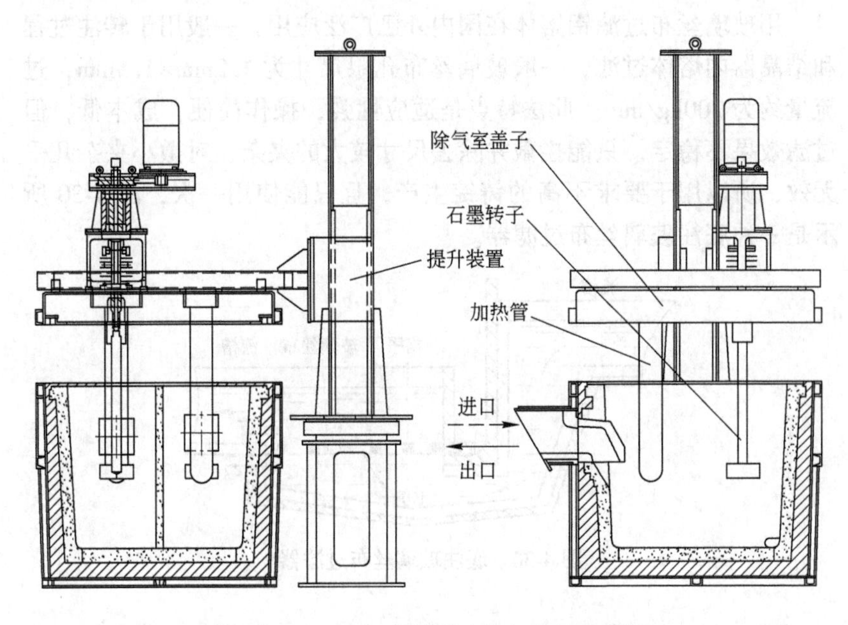

图 4-29 HLD-35 旋转喷头除气装置示意图

表 4-7 HLD-35 的主要技术参数

序号	名　称	参　数
1	除气箱外形尺寸/mm×mm×mm	1200×1600×1500
2	机架行程/mm	1680
3	机架高度/mm	5100
4	处理能力/kg · min^{-1}	30～100
5	除气效率/%	50～70

4.4.3 熔体过滤

过滤是去除铝熔体中非金属夹杂物最有效和最可靠的手段，从原理上讲有饼状过滤（表面过滤）和深过滤之分。过滤方式有多种多样，最简单的是玻璃丝布过滤，效果最好的是管式过滤、深床过滤和泡沫陶瓷过滤，下面就各种常见过滤装置作简要介绍。

4.4.3.1　玻璃丝布过滤

用玻璃丝布过滤铝熔体在国内外已广泛应用，一般用于转注过程和结晶器内熔体过滤，一般玻璃丝布孔眼尺寸为1.2mm×1.5mm，过流量约为200kg/min。此法特点是适应性强，操作简便，成本低，但过滤效果不稳定，只能拦截并除去尺寸较大的夹杂，对微小夹杂几乎无效，所以用于要求不高的铸锭生产，且只能使用一次，图4-30所示是一种底注玻璃丝布过滤器。

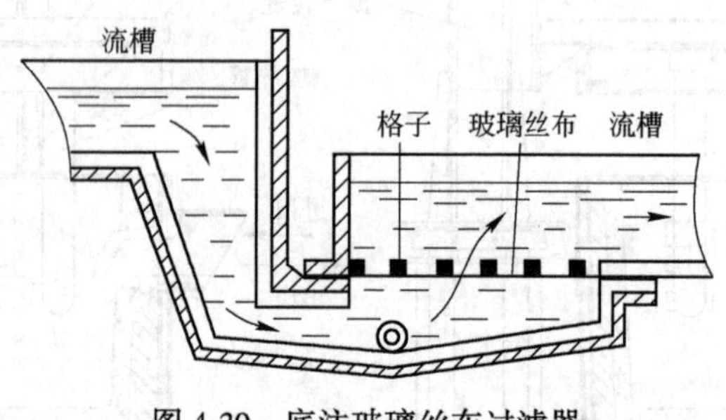

图4-30　底注玻璃丝布过滤器

4.4.3.2　床式过滤器

床式过滤器是一种过滤效果较好的过滤装置，它的体积庞大，安装和更换过滤介质费时费力，仅适用于大批量比较单一合金的生产，目前世界上应用比较广泛。下面几种比较典型的床式过滤法。

A　FILD法

FILD法（fumeless in-line degassing），是英国铝业公司（BACO）研制成功的连续净化方法。其装置如图4-31所示，中间用隔板将装置分为两个室，熔体通过表层熔剂进入第一室，从气体扩散器吹入氮气对熔体进行吹洗，然后熔体通过第一室涂有熔剂的氧化铝球和第二室未涂熔剂的氧化铝球过滤，使熔体净化。这种装置的处理量有230kg/min，340kg/min，600kg/min三种标准型号。

B　Alcoa 469法

Alcoa 469法是美国铝业公司（Alcoa）研究成功的熔体在线处理

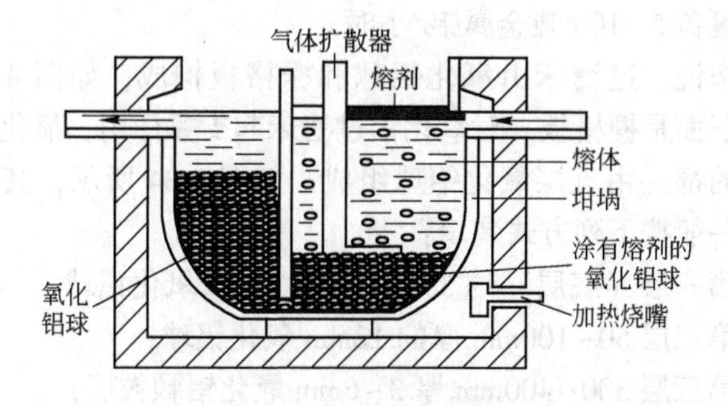

图 4-31 FILD 法熔体处理装置

装置，如图 4-32 所示，在此装置中通过两次氧化铝球的过滤，在两次过滤装置的底部设有气体扩散器，熔体在过滤的同时吹入 N_2 或 Ar，也可加入少量（1%~10%）Cl_2 进行清洗。使用 Cl_2 的目的是除 Na，可使钠含量降低到 $1\times10^{-4}\%$。此法处理量为 23t/h。

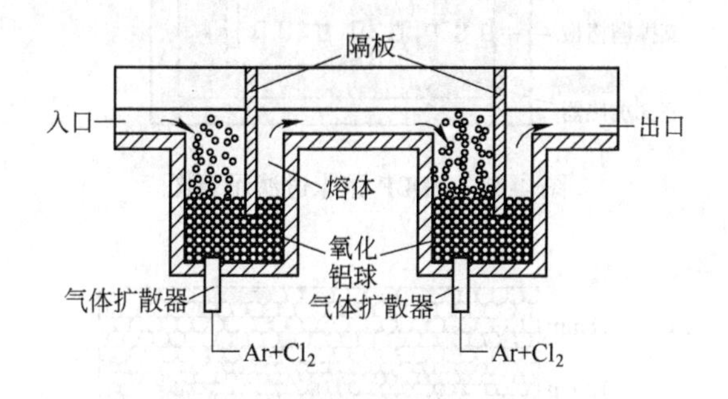

图 4-32 Alcoa 469 法熔体处理装置

C PDBF 法

PDBF 法是 Novelis PAE 开发的在线过滤装置，其过滤原理如图 4-33 所示，熔体通过五层氧化铝球组成过滤床，再从支撑栅格板缝隙进入上升通道，（A→B）净化后进入分配流槽进行铸造。由于熔体经过由大小、形状和不同厚度五层不同氧化铝球组成过滤床，可以有效过滤熔体中的夹渣物，熔体可以达到很好的过滤效果，对于 10μm 夹渣物基本上可以 100%过滤掉。从 PDBF5 到 PDBF90，过滤处理能力覆盖 5~100 吨金属铝/小时。

一般来说，过滤床由氧化铝球和栅格板构成，如图 4-33 所示。过滤球最下面是栅格板，对氧化铝过滤床起支撑作用，氧化铝球过滤床最典型的都是由五层氧化铝球组成，如图 4-34 所示，其大小、形状和厚度一般按下列方式装填：

(1) 第一层（底层）约 35mm 厚的 18mm 氧化铝球；

(2) 第二层 50~100mm 厚的 12mm 氧化铝球；

(3) 第三层 300~400mm 厚 3~6mm 氧化铝颗粒层；

(4) 第四层约 25mm 厚的 12mm 氧化铝球；

(5) 第五层（最上层）约 35mm 厚的 18mm 氧化铝球。

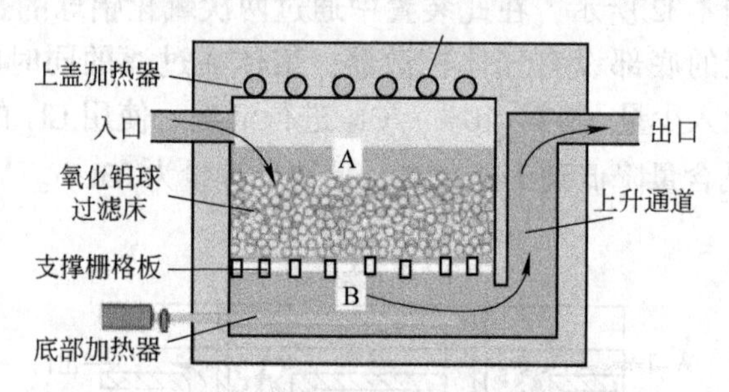

图 4-33　PDBF 深床过滤示意图

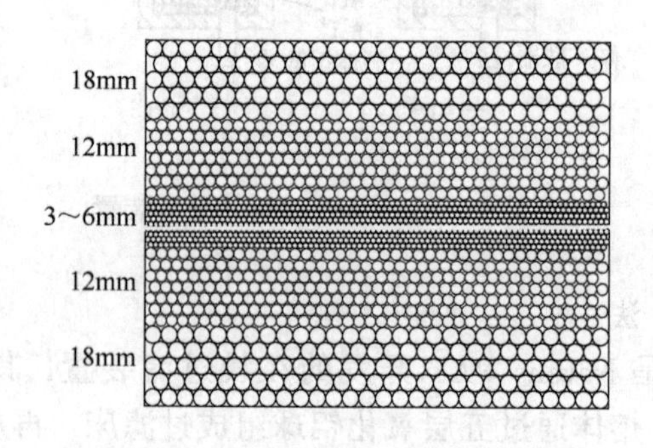

图 4-34　深床氧化铝球填充示意图

根据所生产产品的要求不同，氧化铝过滤床的充填的规格、大小和厚度有所差异，但其基本方式变化不大。

由于过滤床由氧化铝球装填而成，里面结构是不稳定的，熔体过滤过程中对氧化铝球有一个冲刷作用，氧化铝球可能产生松动，有可能形成一个或几个通道，熔体可能未经过滤直接从通道通过，即产生沟流现象，夹杂物直接进入铸锭形成缺陷。为了防止沟流和堵塞现象产生，要观察进、出口金属液位压头变化。一般当压头之差大于40mm，可以考虑更换深床，当压头突然下降，考虑是否有沟流现象。最好的方法是通过在线测渣，通过渣含量变化判断是否有堵塞或沟流现象。

由于深床过滤床一次装填成本高，氧化铝球寿命长，中途不能停歇、放干和清洗，因而更适用于大批量比较单一合金生产，同时为了提高过滤效果和过滤量，尽量减少中间停歇时间。一般来说，深床过滤装填一次可过滤3000~6000t。国内也有类似深床过滤装置，其结构都大同小异，已在罐料、PS、铝箔等铸锭生产中使用。

4.4.3.3 管式过滤

管式过滤器发明于1970年，是Pyrotek公司开发的高精度过滤系统，过滤介质为碳化硅、氧化铝颗粒，目前在全世界应用数百台套，管式过滤工作原理如图4-35所示。管式过滤的过滤原理是双重捕获，即稍大一点夹杂物在过滤管外表面被滤掉，更细小的夹杂物在过滤管内被吸附，如图4-36所示，这种双重捕获作用，实现了高精度过滤效果。

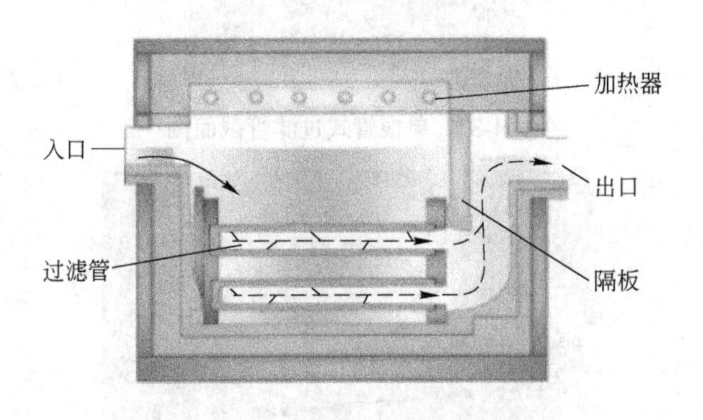

图4-35 管式过滤装置示意图

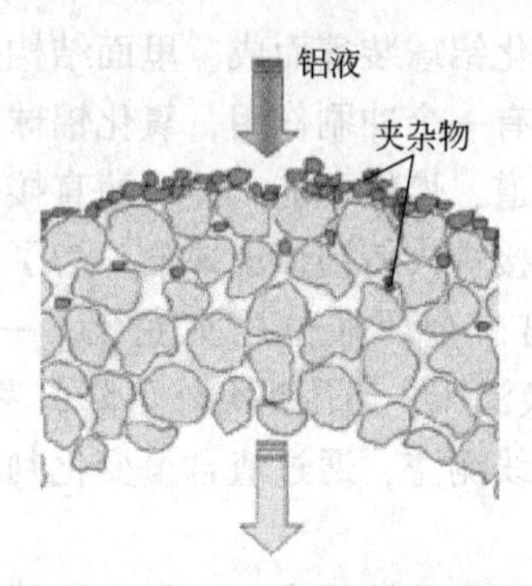

图 4-36　过滤管双重捕获示意图

目前管式过滤器的生产厂家主要是日本的三井金属株式会社和美国的 Pyrotek 公司 MCF 管式过滤装置，其规格和型号都没有多大区别，基本上都可以通用，如图 4-37 所示。多根管式过滤管组成一组，如图 4-38 所示。为了满足不同金属流量的需要，每一组由 7~28 根管式过滤管组成，当金属流量特别大时，可由两组组成。对于管式过滤来说，影响过滤效果的主要因素有以下几个。

图 4-37　单根管式过滤管截面图

图 4-38　一组 28 根过滤管

（1）过滤精度。过滤精度也称净化精度，可通过多孔陶瓷的固体夹杂的最大尺寸来衡量，也可用过滤介质所能截留的固体杂质的最小尺寸来表示。陶瓷过滤器的过滤精度主要取决于多孔陶瓷的孔径大小和过滤过程。孔径越小，过滤速度越慢，过滤精度越高，如图 4-39 所示。可以看出，管式过滤的精度是目前工业上使用比较普遍的过滤装置中过滤精度最高的。由于过滤精度高，则可能将熔体中 TiB_2 等活性质点过滤掉，使铸锭形成羽毛晶的倾向增大，所以管式过滤一般不用于 2×××系、7×××系等高合金化熔体过滤。

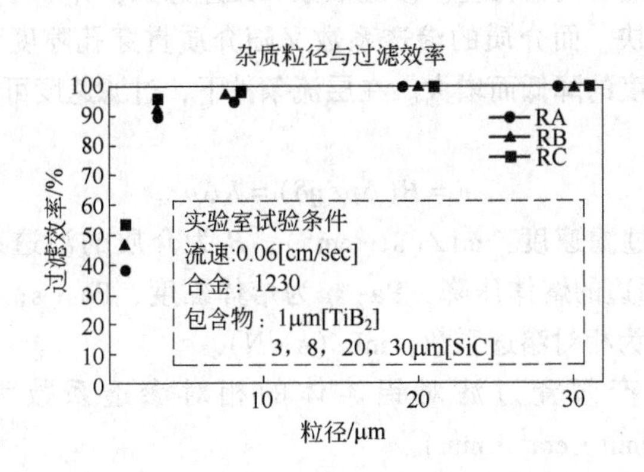

图 4-39 三井金属实验不同粒径管式过滤器的过滤精度

（2）过滤效率。过滤效率是指滤除的固体杂质与过滤前熔体中固体杂质的浓度的百分比，用公式表示为：

$$\eta = [(C_1 - C_2)/C_1] \times 100\% \tag{4-11}$$

式中，η 为过滤效率；C_1 为过滤前熔体中固体杂质的浓度；C_2 为过滤后熔体中固体杂质的浓度。

过滤效率主要取决于过速介质的孔隙特性（最大孔径、孔径分布等），熔体中固体杂质的粒度分布和过滤条件。通常，管式过滤器的过滤效率随过滤速度降低和过速时间延长而提高。表 4-8 是三井金属不同级别管式过滤器的过滤效率。

表 4-8 三井金属不同级别管式过滤器的过滤效率

夹杂物粒子大小/μm	过滤效果	过滤管规格
≥20	过滤效率 100%	
8~20	过滤效率 95%以上	RA、RB、RC
3~8	过滤效率 90%（RA）~95%（RC）	
≤1	过滤效率 40%（RA）~55%（RC）	

（3）过滤速度。过滤速度是指单位时间内通过单位面积过滤介质的熔体体积。过滤速度主要取决于过滤介质的渗透系数、厚度以及过滤介质进出口的液位差。渗透系数和压差愈大，介质厚度愈小，则过滤速度愈快。而介质的渗透系数又随介质贯穿孔隙度和孔径的增大、熔体黏度的降低而增大。在层流条件下，过滤速度可用达西公式确定：

$$v = B(\Delta p/\eta\delta) = K\Delta p \quad (4\text{-}12)$$

式中，v 为过滤速度，mL/(s · cm^2)；B 为介质的渗透系数，cm^2；Δp 为介质两边的熔体压降，Pa；η 为熔体黏度，Pa · s；δ 为介质厚度，cm；K 为相对渗透系数，mL/(s · N)。

一般国产陶瓷过滤对铝熔体的相对渗透系数为 0.0005 ~ 0.0015kg/(min · cm^2 · mm)。

（4）阻塞率。阻塞率是指单位时间内单位体积的过滤介质中所滞留的固体夹杂量。该值的大小标志着过滤器的使用寿命。由于阻塞率的测定极其困难，而在过滤速度恒定时，穿过过滤器后的压降随阻塞率的增大而增加，因此，常用压降的增加来表示过滤器的阻塞率。其表达式如下：

$$\Delta Q = \Delta h/\Delta W \quad (4\text{-}13)$$

式中，ΔQ 为每通过 1t 金属液所需增加的工作压头，mm/t；Δh 为有效工作压头，mm；ΔW 为全部有效工作压头用尽时过滤器所通过的金属量，t。

阻塞率与熔体通过量和熔体中夹杂含量成正比，而与过滤介质的总体积及贯通孔隙率成反比。

（5）起始压头。起始压头指熔体穿过过滤介质的孔道开始流动所需的压头。由于铝熔体对刚玉质骨架材料是不润湿的，两者间的界面张力很大，当熔体进入介质毛细微孔时，将形成一凸形弯月面，表面张力将阻止熔体前进。为克服张力而使熔体开始流动所需的力的理论值为：

$$p = -2\sigma\cos\theta/r \tag{4-14}$$

式中，p 为使金属在毛细孔道内开始流动所需的力，Pa；σ 为熔体表面张力，N/m；θ 为熔体与过滤介质的接触角，(°)；r 为介质毛细孔道半径，cm。

介质孔道愈小，温度愈低，则起始压头愈大，因而过滤效率与铝熔体起始压头密切相关，直接影响过滤效率和效果，要确保有效过滤金属熔体，金属压头必须控制在一定范围内。以上五个方面的因素是影响管式过滤器过滤效果的最主要因素，一般来说管式过滤比较适用于罐料、PS 版基、双零箔等高品质产品熔体过滤，一次过滤量一般在 500~3000t 金属量，适合比较单一的批量生产。此法的最大缺点是过滤管价格昂贵，装配质量要求高，尤其是密封非常关键，一旦有漏点，不仅失去了过滤作用，而且相反可能让金属熔体中夹渣物加速进入过滤后的熔体，形成铸锭夹渣物冶金缺陷。管式过滤在日本应用比较广泛，在世界其他地方使用相对不多。20 世纪 80 年代西南铝曾研究成了刚玉管管式过滤器，用于加工锻件熔体过滤，取得了比较好的过滤效果，但由于制造方面的原因，过滤效果不太稳定，后来不再使用。

4.4.3.4 泡沫陶瓷过滤

泡沫陶瓷过滤（CFF）因使用方便，过滤效果好，价格低，在全世界被广泛使用，泡沫陶瓷过滤板一般为厚度 50mm、长宽 200~600mm 的过滤片，孔隙度高达 85%~90%，其装置如图 4-40 所示，它在过滤时不需很高的压头，初期为 100~150mm，过滤后只需 5~10mm，过滤效果好且价格低。但是泡沫陶瓷过滤板较脆，易破损，一般情况只使用一次，若要使用两次及以上，必须采用熔体保温措施，但使用一般不允许超过 6 次，48h 内必须更换新的过滤板。

A 泡沫陶瓷过滤板的过滤原理

泡沫陶瓷板过滤熔体中夹渣物有两种方式：表面拦截过滤（蛋糕式过滤）和深层过滤。

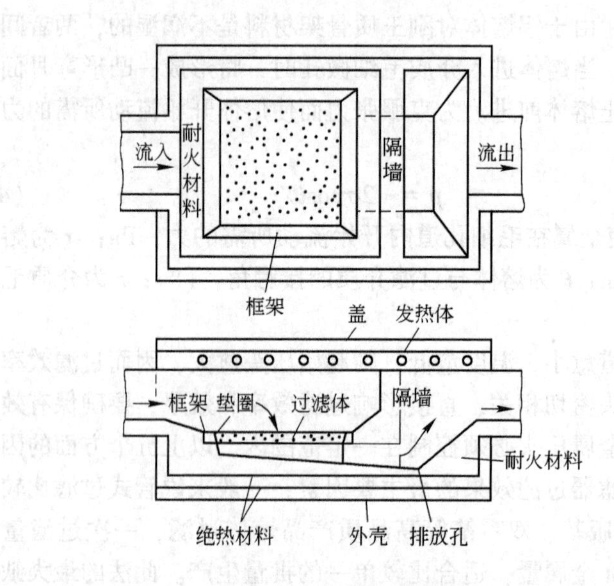

图 4-40 泡沫陶瓷过滤器示意图

(1) 表面直接拦截过滤（又说蛋糕式过滤）。如图 4-41 所示，大颗粒夹渣物在过滤板表面直接拦截，不再进入过滤板空隙，这样去除一部分大颗粒的夹渣物。

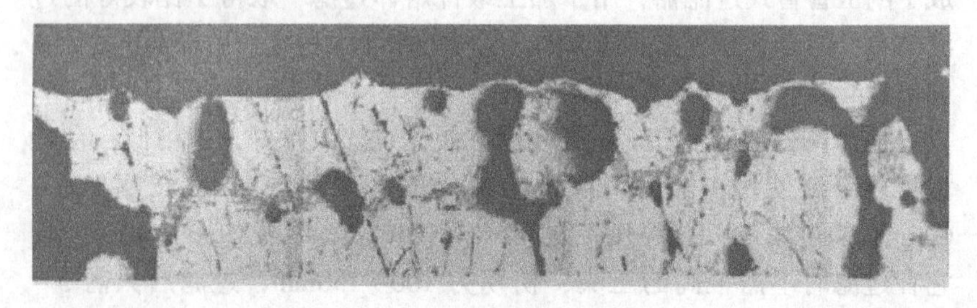

图 4-41 泡沫陶瓷过滤后剖面示意图

过滤板表面过滤（蛋糕式过滤）尺寸随着过滤的进行也是变化的。从图 4-42 可以看出：过滤刚开始的时候，比 d_1 尺寸大的夹渣物拦截沉积于表面，多个或多层夹渣物组成新的过滤表面，新的表面的孔隙尺寸 d_2 比 d_1 要小，这样表面将可能过滤更小尺寸的夹渣物。但这个表面是不稳定的，随着时间推移，夹渣物将填充这个过滤板表面，缩短过滤板使用时间。

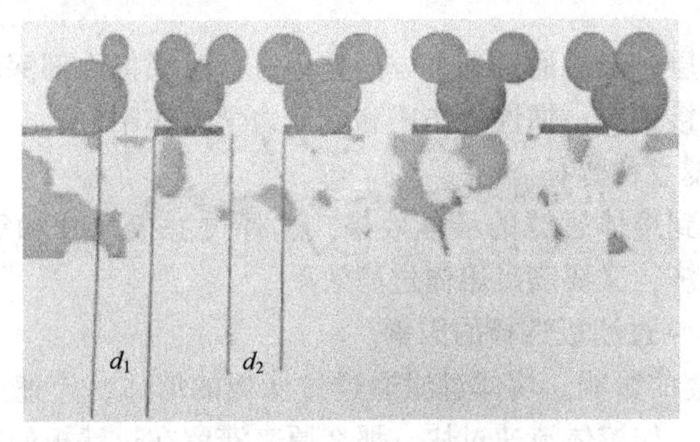

图 4-42 表面拦截过滤示意图

（2）深层过滤。一般来说，金属熔体进入过滤板之前，熔体都经过炉内等其他在线处理，大尺寸的夹渣物已经去除了一部分，夹渣物数量也在下降，尺寸也在减小，大部分夹渣物都比过滤板的空隙要小，因而更多夹渣物不能靠过滤板表面直接拦截，而更要靠过滤板内部的深层过滤。图 4-43 是深层过滤示意图，由图可以看出：表面未过滤的小尺寸的夹渣物附着于过滤板深层结构内的可利用的空间区域，夹渣物在过滤板内随金属流动，并以下面几种方式被截获。

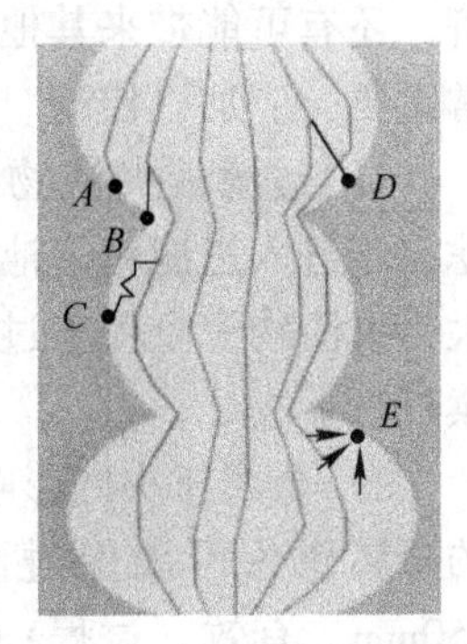

图 4-43 深层过滤示意图

1）直接截获：一个夹渣物（A）随着它的运动轨迹到孔表面，运动受阻，被吸附于孔壁内。

2）重力作用：夹渣物（B）在重力作用下，从它正常的路径中偏离，被孔隙壁吸附。

3）运动作用：夹渣物（C）与另一个颗粒发生碰撞后偏离而被吸附于孔隙壁上。

4）惯性力作用：由于夹渣物（D）的惯性，无法改变方向，或跟随轨迹，与孔隙发生碰撞而被孔隙的内部结构所捕获。

5）流体力学的作用：夹渣物（E）在流体力学的作用下过滤板内所谓的盲点，作为捕获夹渣物的口袋，从而达到截留夹渣物的作用。

熔体深层过滤是通过五个方面作用进行过滤板内部深层过滤，但最重要是直接截获、惯性力作用和流体力学的作用。

B 过滤板的选择

为了达到熔体过滤的最佳效果，选择过滤板尺寸和等级至关重要，既要经济，又要满足熔体过滤效果。

(1) 影响过滤板选择的因素。

1）流速的影响。熔体过滤通过过滤板的熔体，流速必须控制在一定范围内。如熔体流速过快，那么原来滞留在过滤板的夹渣物可能从过滤板中冲刷出来，直接进入熔体，恶化熔体质量；过慢既不经济，还有可能带来其他质量风险。因而，熔体过滤过滤板内的流速非常重要，应加以控制。

2）过滤板夹渣物厚度的影响。过滤板过滤熔体主要靠深层过滤，若进入过滤箱熔池的夹渣物太多，或过滤时间过长、或过滤量过大，夹渣物完全覆盖过滤板表面，将影响过滤效果，甚至过滤不能继续进行下去。

3）金属压头的影响。熔体的金属压头直接影响过滤效果。适当的金属压头可确保过滤质量和效率，一般起始压头控制在100~150mm，有效（过程）工作压头控制在5~10mm。过高的压头可能将吸附在过滤板内夹渣物冲刷到过滤后的熔体，影响过滤效果。

根据以上三个因素影响，选择泡沫陶瓷板须考虑合金、金属过滤总量、流速、产品质量要求等因素。

(2) 过滤板尺寸的估算。据资料介绍和生产实践，金属通过过滤板的流速一般控制在5~20mm/s或金属熔体通过过滤板的时间一般控制在3~8s，是熔体通过过滤板比较合适的流速，下面是一个简单估算金属熔体通过过滤板的流速的参考公式：

$$V_f = \frac{M}{n \times e \times k \times m} \tag{4-15}$$

式中，V_f 为金属流过过滤板的流速，m/min；M 为金属流量，kg/min；

n 为过滤板的孔隙率，一般为 0.85~0.9；e 为铝液的密度，取 2370g/cm^3；k为系数，一般取 60~75；m 为有效过滤区域，m^2。

通过上述公式可以根据估算金属通过所需要的流速，调整在线过滤需要的过滤板尺寸，同时根据尺寸也可以判断过滤板是否满足熔体质量要求。由于熔体清洁度差异很大，因此，估算时须考虑熔体清洁度以及温度的影响，估算的前提条件是熔体经过炉内处理和在线除气处理，夹渣物相对较低。过滤板的尺寸需根据估算值进行评估后进行合理选择。

4.4.4 除气+过滤

任何熔体净化处理，除气和过滤都是相辅相成的，渣和气不能截然分开，一般情况往往渣伴生气，夹渣物越多，必然熔体中气含量越高，反之亦然。在除气过程必然同时去除熔体中的夹杂物，在去除夹杂物的同时，熔体中的气含量必然会降低，因此，把除气和熔体过滤结合起来使用，对于提高熔体纯洁度是非常有益的，也是非常必要的。前面介绍的除气装置有许多都是除气与过滤相结合的熔体在线处理装置，这也是许多铝加工企业铝熔体在线处理所采用的方式，所以，这里就不再单独介绍，广大铝加工企业需要根据产品的质量要求及生产状况加以应用。

几种炉外在线除气装置效果列于表 4-9。

表 4-9 几种常见的炉外在线处理装置除气效果

处理方法	采用气体	吹入气体量 /$dm^3 \cdot h^{-1}$	熔体流量 /$kg \cdot h^{-1}$	每千克熔体用气量 /$dm^3 \cdot h^{-1}$	处理前氢含量 /mL·$(100gAl)^{-1}$	处理后氢含量 /mL·$(100gAl)^{-1}$	除气率 /%
Air-Liguide					0.25~0.35	0.15~0.25	20~40
Alcoa 469	Ar+(2~5)%Cl_2	3115 5664	7938 8165	0.39 0.69	0.24 0.45	0.08 0.15	66.7
Alcoa 622	Ar+(2~3)%Cl_2	2830 8550	9000 9000	0.31 0.96	0.40~0.45 0.40~0.45	0.22 0.15	48.8 65.1

续表 4-9

处理方法	采用气体	吹入气体量 /$dm^3 \cdot h^{-1}$	熔体流量 /$kg \cdot h^{-1}$	每千克熔体用气量 /$dm^3 \cdot h^{-1}$	处理前氢含量 /mL·$(100gAl)^{-1}$	处理后氢含量 /mL·$(100gAl)^{-1}$	除气率 /%
Alpur	Ar+(2~3)%Cl_2	3000 10000	5000 12000	0.60 0.83	— —	— —	60~65 60~65
MINT	Ar+(1~3)%Cl_2	15000 12000	— —	0.7~0.9 0.7~0.9	0.35~0.40 0.30~0.35	0.14~0.16 0.15~0.16	约 60 约 50
SINF	Ar(Cl_2)	8000	(12000)	(0.67)	0.23~0.40	0.10~0.15	50~70
HLD	Ar+(1~3)%Cl_2 或 Ar	—	—	—	0.23~0.40	0.10~0.15	50~70
ILDU	Ar+(1~3)%Cl_2 或 Ar	—	—	—	0.30~0.40	0.10~0.15	50~70

注：表中数据仅供参考。

4.5 熔体净化技术的发展趋势

多年来，世界上各大铝加工企业为了提高产品质量，不断提高材料的冶金质量，不断研发熔体净化技术，以达到提高熔体纯洁度的目的。

由于炉内处理技术受到条件的限制，其发展较慢，因而炉内处理净化技术发展比较有限。全世界各大铝加工熔铸企业重点研究发展的对象是炉外熔体在线净化技术，其主要的发展方向是不断提高熔体纯洁度，不断地追求高效、价廉的净化技术，满足铝加工熔体净化技术的发展需求。因而，业内都从两个方面进行研究：一个方面是提高除气效率，降低氢含量；另一个方面降低制造和运行成本。既满足质量，又降低成本。这是熔体在线净化所追求的目标。

熔体在线过滤也是铝熔体净化处理发展的重要对象，同样地，提高过滤效果、有效除去非金属夹杂物是熔体过滤发展的重点，前面所提及的各种过滤方法，都是很有效的过滤方式，对于提高熔体纯洁度有很好的作用。目前各国所研究的熔体过滤方式多种多样，但研究得较多的还是泡沫陶瓷过滤板，并有不少新的品种出现。为提高过滤精度，过滤板的孔径由50ppi发展到60ppi、70ppi，并出现复合过滤板，即过滤板分为上下两层，上面一英寸的孔径极大，下面一英寸的孔径较小，品种规格有30/50ppi、30/60ppi、30/70ppi。复合过滤板过滤效率高，通过的金属量更大。此外，由Vesuius Hi-Tech Ceramics生产的新型波浪高表面过滤板也很有特点，此种过滤的表面积比传统过滤板多30%，金属通过量有所增加。

当前，在一些铝加工先进企业，为了提高产品质量，提高熔体纯洁度，采用双级泡沫陶瓷过滤板过滤，其前一级过滤板孔径较粗，后一级过滤板孔径较细，如30/40ppi、30/50ppi、30/60ppi甚至40/70ppi配置等，国内西南铝采用类似30/40ppi、30/50ppi双级陶瓷板过滤（见图4-44）。

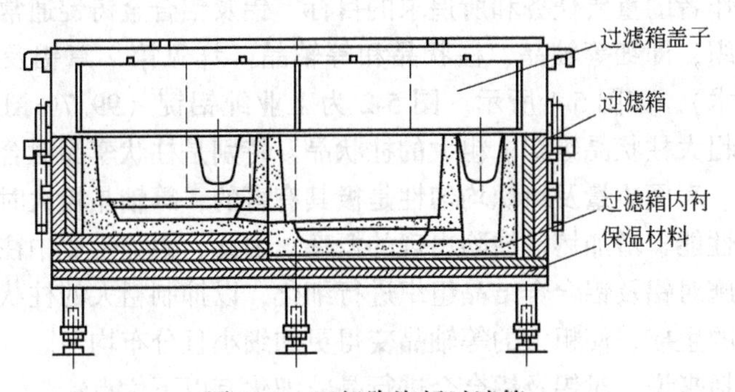

图4-44 双级陶瓷板过滤箱

总之，随着铝加工产品质量提高，熔体质量要求不断翻新，其熔体净化技术不断进步，以满足产品质量和性能要求，这也是铝熔体净化发展的必然趋势。

5 铝及铝合金铸锭晶粒细化技术

第5章
数字资源

铸锭晶粒细化是铝合金铸造的一个至关重要的环节，通过对铸锭组织晶粒细化，可以提高材料的力学性能，降低铸锭热裂纹倾向，提高液体金属的补缩能力，提高组织致密度和均匀性，改善铸锭加工性能。

理想的铸锭组织是铸锭整个截面上具有均匀、细小的等轴晶，这是因为等轴晶各向异性小，加工时变形均匀、性能优异、塑性好，利于铸造及随后的塑性加工。要得到这种组织，通常需要对熔体进行细化处理。凡是能促进形核、抑制晶粒长大的处理，都能细化晶粒。

5.1 晶粒细化的意义

通过各种处理来改变材料的特性和性能使之变得更为有用，这是材料工作者的重要任务和所追求的目标。铝及铝合金铸锭通常有3种晶粒组织，即细等轴晶、柱状晶和等轴晶（详见第7章铝及铝合金铸造技术），如图5-1所示。图5-2为工业纯铝锭（99.7%Al）横截面中的粗大柱状晶组织。粗大的柱状晶，特别是柱状孪晶对合金的力学性能、表面质量及组织均匀性是极其有害的，等轴晶粗大时也会降低力学性能，增加铸造缺陷出现的概率。因此，铝加工业中往往采取各种措施对铝及铝合金结晶组织进行细化，以抑制粗大的柱状晶和柱状孪晶的生成，使粗大的等轴晶变得更加细小且分布均匀。

概括来说，对铝及铝合金进行晶粒细化有以下优点：

（1）提高铝合金的强度和塑韧性。随着晶粒尺寸的减小，合金的拉伸性能会得到显著提高。在金属强化的诸多方法中，细晶强化是唯一能够同时提高强度和韧性的有效方法，而其他方法一般都是在提高强度的同时降低塑韧性。

（2）消除柱状晶和羽毛状晶组织。

（3）减少铸锭（件）缩孔、缩松、气孔、热裂和偏析倾向，提

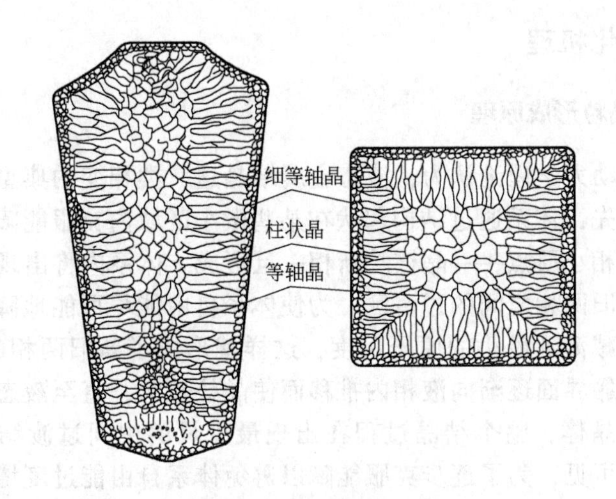

图 5-1 铝合金的 3 种晶粒组织

图 5-2 工业纯铝横截面中的粗大柱状晶组织

高铸锭致密度，改善铝合金制品的内在质量。

(4) 提高铝合金材料的延展性，为铸锭后续加工中的塑性变形带来更大的灵活性，减少加工过程中的表面缺陷。

(5) 在铝型材的挤压过程中，在保证产品质量的前提下可提高挤压速率和生产率，延长模具和辅助设备的使用寿命。

(6) 提高合金铝材的表面处理工艺性能，改善表面质量。

5.2　细化机理

5.2.1　晶粒形成原理

相变动力学理论认为，液态金属结晶这一类相变的典型转变方式是：首先，体系通过结构起伏在某些微小区域内克服能障而形成稳定的新相小质点——晶核。新相一旦形成，体系内将出现自由能较高的新旧两相之间的过渡区。为使体系自由能尽可能地降低，过渡区必须减薄到最小的原子尺度，这样就形成了新旧两相的界面。然后，依靠界面逐渐向液相内推移而使晶核长大，直至液态金属全部转变成晶体，整个结晶过程在出现最少量的中间过渡结构中完成。由此可见，为了逐步克服能障以避免体系自由能过度增大，液态金属的结晶过程（即晶粒的形成过程）是通过生核和长大的方式完成的。

经典生核理论认为，液态金属结晶时可能出现两种不同的生核方式，即均质生核和非均质生核。所谓均质生核指的是在均匀的单一母相中形成新相结晶核心的过程。从本质上来讲，均质生核是在没有夹杂和外来界面影响下，通过原子或原子集团的聚集而形成新相结晶核心的过程。均质生核在熔体各处概率相同，晶核的全部固液界面皆由生核过程所提供，因此热力学能障较大，所需的驱动力也较大。依靠液相中不均匀结构和外来界面而生核的过程称为非均质生核。实际金属熔体中不可避免地存在杂质和外来界面，因而其结晶方式往往是非均质生核。均质生核的基本规律十分重要，它不仅是研究晶体材料凝固问题的理论基础，也是研究固态相变的基础。

5.2.2　均质生核

当温度降至熔点以下时，在液态金属中存在结构起伏，即有瞬时存在的有序原子集团，它可能成为均质生核的“胚芽”或称为晶胚，晶胚中的原子按晶态的规则排列，而其外层原子与液态金属中不规则排列的原子相接触而构成界面。

5.2.3 非均质生核

由于实际熔体中总是不可避免地含有某些夹杂的固体粒子，因此，实际金属结晶时常常依附于熔体中外来固体质点的表面生核。

5.3 晶粒细化方法

铝工业生产中常用的组织细化方法主要有化学法、控制过冷度法、动态晶粒细化法。表 5-1 给出了各种方法及其优缺点。

表 5-1 组织细化方法及其优缺点

细化方法		优点	缺点
化学法	添加生核剂	最大程度细化，有效、简单、实用、工艺成熟	不能减小枝晶间距，改变成分，降低流动性，易衰退
	添加生产阻止剂	有效、简单、实用	晶粒细化效果不明显，增加了偏析，易形成低熔点共晶
控制过冷度法	提高冷却速率和增加过冷度	减小枝晶间距与组织尺寸，偏析降低至最小，增大固溶度，形成亚稳相	不易细化截面尺寸大的铸件，易产生内应力，难控制
动态法	浇注过程控制、振动和搅拌	细化良好，去除氧化物，组织性能均匀，充型好	设备复杂，效果难控制

5.3.1 化学法

化学法是一种向液态金属中添加少量物质以达到细化晶粒和改善组织的方法，包括添加晶粒细化剂和晶粒生长抑制剂两种方式。

晶粒细化剂的作用是强化非均质生核过程。它是可以直接作为外加晶核的生核剂，是一些与欲细化相有界面共格对应关系的熔点物相或同类金属碎粒。它们在液态金属中可以作为欲细化相的有效衬底而促进非均质生核。加入的生核剂也可以通过与液态金属的相互作用而产生非均质生核衬底的生核剂。如生核剂能与液相中某些元素反应生成较稳定的化合物，此化合物与欲细化相具有界面共格关系而能促进非均质生核。在 Al-Si 合金中，P 能够与 Al 结合形成 AlP，AlP 与 Si 相具有非常好的界面共格关系，故 P 的加入可以显著细化 Al-Si 合金中的初晶 Si 相。晶粒细化剂的加入在金属或合金熔体中引入外来固相衬底，能够使熔体在凝固前便已存在大量的细小生核衬底，这样能使生核率大大提高，从而显著细化合金组织。

添加晶粒生长抑制剂可以降低晶粒的长大速度，使生核数量相对提高而获得细小的等轴晶组织。它引入的表面活性元素在晶体各晶面上的吸附量不同，这样不仅改变了晶体生长时各晶面的相对生长速度，而且促进了枝晶游离和增殖，从而改变晶粒的数目和最终形态。其本质是表面活性元素在晶体的某些表面上吸附，既减小了晶体各晶面表面能的差值，又降低了这些晶面的生长速度，这两方面的作用使得晶粒形状趋于圆整和细化，从而提高材料性能。

在生产中化学法常用的变质剂有形核变质剂和吸附变质剂。

5.3.1.1 形核变质剂

形核变质剂的作用机理是向铝熔体中加入一些能够产生非自发晶核的物质，使其在凝固过程中通过异质形核而达到细化晶粒的目的。

A 对形核变质剂的要求

要求所加入的变质剂或其与铝反应生成的化合物具有以下特点：晶格结构和晶格常数与被变质熔体相适应，稳定；熔点高；在铝熔体中分散度高，能均匀分布在熔体中，不污染铝合金熔体。

B 形核变质的种类

变形铝合金一般选含 Ti、Zr、B、C 等元素的化合物做晶粒细化剂，其化合物特征见表 5-2。

表 5-2 铝熔体中常用细化质点特征

名 称	密度/g·cm^{-3}	熔点/℃
$TiAl_3$	3.11	1337
TiB_2	3.2	2920
TiC	3.4	3147

Al-Ti 是传统的晶粒细化剂，Ti 在 Al 中包晶反应生成 $TiAl_3$，$TiAl_3$ 与液态金属接触的（001）和（011）面是铝凝固时的有效形核基面，增加了形核率，从而使结晶组织细化。

Al-Ti-B 是目前国内公认的最有效的细化剂之一。Al-Ti-B 与 RE、Sr 等元素共同作用，其细化效果更佳。

在实际生产条件下，受各种因素影响，TiB_2 质点易聚集成块，尤其在加入时由于熔体局部温度降低，导致加入点附近变得黏稠，流动性差，使 TiB_2 质点更易聚集形成夹杂，影响净化、细化效果；TiB_2 质点除本身易偏析聚集外，还易与氧化膜或熔体中存在的盐类结合形成夹杂；7×××系合金中的 Zr、Cr、V 元素还可以使 TiB_2 失去细化作用，造成粗晶组织。

由于 Al-Ti-B 存在以上不足，于是人们寻求更为有效的变质剂。近年来，不少厂家正致力于 Al-Ti-C 变质剂的研究。

C 形核变质剂的加入方式

（1）以化合物形式加入，如 K_2TiF_6、KBF_4、K_2ZrF_6、$TiCl_4$、BCl_3 等。经过化学反应，被置换出来的 Ti、Zr、B 等，再重新化合而形成非自发晶核。

这些方法虽然简单，但效果不理想。反应中生成的浮渣影响熔体质量，同时再次生成的 $TiCl_3$、KB_2、$ZrAl_3$ 等质点易聚集，影响细化效果。

（2）以中间合金形式加入。目前工业用细化剂大多以中间合金形式加入，如 Al-Ti、Al-Ti-B、Al-Ti-C、Al-Ti-B-Sr、Al-Ti-B-RE 等。中间合金做成块状或线（杆）状。

D 影响细化效果的因素

（1）细化剂的种类。细化剂不同，细化效果也不同。实践证明，Al-Ti-B 比 Al-Ti 更为有效。

（2）细化剂的用量。一般来说，细化剂加入越多，细化效果越好。但细化剂加入过多易使熔体中金属间化合物增多并聚集，影响熔体质量。因此在满足晶粒度的前提下，杂质元素加入得越少越好。

从包晶反应的观点出发，为了细化晶粒，Ti 的添加量应大于 0.15%，但在实际变形铝合金中，其他组元（如 Fe）以及自然夹杂物（如 Al_2O_3）亦参与了形成晶核的作用，一般只加入 0.01%～0.06%便足够了。

熔体中 B 含量与 Ti 含量有关。要求 B 与 Ti 形成 TiB_2 后熔体中有过剩 Ti 存在。B 含量与晶粒度关系见图 5-3。

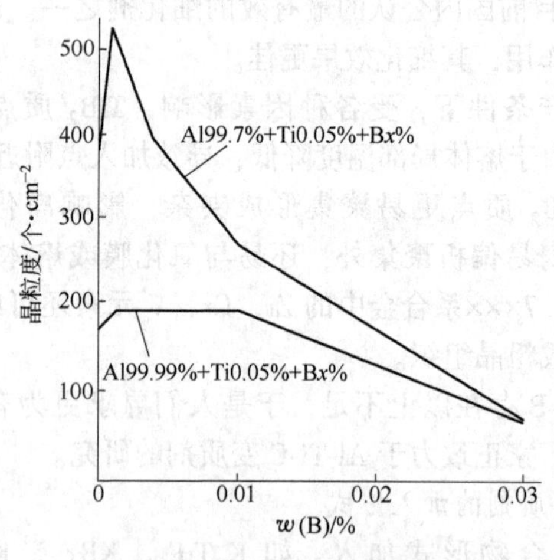

图 5-3 B 含量与晶粒度的关系

在使用 Al-Ti-B 作为晶粒细化剂时，500 个 TiB_2 粒子中有一个使 α-Al 成核，TiC 的形核率是 TiB_2 的 100 倍，因此一般将加入 TiC 质点数量分数定为 TiB_2 质点的 50%以下。粒子越少，每个粒子的形核机会就越高，同时也防止粒子碰撞、聚集和沉淀。此外，TiC 质量分数为 0.001%～0.01%，晶粒细化就相当有效。

E 细化剂质量

细化质点的尺寸、形状和分布是影响细化效果的重要因素。质点尺寸小，比表面积小（以点状、球状最佳），在熔体中弥散分布，则细化效果好。以 $TiAl_3$ 为例，块状 $TiAl_3$ 比针状 $TiAl_3$ 细化效果好，这是因为块状 $TiAl_3$ 有三个面面向熔体，形核率高。

F 细化剂添加时机

$TiAl_3$ 质点在加入熔体中 10min 时效果最好，40min 后细化效果衰退。TiB_2 质点的聚集倾向随时间的延长而加大，TiC 质点随时间延长易分解。因此，细化剂最好铸造前在线加入。

G 细化剂加入时熔体温度

随着温度的提高，$TiAl_3$ 逐渐溶解，细化效果降低。

5.3.1.2 吸附变质剂

吸附变质剂的特点是熔点低，能显著降低合金的液相线温度，原子半径大，在合金中固溶量小，在晶体生长时富集在相界面上，阻碍晶体长大，又能形成较大的成分过冷，使晶体分枝形成细的缩颈而易于熔断，促进晶体的游离和晶核的增加。其缺点是由于存在于枝晶和晶界间，常引起热脆。吸附性变质剂常有以下几种。

A 含钠的变质剂

钠是变质共晶硅最有效的变质剂，生产中可以钠盐或纯金属(但以纯金属形式加入时可能分布不均，生产中很少采用）形式加入。钠混合盐组成为 NaF、NaCl、Na_3AlF_6 等，变质过程中只有 NaF 起作用，其反应如下：

$$6NaF + Al \longrightarrow Na_3AlF_6 + 3Na \tag{5-1}$$

加入混合盐的目的，一方面是降低混合物的熔点（NaF 熔点 992℃)，提高变质速度和效果；另一方面对熔体中钠进行熔剂化保护，防止钠的烧损。熔体中钠质量分数一般控制在 0.01%~0.014%，考虑到实际生产条件下不是所有的 NaF 都参与反应，因此计算时钠的质量分数可适当提高，但一般不应超过 0.02%。

使用钠盐变质时，存在以下缺点：钠含量不易控制，量少易出现变质不足，量多可能出现过变质（恶化合金性能，夹渣倾向大，严重时恶化铸锭组织)；钠变质有效时间短，要加保护性措施（如合金化保护、熔剂保护等)；变质后炉内残余钠对随后生产合金的影响很大，造成熔体黏度大，增加合金的裂纹和拉裂倾向，尤其对高镁合金的钠脆影响更大；NaF 有毒，影响操作者健康。

B 含锶（Sr）变质剂

含锶变质剂分锶盐和中间合金两种。锶盐的变质效果受熔体温度和铸造时间影响大，应用很少。目前国内应用较多的 Al-Sr 中间合金。与钠盐变质剂相比，锶变质剂无毒，具有长效性，它不仅细化初晶硅，还有细化共晶硅团的作用，对炉子污染小。但使用含锶变质剂时，锶烧损大，要加含锶盐类熔剂保护，同时合金加入锶后吸气倾向增加，易造成最终制品气孔缺陷。

锶的加入量受下面各因素影响很大：熔剂化保护程度好，锶烧损小，锶的加入量少；铸件规格小，锶的加入量少；铸造时间短，锶烧损小，加入量少；冷却速度大，锶的加入量少；采用氯气精炼熔体，应在精炼后加入。生产中锶的加入量应由试验确定。

C　其他变质剂

钡对共晶硅具有良好的变质作用，且变质工艺简单、成本低，但对厚壁件变质效果不好。

锑对 Al-Si 合金也有较好的变质效果，但对缓冷的厚壁铸件变质效果不明显。此外，对部分变形铝合金而言，锑是有害杂质，须严加控制。

最近的研究发现，不只晶粒度影响铸锭的质量和力学性能，枝晶的细化程度及枝晶间的疏松、偏析、夹杂对铸锭质量也有很大影响。枝晶的细化程度主要取决于凝固前沿的过冷，这种过冷与铸造结晶速度有关，见图 5-4。靠近结晶前沿区域的过冷度越大，结晶前沿越窄，晶粒内部结构就越小。在结晶速度相同的情况下，枝晶细化程度可采用吸附型变质剂加以改变，形核变质剂对晶粒内部结构没有直接影响。

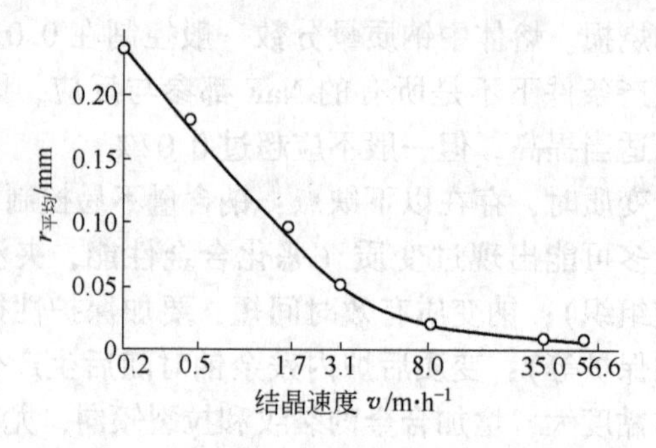

图 5-4　结晶速度对枝晶细化程度的影响

变形铝合金常用变质剂见表 5-3。

表 5-3 变形铝合金常用变质剂

金属	变质剂一般用量/%	加入方式	效果	附注
1×××系合金	0.01~0.05Ti	Al-Ti 合金	好	晶核 $TiAl_3$ 或 Ti 的偏析吸附细化晶粒
	0.01~0.03Ti+0.003~0.01B	Al-Ti-B 合金或 K_2TiF_6+KBF_4	好	晶核 $TiAl_3$ 或 TiB_2、(Ti，Al)B_2，质量分数之比 B∶Ti = 1∶2 效果好
3×××系合金	0.45~0.6Fe	Al-Fe 合金	较好	晶核 $(FeMn)_4Al_6$
	0.01~0.05Ti	Al-Ti 合金	较好	晶核 $TiAl_3$
含 Fe、Ni、Cr 的 Al 合金	0.2~0.5Mg	纯镁		细化金属化合物初晶
	0.01~0.05Na 或 Li	Na 或 NaF、LiF		
5×××系合金	0.01~0.05Zr 或 Mn、Cr	Al-Zr 合金或锆盐、Al-Mn、Cr 合金	好	晶核 $ZrAl_3$，用于高镁合金
	0.1~0.2Ti+0.02Be	Al-Ti-B 合金	好	晶核 $TiAl_3$ 或 $TiAl_x$，用于高镁铝合金
	0.1~0.2Ti+0.15C	Al-Ti 合金或碳粉	好	晶核 $TiAl_3$ 或 $TiAl_x$、TiC，用于各种 Al-Mg 系合金
需变质的 4×××系合金	0.005~0.01Na	纯钠或钠盐	好	主要是钠的偏析吸附细化共晶硅、并改变其形貌；常用 67%NaF+33%NaCl 变质时间少于 25min
	0.01~0.05P	磷粉或 P-Cu 合金	好	晶核 Cu_2P，细化初晶硅
	0.02~0.05Sr 或 Te、Sb	锶盐或纯碲、锑	较好	Sr、Te、Sb 阻碍晶体长大
6×××系合金	0.15~0.2Ti	Al-Ti 合金	好	晶核 $TiAl_3$ 或 $TiAl_x$
	0.1~0.2Ti+0.02B	Al-Ti 或 Al-B 合金或 Al-Ti-B 合金	好	晶核 $TiAl_3$ 或 TiB_2、$(Al,Ti)B_2$

5.3.2　控制过冷度法

金属或合金形成的热力学条件会影响合金的凝固组织，而且与多种工艺性能密切相关。形核率与长大速度都与过冷度有关，过冷度增加，形核率与长大速度都增加，但两者的增加速度不同，形核率的增长率大于长大速度的增长率，如图 5-5 所示。在一般金属结晶时的过冷范围内，过冷度越大，晶粒越细小。控制过冷度法主要通过降低铸造速度、提高液态金属的冷却速度、降低浇注温度（一般将浇注温度控制在高于液相线 10～20℃）等方式使凝固组织整体上获得微细化。

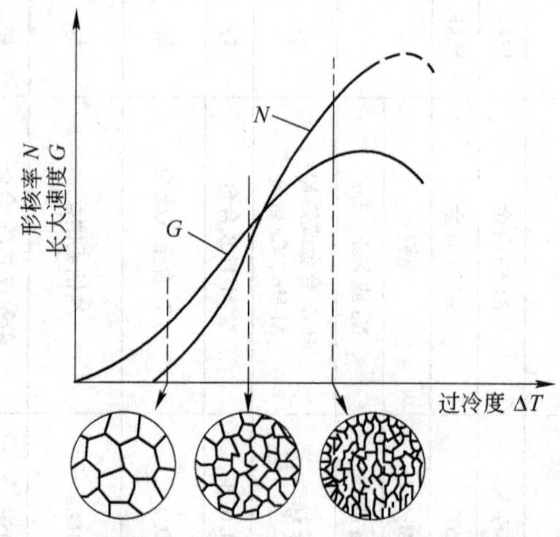

图 5-5　金属结晶时形核率、长大速度与过冷度的关系

控制过冷度法多应用于铸件。采用较低的浇注温度、铸模预处理温度会产生高的冷却速率，但浇注温度过低也会降低熔体的流动性，从而出现浇不足的现象。由于浇注温度低、凝固时间短，铸件内的分散疏松得不到有效的补缩，导致大量缩松的形成。

5.3.3　动态法

动态晶粒细化就是对凝固的金属进行振动或搅动，一方面依靠从外面输入能量促使晶核提前形成，另一方面使成长中的枝晶破碎，增加晶核数目。目前已采取的方法有机械搅拌、电磁搅拌、音频振动及超声波振动等。利用机械或电磁感应法搅动液穴中熔体，增加了熔体与冷凝壳的热交换，液穴中熔体温度降低，过冷带增大，破碎了结晶前沿的骨架，出现了大量可作为结晶核的枝晶碎块，从而使晶粒细化。

动态晶粒细化的方法很多，举例说明如下：

（1）振动。近年来国内外都有大量报道，除可以采取不同的振动源外，还存在着不同的振动方法。可以直接振动铸模中的熔体，也可以在浇注过程中振动浇注槽中的熔体等。振幅对晶粒细化的影响很大。此外，为了抑制稳定凝固壳层的形成以阻止柱状晶区的产生，最佳振动时间是在凝固初期。对内部金属直接振动而言，如果振动保持在整个凝固过程中，先游离的晶粒即使熔化，新游离的晶粒仍在不断产生，故其细化效果受浇注温度的影响较小。振动不仅消除柱状晶和细化晶粒，还有利于加强补缩，减少偏析和排除气体与夹杂，从而使金属性能提高。

（2）搅拌。在凝固初期，在凝固壳处于不稳定的部位，即模壁附近的液面施以强烈的机械搅拌，可以获得良好的细化效果。旋转的液态金属不断冲刷模壁和随后的凝固层，起到强烈的搅拌作用，并且可以保持在整个凝固过程中。

（3）旋转震荡。周期性地改变熔体旋转方向和旋转速度，以强化熔体与铸模及已凝固层之间的相对运动，则可以利用液态金属的惯性力冲刷凝固界面而获得晶粒细化。目前已成功用于燃气轮机涡轮的整体铸造中。

5.4 常用晶粒细化剂

5.4.1 Al-Ti-B 中间合金细化剂

5.4.1.1 Al-Ti-B 中间合金的制备方法

Al-Ti-B 中间合金的制备有氟盐法，海绵钛和 KBF_4 生产法，Ti、B 氧化物铝热还原法，Ti、B 氧化物电解法，其中氟盐法应用较广，该方法生产的中间合金细化效果受氟盐加入顺序、氟盐加入温度、氟盐加入速度和搅拌处理的影响，其反应过程中放出大量的氟化物气体，对环境造成污染，腐蚀设备和厂房，对人体特别是呼吸道危害严重，必须进行回收处理。

5.4.1.2　Al-Ti-B 中间合金的相组成

Al-Ti-B 中间合金中除 α-Al 基体外，还可能含有 $TiAl_3$、TiB_2、AlB_2 和（$Al_{1-x}Ti$）B_2 等化合物。下面将重点介绍 $TiAl_3$ 和 TiB_2。

A　$TiAl_3$ 相

$TiAl_3$ 化合物主要有板状、片状、块状和花瓣状 4 种形态。$TiAl_3$ 的生长形态取决于制备时的工艺参数，如铝合金中的 Ti 含量、熔炼温度和冷却速度等。低 Ti 的 Al-Ti-B 易形成片状的 $TiAl_3$，而高 Ti 时易得到块状的 $TiAl_3$。在 Ti 含量为 5%的情况下，$TiAl_3$ 化合物形态与熔炼温度和结晶条件的关系如图 5-6 所示。

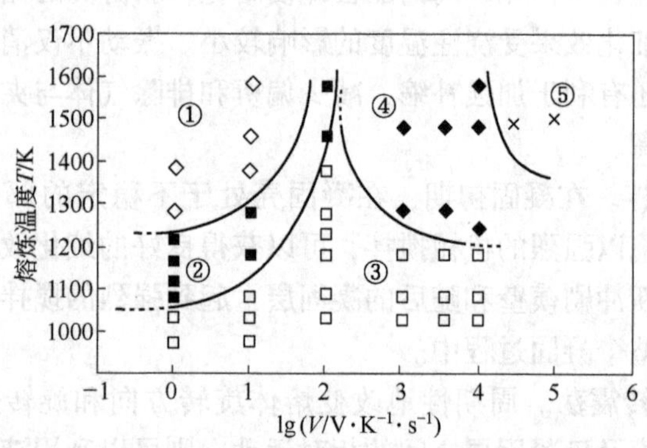

图 5-6　$TiAl_3$ 的形态与熔炼温度和结晶速度间的关系

①—片状区；②—片状与块状过渡区；③—块状区；④—亚稳相区；⑤—过饱和固溶区

$TiAl_3$ 化合物形态不同，则其在铝熔体中的存活时间各异。图 5-7 表示 $TiAl_3$ 形态对其存活时间的影响。可以看出：棒状形态最稳定，球状最不稳定，板片状介于两只之间。由于板片状尺寸较大（一般大于 200μm），这种形态的 $TiAl_3$ 溶解时间较长，不利于铝合金的细化。图 5-8 表示铝熔体温度（T）对 $TiAl_3$ 存活时间的影响。可以看出：温度越高，$TiAl_3$ 的存活时间越短，稳定性越差。图 5-9 表示熔体中的初始 Ti 含量对 $TiAl_3$ 存活时间的影响，可以看出，初始 Ti 含量越高，$TiAl_3$ 越稳定；反之，$TiAl_3$ 的稳定性越差。

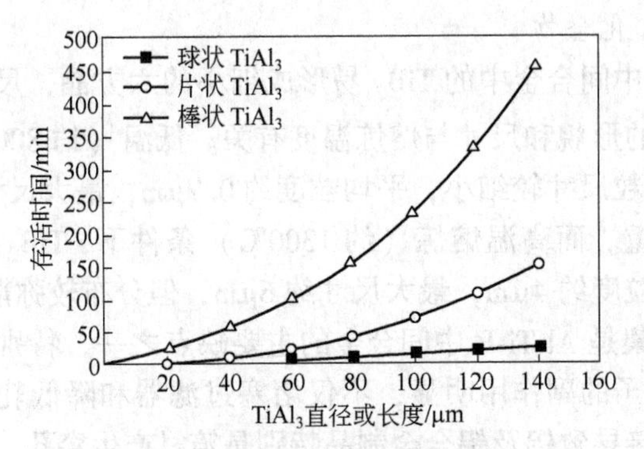

图 5-7 $TiAl_3$ 形态对其存活时间的影响

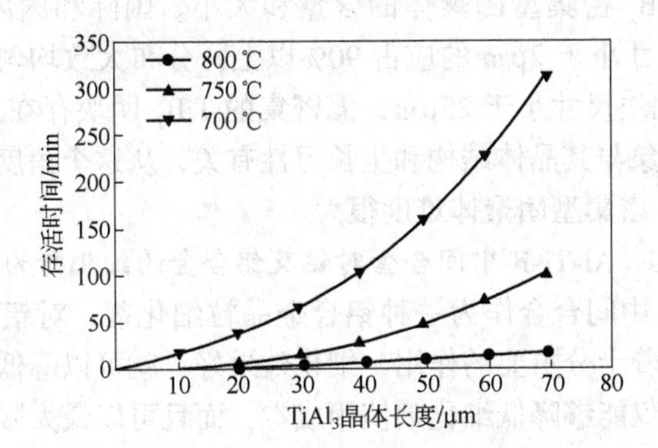

图 5-8 铝熔体温度对 $TiAl_3$ 晶体存活时间的影响

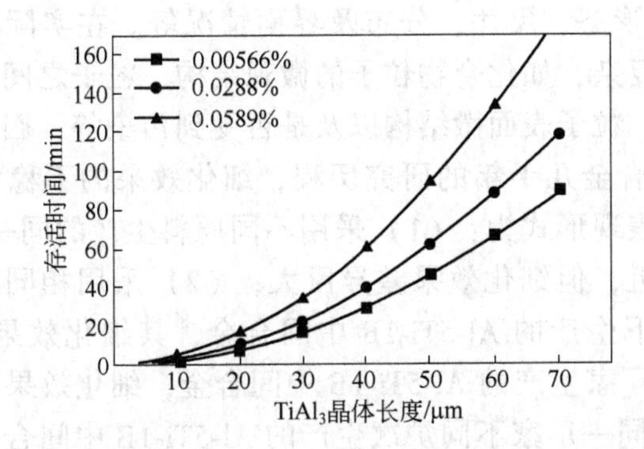

图 5-9 熔体中初始 Ti 浓度对 $TiAl_3$ 晶体存活时间的影响

B TiB_2 化合物

Al-Ti-B 中间合金中的 TiB_2 易形成细小的六方晶，尺寸为 0.05～5μm。TiB_2 的形貌和尺寸与熔炼温度有关。低温（约 800℃）熔炼条件下 TiB_2 颗粒尺寸较细小，平均粒度约 0.7μm，最大尺寸约 1.5μm，但团聚较严重。而高温熔炼（约 1300℃）条件下，TiB_2 颗粒尺寸较粗大，平均粒度约 4μm，最大尺寸约 6μm，但分布较弥散。

TiB_2 聚集是 Al-Ti-B 中间合金的主要缺点之一，特别是密集型团聚体 TiB_2 粒子的副作用明显，不仅堵塞过滤器和降低轧辊的使用寿命，而且直接导致铝及铝合金制品特别是箔材产生穿孔。因此，评价 Al-Ti-B 中间合金的质量优劣，不仅要考察其细化效果，而且还应当考察其中 TiB_2 密集型团聚体的含量和大小。国际和国内标准规定：TiB_2 粒子尺寸小于 2μm 的应占 90%以上，分布大致均匀、弥散；疏松的 TiB_2 团块尺寸小于 25μm，无密集的 TiB_2 团块存在。而 TiB_2 粒子的团聚现象与其晶体结构和生长习性有关，从这个角度分析，要彻底消除 TiB_2 密集型团聚体难度很大。

5.4.1.3 Al-Ti-B 中间合金对铝及铝合金的细化行为

Al-Ti-B 中间合金作为一种铝合金晶粒细化剂，对铝及铝合金的晶粒细化有着十分重要的作用，细化效果好，就可以降低中间合金的添加量，不仅能够降低细化剂使用成本，而且可以最大限度地降低细化剂的副作用。

影响 Al-Ti-B 中间合金细化效果的因素主要有 Ti/B 值、TiB_2 和 $TiAl_3$ 颗粒的形态、尺寸、分布及界面情况等。在实际应用中，影响因素相当复杂，如化合物粒子的微观结构、粒子之间的相互作用和存在形式、粒子表面微结构以及是否受到污染等，因此，伴随着 Al-Ti-B 中间合金几十年的研究历程，细化效果的不稳定问题依然存在。具体表现形式为：（1）采用不同原料生产的同一牌号产品，尽管成分接近，但细化效果差异巨大；（2）采用相同原料，但不同熔炼条件下生产的 Al-5Ti-1B 中间合金，其细化效果差异较大；（3）由不同厂家生产的 Al-5Ti-1B 中间合金，细化效果不同，差异明显；（4）同一厂家不同炉次生产的 Al-5Ti-1B 中间合金，其细化效果也存在差异。

组织结构决定性能，Al-Ti-B 中间合金也不例外。之所以成分相同细化效果不同，归根结底是由中间合金内部组织结构决定的，细化行为反映了这种结构的微小差异。中间合金加入铝熔体中，尽管经历了一次重熔过程，但却保留了原始的结构信息，采用“中间合金细化效果的遗传效应”来描述这一现象较为贴切，即同一成分不同组织结构的中间合金细化剂，以同等量加入到待细化的合金熔体中后，在同等凝固条件下具有不同细化效果的现象。通常细化剂的细化效果采用铝合金晶粒细化剂标准试验 TP-1 法测试，另外还有 KBI 环模试验法、雷诺高尔夫 T 模试验法、德国铝联合公司 VAW 法和美国铝业公司 Alcoa 冷指试验法等。

对 Al-5Ti-1B 来讲，在加入至待细化的铝合金熔体后，其中的 $TiAl_3$ 逐渐溶解，而 TiB_2 却稳定存在，前者辅助后者成为生核衬底，后者为前者提供稳定的衬底，两者相辅相成，缺一不可。要获得优良的细化效果，该中间合金中 $TiAl_3$ 和 TiB_2 的形貌、尺寸、分布和相互关系十分重要。

较早的研究结果表明：含有块状 $TiAl_3$ 的 Al-Ti-B 中间合金细化作用见效快，但衰退也快；而含有片状和花瓣状 $TiAl_3$ 的 Al-Ti-B 中间合金细化作用见效慢，但可持续较长的时间。前者适合在炉外连续加入（以线状形式），后者适合在炉内添加（以锭状形式）。在相同试验条件下，含有块状 $TiAl_3$ 的 Al-Ti-B 细化效果最好，而棒状和针状次之。

Al-5Ti-1B 中间合金对工业纯铝和变形铝合金有着非常好的细化效果，但是对于高 Si 合金和合金中含 Zr 元素时，其细化效果明显降低。有资料分析 Zr“中毒”的原因主要是：中间合金加入到含 Zr 铝合金熔体中以后，形成三元复合相，该复合相聚集在 $TiAl_3$ 相周围，使得 $TiAl_3$ 相难以继续溶解，从而无法释放出多余的 Ti 原子。而众所周知，熔体中存在多余的 Ti 原子时才可以有效地促进 α-Al 的生核，因此造成了细化“中毒”的现象。

5.4.1.4 Al-Ti-B 中间合金对铝合金的细化机理

迄今还没有一种观点和理论能够完全解释所有的晶粒细化现象和细化行为，目前已提出的一些机理只能解释细化过程中的某些现象，各机理之间的有些说法甚至相互矛盾。目前，具有代表性的晶粒细化机理有包晶理论、碳化物-硼化物粒子理论、复相生核理论、超成核理论、界面过渡区理论以及 α-Al 晶体分离与增殖理论等。上述各种细化机理分别从不同角度较好地解释了特定条件下的晶粒细化现象。在晶粒的生核和长大过程中，以上各种晶粒细化机制都有可能发挥作用，可能是各种机制共同作用的结果，只是随合金种类、细化剂加入量及凝固条件的变化，起主导作用的晶粒细化机制不同而已。从工业实践来看，一定含量的 Ti 或 $TiAl_3$ 有利于 TiB_2 形核。

5.4.1.5 Al-Ti-B 线材

目前，Al-Ti-B 线材在变形铝合金和铸造铝合金行业得到了越来越广泛的应用。从过去用盐类细化剂、钛硼细化剂或 Al-Ti-B 锭坯，转向大量应用 Al-Ti-B 线材。其加入方法是通过专用的喂丝装置加入到静置炉和铸造机之间的流槽中，这种方法加入的细化剂在熔体中保持时间短、加入量少、晶粒细化效果好。随着自动化程度的提高，喂丝装置还可以实现单根卡丝时自动提速等。Al-Ti-B 线（棒）材加入速度计算公式如下：

$$\text{加入速度}(\text{cm}/(\text{min}\cdot\text{根})) = \frac{\text{铸造速度}(\text{mm/min}) \times \text{铝钛硼或碳加入量}(\text{kg/t}) \times \text{铸锭每米重量}(\text{t})}{\text{铝钛硼}(\phi 9.5\text{mm})\text{每米重量}\ 0.192(\text{kg}) \times 10} \tag{5-1}$$

Al-Ti-B 线材的加工方法主要有三种，分别是竖式水冷半连续铸造（DC）与挤压法、连续铸挤法和连铸连轧法，其中连铸连轧法由于生产效率高、产品质量好，为多数厂家所采用。

目前使用较广的有 Al-5Ti-1B 线材、Al-3Ti-1B 线材和 Al-5Ti-0.2B 线材等，其中 Al-5Ti-1B 线材应用最广泛，Al-5Ti-0.2B 线材多用于铝箔、制罐料等产品。不同 Ti、B 含量的 Al-Ti-B 线材其组织有所差异（见图 5-10）。

从金相组织看，除 TiB_2、$TiAl_3$ 等以外还会含有氧化物、夹渣、耐火材料夹杂、不溶盐类、TiB_2 聚集团、$TiAl_3$ 聚集团等，其典型缺陷见图 5-11，对于这些杂质应尽量地少，以减少对产品的影响。

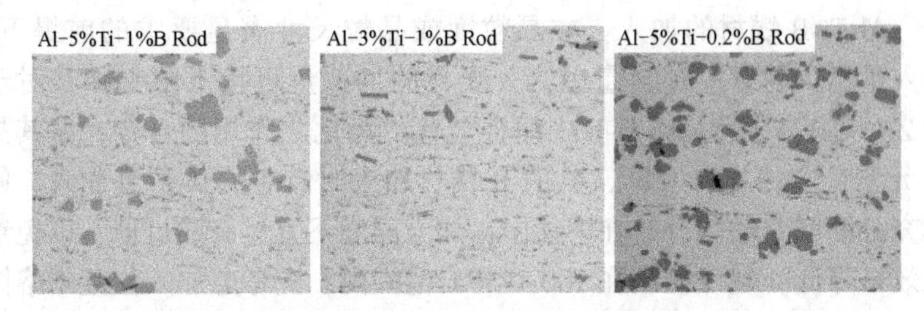

图 5-10 三种 Al-Ti-B 线材典型组织

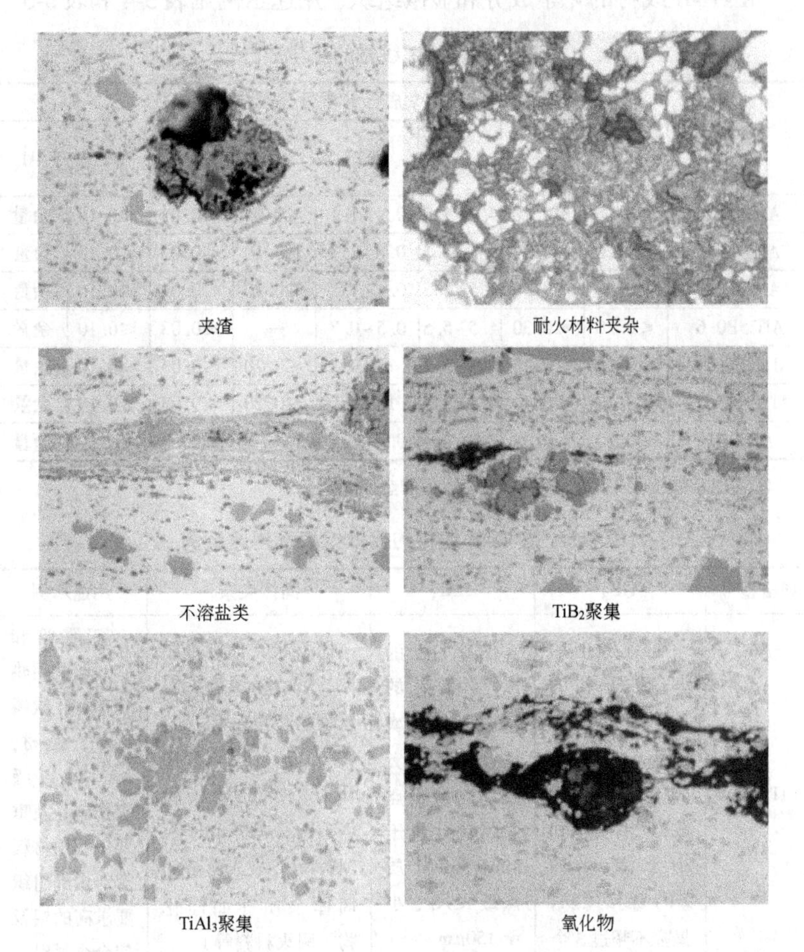

图 5-11 Al-Ti-B 线材典型缺陷

Al-Ti-B 线材的加入：在晶粒度或晶粒尺寸满足要求的前提下，加入量越少越好；Ti 含量越高，线材的加入量可按下限加入；对于含 Zr、Cr、V 等对 Al-Ti-B 中间合金有"毒化"作用的合金，尤其是 Zr 元素，应增加加入量。Al-Ti-B 线材加入时宜与熔体逆流加入，使其充分溶解并均匀分布在熔体中；加入温度不宜过高或过低，以免细化效果降低，建议控制在 700~730℃范围内；应考虑加入位置到熔体凝固位置的熔体量和铸造流速，将作用时间控制在最佳范围内。

Al-Ti-B 线材的化学成分和显微组织、用途示例见表 5-4 和表 5-5。

表 5-4　Al-Ti-B 线材的化学成分

牌号	化学成分（质量分数）/%							
	Si	Fe	Ti	B	V	其他杂质①		Al
						单个	合计	
AlTi5B1A	≤0.15	≤0.20	4.8~5.2	0.9~1.1	≤0.05	≤0.03	≤0.10	余量
AlTi5B1B	≤0.20	≤0.25	4.5~5.5	0.8~1.2	≤0.10	≤0.03	≤0.10	余量
AlTi5B1C	≤0.20	≤0.30	4.5~5.5	0.4~1.2	≤0.20	≤0.03	≤0.10	余量
AlTi5B0.6	≤0.20	≤0.30	4.5~5.5	0.5~0.7	—	≤0.03	≤0.10	余量
AlTi5B0.2A	≤0.15	≤0.20	4.5~5.5	0.15~0.25	≤0.20	≤0.03	≤0.10	余量
AlTi5B0.2B	≤0.30	≤0.40	4.5~5.5	0.10~0.50	≤0.20	≤0.03	≤0.10	余量
AlTi3B1	≤0.20	≤0.30	2.8~3.4	0.7~1.1	—	≤0.03	≤0.10	余量

①其他杂质指表中未列出或未规定数值的金属元素。

表 5-5　Al-Ti-B 线材的显微组织及用途示例

规格型号	TiB_2	$TiAl_3$	固体夹杂	用途示例
AlTi5B1A	任意 $1cm^2$ 的纵截面中的 TiB_2 质点平均尺寸小于 2μm，分布大致均匀弥散，允许有尺寸小于 25μm 的 TiB_2 疏松团块，最多不超过 3 个	任意 $1cm^2$ 的纵截面中的 $TiAl_3$ 成块状或杆状，分布大致均匀，质点平均尺寸小于 30μm，单个质点最大尺寸小于 150μm	任意 $1cm^2$ 的纵截面中的 Al_2O_3 及盐类附着物的长度总和小于 1000μm。不允许存在任何形式的硼化物（AlB_2、AlB_3、…、AlB_{12} 等）及未溶解的固体杂质（如硅化物、耐火材料等）	双零箔和 CTP 印刷用热轧带材，饮料罐用板材，AA 级、A 级探伤制品及重要工程用材料等对内部组织要求高的铝及铝合金材料

续表 5-5

规格型号	TiB_2	$TiAl_3$	固体夹杂	用途示例
AlTi5B1B	任意 $1cm^2$ 的纵截面中的 TiB_2 质点平均尺寸不大于 2μm，分布大致均匀弥散，允许有尺寸小于 50μm 的 TiB_2 疏松团块，最多不超过 6 个	任意 $1cm^2$ 的纵截面中的 $TiAl_3$ 成块状或杆状，分布大致均匀，质点平均尺寸小于 50μm，单个质点最大尺寸小于 200μm	任意 $1cm^2$ 的纵截面中的 Al_2O_3 及盐类附着物的长度总和小于 3000μm。不允许存在任何形式的硼化物（AlB_2、AlB_3、…、AlB_{12} 等）及未溶解的固体杂质（如硅化物、耐火材料等）	单零箔，PS 版基（含彩印、普印），深冲用板材，1×××、3×××、5××× 和 8××× 合金加工产品
AlTi5B1C	任意 $1cm^2$ 的纵截面中的 TiB_2 质点平均尺寸不大于 5μm，分布大致均匀弥散。TiB_2 聚合团块长度不作要求	任意 $1cm^2$ 的纵截面中的 $TiAl_3$ 成块状或杆状，分布大致均匀，质点平均尺寸小于 50μm，单个质点最大尺寸小于 200μm	任意 $1cm^2$ 的纵截面中的 Al_2O_3 及盐类附着物的长度不作要求。不允许存在任何形式的硼化物（AlB_2、AlB_3、…、AlB_{12} 等）及未溶解的固体杂质（如硅化物、耐火材料等）	一般用途
AlTi5B0.6	任意 $1cm^2$ 的纵截面中的 TiB_2 质点平均尺寸不大于 2μm，分布大致均匀弥散，允许有尺寸小于 50μm 的 TiB_2 疏松团块，最多不超过 3 个	任意 $1cm^2$ 的纵截面中的 $TiAl_3$ 成块状或杆状，分布大致均匀，质点平均尺寸小于 50μm，单个质点最大尺寸小于 200μm	任意 $1cm^2$ 的纵截面中的 Al_2O_3 及盐类附着物的长度总和小于 3000μm。不允许存在任何形式的硼化物（AlB_2、AlB_3、…、AlB_{12} 等）及未溶解的固体杂质（如硅化物、耐火材料等）	一般用途

续表 5-5

规格型号	TiB_2	$TiAl_3$	固体夹杂	用途示例
AlTi5B0. 2A	任意 $1cm^2$ 的纵截面中的 TiB_2 质点平均尺寸小于 2μm，分布大致均匀弥散，允许有尺寸小于 25μm 的 TiB_2 疏松团块，最多不超过 3 个	任意 $1cm^2$ 的纵截面中的 $TiAl_3$ 成块状或杆状，分布大致均匀，质点平均尺寸小于 30μm，单个质点最大尺寸小于 150μm	任意 $1cm^2$ 的纵截面中的 Al_2O_3 及盐类附着物的长度总和小于 1000μm。不允许存在任何形式的硼化物（AlB_2、AlB_3、…、AlB_{12} 等）及未溶解的固体杂质（如硅化物、耐火材料等）	箔材，要求低硼的铝合金
AlTi5B0. 2B	任意 $1cm^2$ 的纵截面中的 TiB_2 质点平均尺寸不大于 5μm，分布大致均匀弥散。TiB_2 聚合团块长度不作要求	任意 $1cm^2$ 的纵截面中的 $TiAl_3$ 成块状或杆状，分布大致均匀，质点平均尺寸小于 50μm，单个质点最大尺寸小于 200μm	任意 $1cm^2$ 的纵截面中的 Al_2O_3 及盐类附着物的长度不作要求。不允许存在任何形式的硼化物（AlB_2、AlB_3、…、AlB_{12} 等）及未溶解的固体杂质（如硅化物、耐火材料等）	箔材，要求低硼的铝合金
AlTi3B1	任意 $1cm^2$ 的纵截面中的 TiB_2 质点平均尺寸不大于 2μm，分布大致均匀弥散，允许有尺寸小于 50μm 的 TiB_2 疏松团块，最多不超过 3 个	任意 $1cm^2$ 的纵截面中的 $TiAl_3$ 成块状或杆状，分布大致均匀，质点平均尺寸小于 50μm，单个质点最大尺寸小于 200μm	任意 $1cm^2$ 的纵截面中的 Al_2O_3 及盐类附着物的长度总和小于 1000μm。不允许存在任何形式的硼化物（AlB_2、AlB_3、…、AlB_{12} 等）及未溶解的固体杂质（如硅化物、耐火材料等）	一般用途

5.4.2 Al-Ti-C中间合金细化剂

5.4.2.1 Al-Ti-C中间合金的发展历程

众所周知，Al-Ti-B中间合金以其高效的细化效果在铝加工业应用了几十年，但是也暴露出许多问题。例如，其中的TiB_2颗粒尺寸粗大聚集成团，给许多产品带来了各种质量问题。如使用Al-Ti-B中间合金后一些铝板表面产生划痕或条纹，铝箔产生针孔，并且可能损伤轧辊表面。

在Al-Ti-B中间合金的制备过程中易形成TiB_2聚集团，加入熔体后不能充分扩散开，或沉淀到流槽底部，或存在于最终产品中形成夹杂，不仅引起细化衰退，而且在流槽连续细化时堵塞过滤器。

一些高强铝合金中含有的Zr、Cr、V等元素会使Al-Ti-B中间合金发生细化“中毒”，形成粗大晶粒或不均匀组织。

此外，Al-Ti-B中间合金一般采用K_2TiF_6和KBF_4铝热反应法制备得到，反应中释放出有毒的氟化物气体，反应后会在中间合金中残留熔渣。有毒气体不仅污染环境而且恶化劳动条件，残留熔渣会随中间合金带入欲细化的合金中形成夹杂，污染合金，引发质量问题，并且TiB_2颗粒易与这些夹杂物相结合，这是造成TiB_2聚集成团的重要原因。

因此，人们一直希望找到一种能够克服上述缺点的新型细化剂以代替Al-Ti-B中间合金。近年来，出现了一些其他新型细化剂，如Al-Ti-Si、Al-Ti-Be 、Al-Ti-B-RE和Al-Sr-B等中间合金，但这些合金的细化效果和应用场合均难以令人满意。而在对Al-Ti-C中间合金的研究中，人们发现其细化效果不仅可接近Al-Ti-B中间合金，而且其中所含的TiC颗粒尺寸更加细小，不易聚集成团，在一些高镁铝合金中用Al-Ti-C中间合金代替Al-Ti-B中间合金可以减少夹杂含量、消除表面的氧化层和沟痕缺陷。目前，Al-Ti-C中间合金被认为是极有可能替代Al-Ti-B的产品，因此受到企业界和学术界的广泛重视。

5.4.2.2 Al-Ti-C中间合金制备

Al-Ti-C中间合金的制备是通过铝熔体反应合成，熔体反应法合成TiC时，在不同条件下将Ti与C加入至铝熔体中，从热力学角度分析可能发生的反应有以下几种：

$$Ti(\beta) \longrightarrow [Ti] \quad \Delta G_1^0 = -97166 - 13.624T \tag{5-2}$$

$$C(s) \longrightarrow [C] \quad \Delta G_2^0 = 71431 - 45.970T \tag{5-3}$$

$$C(s) + 4/3Al(l) \longrightarrow 1/3Al_4C_3(s) \quad \Delta G_3^0 = -89611 + 32.841T \tag{5-4}$$

$$[C] + 4/3Al(l) \longrightarrow 1/3Al_4C_3(s) \quad \Delta G_4^0 = -161042 + 78.811T \tag{5-5}$$

$$Ti(\beta) + C(s) \longrightarrow TiC(s) \quad \Delta G_5^0 = -189116 + 20.753T \tag{5-6}$$

可以推出：

$$[Ti] + C(s) \longrightarrow TiC(s) \quad \Delta G_6^0 = -91950 + 34.377T \tag{5-7}$$

$$[Ti] + [C] \longrightarrow TiC(s) \quad \Delta G_7^0 = -163381 + 80.347T \tag{5-8}$$

$$[Ti] + 4/3Al_4C_3(s) \longrightarrow TiC(s) + 4/3Al(l) \quad \Delta G_8^0 = -239 + 1.536T \tag{5-9}$$

式中，[Ti] 和 [C] 分别表示溶解于铝液中的 Ti 和 C；T 为绝对温度，K。

从热力学角度分析，在铝熔体中合成 TiC 的主要反应为式（5-7）和式（5-9），但是这两个反应发生的概率并不对等，在一定条件下会以某一种为主导，这取决于制备所用的原料和合成温度。

在铝熔体中合成 TiC 从原理上可以采取以下两种方式：一种是以石墨为碳源，使其在熔体中直接与 Ti 反应合成 TiC，该方式受石墨与铝熔体润湿性及反应温度的影响，一般需要在较高的温度下进行；另一种方式是首先合成 Al_4C_3 或含有 Al_4C_3 的中间体，并以此为碳源合成 TiC。

在不同合成方式下得到的 TiC 粒子的大小、形貌等存在较大差异。以石墨为碳源得到的 TiC 颗粒尺寸为 0.2~1.5μm，多为粒状多面体，形状规整，且分布较均匀；而由 Al_4C_3 得到的 TiC 为粗大板片状形貌，其厚度为 2～5μm，最大长度为 10μm 左右，且有聚集倾向。

另外，Al_4C_3 与 Ti 合成 TiC 的反应往往进行不充分，形成 TiC 聚集团，它呈现明显的三层结构，最外层为细小颗粒状物相，中间层为粗大块状物相，内部为暗灰色团絮状物相。

对于铝合金细化用 Al-Ti-C 中间合金，要求 TiC 颗粒分布均匀且粒度适当。显然，由以上 Al_4C_3 合成的 TiC 是不能满足要求的。而以石墨为碳源生成的 TiC 粒度较小且均匀，但受制备条件及工艺过程控制的影响，在铝熔体中合成 TiC 时，难免会生成 Al_4C_3，必然会影响 Al-Ti-C 中间合金的质量。Al-Ti-C 中间合金线材主要相有 $TiAl_3$ 和 TiC，如图 5-12 所示。

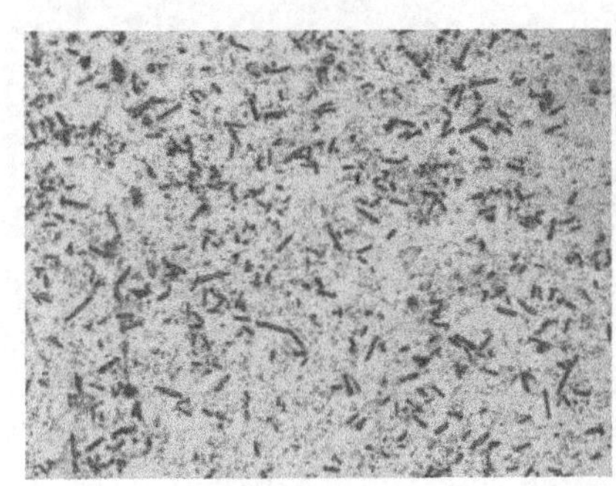
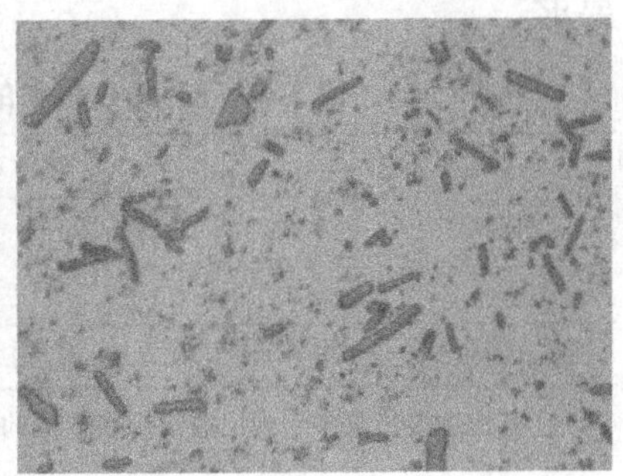

图 5-12 Al-Ti-C 线材典型组织（左 50×，右 200×）

5.4.2.3 Al-Ti-C 中间合金的细化机理

对于 Al-Ti-C 中间合金的细化机理，虽然对其进行了长期的研究，也发现了 TiC 在 α-Al 核心处存在的事实，但是目前也未形成统一的认识。实践证明，只含有 TiC 粒子的 Al-Ti-C 中间合金并不能有效地细化工业纯铝，必须有剩余 Ti 的辅助，而且剩余 Ti 要起到良好的作用，必须保证 TiC 合成过程中就存在，如果在 TiC 合成后再补充，难以起到最佳的效果。

Zr 元素实际上也会使 Al-Ti-C 中间合金出现毒化现象。这种毒化随着 Zr 含量及熔炼温度的升高而加剧，其机理与 Al-Ti-B 中间合金中毒机理类似。

Al-Ti-C 中间合金和 Al-Ti-B 中间合金，两者在细化机理上存在共同点：TiB_2 能否成为 α-Al 的有效生核衬底，取决于其外围是否形成 $TiAl_3$ 层或富 Ti 层，而 TiC 促进 α-Al 生核同样需要有剩余的 Ti 的辅助，两者都需要含有 $TiAl_3$ 才能发挥高效细化作用；TiC 和 TiB_2 均为高熔点硬质颗粒；两者都存在 Zr 或 Si"中毒"现象。Al-Ti-C 中间合金中的 TiC 在生核率方面超过 Al-Ti-B 中间合金中的 TiB_2，但 TiC 在熔体中稳定性较差，易发生结构演变，使细化效果衰退较快。

5.4.2.4 Al-Ti-C 线材成分和显微组织

常用 Al-Ti-C 线材的化学成分见表 5-6，显微组织见表 5-7，此数据仅供参考，往往各个铝加工厂会根据自己的需求提出不同的要求。

表 5-6 Al-Ti-C 线材的显微组织及用途示例

牌号	化学成分（质量分数）/%							
	Si	Fe	Ti	C	V	其他杂质①		Al
						单个	合计	
AlTi3C0.15	≤0.10	≤0.20	2.5~3.5	0.08~0.22	≤0.03	≤0.03	≤0.10	余量

①其他杂质指表中未列出或未规定数值的金属元素。

表 5-7 Al-Ti-C 线材的显微组织

牌号	TiC	$TiAl_3$	固体夹杂
AlTi3C0.15A	任意 $1cm^2$ 的纵截面中的 TiC 质点平均尺寸小于 2μm，分布大致均匀弥散，不允许 TiC 聚集团块	任意 $1cm^2$ 的纵截面中的 $TiAl_3$ 成块状或杆状，分布大致均匀，质点平均尺寸小于 30μm，单个质点最大尺寸小于 120μm	任意 $1cm^2$ 的纵截面中的氧化物及盐类附着物单个长径尺寸小于 300μm，长度总和小于 600μm。不允许存在任何形式的固体杂质（如硅化物、耐火材料等）

续表 5-7

牌号	TiC	$TiAl_3$	固体夹杂
AlTi3C0.15B	任意 $1cm^2$ 的纵截面中的 TiC 质点平均尺寸小于 2μm，分布大致均匀弥散，允许存在尺寸小于 30μm 的 TiC 聚集团块，最多不超过 2 个	任意 $1cm^2$ 的纵截面中的 $TiAl_3$ 成块状或杆状，分布大致均匀，质点平均尺寸小于 40μm，单个质点最大尺寸小于 150μm	任意 $1cm^2$ 的纵截面中的氧化物及盐类附着物单个长径尺寸和小于 500μm，长度总和小于 1000μm。不允许存在任何形式的固体杂质（如硅化物、耐火材料等）

近些年，有些单位将 Ti-B 和 Ti-C 结合起来制备 Al-Ti-C-B 中间合金，旨在克服两者的缺点，同时发挥 Al-Ti-B 和 Al-Ti-C 中间合金的优点，但暂无工业化成功案例。

5.5 Al-P 中间合金

在 Al-Si 合金中，当 Si 含量在 1.65%~12.6%时，随着 Si 含量的增加，合金的结晶温度范围不断变小，组织中共晶体的数量逐渐增多，因此合金的流动性显著提高。同时，随着合金组织中的共晶 Si 相不断增多，合金的抗拉强度得到提高。当 Si 含量超过共晶点时，随着 Si 含量的增加，合金组织中存在粗大的块状或板状初晶 Si 相，严重割裂基体，破坏基体的连续性，显著降低合金的强度和韧性，最终降低合金的铸造性能和力学性能，从而限制了该合金的应用。因此，过共晶 Al-Si 合金在熔铸过程中需对初晶 Si 进行变质细化处理。

目前在工业生产中，对于过共晶 Al-Si 合金中初晶 Si 的细化处理主要是以添加细化剂的方式来实现，其中效果最好、应用最为广泛的是含磷细化剂。其作用机理在于 AlP 具有与 Si 相近的晶体结构（Si 为金刚石型，AlP 为闪锌矿型和晶格常数（$a_{Si}=0.542nm$，$a_{AlP}=0.545nm$）。根据界面共格理论，AlP 可以作为初晶 Si 结晶时的非均质生核衬底，使 Si 原子依附于其上独立地结晶成细小的初晶 Si 晶体，从而改善合金的组织，提高其力学性能。该类细化剂主要包括含赤磷粉的混合细化剂、磷盐复合细化剂以及含磷中间合金，其中赤磷和磷盐细化剂在使用过程中放出大量的有毒气体，严重污染环境，并且磷的吸收率低，细化效果不稳定。目前，应用较广泛的含磷中间合金细化剂主要包括：Cu-P 中间合金、Al-Cu-P 中间合金、Al-Fe-P 中间合金、Al-P 中间合金、Si-P 中间合金等。

Cu-P 中间合金存在以下缺点：熔点高，加入后难熔化；密度大，易沉淀偏析；细化效果不稳定；不适合静置炉生产；使用后增加合金中的 Cu 含量，对不含 Cu 的铝合金带来了成分污染。

影响磷细化效果的因素有：细化剂的加入形式、细化处理工艺参数、熔体精炼处理和熔体中的杂质元素。

（1）细化剂的加入形式。磷的加入形式与磷的吸收率及细化效果密切相关。比如，赤磷、磷盐在使用时与熔体反应剧烈，放出大量的有毒气体 P_2O_5，在此过程中大部分磷被烧损，因此磷的吸收率极不稳定。相比而言，采用 Al-P 系和 Si-P 系中间合金时磷的吸收率较高。

（2）细化处理工艺参数。细化处理时，细化剂加入量、熔体处理温度、保温时间等工艺参数的选择及优化尤为重要，直接影响最终细化效果。

1）细化剂加入量。细化初晶 Si 一般都有一个最佳含磷量，一般认为，最佳残留磷量为 0.001%~0.05%。磷量不足便没有足够的 AlP 促进初晶 Si 的生核，从而使之粗大；而磷量过高，则使合金熔体中 AlP 过多而相互聚集长大成团，从而导致细化效果变差，产生“过变质”现象。

2）熔体处理温度。AlP 熔点高达 2400℃以上，如果细化温度过低，AlP 会在熔体中聚集成团，随温度的下降逐渐失去细化作用。适当提高细化温度则有利于 AlP 质点弥散、均匀分布，改善细化效果。

3）保温时间。将细化剂加入 Al-Si 熔体中后，必须在适当的温度下静置一段时间，细化剂方可发挥细化作用。究其原因，当细化剂与铝熔体反应生成 AlP 相或者由中间合金的形式直接向熔体中加入 AlP 相时，在熔体保温过程中 AlP 相会逐渐发生破碎和溶解。在浇注过程中，随着熔体温度降低，溶解的 AlP 从熔体中析出，从而为初晶 Si 相提供非均质生核衬底，达到良好的细化效果。使用 Cu-P 中间合金进行细化处理时，大约保温 1h 后合金才呈现出最佳细化效果。

4）浇注温度。通常，为了避免针孔、疏松等铸造缺陷，在保证充型的前提下，应选择尽量低的浇注温度。对于过共晶 Al-Si 合金的细化而言，浇注温度过低会导致 AlP 聚集成团，从而失去细化效果。一般要求浇注温度保持在液相线温度以上 70～100℃，甚至更高。

有些企业为了控制高 Si 合金的组织，会采用 Al-Si-P 中间合金的形式加入 Si 元素。

5.6 Sr和B

鉴于磷元素存在污染的问题，越来越多的企业使用 Al-Sr 中间合金对高 Si 合金进行变质处理。

在近共晶成分的 Al-Si-Mg 合金中，加入 Sr 进行变质处理使共晶 Si 由粗大的板片状转变为细小的纤维状的同时也对枝晶的生长行为产生了重要影响，一方面随着合金中 Sr 量的增加，枝晶的数量显著增多；另一方面 Sr 的存在促进了枝晶柱状化生长，表现为枝晶又细又长。金相组织分析中，可将近共晶成分 Al-Si-Mg 合金中的枝晶分成三类，如图 5-13 所示。

有实验表明：在 Sr 含量为 0.03%的近共晶成分 Al-Si-Mg 合金中加入不同含量的 B，当合金中 B 量为 0.012%时，同未加 B 的合金相比，枝晶形态发生了显著的变化，枝晶尺寸大大降低。细长的排列具有方向性的柱状枝晶群消失，转变为由大部分等轴晶和少量尺寸变短的柱状晶组成的组织，枝晶排列不再具有方向性，组织中的等轴晶基本上是第二类枝晶；当 B 量为 0.020%，枝晶主要由第二类枝晶和第三类枝晶组成，且第三类枝晶占绝大多数；当合金中 B 量为 0.028%和 0.036%时，等轴枝晶基本上都是第Ⅲ类枝晶，枝晶近似球团形；当 B 量为 0.044%时，枝晶形态发生恶化，组织中再次出现第二类枝晶，枝晶团尺寸显著增大，而且共晶 Si 的形态由纤维状再次转变成片状。

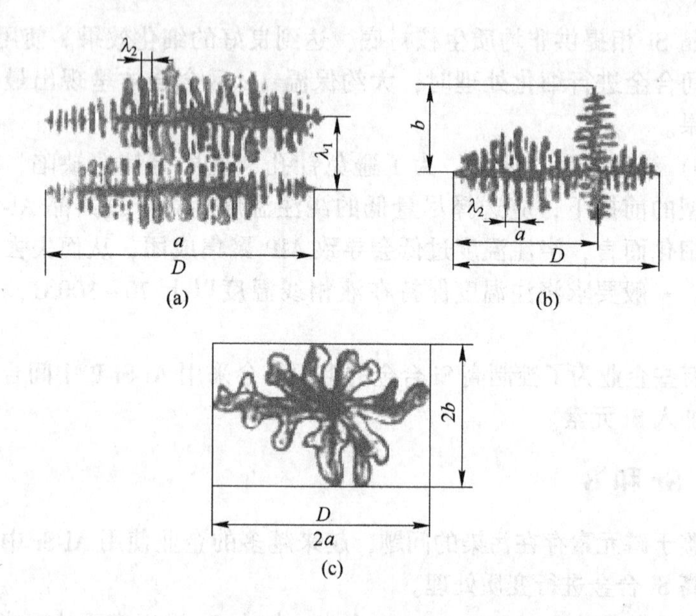

图 5-13　近共晶成分 Al-Si-Mg 合金中的三类枝晶

（a）第一类枝晶：除一次分枝主干外无垂直方向一次分枝；

（b）第二类枝晶：等轴枝晶，具有明显的垂直方向一次分枝；

（c）第三类枝晶：等轴枝晶，无明显垂直方向一次枝晶

D—枝晶团尺寸；$\alpha=b/a$；a—半长轴长度；b—半短轴长度；

λ_1—枝晶间距；λ_2—二次枝晶臂间距

这说明 Al-B 中间合金在近共晶 Al-Si 合金中具有优异的枝晶细化能力。随着合金中 B 含量的增加，枝晶团尺寸 D 显著降低，形状因子 α 大幅度提高，在 B 含量为 0.028%~0.036%时趋于饱和。当合金中 B 含量过高时，B 与 Sr 间会产生毒化效应。

对近共晶 Al-Si 合金进行变质处理会促使枝晶柱状化生长，枝晶又细又长。这种分枝相当发达的枝晶生长方式必然引起合金液的流动性下降，凝固补缩能力降低，导致合金的铸造性能降低。加入 Al-B 中间合金进行枝晶细化处理后，细长的柱状枝晶转变为细小的等轴枝晶，可以提高合金液的流动性，增强凝固补缩能力，减少或消除缩松等铸造缺陷的产生，因而可以提高合金的铸造性能。

5.7 晶粒细化技术的发展趋势

随着对铝材质量要求不断提高，晶粒细化剂的减量、高效、纯净度越来越被各生产厂商和铝加工厂所重视，高能超声波、电磁搅拌、快凝技术应用到了晶粒细化剂的制备中，同时也出现了三元素晶粒细化剂，如 Al-Ti-B-Re 等。

6 铸造工具的设计与制造

第6章
数字资源

铸造工具（装）是指用于铸锭成型的铸造模，是铸锭成型的关键部件，对铸锭成型起重要作用。目前应用较多的是不连续铸造（锭模铸造）、连续铸造及半连续铸造。本章重点研究的是立式半连续（连续）铸造工具设计与制造。

6.1 铸造工具（装）设计与制造的原则

6.1.1 设计结晶器的基本原则

半连续铸造用的铸模称结晶器，俗称冷凝槽。它是铸造成型的关键部件，也是铸造工装设计的关键部件，结晶器设计应遵循以下基本原则：

（1）对铸锭的冷却均匀，如水孔大小、分布和角度等，在结晶器中所产生的冷却强度必须满足能形成具有足够强度凝壳的要求。

（2）脱模容易。结晶器壁应有一定锥度，防止漏铝、卡死和铸锭损伤结晶器壁，确保铸锭表面质量。

（3）结构简单，安装方便，有一定强度、刚度和抗冲击性。

（4）确定铸锭的收缩率，合金不同，规格不同，收缩率也不相同。一般说来，圆锭取1.6%~3.1%，扁锭各部分的收缩率差别很大，铸锭横截面宽度方向的收缩率为1.5%~2.0%，厚度方向的收缩率，在两端处为2.8%~4.35%，在中心处为5.5%~8.5%。铸锭收缩率随铸造速度变化而变化，速度越快，收缩率越大。

（5）确定结晶器的高度，扁锭的小面形状。

6.1.2 结晶器材料的基本要求

结晶器材料是铸造工装制作的关键材料，对铸锭成型和质量起关键作用，因而结晶器材料应满足以下基本要求：

（1）具有一定的导热性，使结晶器对铸锭进行一次冷却，形成凝固壳。

（2）具有足够的强度，以抵抗内外表面温度不一而造成的热应力，冷却水的压力及熔体静压力。

（3）具有良好的耐磨性和一定的硬度，以防止具有粗糙表面的铸锭将结晶器表面磨损。

（4）有足够的刚度，以保证铸锭有正确形状，并避免器壁扭曲变形。

（5）不为熔体所烧损，并与润滑油具有良好的磨合性能。

结晶器通常采用经冷加工的紫铜、6061T651 合金锻造毛坯和预拉伸厚板制造。

6.1.3 结晶器高度对铸锭质量的影响

结晶器的高度对铸锭成型和质量有直接影响，其高度对铸锭质量主要有以下影响：

（1）对铸锭组织的影响。随着结晶器高度的降低，有效结晶区短，冷却速度快，溶质元素来不及扩散，活性质点多，晶内结构细。上部熔体温度高，流动性好，有利于气体和非金属夹杂物的上浮，疏松倾向小。

（2）对力学性能的影响。随着有效结晶区的缩短，晶粒细小，有利于提高平均力学性能。

（3）对裂纹倾向的影响。采用矮结晶器对铸锭裂纹的影响与提高铸造速度对裂纹的影响相似。

（4）对表面质量的影响。有效结晶器高度越矮，铸锭表面就越光滑，这是因为铸锭周边逆偏析程度和深度小，凝 壳无二次重熔现象，抑制了偏析瘤的产生，因而采用矮结晶器可以改善铸锭表面质量。

因此，对软合金及塑性好的窄规格扁锭、小规格圆锭和空心锭，因其裂纹倾向小，宜采用矮结晶器铸造，结晶器有效高度一般在 20~80mm；对塑性低的较宽规格扁锭、大直径圆锭及空心锭采用较高结晶器铸造，结晶器高度一般为 100~180mm。

6.1.4 转注流槽和液流控制设计的基本原则

熔融金属经保温炉在铸造前转注、供流、液流分配和液位控制对铸锭质量、能耗等有着直接影响，设计时应遵循以下基本要求：

（1）金属液流转注、供流在满足铸造工艺（如除气、过滤、安全等）前提条件下，流线转注供流距离不宜过长，尽可能采用直线流槽，减少温降损失和液流冲击翻滚。

（2）转注流槽内衬要有一定保温性能，一般温降损失不宜大于3℃/m；且有一定强度，不易脱落、不易开裂、耐熔融金属冲刷、不粘铝、不与熔融铝发生反应污染熔体，内衬表面与相匹配的涂料附着力强。

（3）供流流槽尽量避免垂直落差转注，最好采用同水平供流。供流流槽流线坡度一般控制在5‰~10‰之间。

（4）液位（尤其是结晶器内液位）控制装置不应产生冲击、翻滚，确保金属液流、液位平稳。

6.2 铸造工具的设计

立式半连续（连续）铸造工具按作用可分为三类：一是铸锭成型工装，包括结晶器、芯子、水冷装置和底座（引锭头）；二是液流转注和控制工具，包括流槽、流盘、漏斗、下注管（浇管）、塞棒（控制销）、喇叭嘴、分配袋、控制阀、控制钎子等；三是操作工具，包括渣刀、铺底用纯铝桶（或浇包）、钎子等。

铸造工装最重要、最核心的部分是结晶器，它是半连续（连续）铸造用的锭模，俗称冷凝槽，它是铸锭成型和决定铸锭质量的核心关键部件，是圆锭和扁锭工具设计的重要部分，要求结构简单、安装方便，有一定强度、刚度，耐热冲击，具有一定的导热性和良好的耐磨性。普通模用结晶器高度一般为100~200mm，有效结晶高度大于50mm，而热顶或扁锭石墨结晶器等结晶器（铝质部分）高度可能低至20mm。下面就不同工装设计分别进行介绍。

6.2.1 圆锭结晶器

6.2.1.1 普通传统实心圆锭用结晶器

普通传统实心圆锭用结晶器如图 6-1 所示。

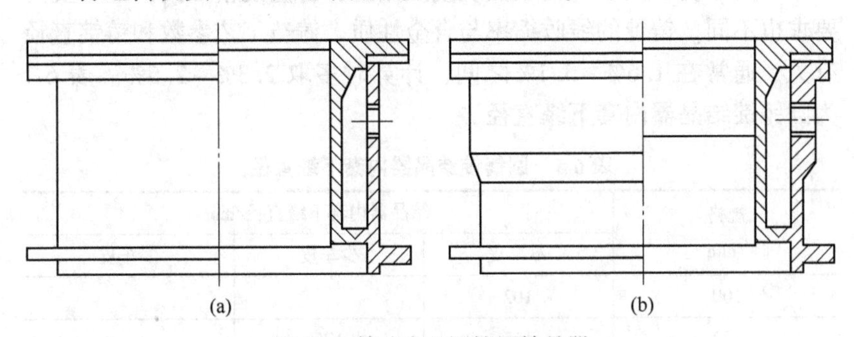

图 6-1 铸造实心圆锭用结晶器

（a）普通圆锭结晶器；（b）带锥度的圆锭结晶器

（1）结构特点。它是两端敞开，由内、外套组合而成的滑动式结晶器，内、外构成水套。对于直径小于 160mm 的圆铸锭，其内套内表面加工成筒形，直径在 160mm 以上的圆铸锭，在距离内表面上口 20~50mm 处，加工成 1∶10 的锥度区，其作用是使铸锭与内表面优先成气隙，以降低结晶器中铸锭的冷却强度，有利于减少或消除冷隔。内套外表面具有双螺纹筋，目的在于提高结晶器刚度，防止内套翘曲，同时作为冷却水的导向槽，提高冷却水的流速，保证水冷均匀。外套上部两端开有对称的两个进水孔，通过胶管与螺纹管头和循环冷却水系统连接。外套内缘下壁开有方形的沟槽，与内套外壁下缘的斜面组成方形水孔。冷却水由进水管经由内外套间的螺旋形水路从方形水孔喷向铸锭。

（2）主要尺寸。结晶器的尺寸主要包括高度和内套下缘直径。

1）结晶器的高度。结晶器的高度是连续铸造中的重要工艺参数，它是根据合金性质、铸锭直径及铸锭使用性能确定的。生产中一般采用 100~200mm。

2）内套下缘直径。内套下缘直径是得到指定铸锭直径的决定性参数，其计算公式如下：

$$D = (d + 2\delta)(1 + \varepsilon) \tag{6-1}$$

式中，D 为内套下缘直径，mm；d 为铸锭名义尺寸，mm；δ 为铸锭车皮厚度，mm；ε 为铸锭线收缩率,%。

车皮厚度取决于铸锭表面质量及用途，合金规格不同，对车皮的要求也不同。铸锭的线收缩率与合金性质、铸造工艺参数和铸锭直径有关，通常在 1.6%~3.1%之间，计算时多取 2.3%~2.5%。表 6-1 为圆铸锭结晶器内套下缘直径。

表 6-1 圆铸锭结晶器内套下缘直径

规格/mm	结晶器内套下缘直径/mm		
	不车皮	少车皮	多车皮
100	102		
162	165	175	
192	195	206	
270	276	290	
350	358	371	
360	368	379	
405	414	430	435
482	490	512	519
550			590
630			670
775			825
800			850

(3) 水冷系统。结晶器下缘的喷水孔面积为 $(3\times3)\text{mm}^2$，水孔中心距为7mm，出水孔对铸锭中心线夹角为20°~30°，进水孔直径一般为 20~50mm。原则上进水孔总面积应大于出水孔总面积，当进水孔面积不能满足这个条件时，在工艺上用水压调整。理想的冷却是冷却水沿铸锭壁流下，因此出水孔水流速度不宜过大，有些资料提出将出水设计成内小外大的喇叭形，以降低出水的流速。

铸造时，耗量根据下式计算：

$$W = HF\sqrt{2gp} \tag{6-2}$$

式中，W 为耗水量，m^3/s；H 为流量系数，由实验室确定，通常取0.6；F 为出水孔总面积，m^2；g 为重力加速度，m/s^2；p 为结晶器入口处的水压，MPa。

6.2.1.2 空心圆锭传统（普通）用结晶器

（1）结构特点。空心圆锭用的结晶器和芯子装置见图6-2。外圆成型用结晶器与实心圆铸锭结晶器相同，只是在上口开了一道止口，用来安放芯子架。芯子安放在芯子架中央，水由胶管从芯子顶部通入，而后沿芯子底部喷向铸锭。为防止铸造开始时因铸锭内孔收缩而抱芯子或悬挂，芯子和芯子架用螺旋连接，通过手柄可以在铸造过程中转动芯子。为防止在铸造过程中烧芯子或因液面高而使铸锭拉裂，应使芯子内充满水，并提高冷却效果。采用的方法是在芯子底部拧进去一个塞子，俗称芯子堵。

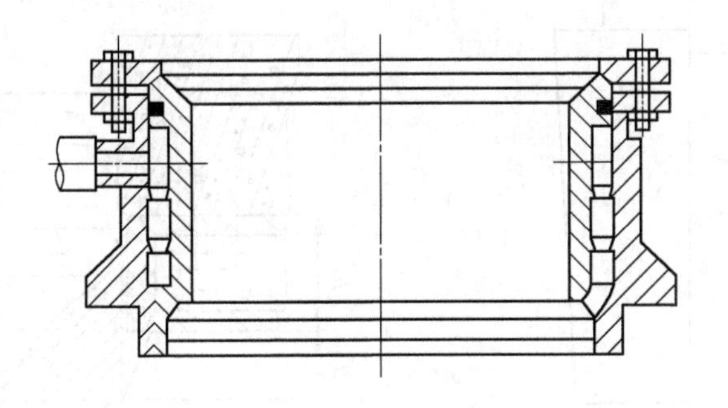

图6-2 空心圆铸锭用结晶器结构示意图

（2）主要尺寸。芯子高度与结晶器相等或稍短一点。芯子水孔直径3~4mm，水孔中心线间距7~10mm，芯子出水孔与铸锭中心线呈20°~30°。为防止铸造过程中由于铸锭热收缩而抱芯子，芯子应带有一定锥度（见图6-3）。芯子锥度应根据合金性质和铸锭规格而定，一般 $\Delta d/h$ 在1：14~1：17之间。锥度过小，铸锭不能顺利脱模，易使内孔产生放射状裂纹，严重时，铸锭因收缩而将芯子抱住，使铸造无法进行；锥度过大，铸锭与芯子间形成气隙，使其冷却强度降低，从而使内表面偏析物增多。

6.2.1.3 同水平多模热顶铸造用结晶器

A 热顶铸造原理

有效结晶区高度是隔热模铸造的重要工艺参数，有效结晶区过高，铸锭表面会出现偏析瘤，影响铸块表面质量和结晶组织，失去隔热模的意义；过小则易使结晶凝壳壁延伸进隔热模内造成铸锭拉裂，严重时会损坏保温材料。有效结晶区高度为：

$$h_{结} + h_{水} - UCD = 0 \sim 15 \tag{6-3}$$

UCD 为上流导热距离，它表示铸锭由见进水线开始，单纯依靠二次冷却水的冷却作用在铸锭表面上产生的向上的冷却距离；而单靠结晶器壁在铸锭表面上产生的向下冷却距离，叫铸模单独冷却距离，简称 *MAL*，见图 6-4。

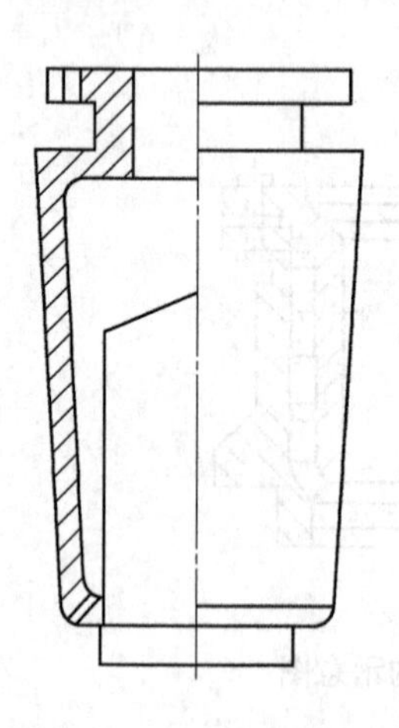

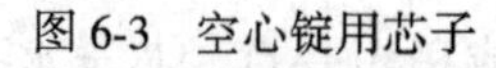

图 6-3 空心锭用芯子

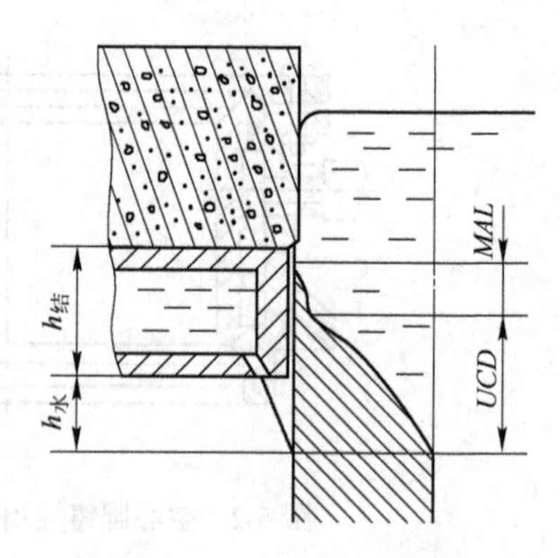

图 6-4 *UCD* 与 *MAL* 示意图

在稳定的连续铸造中，*UCD* 的理论值可按下式确定：

$$UCD = -\frac{\alpha}{v}\ln\frac{c_p(t_0 - t_1) + Q}{c_p(t_0 - t_2) + Q} \tag{6-4}$$

式中，α 为铸锭的导温系数，m^2/s；v 为铸速，m/s；c_p为铸造合金的比热容，J/kg·℃；t_0为液穴中液态金属的温度，℃；t_1为铸造合金的液相线温度，℃；t_2 为铸锭见水线温度，℃；Q 为铸造合金的结晶潜热，J/kg。

B 实心圆锭热顶铸造盘组成

实心圆锭热顶工具（包括小扁锭）铸造结晶器结构形式各家有所差异，如图 6-5 所示。但主要由结晶器和热帽两部分组成，图 6-5（a）所示是比较典型的热顶铸造分配盘结构形式。在结晶器内侧镶上了石墨衬里，并在大规格（$\phi \geqslant 360$mm）热帽和结晶器之间插入转接板（也有称分流板），小规格圆锭热顶和小规格扁锭热顶采用转接套管（也有称分流板），以更好地控制结晶器内金属熔体的分配。

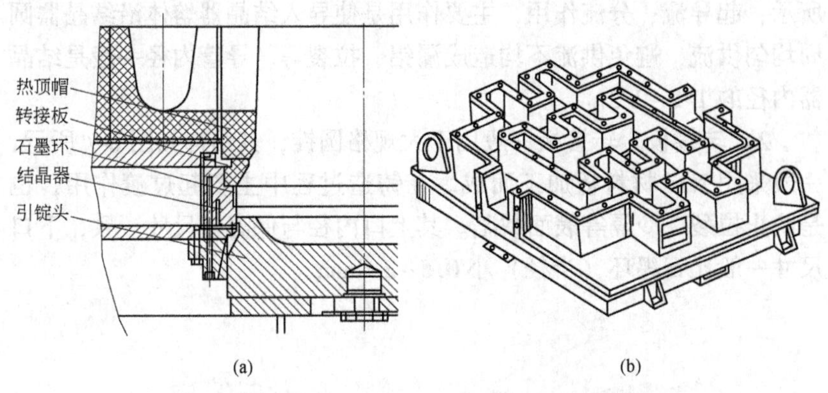

图 6-5 热顶结晶器及铸造盘
（a）热顶结晶器构造示意图；（b）热顶铸造分配盘

（1）热帽。在水冷结晶器上方安装一个用绝热模材料做的保温帽，称为热帽，热帽高一般为 80~220mm。热帽过矮会出现紊流，不便控制液面；热帽过高时金属静压力大，易出现金属瘤和漏铝，同时也有使偏析浮出物增大的趋势，不利于表面质量的提高。铸造中控制金属水平距热帽上沿 20mm 左右，小圆锭热帽内径比转接套管上口内径大，一般是套管内径的 2~3 倍，大圆锭热帽内径一般比转接板上口内径小 4~15mm，甚至小得更多。通常预铸成型。对热帽材料的基本要求是：不与铝液发生化学反应、不吸湿、不吸油、对铝液不润湿、耐高温、保温性能好、抗热冲击、强度好、对相应涂料附着力强、更换维修方便。目前，现场采用的热帽材料有熔融硅预制成型件，也有真空成型的硅酸铝纤维耐火制品，还有采用以硅酸钙为主成分以石墨纤维增强的预制耐火材料等。

（2）隔热密封垫圈。采用硅酸铝纤维毡切制而成，其内侧突出结晶器距离应越短越好，其内侧与转接套管或转接板内侧齐平，主要作用为：填补保温帽与转接套管或转接板之间的缝隙，防止渗铝。

（3）转接套管和转接板。实现金属熔体平稳、顺畅、均匀导入结晶器进行铸造，热顶工装在保温帽和石墨环之间还需要过渡环，确保铸锭组织均匀，表面光滑，这个过渡环就是转接导管或转接板。

1）转接导管。转接套管一般用于小圆锭热顶，其结构如图 6-6 所示，起导流、分流作用，主要作用是使导入结晶器熔体沿结晶器圆周均匀供流，避免供流不均造成漏铝、拉裂等。导管内径一般是结晶器内径的 1/2~2/3。

2）转接板。转接板一般用于大规格圆锭，其结构如图 6-7 所示，一般采用 N17 材料板加工而成。在铸造过程中主要起过渡作用，也是防止拉裂、冷隔等表面缺陷。其上口内径与保温帽尺寸一致，下口尺寸一般比石墨环（半径）小 0.5~2.0mm。

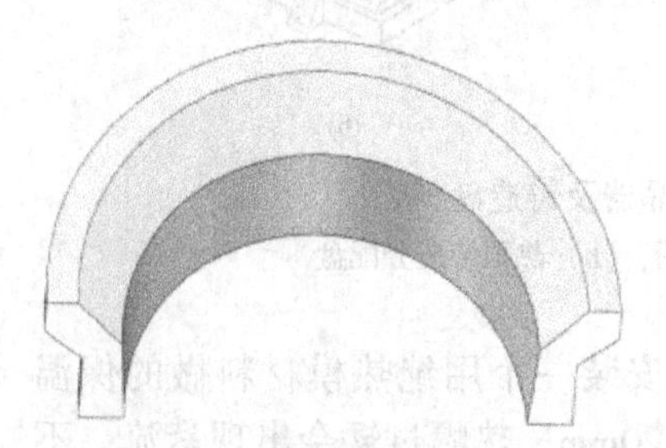

图 6-6　转接导管结构示意图

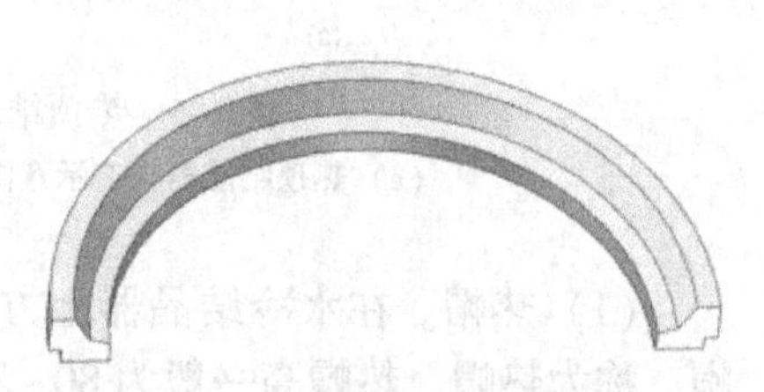

图 6-7　转接板结构示意图

（4）结晶器。结晶器由上部内衬石墨环和下部铝合金环组成，结晶器总高度等于石墨环高度和铝合金环高度之和，结晶器下部一般还留有约 8mm 的台阶，以满足多模铸造底座上升的需要。结晶器（铝合金环部分）高度，即有效结晶区高度的计算公式见式（6-3）和式（6-4）。一般来说，小规格圆锭结晶器（$\phi<360$mm）的高度为 20~40mm，大规格圆锭（$\phi\geqslant360$mm）结晶器的高度为 30~60mm，超大规格以及铸造合金特性，结晶器高度还可能高一些。

（5）石墨环（圈）。石墨圈的高度是热顶铸造的一个重要参数，过矮结晶区上涨，深入密封隔热圈内，易造成铸锭表面的拉痕和拉裂；过高铸造成边部半凝固状态的金属与石墨圈接触面积大，铸锭表面不光滑。石墨圈内径起定径的作用。石墨圈厚度应越薄越好，但考虑到石墨本身强度和满足加工需要，以及油滑和非油滑等因素，一般厚度在4~10mm范围内，如图6-8所示。

图6-8 石墨环结构示意图

(6) 冷却水冷系统。水冷是共用的，进水孔设计原则同普通结晶器。结晶器出水孔根据不同系列铝合金的铸造要求，有水帘式、单排孔、双排孔三种形式。单排孔在水流量超过1.5L/(min·cm)时会产生溅射现象，而且随圆锭直径减小，相邻射流间的夹角增大，还会进一步加剧溅射现象（图6-9)。这是因为沿铸锭表面流动的水在两相邻的射流间相互冲击会产生“干涉喷泉”(图6-10)。

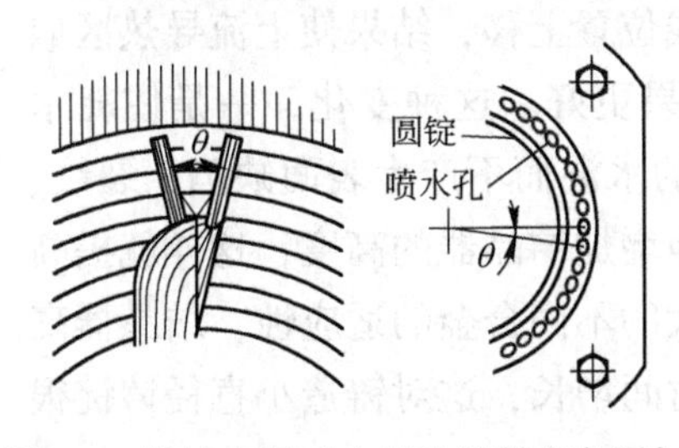

图6-9 铸锭直径减少导致溅射现象增加

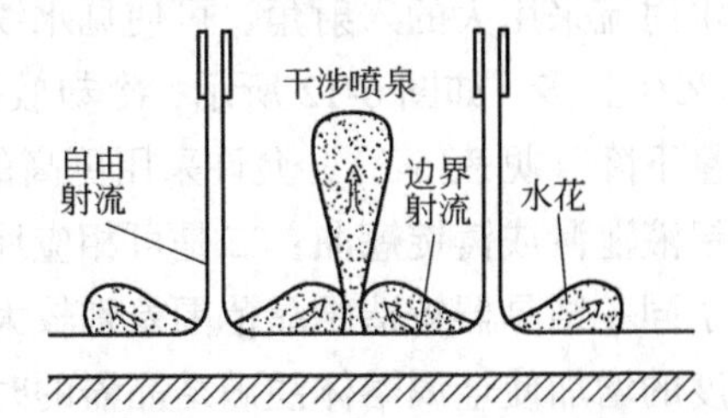

图6-10 “干涉喷泉”的形成

$$\theta = \frac{180\theta}{\pi R}$$

式中，R 为圆锭半径，mm；∂ 为相邻喷水孔间距，mm；θ 为相邻喷水孔间距对应的圆心角，(°)

铸造过程中，“干涉喷泉”会离开铸锭表面，使大量冷却水没有吸收任何热量便离开了铸锭表面。最初为了降低“干涉喷泉”效应，设计者喜欢采用水帘式（或称环缝式）结晶器。但水帘式结晶器最大的缺点是易变性，造成水冷不均。目前，由于双排水孔的开发，设计者和使用者更愿意采用双排水冷（也称增强水冷技术）。双排冷却水喷孔的结构起初开发用于低液位复合结晶器（LHC），冷却水射流是单独控制的，因而可以改变冷却速率和热传导率，以适应扁铸锭铸造开头和正常铸造这两种不同条件。双排射流喷孔结构如图 6-11 所示，有两排周向喷水孔，第一排喷水孔的射流入射角通常超过 40°，第二排喷水孔的射流入射角一般在 25°以下。这种结构带来三个显著特点：

1）第二排冷却水冲击区位于铸锭表面热传导率最小和温度有回升的区域（图 6-11 中左图停滞区具有最大热传导率，向下约 2~5 倍停滞区宽度的区域热传导率降至最小，此处正是第二排小角度冷却水射流的冲击点；

2）消除了冷却水的溅射（冷却水量达到 2. 3L/(min · cm) 时仍无溅射现象；

3）冷却水的入射角增大，冷却水温可以升高。由于第一排冷却水射流采用大的入射角，可使见水线位置上移，结果使上流导热区域 *UCD* 上移，如图 6-12 所示，冷却效果更好。这种变化，一是使耗水量下降（见表 6-2)，允许采用更高的水温而不产生表面缺陷、裂纹、铝液泄漏或铸锭翘曲；二是可相应地增加结晶器的高度，这样就提高了同一结晶器铸造结晶范围差别较大的不同合金的适应性，结晶器高度的增加使金属熔体注满结晶器的时间增长，这对铸造小直径铸锭很重要。

C　气滑铸造盘

气滑铸造也叫气体加压热顶铸造法，或气幕（膜）铸造、气垫铸造。它是在热顶基础上发展起来的一项新的铸造技术，是在热顶下缘与结晶器交界处引入空气和润滑油的混合物，使熔体或铸锭与结晶器之间形成了油/气混合物润滑热幕，使熔体和铸锭与结晶器壁不接触的铸造技术，一般用于小规格圆锭铸造。其构成及原理见图 6-13(a)。

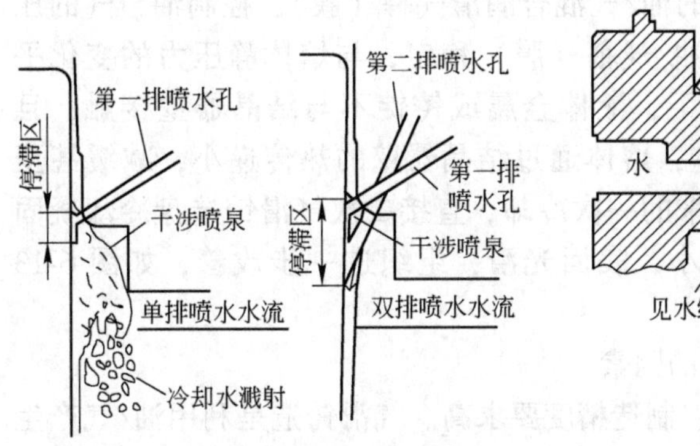

图 6-11 单、双排喷水孔的布置图　　图 6-12 结晶器中 *UCD* 区的上移

表 6-2 不同结构结晶器的耗水对比

结构	耗水量/L·(min·cm)$^{-1}$
水帘式	2.2~3.0
单排水孔式	1.0~1.5
双排水孔式	0.8~1.4

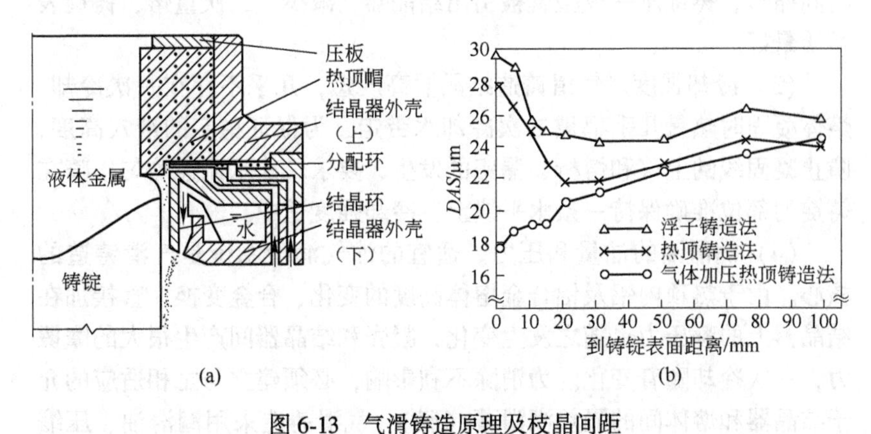

图 6-13 气滑铸造原理及枝晶间距

(a) 气滑铸造原理；(b) 气滑铸造、热顶铸造和普通铸造的铸造枝晶间距比较

a 作用原理

从图 6-13（a）可见，油和气组成了连续润滑系统，形成了介于结晶器和熔体之间的油/气混合润滑气幕（膜），控制油、气的压力和流量，使产生的油/气幕（膜）稳定，与熔体静压力的变化平衡。在气体压力作用下，液体金属或铸锭不与结晶器壁接触，且油/气垫本身是绝热体，熔体通过结晶器壁的热传递小，减缓甚至消除了由结晶器壁带来的一次冷却，直接二次气滑铸造盘冷却凝固成铸锭，因此晶粒细小，表面光滑，组织进一步改善，如图 6-13（b）所示。

b 影响气滑铸造的因素

（1）结晶器设计、制造精度要求高。气滑铸造是利用油/气产生的背压平衡热顶熔体的静压力，支撑熔体成型，熔体不与结晶器接触的情况下直接二次冷却凝固成型，而冷却点又在固液交界面附近，所以气滑铸造结晶器的凝固轮廓形状与电磁铸造的相似。因此气滑铸造结晶器需较高的设计、加工和装配精度。

（2）结晶器高度。在结晶器内，铸锭最初生成的凝固点，其散热速度有任何变化都会敏感地影响凝壳的形成，凝固收缩时凝壳和结晶器间形成气隙，易产生偏析瘤，影响铸锭表面质量。降低结晶器高度，可以减少半固态凝壳和结晶器的接触面，熔体在次冷却区的停留时间缩短，铸锭刚一成型就被引出结晶器，减少了二次重熔，铸锭表面质量好。

（3）冷却强度。气滑铸造结晶器高度短，几乎不存在一次冷却，熔体凝固时热量几乎都被二次冷却水带走，为保证稳定的液穴高度，防止凝固线的上移和熔析、漏铝的发生，要求二次水流速均匀，喷在铸锭的部位准确保持一条水平线上，冷却强度适中。

（4）润滑油的油量和压力。适宜的油气润滑系统是气滑铸造的核心。由于热顶内铝及铝合金熔体高度的变化、合金变换，直接加在结晶器上的静压力也随之发生变化，凝壳和结晶器间产生很大的摩擦力，一次冷却随着变化。为消除不利影响，必须建立与之相适应的介于结晶器和熔体间的隔热润滑幕（膜）。气滑铸造采用润滑油、压缩空气连续润滑系统，在结晶器内建立与环境相适应、稳定的润滑油和气体背压，这种背压可比作预应力，形成油/气混合物润滑气幕(膜)，平衡作用在结晶器上熔体的静压力，并利用二次冷却水直接喷射到铸锭外壳的上流导热距离控制实现凝固成型，完成所要求的铸锭质量。若不给结晶器加压缩空气，熔体直接作用在结晶器内壁上，熔体热量由一次冷却带走，形成凝壳，与普通热顶铸造的铸锭缺陷相同；通入压缩空气时，熔体不直接与结晶器壁接触，形成气幕(膜)。如果气体压力超过一定数值时，空气会破坏凝壳或进入熔体，产生氧化膜、夹渣、疏松缺陷，严重时产生漏铝等表面缺陷；如果供给结晶器的气体压力小于静压力，不能形成背压的气幕（膜)，虽然减弱了一次冷却，但结晶前沿上移，出现冷隔缺陷，影响铸锭表面质量；当气体压力与熔体静压力平衡时，作用在热顶下缘与结晶器结合处没有熔体压头，熔体表面边缘成圆形（受张力影响）进入结晶器，形成良好的铸锭表面。气滑铸造用润滑油的压力、流量对维持气幕(膜) 起着重要作用。因此，维持持续稳定平衡的压缩空气、润滑油压力、流量是气滑铸造提高铸锭质量的关键。

c 气滑铸造的优点

(1) 铸锭表面质量优良。由于减弱了一次冷却，强化了二次冷却，液穴变得更为平坦，基本消除了表面偏析瘤产生的条件；因铸锭顶部仍存在热帽，因而在铸造速度提高的情况下，产生成层的可能性大为降低；由于铸锭凝壳与结晶器壁之间存在油/气润滑层，形成表面拉裂和拉痕的倾向也大大降低。因此，气滑铸造的铸锭表面质量要优于普通热顶铸造。

(2) 铸锭裂纹倾向降低。更为平坦的液穴形状，使热应力分布更加均匀，铸锭裂纹倾向降低，因而可以使用更高的铸造速度，提高了生产效率。

(3) 晶粒更加细小均匀。较大的冷却强度和较高的铸造速度，均使铸锭的平均结晶速度提高，因此，铸锭结晶组织更加细小、均匀，提高了整个铸锭的综合性能，如图 6-13（b）所示，枝晶间距减小。

D 空心锭热顶铸造盘（平台）

外圆成型用结晶器与实心热顶圆锭基本相同，如图 6-14 所示，芯子直径对空心锭起定孔作用，其总高度为20~50mm，中间有一锥度区有效高度为20~60mm，锥度为（1：20）~（1：14）。喷水孔径为2.5~3mm，孔间距为4.5~6mm。芯子水管和芯子上部无锥度区套以隔热保温套。如图6-14（c）所示。

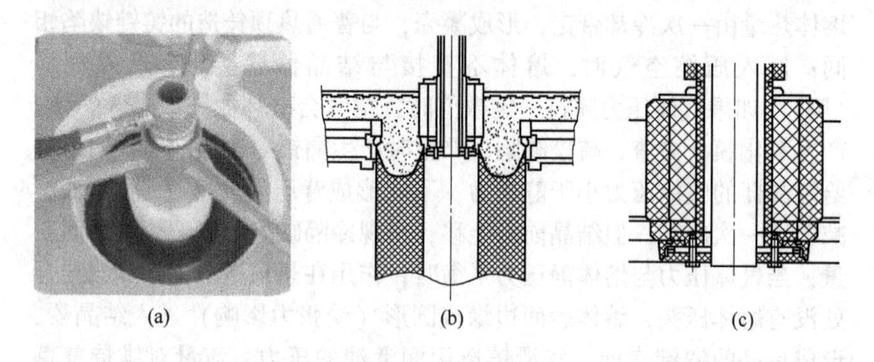

图6-14 空心热顶结晶器和热顶空心原理图

（a）空心锭热顶结晶器；（b）热顶空心原理图；（c）芯子结构

6.2.2 扁锭结晶器

6.2.2.1 传统（普通）扁锭用结晶器

A 扁锭用结晶器的结构及尺寸

480mm×1260mm 软合金扁锭结晶器见图6-15，340mm×1540mm 硬合金扁锭用结晶器见图6-16。其主要尺寸见表6-3。

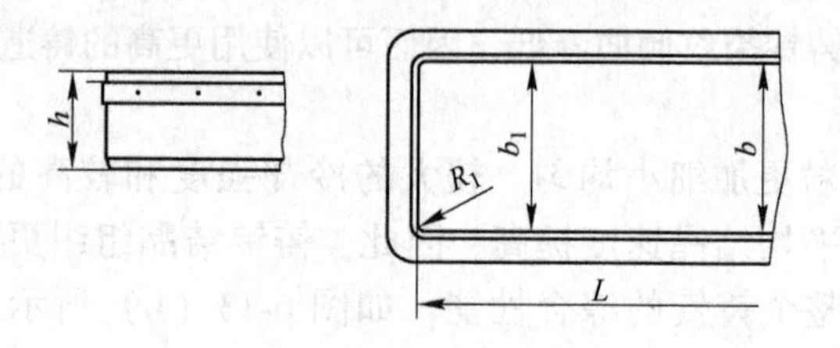

图6-15 铸造480mm×1260mm软合金扁锭结晶器

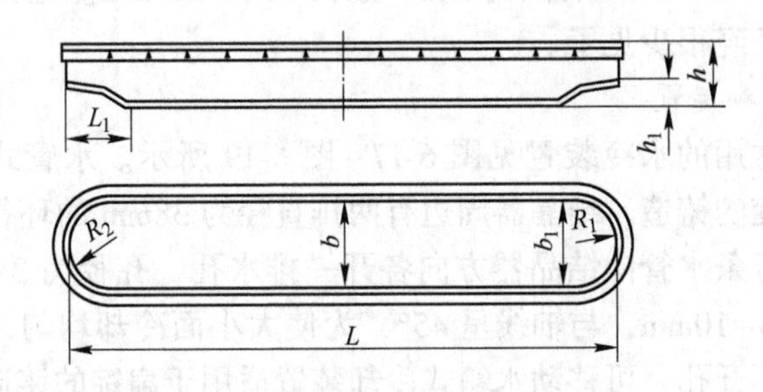

图 6-16 铸造 340mm×1540mm 硬合金扁锭结晶器

表 6-3 扁锭用结晶器主要尺寸

铸锭规格	结晶器长度/mm		结晶器宽度/mm		结晶器高度/mm		小面弧半径/mm	
/mm×mm	L_1	L_2	B	b_1	h	h_1	R_1	R_2
300×1040	1060		316	316	160			
300×1240	1260		316	316	160			
300×1200	1230	230	310	300	200	65	88	212
200×1400	1420	205	205	205	200	75	60	145
255×1500	1530	220	270	264	200	70	90	175
400×1540	1580	150	412	400	200	120	68	—
480×1060	1080	—	500	—	150	—	20	—
480×1260	1270	—	500	—	150	—	20	—
480×1700	1730	—	502	—	150	—	20	—

传统式扁锭结晶器有两种类型，一种是小面呈椭圆形或楔形的结晶器，如图 6-16 所示，这种结晶器一般用于硬合金扁锭铸造。这种结晶器小面一般都带有缺口，缺口的目的是让小面优先见水，防止侧面裂纹。另一种结晶器横断面外形呈近似长方形，见图 6-15，其小面不开缺口或缺口很小，开缺口为了防止小面漏铝。无论哪种类型的扁锭结晶器，在宽面都呈向外凸出的弧形，这是考虑到铸锭宽面中部的收缩较大。铸锭截面上沿宽度方向上收缩率为 1.5%~2.0%，在横截面两端沿厚度方向上的收缩率为 2.8%~4.35%，宽面中心沿厚度方

向为6.4%~8.1%。结晶器高度一般为150~200mm。这两种结晶器现在基本已经很少见了。

B 水冷装置

几种常用的水冷装置见图6-17~图6-19所示。水管式冷却装置适用于扁锭的铸造。结晶器周边有两排直径为38mm的环行管道，上下排列，每条水管向结晶器方向各开一排水孔，孔径为3~5mm，孔中心距为6~10mm，与轴线呈45°，为使大小面冷却均匀，下层水管两小面端不开孔。可移动水箱式冷却装置适用于扁锭的铸造。该种装置的特点是铸锭厚度不变，宽度变化时，换工具不需要更换水冷装置，通过移动两侧小面的水箱即可。硬合金扁锭用的水箱式冷却装置，水箱内用隔板将大小面水分开，以便于大小面分开供水和控制。水箱下面装有挡水板，以确保水沿铸锭均匀流下。水箱内有2~3排水孔，孔径为3~5mm，孔间距为6~14mm。喷水孔角度对冷却有很大影响，上排喷水孔用于一次冷却，喷在结晶器壁上；要保证液面不能在喷水线以上，防止出现冷隔，角度一般为45°~90°。第二排水用于二次水冷，一般与铸锭轴线呈30°~45°。二次冷却水的位置距结晶器的下端距离取决于不同的合金及其工艺因素，为减少中心裂纹，二次冷却水下移，液穴平坦。

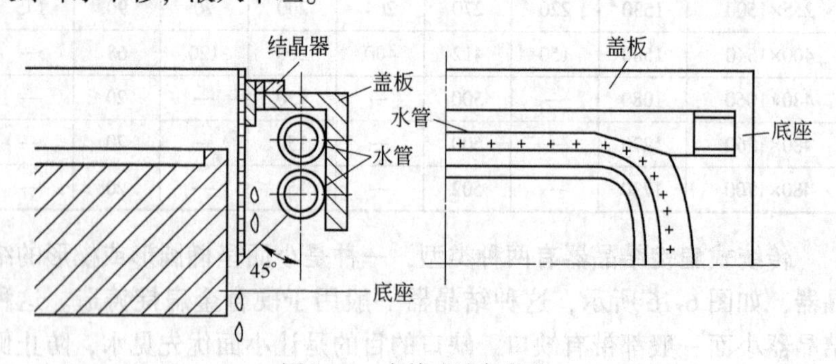

图6-17 水管式冷却装置

6.2.2.2 传统隔热模铸造用扁锭结晶器

传统隔热模扁锭结晶器结构见图6-20。一般在铸造过程中有效结晶区高度为60~80mm。

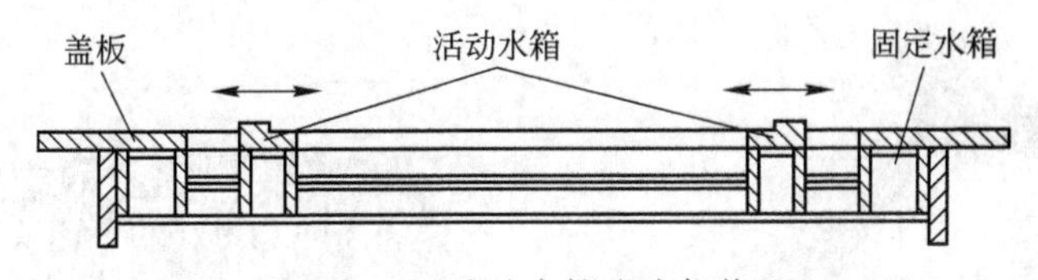

图 6-18 可移动水箱式冷却装置

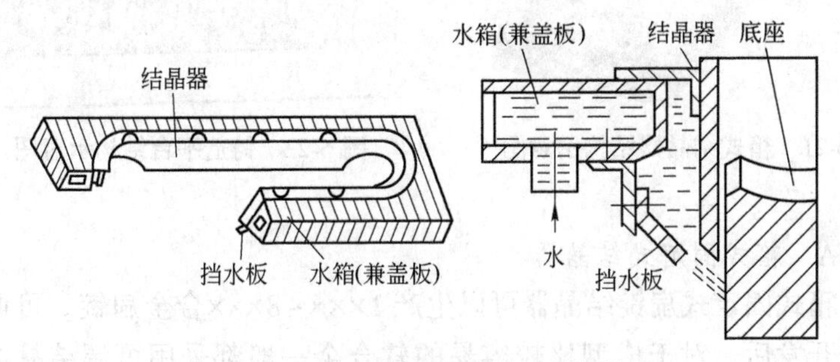

图 6-19 硬合金扁锭用水箱式冷却装置

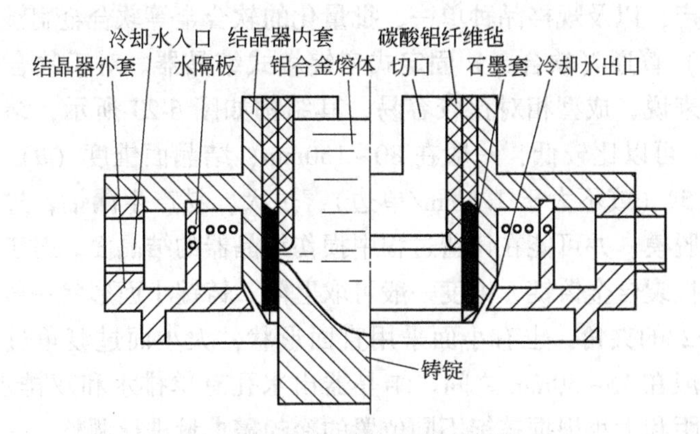

图 6-20 隔热模铸造用结晶器

6.2.2.3 箱式扁锭结晶器

箱式扁锭结晶器指冷却系统（水箱）和结晶器冷却面（壁）共同组晶器是相对独立进、出冷却水系统，如图 6-21 所示。由一或几个结晶器组成铸造平台，如图 6-22 所示。箱式结晶器有固定式和可调式。

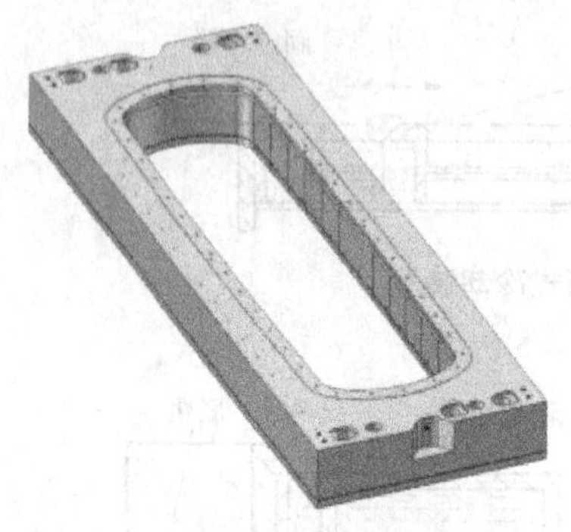

图 6-21　箱式结晶器结构示意图

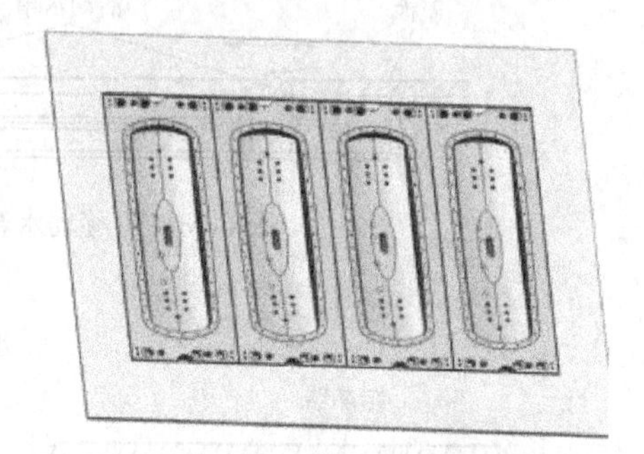

图 6-22　铸造平台结构示意图

A　箱式固定式结晶器

箱式固定式扁锭结晶器可以生产 1××× ~ 8×××合金扁锭。可调结晶器开发后，对于成型比较容易的软合金一般都采用可调结晶器生产，而固定式扁锭结晶器一般用于成型难度大的硬合金、高镁合金等扁锭生产，以及规格品种单一、批量化的软合金等软合金扁锭生产。

（1）普通（软合金）固定式扁锭箱式结晶器。对于软合金等普通合金来说，成型相对比较容易，其结构如图 6-23 所示，结晶器高度（h）可以比较低，一般在 80 ~ 150mm；结晶面锥度（θ）一般不大于 1.5°（或不大于 1.5mm/单边），过大，易产生漏铝，过小，铸锭难以脱模，并可能在铸造过程中损伤结晶器的结晶面。对于高镁等易产生拉裂合金铸锭，锥度一般可取上限。铸锭小面形状一般采用不小于 172°的夹角，也有小面采用直面形状，大小面过渡角过渡半径（r）一般在 15 ~ 50mm 之间。结晶器出水孔有单排水和双排水两种，水孔间距和大小根据铸锭不同位置的冷却需求量进行调整，一般水孔大小 ϕ2.5 ~ 4.0mm，间距在 6 ~ 12mm，水孔角度根据见水线的高度和铸造工艺来确定，一般都在 20 ~ 45°之间。该结晶器普遍采用自动喷油润滑系统。

（2）硬合金固定式扁锭箱式结晶器。由于硬合金成型难度大，硬合金箱式结晶器基本上都采用箱式固定式结晶器，设计上更加考究。硬合金扁锭结晶器结构如图 6-24 所示。特别是 7075、7050、7055 等

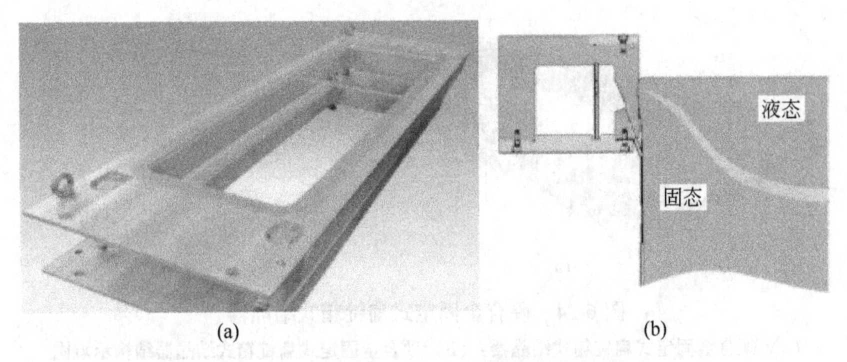

(a) (b)

图 6-23 软合金固定式扁锭箱式结晶器

(a) 普通合金固定式扁锭箱式结晶器；(b) 普通合金固定式扁锭箱式结晶器结构示意图

7×××系硬合金扁锭，成型难度大，结晶器（包括引锭头）的结构和形状更是关键，根据合金、规格不同，设计上也有所不同。一般来说，硬合金扁锭结晶器高度一般在 100~200mm 之间；小面形状与普通结晶器有很大的区别，一般采用圆弧形状。对于成型一般难度的硬合金扁锭，小面形状可采用小圆弧，圆弧半径（R）比较大，对于如 7050、7055 等成型难度特别大的硬合金扁锭，小面形状采用大圆弧，其圆弧半径（R）比较小，近似于圆（见图 6-24（a））。大小面转角过渡半径（r）一般在 30~50mm 之间。结晶器出水孔也有单排水和双排水，水孔间距和大小根据冷却强度需要，两者相结合，一般设计的原则大致为：铸锭冷却强度沿大面中部到小面递减，为了降低大小面转角冷却强度，有时设计取消了转角水孔。结晶面的锥度（θ）一般不大于 1.5°（或不大于 1.5mm/单边），同样对于易产生拉裂合金锥度一般可取上限。水孔角度根据见水线高度和铸造工艺来确定，一般也在 20°~45°之间，单排水水孔角度一般为 15°~25°；双排水一般第一排水为 35°~45°，第二排水为 15°~25°。依据冷却强度控制设计需要，大、小面冷却水箱既可分开控制，也可连成一体控制，大小面一体的通常通过调整进水量控制大小面的冷却强度。该结晶器普遍采用自动喷油润滑。

B 箱式可调结晶器

箱式可调结晶器是为了适应小批量、多规格的产品需求，减少工

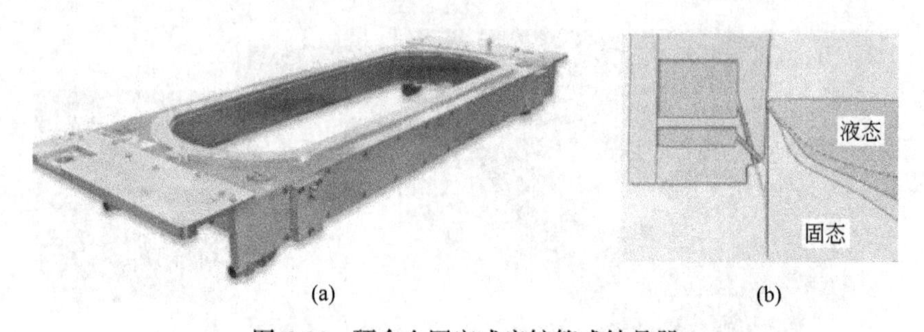

(a) (b)

图 6-24 硬合金固定式扁锭箱式结晶器

(a) 硬合金固定式扁锭箱式结晶器；(b) 硬合金固定式扁锭箱式结晶器结构示意图

具数量，降低制造成本，提高生产效率而开发出宽度和厚度可调的扁锭结晶器，我们平常说的可调扁锭结晶器，一般指宽度方向可调扁锭结晶器，主要用于软合金生产，本节仅重点介绍宽度方向的可调扁锭结晶器。如图 6-25 所示，可调结晶器大面和小面是四个独立箱式结晶器面（壁）组成，其水箱腔体结构与固定式基本一致，有一室的，也有两室的，水孔也有一排的，也有两排的。两个小面夹在两个大面当中，并各自独立供、排水。调节两个小面之间距离，基本可以实现无极调整铸锭的宽度，更换不同厚度小面，也可以调节铸锭厚度。一般来说，可调结晶器小面形状、水孔分布、大小、角度等与普通箱式结晶器设计都基本一致。最重要的是大小面转角形状和压紧结构是关键，确保大小面之间压实无缝，不变形，熔体不能渗入大小面之间缝隙，不产生漏铝、拉裂、裂纹等铸锭表面缺陷；同时也不能让冷却水进入结晶器发生安全和质量事故，因而必须确保加工精度和防止材料变形。一般来说，为了减少材料变形，都采用 6061T6 预拉伸厚板，也有少数采用铜合金厚板的。为了确保铸锭的几何尺寸，特别是厚差，要确定合理的大面凸度和锥度，一般为了便于脱模锥度控制下口比上口大 1~2mm，凹凸方面根据不同规格铸锭的收缩率确定大面弧度，同时将调节宽度控制在一定范围内，一般来说，可调宽度不大于 400mm，最佳的范围是 200mm 以内。国内 20 世纪 80 年代就设计出可调结晶器，西南铝 20 世纪 90 年代初设计制造了 480mm×(950~1380)mm，515mm×(900~1300)mm，450mm×(1760~2060)mm，三种调节幅度为 50mm 的直边可调结晶器，使用结果证明：铸锭平直度、截面厚差均满足铸锭质量要求。

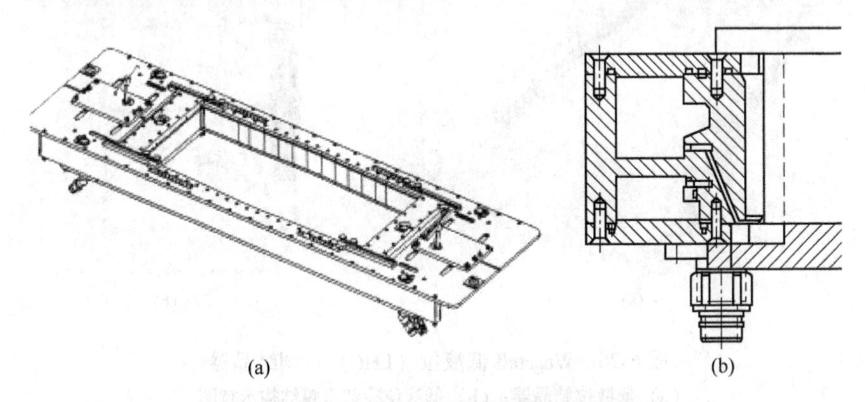

图 6-25 可调结晶器及结构示意图

（a）可调扁锭箱式结晶器；（b）可调扁锭箱式结晶器结构示意图

20 世纪后期，特别是 Wagstaff 在全球推广使用可调结晶器后，国内外争相设计、制作和使用可调结晶器。可调结晶器在全球得到广泛应用，使其技术更加成熟，成为铝加工熔铸企业的首选。

C 低液位可调结晶器

低液位结晶器技术（LHC）是 Wagstaff 20 世纪 90 年代中期的研究成果，如图 6-26 所示。在此之前，人们一直研究和使用低液位铸造技术，只是 Wagstaff 低液位结晶器（LHC）更加成熟可靠。低液位铸造技术（LHC）主要有两个方面与普通结晶器有比较大的差异，而其他方面与普通的箱式结晶器没有太多的区别，这里就不再赘述，只重点描述两个方面的特点。

（1）首先采用石墨自润滑技术，低液位结晶器（LHC）铸造技术是在传统 DC 结晶器内壁上部衬镶一层石墨板，石墨板采用连续渗透式润滑或在铸造前涂上润滑油（或脂）。Wagstaff 低液位结晶器目前都是采用在铸造前涂少量润滑油（脂）的方式，主要靠石墨自润滑，对冷却水污染小、生产成本低。而铸造的合金不同，接触金属表面石墨形状有所不同，一般来说，软合金中间凸型，高镁合金倒锥形，有效结晶面（铝合金结晶面部分）高度一般在 20~30mm 之间，石墨板高度为 100~120mm。

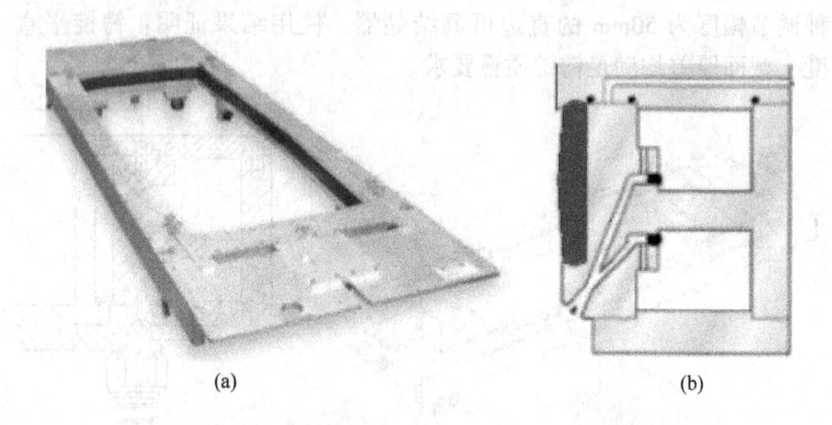

(a)　　　　(b)

图 6-26　Wagstaff 低液位（LHC）可调结晶器
（a）低液位结晶器；（b）低液位冷却水箱结构示意图

（2）其二是采用双室（腔）双排增强冷却技术，结晶器上下两个水室（腔），每一个水室（腔）各自有独立的喷水孔，形成上下双排水孔，关于双排水的作用在 6.2.1.1 节已有介绍，这里就不再赘述，这也是 Wagstaff 开发低液位技术的应用而产生的。如图 6-27 所示，铸造开始时，冷却水充盈上室（腔），第二排水参与冷却。当铸造进行到一定长度时，控水阀打开，冷却水从上室通过阀孔进入下室。第一排水喷出，上下两排水孔同时喷水冷却，根据合金、规格不同，设置不同的参数，通过如 PLC 实现自动控制，且大小面可分开控制，双室（腔）双排增强冷却技术与单排直接水冷相比，有如下优点：

1）实现铸造开头的缓冷工艺。铸造开头铸锭从结晶器拉出，铸锭底部开始瞬间见水，冷却强度瞬间呈几何级数增大，铸锭急剧冷却，此时，铸锭还没有形成完整液穴，铸锭在拉应力的作用下收缩变形，沿铸锭宽度方向向上收缩并翘曲。采用 Wagstaff 的 EPSILON 技术，铸造开头采用单排水，冷却强度降低，冷却水冲击到铸锭表面后，水温急剧上升，形成蒸汽，在铸锭表面形成蒸汽膜（幕），蒸汽膜（幕）阻挡冷却水对铸锭的冷却，冷却水不能直接冷却铸锭表面，实现了铸锭底部缓冷。

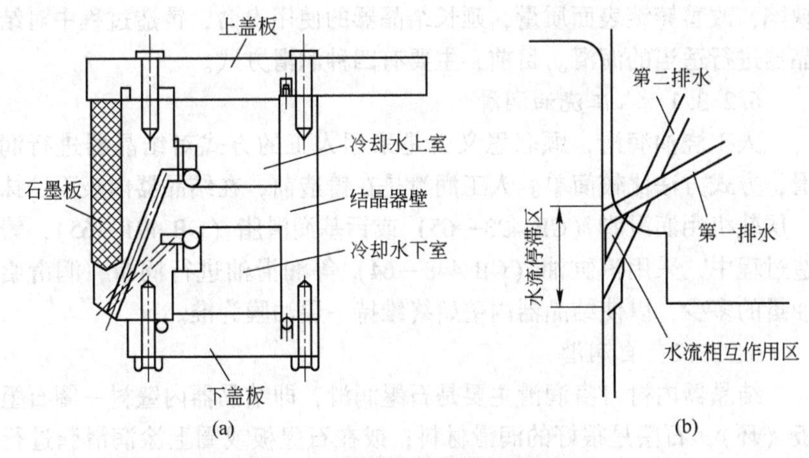

图 6-27 低液位结晶器（LHC）

2）实现铸造过程中增强冷却。铸造趋于稳定到一定长度，靠单排水的冷却强度不足以满足铸锭冷却强度需要，若靠继续增加冷却水流量，每一个水孔的冷却水流速必然增加，由于喷水孔角度是固定的，冷却水喷到铸锭后，冷却水反弹，加之铸锭表面温度升高，蒸汽膜（幕）的作用，实际冷却效果达不到铸锭需要的冷却强度。此时第二排水孔喷水，第二排水孔喷出水的角度恰好能喷到第一排水的蒸汽层和反射水的位置（见图 6-27（b）），第二排水冲破蒸汽层，将反射压回到铸锭表面，沿铸锭表面流下，实现均匀和增强冷却效果。

特别强调一点，要实现双室（腔）双排增强冷却技术，根据流体力学原理，在一排水转换双排水冷却瞬间，水流量瞬间失衡，水压下降，第一排水的流速和喷水角度会瞬间下降，铸锭冷却强度也瞬间降低，此时，可能导致漏铝，铸造失败，大量漏铝极易造成熔融铝遇水爆炸事故。所以当一排水冷转换两排水冷却瞬间，要确保水冷却强度不减弱，这一点很关键，也是 Wagstaff 最关键的技术，目前很难完全突破。

6.2.3 润滑系统（装置）

为减少铸锭与结晶器间的摩擦阻力及机械阻力造成的拉裂等表面

缺陷，改善铸锭表面质量，延长结晶器的使用寿命，铸造过程中对结晶器进行适当的润滑。目前，主要有四种润滑方式。

6.2.3.1 人工浇油润滑

人工浇油润滑，顾名思义就是采用人工的方式对结晶器进行润滑，方式方法比较简单。人工润滑是在铸造前，在结晶器内表面涂抹一层轧机用润滑脂（GB 493—65）或钙基润滑脂（GB 491—65），铸造过程中，采用汽缸油（GB 448—64）等润滑油进行润滑，润滑给油量的多少，以使结晶器内壁始终维持一层油膜为准。

6.2.3.2 自润滑

结晶器内衬自身润滑主要是石墨润滑，即结晶器内壁衬一圈石墨板（环），石墨是很好的润滑材料；或在石墨板或圈上涂润滑脂进行自润滑。Wagstaff 的低液位结晶器（LHC）就是采用的自润滑方式，如图 6-26 所示。自润滑方式方便简单，且环保。对于普通小规格热顶铸造结晶器，铸造速度很快，也可采用自润滑方式。

6.2.3.3 自动润滑系统

自动润滑方式在现代铝合金铸造中比较普遍，自动润滑就是通过喷油槽、油嘴等将润滑油定量注入结晶器内油道，再经结晶器油孔或石墨板或石墨圈浸入结晶器结晶表面，起润滑作用，实现自动润滑，如图 6-28 所示。

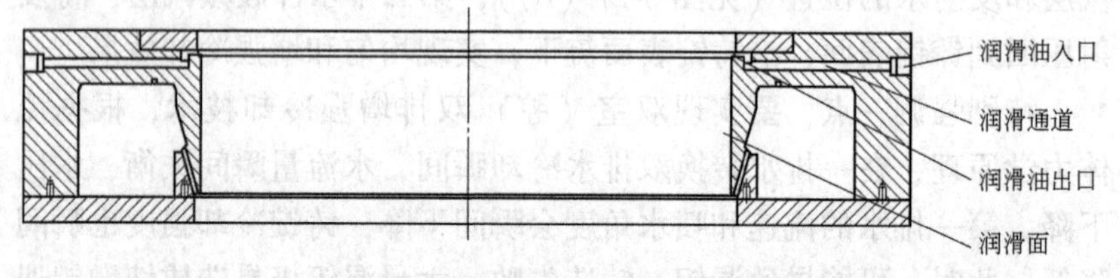

图 6-28 润滑剂输油的结晶器内衬套示意图

自动润滑可实现持续均匀润滑，润滑效果好。采用自动喷油润滑，对油选择除普通铸造润滑油要求外，还有其特殊要求，最重要是结垢对油道和油孔的影响，因为润滑油结垢后会堵塞油道和油孔，油垢特别容易堵塞石墨中透油微孔，造成不出油或出油不均，影响润滑效果。一般来说，除石墨板和石墨环外，自动润滑油可采用 HJ-50 机械油、HJ-30机械油、菜子油、蓖麻油等，Pyrotek的PERLUBE500效果比较好，而圆锭石墨环润滑须具有良好的流动性、渗透性，同时具备较好的润滑效果。目前采用比较多是美孚佳高制冷压缩机油SHC230。对于石墨润滑来说对油的品质要求较高，否则会造成拉裂等表面缺陷，甚至铸造失败。

6.2.3.4 油气润滑

油气润滑方式是转接导管下缘与结晶器交界处导入压缩空气和润滑油的混和物，如图6-13（a）所示。利用熔体温度，在结晶器和熔体表面形成油气混合气幕，在混合气幕压力作用下，熔体不与结晶器表面直接接触，几乎靠二次水冷却凝固成铸锭，因此，铸锭晶粒细小，表面光滑。油气润滑方式一般适用于小规格圆铸锭铸造。

6.2.4 底座（引锭头）及支架（托座）

6.2.4.1 底座（引锭头）

底座（又称引锭头）用于引锭和支撑，在铸造开始时，底座（引锭头）伸入结晶器一定高度，作为活底，和结晶器一道形成上开口的半封闭空间，熔融金属填充后起成型和牵引作用。在铸造过程中，随着铸造机下降，通过底座按一定的铸造速度不断将成型的铸锭拉出，对铸锭起牵引和支承作用。圆锭底座一般$\phi \leqslant 550$mm的采用6061、2A50合金锻件，而$\phi \geqslant 550$mm的圆锭采用耐热铸铁或钢锻件；扁锭底座一般软合金采用6061、2A50合金，而硬合金一般采用铸铁或钢锻件。为了满足铸锭成型和开头填充需要，根据规格和合金的不同，底座的结构和形状又有所不同，常见的底座形状见图6-29~图6-33。为避免铸造时因热膨胀而将底座卡在结晶器内，底座所有横断面尺寸都应比结晶器下缘相应尺寸小1%~2%。

（1）圆铸锭底座（引锭头）。一般来说，直径ϕ不大于360mm的实心和空心锭，底座（引锭头）上表面内缘都加工有燕尾槽，如图6-29所示，以便在铸造开始时，铸锭底部形成燕尾而楔在底座（引锭头）上，防止铸锭从结晶器拉出时悬挂，根据经验，一般燕尾槽的深度以15mm、宽度以2~3mm为宜。宽度过小则不起引锭作用；过大，铸造收尾后，铸锭可能很难取出来。对大规格圆锭，由于铸锭自重大，铸造开始脱模容易，因而，一般不开燕尾槽。

热顶多模同水平热顶铸造圆铸锭底座（引锭头），单个底座的设计原理上雷同。防止漏铝的关键在于保证底座（引锭头）与结晶器的同心度，以及所有底座（引锭头）须保证在同一水平。

（2）空心锭底座（引锭头）。空心锭底座（引锭头）是中空的，如图 6-30 所示，以便铸锭内表面的冷却水、底座、芯子和结晶器要确保同心度。

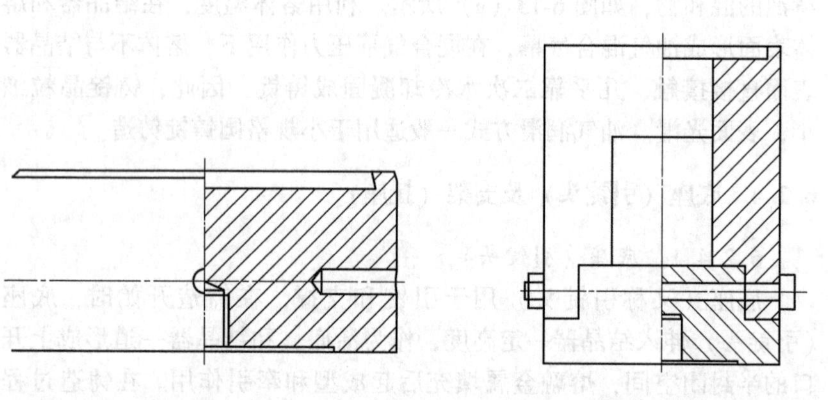

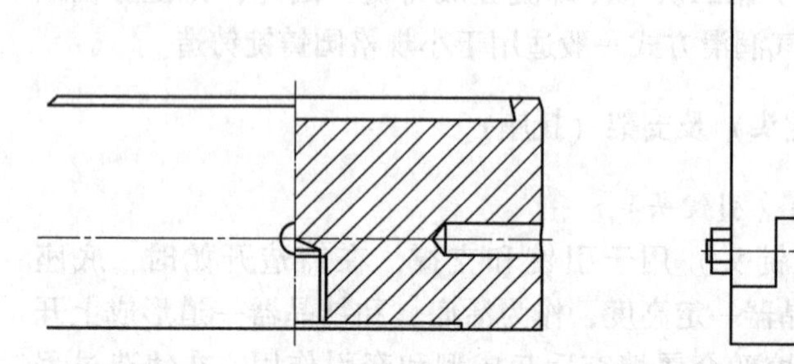

图 6-29　铸造实心圆锭用底座（引锭头）

图 6-30　铸造空心圆锭用底座（引锭头）

（3）软合金扁锭底座（引锭头）。由于软合金铸锭成型好，底部冷裂纹倾向性低，因而，一般软合金扁锭底座（引锭头）做成平面，如图 6-31 所示，这样既便于加工，又可以减少底部锯切量，提高成材率。

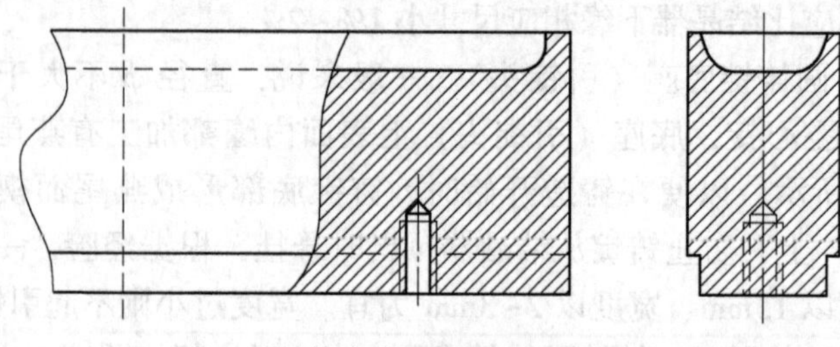

图 6-31　软合金扁锭底座（引锭头）

(4) 硬合金扁锭底座（引锭头）。由于硬合金应力大，塑性差，铸造易产生裂纹，为了减少铸锭底部凝固时的收缩力，同时使铸锭底部逐渐见水、逐渐收缩，降低底部拉应力，硬合金扁锭底座一般设计成凹面，如图 6-32 所示，如双曲面等。同时增加铺底量，增加成型性，降低铸造开头裂纹倾向。

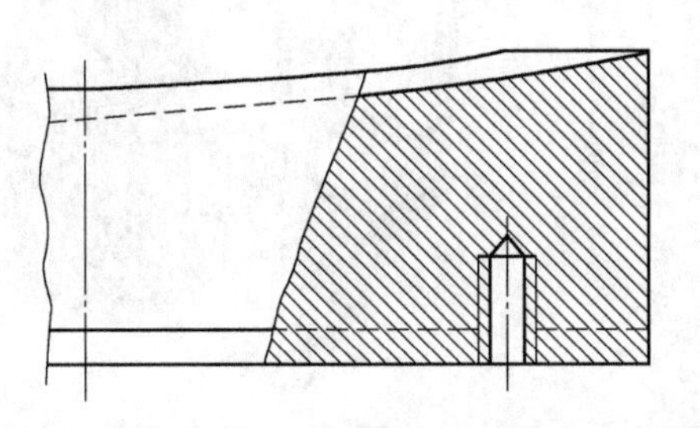
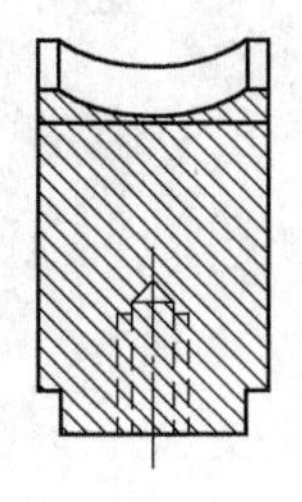

图 6-32 硬合金扁锭底座（引锭头）

(5) 低液位扁锭底座（引锭头）。与低液位结晶器配套的底座(引锭头)，一般都设计为深凹面，如图 6-33 所示，尤其是硬合金扁锭底座（引锭头)，不仅设计深凹面，还可将底部带双曲面，使其铸造开始时铸锭底部形成厚实的底部，相当于铸锭铺假底，再采用 PLC 控制开头爬坡速度和冷却水流量，以降低底部裂纹倾向。同时，适当的深度和凹面，可以防止铸造开头分配袋与底座（引锭头）粘连。

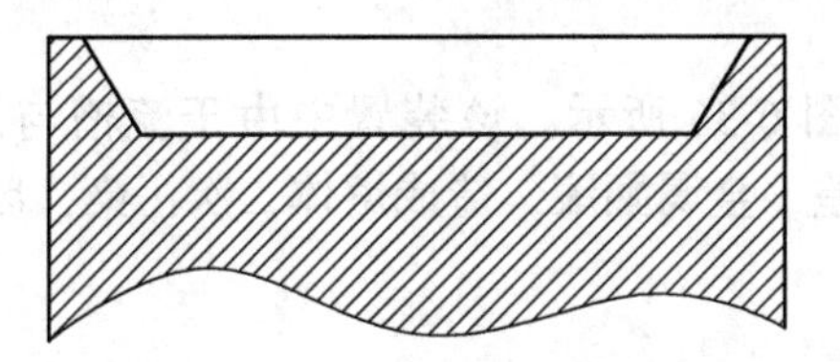
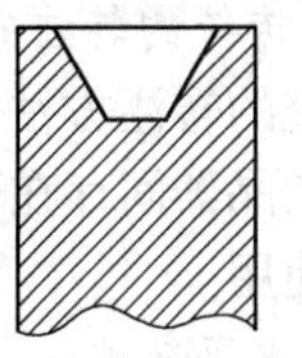

图 6-33 低液位用引锭头底座（引锭头）

6.2.4.2 支架（托座）

支架（又称托架、托座、托盘）用于连接支撑底座（引锭头）的托架，与铸造机平台连接，起固定和支撑底座（引锭头）作用，见图 6-34、图 6-35。托架一般有两种，平面形状和屋脊式形状，为了防止熔融遇水爆炸事故发生，一般来说都采用屋脊式形状，有利于熔融金属下泄过程中向两边分流，同时托架设计上不应有贮渣、贮水和贮液（熔融金属）的空间和平台，避免凝固的固体金属和熔融金属堆积于托架上。

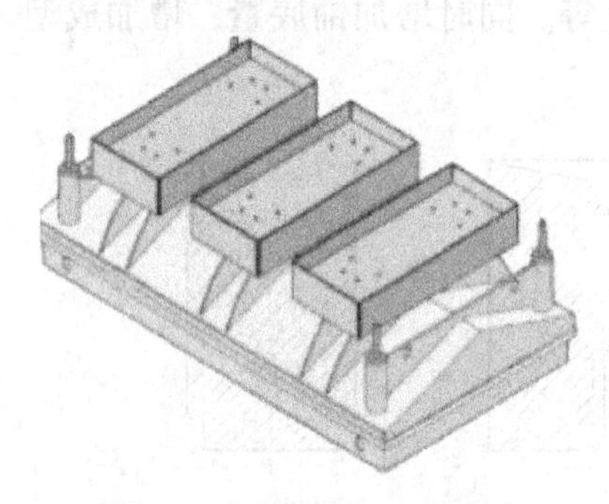
图 6-34　扁锭支架（托座）

图 6-35　圆锭支架（托座）

6.2.5　转注供流和液位控制系统

6.2.5.1　转注供流系统

金属液从保温炉（静置炉）输送到结晶器中的全过程叫转注，合理的转注方法是要使液流在氧化膜覆盖下平稳地流动，转注的距离要尽可能合理，严禁有敞露的落差和液流冲击。

A　传统的转注式

传统的转注方法如图 6-36 所示。该装置中由于流槽与流盘间、流盘与结晶器间存在落差，金属翻滚，造成熔体二次污染，因而，现在很少使用。

B　水平转注

为了避免熔体污染，要尽量减少转注频次，缩短转注距离，降低落差，在静置炉与流盘间实现水平供流，如图 6-37 所示。为防止漏铝，流槽与分配流槽（盘）之间一般采用斜搭接或半圆形接头，或供流流槽与铸盘或分配流槽之间直接连接。

C　控流装置（系统）

保温炉（包括熔保一体炉，又称静置炉）供给铸造金属熔体的转注过程，保温炉（熔保一体炉）金属熔体流量和流速需要进行控

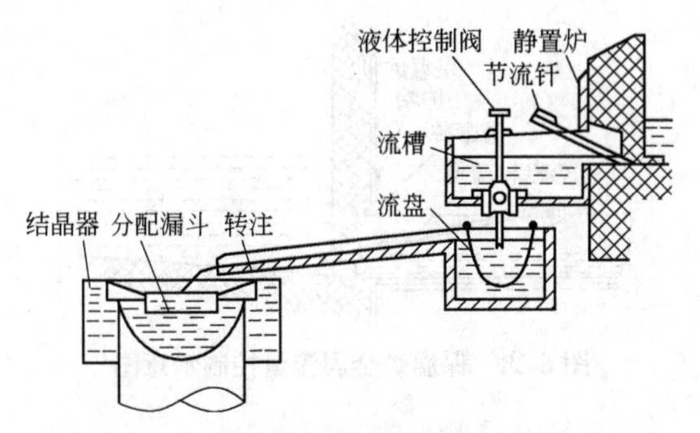

图 6-36 传统的金属转注装置示意图

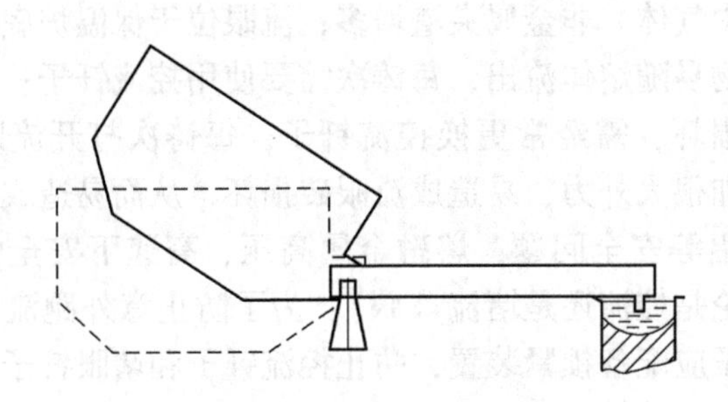

图 6-37 水平转注示意图

制，使保温炉熔体均匀、平稳、均匀、安全流出，确保铸造顺利进行以及满足铸锭质量要求。一般来说，固定式保温炉与倾动式保温炉其控制方式完全不同，下面分别加以介绍。

(1) 固定式保温炉（包括熔保一体炉）控流装置。目前对于固定式保温炉广泛采用流眼塞（又称控流钎子），即头部带有锥体的金属钎来控制保温炉流眼的液流。控流钎子较常用的有两种：一种钎子头带有石墨（硅酸铝耐火制品），尾部带有平衡锤控制钎子头，通过人工控制钎子头进退来控制保温炉出口流眼熔融金属流量，如图 6-38 所示；另一种就直接用带锥体耐热的金属钎子头，控流方式都一样。铸造结束后采用头部带有铸铁锥体且表面套上硅酸铝锥形套的堵眼钎子对流眼进行封闭。

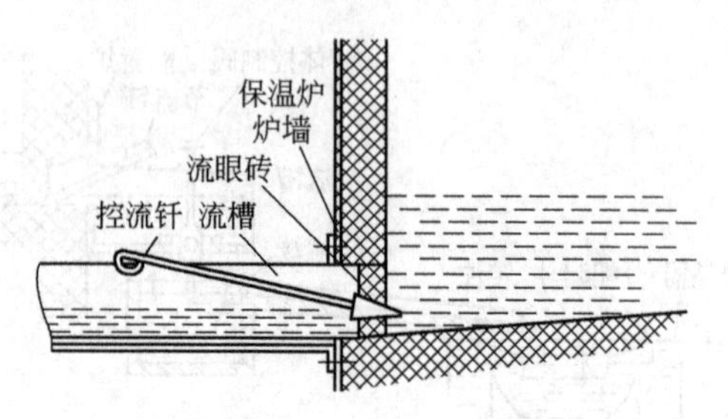

图 6-38 保温炉金属流量控制示意图

上述金属钎子头控流系统具有结构简单、价格低廉、操作方便的优点。但其缺点是：在铸造开始时在流口部位造成熔融金属翻滚，导致金属熔体中气体、非金属夹渣增多；流眼位于保温炉底部，沉积于底部的夹杂物易随熔体流出；每铸次需要使用控流钎子；重锤控流钎子易变形或损坏，需经常更换控流钎子；每铸次打开流眼和封闭流眼，都需施加很大外力，易造成流眼砖损坏，从而易造成熔融金属跑流或出现漏铝等安全问题；熔融金属高压、高速下安全性、稳定性差。因此无论是控流还是堵流（眼），为了防止意外跑流等，控流钎子和堵眼钎子应配备锁紧装置，防止控流钎子和堵眼钎子脱落。

此外，为了减轻劳动强度，将钎子杆与液位控制系统采用机械连锁，通过液位控制钎子的进退，实现自动控流。但由于钎子头易变形和损坏，可能造成控制不准，还需要人工干预和监控，否则易造成安全事故，需谨慎使用。

（2）液压倾动保温炉控流系统。倾动式保温炉（包括液压倾动熔保一体炉）相对于固定式保温炉，保温炉出口控流比较平稳、可靠和安全。为避免控流钎子的不利影响，其控制方式也有两种：一种是比较常用的通过非接触式（如激光检测）检测液位的变化，将信号传入检测中心（如 PLC）控制保温炉升降；另一种采用接触式机械液位控制保温炉升降，实现自动控制液流。

无论哪种控流方式，倾动式保温炉熔体都是从固定高度流出，熔体流动平稳，熔体表面不易破坏，因而供流过程中不易产生夹杂物。

D 供流流槽和分配流槽（盘）

保温炉金属熔体通过流眼稳定流出后，需经供流流槽和分配流槽

(盘) 转注导入结晶器进行铸造，当然中间可能还有在线净化处理等装置，也有部分产品质量要求不高，铸井离保温炉距离近，可能就没有中间供流流槽，而是直接进入分配流槽（盘)。

(1) 供流流槽。供流流槽是连接保温炉、在线装置到分配流槽(盘) 之间的流槽，其基本结构如图6-39所示。供流流槽的基本要求如下：

1) 保温性能好，熔融金属在供流和分配过程中温降小，一般温降控制在不大于3℃/m。

2) 控制供流流速，流速不宜过快和过慢，原则上流槽坡度控制在5‰~10‰(即5~10mm/m)，金属液位高度一般控制在100~200mm，一般金属熔体流槽内的流速应控制在3~10m/min，确保金属熔体在氧化膜覆盖下平稳均匀流动，无冲击和翻滚。

3) 供流流槽在满足转注、输送和安全功能的前提条件下，原则上距离尽可能缩短流槽长度，减少不必要的转角，有条件的情况下尽可能采用直线供流。

4) 强度高，不开裂，对相应的涂料附着力强，不粘铝，对熔体不造成污染。

图6-39 供流流槽结构示意图

(2) 分配流槽（盘)。分配流槽（盘）是铸造开头和过程中对每一个结晶器分配金属熔体，要求保温性能好，头尾温差小，一般要求不大于10℃；不污染熔体、相应的涂料附着力强、易于清理；金属熔体平稳流动、无敞露落差、不冲击、不翻滚、不破坏氧化膜；几何尺寸符合工艺要求；向每一个结晶器均匀分配金属熔体。

1）传统分配流槽（盘）。传统分配流槽（盘）要求质量轻，便于搬运。通常采用2mm的A3钢板焊制而成，内衬采用隔热保温材料，其形状、几何尺寸根据每铸次根数及排列形式不同而不同，如图6-40所示，这种分配流槽其熔体保温性能较差，很难实现自动控制，已经不常见了。

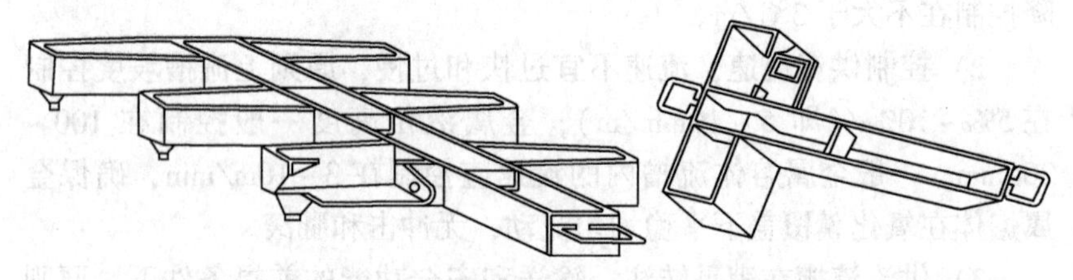

图6-40　传统分配流槽（盘）示意图

2）浮漂漏斗控制分配流槽（盘）。由于浮漂漏斗平面靠浮力作用与流槽喇叭嘴下口紧贴，如图6-41所示，随着液位升降，浮力也随之而变化。浮力减小，漏斗下降，金属液流增大，液位随之上升，金属液流又开始减少，如此反复，达到平衡后，金属自动均衡分配给每一个结晶器。

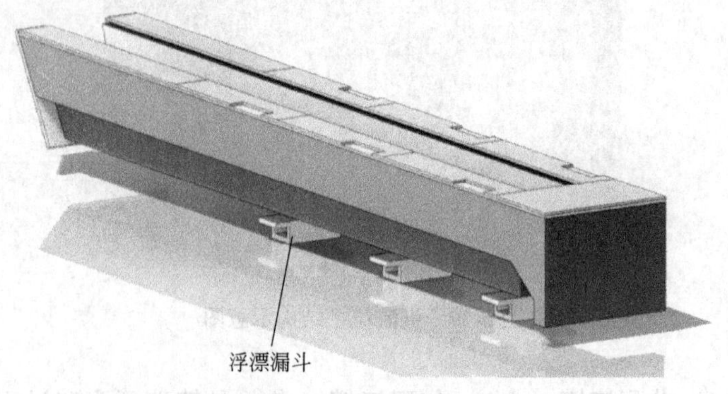

图6-41　浮漂漏斗控制分配流槽（盘）示意图

3）机械液位控制分配流槽（盘）。机械液位分配流槽是靠机械液位控制装置（本节有专门介绍），靠结晶器内金属熔体的浮力，利用杠杆原理，带动塞棒上下运动，从而控制下注管开口度大小，均衡将金属熔体分配给每一个结晶器，如图 6-42 所示。机械液位分配流槽（盘）结构简单，易于操作，一般都用于扁锭铸造，且投资少，维护方便，简单实用，适合中小企业生产。机械液位也用于供流流槽转注控制，前面讲的倾动炉机械控制方式也有采用机械液位控制保温炉倾翻速度。

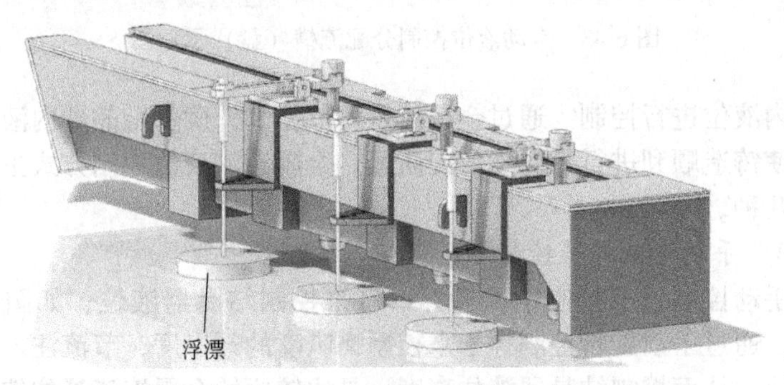

图 6-42 机械液位控制分配流槽（盘）示意图

4）自动液位控制分配流槽（盘）。自动分配流槽（盘）如图 6-43 所示，是非接触式自动液位检测结晶器液位高低变化，通过机械装置升降塞棒的高度，调节下注管的开口度，从而控制下注管金属进入结晶器流量，实现金属熔体均衡分配给每一个结晶器进行铸造。同时可以配置流槽加热装置、下注管和塞棒烘烤装置等，采用程序化控制，无需人工干预，金属分配非常精准，实现智能化自动控制分配流槽（盘）。自动分配流槽是先进铝合金生产线必备装置，但投资成本高，维护要求和费用高。

5）同水平热顶分配流槽（盘）。无论是热顶铸造，还是气滑铸造，其分配流槽（盘）通过结晶器上部热帽和结晶器共同组装在冷却水水箱上，构成一个整体的热顶分配盘，实现同水平铸造，多模热顶同水平铸造分配盘如图 6-5（b）和图 6-44 所示。

6.2.5.2 液流液位控制系统（装置）

金属熔体从铸造开头直至收尾的铸造全过程都要对金属液流和结

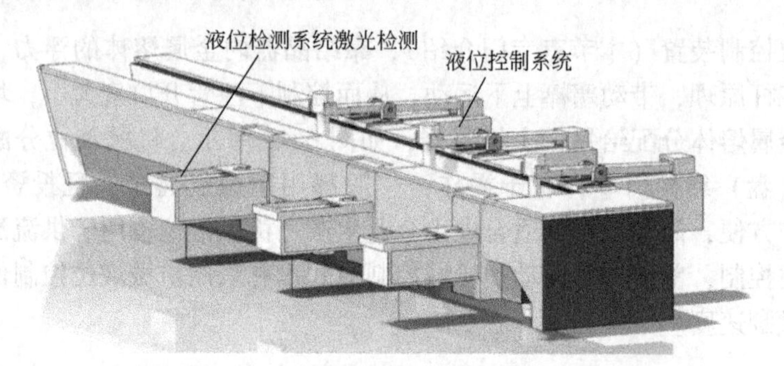

图 6-43 自动液位控制分配流槽（盘）示意图

晶器内液位进行控制。通过金属流量调节控制，确保结晶器内液位平稳，使铸造顺利进行和保障铸锭质量。金属液流液位控制方式主要有以下几种。

A 手动控制钎子控制

手动控制钎子控制喇叭嘴开口度来控制结晶器液位，如图 6-45 所示。通过手动旋转控制钎子来控制喇叭嘴的开口度，节流注入结晶器液流，从而控制结晶器液位高度，是比较原始金属液流液位控制方式。这种方式控制比较粗糙，控制精度低，劳动强度大，目前一般用于浮漂漏斗还未放入结晶器之前的开头控流操作，已经鲜有用于铸造过程液位控制了。控流钎子也用于流槽转注控流。

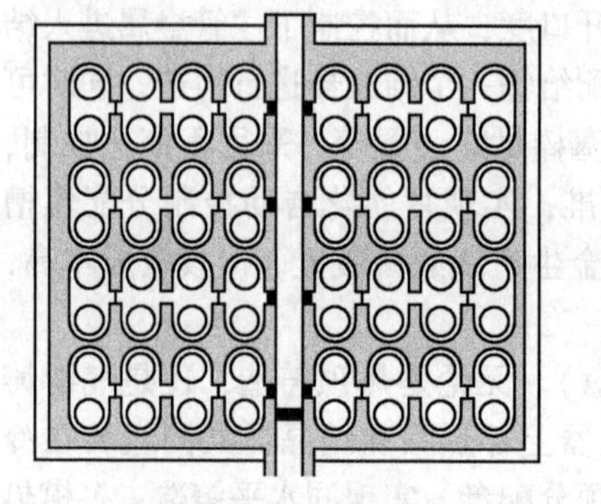

图 6-44 热顶铸造分配盘示意图（俯视）

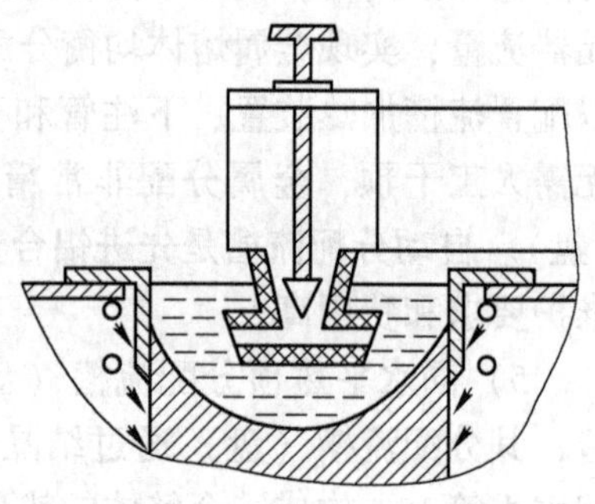

图 6-45 控制钎子控流方式示意图

B 浮漂分配漏斗控制

分配漏斗是用于合理分布液流和调节流量的工具。通过它可以改变液穴的形状和深度，改变熔体温度分布及运动方向，从而直接影响铸锭结晶组织和表面质量。对其基本要求是使熔体均匀供给铸锭的整个截面，使铸锭有均一的结晶条件。

(1) 传统圆锭铸造都采用漏斗控流，其直径为相应铸锭直径的20%~40%，采用石墨浮漂漏斗，靠浮力自动控制，其控流原理如图 6-46 所示，可实现简便的自动节流，漏斗有采用间断条缝的，如图 6-47 所示，也有采用孔的，其径一般为 8~12mm，孔间距为 30~50mm，如图 6-46 所示。采用漏斗控流既经济，又简单，还能减轻劳动强度。还有少数大规格圆锭铸造采用图 6-48 所示的铁质自动控制浮标漏斗。图 6-49 是圆铸锭非自动控制铸铁漏斗。直径特别大的圆铸锭采用环形自动控制浮标漏斗，漏斗中心采用一个小直径石墨漏斗简便自动控流，如图 6-50 所示。目前除石墨浮漂漏斗外，其他的铁质漏斗由于控流不稳、不方便，且劳动强度大，还可能造成铸造失败，易造成铸锭冶金缺陷，已经很少有使用。

(2) 空心铸锭采用弯月形叉式漏供流，液态金属在与直径对称的两点进入环形液穴，如图 6-51 所示。

(3) 扁锭浮漂自动控制漏斗，一般为开口扁平式，如图 6-52 所示。其控制原理与圆锭石墨浮漂漏斗相似，漏斗长度和扁平口的宽度以有利于形成宽面圆滑曲形液穴底为原则，一般下缘长度为铸锭宽度的 8%~15%，宽度为铸锭厚度的 20%~40%。

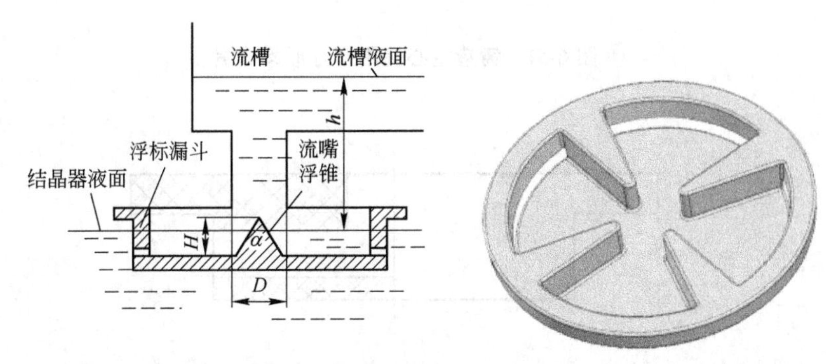

图 6-46 圆锭石墨浮漂漏斗控流原理示意图　　图 6-47 圆锭石墨浮标漏斗

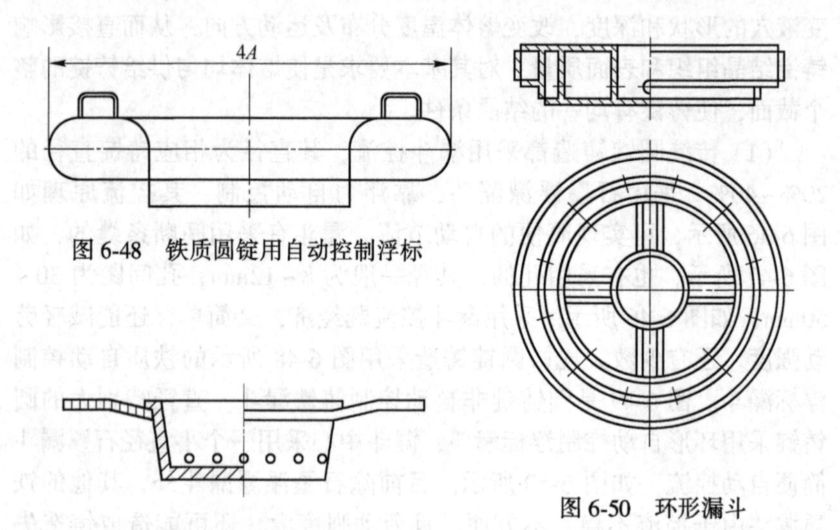

图 6-48 铁质圆锭用自动控制浮标

图 6-50 环形漏斗

图 6-49 圆铸锭用铸铁漏斗

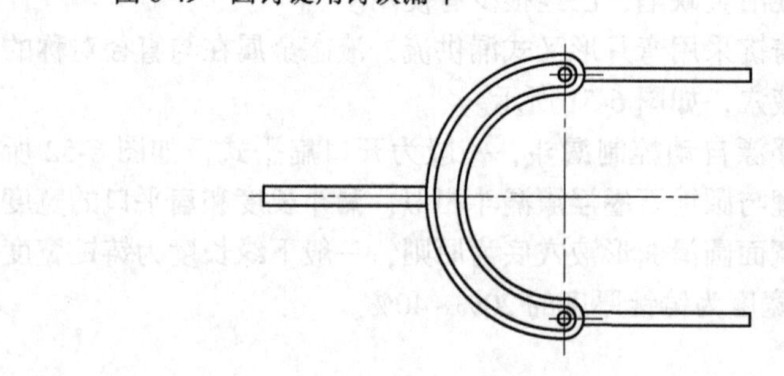

图 6-51 铸造空心锭用弯月形叉式漏斗

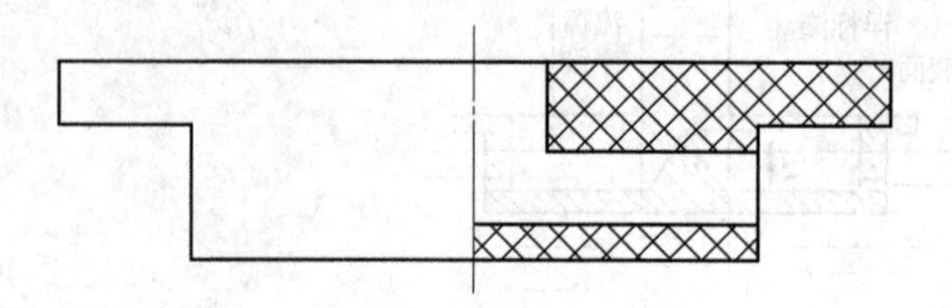

图 6-52 扁锭用自动控制浮标漏斗

C 机械液位控制

机械液位控制利用的是杠杆原理，如图 6-53 所示，杠杆两端通过浮漂所受浮力的大小，来调节塞棒与下注管之间的开口度，从而控制液流。结晶器内液位上升，浮漂受浮力上升，塞棒端下降，铝液流量减小；结晶器内液位下降，浮漂受浮力下降，塞棒端上升，铝液流量增大，如此反复。当杠杆处于一个平衡的状态时，液流稳定，结晶器内液位亦处于一个稳定的状态。该控制方式因操作简便、使用和维护成本较低，应用较为广泛，适合中小企业。

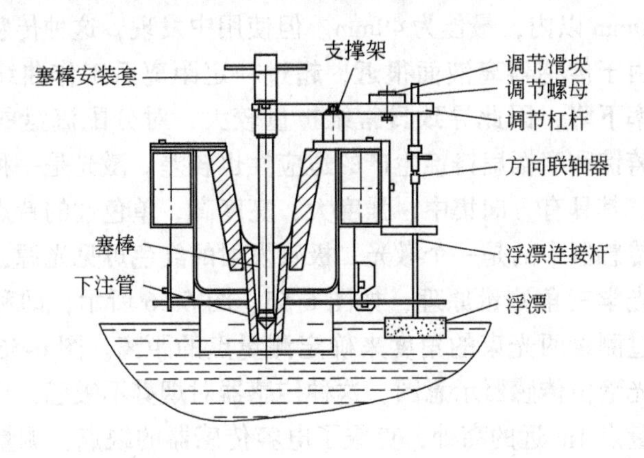

图 6-53 机械液位自动控流原理示意图

D 非接触自动液位控制系统

非接触式自动液位控制装置是基于适应矮结晶器、电磁铸造结晶器和铸造系统自动化控制要求而研发的一类新型的液面控制装置，通过检测液位高度来调节塞棒与下注管之间的开口度，从而控制液流液位。现代铝加工铸造应用广泛，目前国内已采用的有激光式、电容式和电感式液位传感器三种，应用于各种自动铸造结晶器液位液流控制。

电容式液位传感器和电感式液位传感器控制原理基本相近，如图 6-54 所示，电容式液位传感器的感应板于金属液面分别作为两个极板构成一个电容，电容的大小为：$C=\varepsilon S/d$。式中，ε 为两极板间的介质空气的介电系数；S 为感应板的面积，d 为感应板于液面之间的距离。在一般情况下，ε 和 S 保持不变，因此电容的大小与感应板和液面的距离 d 成反比。该电容一般用来控制一个振荡器，然后转换为4~20mA 的输出电流送给液面控制器对液面进行控制。这种传感器对来自烟雾、化学气体、粒子的污染不敏感，湿度、温度、压力对介质空气的介电系数的影响比较轻微。另外，由于采用附加电路束集电容场区，减轻了电容器极板的边缘效应和传感器周围金属物体引起的寄生电容的影响，因此，具有响应速度快、再现性好的特点。测量范围一般在 200mm 以内，最佳为 40mm。但使用中发现，这种传感器略显笨重，又由于传感器离液面很近，超过一定距离后工作曲线变得平缓，分辨率下降，因此导致日常维护量较大，对分配流盘的要求较高，对圆铸锭和窄幅扁铸锭生产的适应性也较差。激光是一种特殊的人造光源，其具有方向集中、强度大、亮度高、单色性的特点。用于激光液位传感器中的是一个激光二极管发射的红色可见光源，其距离测量采用光学三角测量原理，如图 6-55、图 6-56 所示，即利用基准长度，通过测量两光束的角度来确定测量点的距离。图 6-56 是实际使用的激光液位传感器示意图，这种传感器对烟雾不敏感，可安装在距最低测量点 1m 远的高处，克服了电容传感器的缺点，测量精度可达±1mm。激光液位传感器人为干预少，液位控制稳定性好，受到使用者欢迎，但由于激光能量较大，对于冷却的压缩空气的质量要求相当高，一般要求气压 0.5MPa 以上，且无水无油，压力稳定。

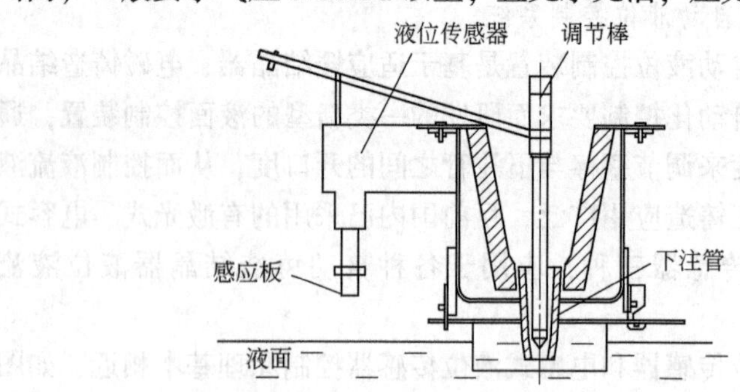

图 6-54 电容式液位传感器自动液位控制

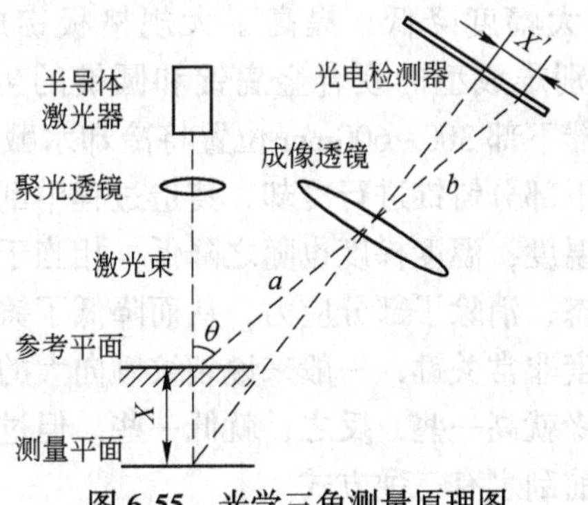

图 6-55 光学三角测量原理图

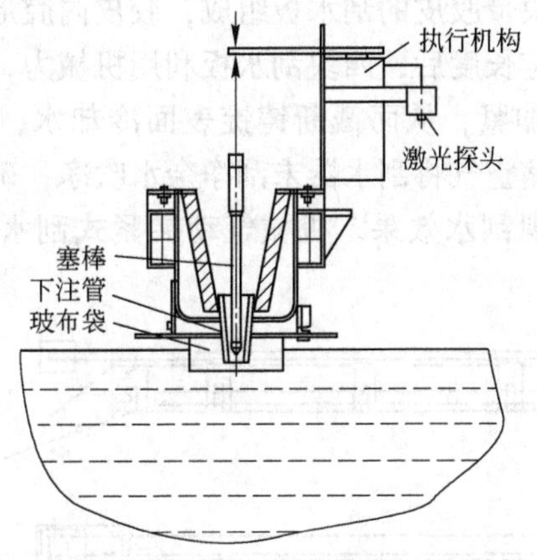

图 6-56 激光传感器自动控制液面

E 塞棒和下注管

无论是机械液位控制装置，还是自动液位控制，都离不开塞棒和下注管，因而它们的结构和质量直接影响液流分配和液位控制。要液流液位控制精确、平稳和均匀，须保证塞棒与下注管同心度、圆度、垂直度一致，否则在 360°的圆周液流不均，可能产生翻滚、冲击，造成铸锭冶金质量缺陷。

6.2.6 刮水器（装置）

20 世纪 90 年代刮水技术被广泛应用于扁锭硬合金铸造，使硬合金板锭裂纹倾向大幅度降低，提高了大规格板锭成型性。尤其在7050、7055等特别难成型的硬合金扁锭和圆锭的生产中应用较多。其原理是在结晶器下部300~600mm位置将冷却水截断引出，冷却水不再对刮水器以下部分铸锭进行冷却，铸造过程中刮水器下部铸锭温度始终保持较高温度，温度梯度也随之降低，相当于铸锭铸造过程中始终处于回火状态，消除了部分应力，从而降低了铸锭裂纹倾向。因此，刮水器的高度非常关键，一般来说裂纹倾向大的，刮水器的刮水高度距结晶器下缘就高一些，反之，就低一些。但过高的高度，不利于铸锭组织。目前刮水有三种方式。

（1）机械夹紧式刮水器。机械夹紧式刮水器一般用于硬合金扁锭，刮水器由四块带胶皮的刮水板组成，胶皮内腔形状与铸锭外形一致，铸造开始一定长度后，四块刮水板利用机械力，如气动方式，从四个方向将铸锭加紧，从而截断铸锭表面冷却水，起刮水作用。同时，还可采用压缩空气将刮水器未刮净余水吹净，确保刮水器下部铸锭表面无水，实现刮水效果。机械气动夹紧式刮水器结构如图6-57所示。

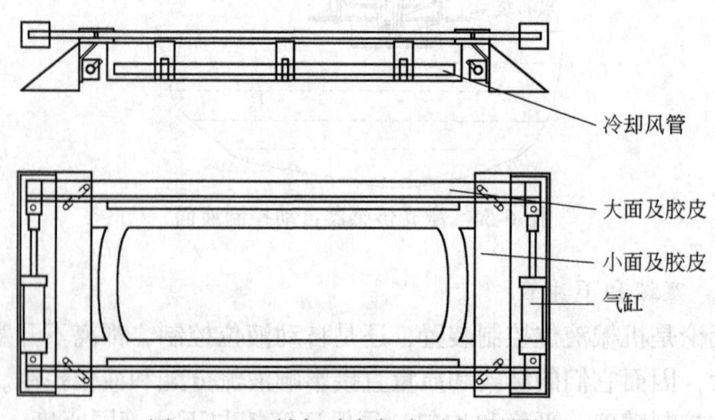

图6-57　机械气动夹紧式刮水器结构图

（2）固定式刮水器。固定式刮水器顾名思义就是以固定的方式，将刮水胶皮按铸锭形状制作刮水胶皮内腔。胶皮内腔尺寸一般比铸锭外形尺寸小3~8mm，用螺钉将胶皮固定在刮水器固定架上，刮水时靠胶皮压缩后，形成胶皮与铸锭密封线，截断冷却水，然后再将冷却水引出，冷却水就不再对刮水器下部铸锭冷却，实现刮水效果。图 6-58 是圆锭固定式刮水器结构示意图，图 6-59 扁锭固定式刮水器示意图。可以采用双层胶皮，提高刮水效果。

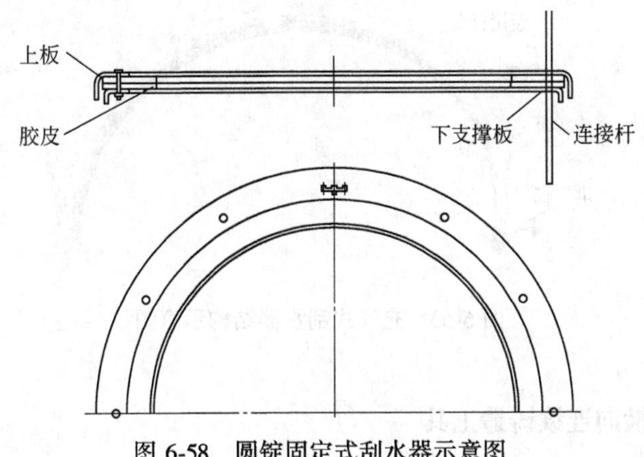

图 6-58 圆锭固定式刮水器示意图

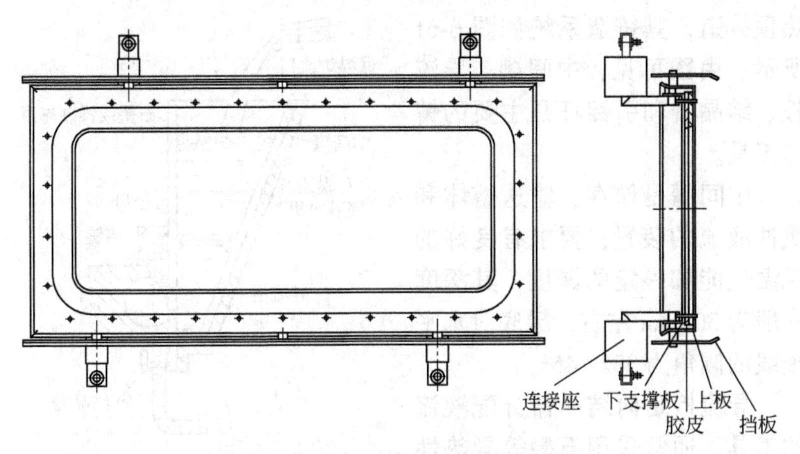

图 6-59 扁锭固定式刮水器示意图

(3) 充气（水）式刮水器。充气（水）式刮水器是将刮水带制作成空心胶带，一般适用于圆铸锭刮水。其方式将空心胶带内圈固定在刮水架上，将刮水架悬挂在结晶器下部一定位置，当铸锭开始铸造到一定长度，给刮水器胶带充气（或充水），胶带膨胀后将铸锭夹紧，形成胶皮与铸锭表面密封，截断冷却水，然后再将冷却水引出，冷却水就不再对刮水器下部铸锭冷却，如图 6-60 所示。

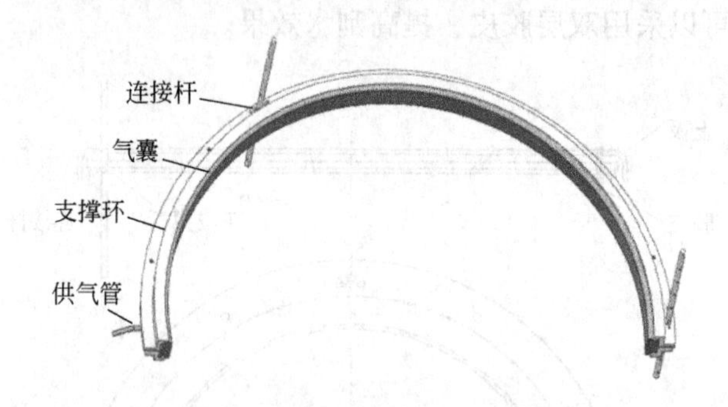

图 6-60　充气式刮水器结构示意图

6.2.7　横向连续铸造工具

横向连续铸造相当于水平的热顶铸造，其铸造系统如图 6-61 所示。由图可见，中间罐、导流板、结晶器和引锭杆是主要的铸造工具。

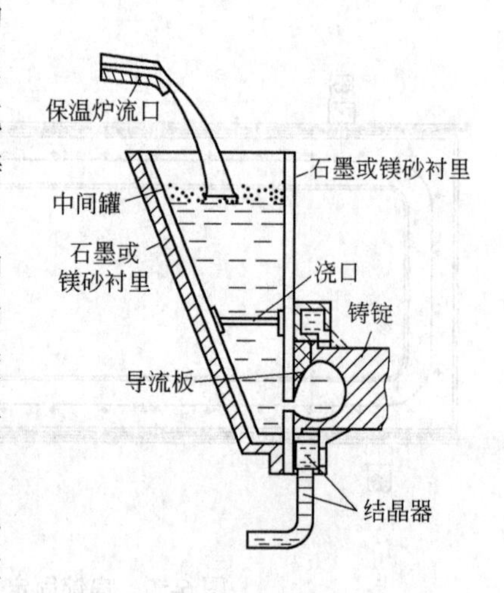

图 6-61　横向铸造系统示意图

中间罐是储存、输送熔体和缓冲液流的装置，要求有良好的保温性能和一定的深度，其深度一般为 300mm 左右，罐底对水平轴线的倾角为 30°~45°。

导流板是向结晶器分配液流的工具，通常采用石墨等导热性良好的材料制成，将其镶嵌在中间罐的出口处。为防止液穴偏移及其带来的不利影响，导流口常开在结晶器轴线的下方，使熔体沿结晶器壁以片流方式注入结晶器，导流孔的大小为铸锭截面的8%~10%。

横向铸造用结晶器高度小，一般为40~50mm，有效结晶区长度更短，一般圆锭为25~30mm，空心锭为20~25mm，扁锭为25~35mm。结晶器内表面大多衬有石墨内套，可起缓冷和一定的润滑作用。在采用石墨导流板的情况下，结晶器非工作表面还贴有硅酸铝纤维隔热层。横向铸造结晶器的喷水孔较小，直径约为2mm，孔距一般为5~10mm，喷水线与水平线的夹角为20°~30°。生产扁锭时，由于小面受三面冷却，故结晶器小面的喷水孔间距应适当加大。

引锭杆是牵引铸锭装置，其作用及结构与立式铸造的底座基本相同。其上有销子孔，销子起定位作用。

6.3 铸造工具的制造

随着机械加工技术和智能化技术的应用，熔铸技术也在不断进步，相应的铸造工装加工制造要求越来越高，自动化程度越来越高，专业性越来越强，一般熔铸企业不再自己加工制造铸造工装，而由专业生产企业进行设计、加工和制造，因而本章只介绍比较传统的铸造工具、小型工具和简单的工装加工和制造，比较复杂和专业的制作加工技术不在本书中介绍。

6.3.1 结晶器

（1）实心圆锭结晶器制造。

1）材质的选择。内套材料要求具有一定的导热性，良好的耐磨性和足够的强度，一般采用6061 T651锻造毛料或预拉伸厚板，内套壁厚一般为8~10mm。为减少铸造过程中的摩擦阻力，内套内表面粗糙度R_a要求小于1.6μm。外套材料可选择具有足够强度和适当塑性的任何材料制造，建议用铝合金锻造毛料，不用铸铁。

2）加工工序。内套材料的加工工序为：铸造毛料→均火→锻造→一次淬火→粗车成型→二次淬火人工时效→精加工。均火的目的是减少或消除晶界及枝晶界上低熔点共晶。一次淬火是提高毛料硬度，便于加工，但一次淬火往往淬火不透，需要二次淬火。外套材料经铸造、均火、锻造后机械加工而成。

3）芯子加工。芯子采用6061或2A50挤压毛料，加工工序为：

铸造毛料→均火→挤压→淬火人工时效→矫直。

4）普通模扁锭用结晶器。通常采用厚为12mm，宽为180~200mm的冷轧纯铜板为原材料，加工工序为：铸造毛料→退火机械加工→成型组焊→成型→抛光，其内表面粗糙度 R_a 小于1.6μm。

(2) 保温帽。热帽外壳采用3mm厚铁板焊接，内衬用4~5mm的石棉板或硅酸铝毡糊制。密封隔热垫圈采用厚5~8mm硅酸铝毡切制，因为硅酸铝毡隔热性能好，能够防止结晶区上涨；另一方面由于硅酸铝毡具有一定的弹性，且液体铝对其不浸润，便于实现密封。芯子隔热保温外套外糊一层3mm厚硅酸铝毡。现在一般都是专业厂家生产的预制成型保温帽，不再自己制作。芯子也是一样。

(3) 转接板和转接导管。一般来说，转接板采用N17板加工而成，转接导管采用定型材料。

(4) 石墨。石墨的关键是石墨材料，对石墨圈的要求是具有良好的导热性、润滑性、透油性、足够的强度和低的粗糙度。一般采用德国或日本的进口石墨。

(5) 隔热模用结晶器。隔热模用结晶器是在普遍模水冷结晶器上部贴一层厚3mm的硅酸铝纤维毡做保温隔热材料，硅酸铝纤维毡与结晶器内壁用卫生糨糊糊制，硅酸铝纤维毡内表面粉刷石墨以达到润滑的作用。

(6) 横向铸造用结晶器。横向铸造用结晶器采用高40~50mm的矮结晶器，内衬石墨内套。

6.3.2 底座（引锭头）和引锭杆

圆锭及空心锭用底座（引锭头）采用6061、2A50合金经铸造均火后机械加工而成，或采用耐热铸铁、钢锻件加工而成。一般来讲，圆锭底座高度为140~180mm，空心锭底座高度为300~350mm。

扁锭用底座一般为铸铁、铝合金、钢锻件经机械加工而成，其高度通常为80~150mm。引锭杆（横向铸造用）一般采用2A50、6061合金铸锭经机械加工而成。

6.3.3 液流转注及控制装置

6.3.3.1 流槽、分配流盘、中间罐

对流槽、分配流盘、中间罐的要求是保温性能好，对熔体不重新污染，易于清理，几何尺寸符合工艺要求，向结晶器供流的各流眼（流槽、分配流盘）底部平整，并保持在同一水平。流槽、分配流槽等供流系统一般采用8mm焊接加工而成，内衬一般为定型预制件。

6.3.3.2 分配漏斗

圆锭石墨漏斗，一般采用专业厂家生产。使用前打磨并喷上涂料进行烘烤。空心锭弯月形叉式漏斗，使用前用耐火泥糊制，不准露出铁，糊制后表面光滑，且用滑石粉均匀涂刷。扁锭用浮漂漏斗由耐火材料厂烧制而成。漏斗使用前必须清除脏物，消除盲孔，所有漏斗必须经充分干燥方可使用。

6.3.3.3 非接触液位装置

非接触液位控制目前主要有电容式液位传感器、激光式液位传感器、电感式液位传感器三种。技术含量高，均由专业厂家生产。

总之，随着熔铸技术进步，工装制造要求越来越高，牵涉专业更为复杂，熔铸企业靠原来方式自己制作铸造工装的情况越来越少，现在工装基本由专业厂家制作完成。

7 铝及铝合金铸造技术

第7章
数字资源

7.1 概述

铸造是将符合铸造要求的熔融金属液体通过一系列转注工具浇入到一定形状的铸模中，冷却后得到一定形状和尺寸铸锭的过程。要求所铸出的铸锭化学成分合格、组织均匀、冶金质量好、表面和几何尺寸符合技术标准。

铸锭质量的好坏不仅取决于液体金属的质量，还与铸造方法和工艺有关。目前国内应用较多的是不连续铸造（锭模铸造）、连续铸造及半连续铸造。

7.1.1 锭模铸造

锭模铸造，按其冷却方式可分为铁模和水冷模。铁模是靠模壁和空气传导热量而使熔体凝固，水冷模模壁是中空的，靠循环水冷却，通过调节进水管的水压（或流量）控制冷却速度。

锭模铸造按浇注方式可分为平模、垂直模和倾斜模三种。锭模的形状有对开模和整体模，目前国内应用较多的是垂直对开水冷模和倾斜模两种，如图 7-1、图 7-2 所示。

对开水冷模一般由对开的两侧模组成。两侧模分别通冷却水，为使模壁冷却均匀，在两侧水套中设有挡水屏，为改善铸锭质量，使铸锭中气体析出，同时减缓铸模的激冷作用，常把铸模内表面加工成浅沟槽状。沟槽深约 2mm，宽约 1.2mm，沟槽间的齿宽约 1.2mm。

倾斜模铸造中，首先将锭模与垂直方向倾斜成 30°~40°，液流沿锭模窄面模壁流入模底，浇注到模内液面至模壁高的 1/3 时，便一边浇注一边转动模子，使在快浇到预定高度时模子正好转到垂直位置。倾斜模浇注减少了液流冲击和翻滚，提高了铸锭质量。

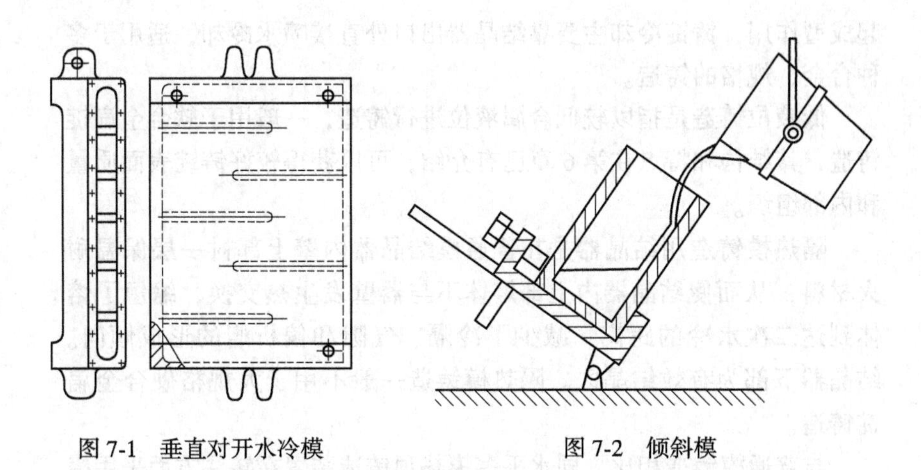

图 7-1　垂直对开水冷模　　　　图 7-2　倾斜模

锭模铸造是一种比较原始的铸造方法，铸锭晶粒粗大，结晶方向不一致，中心疏松程度严重，不利于随后的加工变形，只适用于产品性能要求低的小规模制品的生产，但锭模铸造操作简单、投资少、成本低，因此在一些小加工厂仍广泛应用。

7.1.2 连续及半连续铸造

7.1.2.1 概述

连续铸造是以一定的速度将金属液浇入结晶器内并连续不断地以一定的速度将铸锭拉出来的铸造方法。如只浇注一段时间把一定长度铸锭拉出来再进行第二次浇注叫半连续铸造。与锭模铸造相比，连续（半连续）铸造其铸锭质量好、晶内结构细小、组织致密，气孔、疏松、氧化膜废品少，铸锭的成品率高。缺点是硬合金大断面铸锭的裂纹倾向大，存在晶内偏析和组织不均等现象。半连续铸造在铝加工行业的许多领域都不可替代，从而被广泛应用。

7.1.2.2 连续（或半连续）铸造的分类

A　按其作用原理分类

连续（或半连续）铸造按其作用原理，可分为普通模铸造、低液位铸造、隔热模铸造和热顶铸造。

普通模铸造是采用铜质、铝质或石墨材料做结晶器内壁，结晶器起成型作用，铸锭冷却主要靠结晶器出口处直接喷水冷却，适用于多种合金、规格的铸造。

低液位铸造是指以较低金属液位进行铸造，一般用于软合金扁锭铸造，其结构和特点在第 6 章已有介绍，可以获得较好铸锭表面质量和内部组织。

隔热模铸造用结晶器是在普通模结晶器内壁上部衬一层保温耐火材料，从而使结晶器内上部熔体不与器壁发生热交换，缩短了熔体到达二次水冷的距离，减少了冷隔、气隙和偏析瘤的形成倾向。结晶器下部为有效结晶区。隔热模铸造一般不用于大规格硬合金扁锭铸造。

与普通模铸造相比，同水平多模热顶铸造装置在转注方面采用横向供流，热顶内的金属熔体与流盘内液面处于同一水平，实现了同水平铸造，同时取消了漏斗，简化了操作工艺。铸造出的铸锭表面光滑、粗晶晶区小、枝晶细小而均匀，操作方便，可实现同水平多根铸造，生产效率高。

B　按铸锭拉出方向分类

连续及半连续铸造按铸锭拉出的方向不同，可分为立式铸造和卧式铸造，上述三种铸造方法均可用在立式铸造上，后两种铸造方法可以用于卧式铸造。

立式铸造的特征是铸锭以竖直方向拉出，可分为地坑式和高架式，通常采用地坑式。立式半连续铸造方法在国内有着广泛的应用，这种方法的优点是生产的自动化程度高，改善了劳动条件。缺点是设备初期投资大。卧式铸造又称水平铸造或横向铸造，铸锭沿水平方向拉出，如配以同步锯，可实现连续铸造。其优点是熔体二次污染小，设备简单，投资小，见效快，工艺控制方便，劳动强度低，配以同步锯时，可连铸连切，生产效率高，但由于铸锭凝固不均匀，液穴不对称，偏心裂纹倾向高，一般不适于大截面铸锭的铸造。

由于连续及半连续铸造的优越性及其在现代铝加工中不可替代的作用，因此，本章重点介绍半连续铸造。

7.2 铸锭的结晶和组织

7.2.1 凝固与热交换

7.2.1.1 凝固与结晶

凝固是指由液态转变成固态的状态变化过程。凝固和液态金属的结晶所指的虽然是同一过程，但是它们含义上是有所区别的。凝固主要从传热学的观点出发来研究铸锭与冷却介质的传热过程，铸锭断面凝固区域的大小，铸锭的凝固时间、凝固速度、凝固方式及与铸锭质量的关系。

液体金属的结晶主要是从物理化学和金属学的观点出发，研究液态金属的生核、成长和结晶组织形成的规律。

铸锭组织的形成过程不仅与结晶前沿的过冷有关，而且取决于导热条件，因此，研究铸锭结晶组织的形成过程时，很难将凝固和结晶两个概念截然分开。

7.2.1.2 凝固过程的热交换

在直接水冷半连续铸造条件下，铸锭凝固时的热交换可分为一次水冷、二次水冷、沿轴线方向的自身传导三个阶段。直接水冷半连续铸造（DC）过程的热交换过程见图7-3。

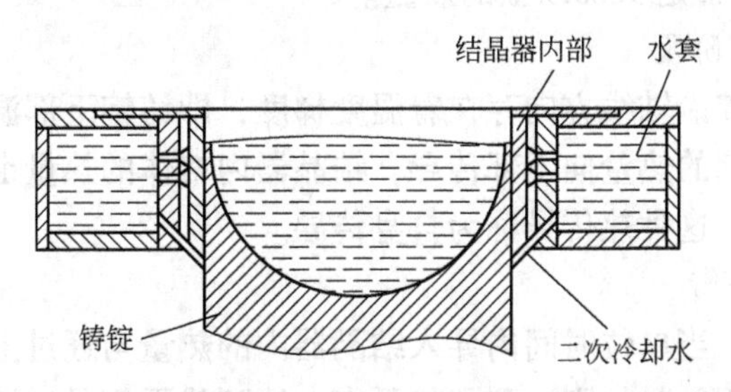

图7-3 半连续铸造（DC）过程的热交换过程示意图

A 第一阶段

在直接水冷（DC）式铸造中，液体金属浇入结晶器内后，与冷的底座、结晶器壁接触，迅速进行热交换，热量通过底座、结晶器壁传递到空气和一次冷却水中，使金属温度逐渐降低，当温度低于液相线温度时，便开始结晶，形成一定厚度的外壳，而且快速凝固，形成硬壳而使金属成型。在这个阶段绝大部分热量通过结晶器壁传递给水，称为一次水冷。一次水冷一般可带走的热量为铸锭全部热量的10%~15%。

一次水冷时，由于受到结晶器材料热传导系数的限制，以及铸锭冷却收缩后，与结晶器形成的气隙，限制了热量的传导，只能通过水套里的水将部分热量带走，因此无限度增加一次水是无效的。一次水冷仅起形成凝固外壳作用，一次水冷的流量越大，水温越低，带走的热量也越多。

B　第二阶段

由于结晶器壁使铸锭凝固收缩，铸锭在径向轻微收缩，在铸锭与结晶器壁间形成气隙，因为空气的导热率比铝的小得多，这时的热交换下降到最低，可忽略不计。

随着铸造的进行，铸造机带动底座（引锭头）向下移动，凝固外壳被拉出结晶器。当铸锭从结晶器中出来，遇结晶器下部的二次水冷，铸锭被强烈冷却，又进行了强烈的热交换，热量通过铸锭表面传递给冷却水，铸锭迅速凝固，一般把这个阶段称为二次冷却。二次冷却带走的热量为铸锭总热量的70% ~80%，可使金属完全凝固，温度进一步降低。液位越低，二次水冷带走的热量就越多，低液位铸造(LHC) 可能带走90%以上的热量。

C　第三阶段

由于铸锭沿轴线方向存在着温度梯度，即铸锭下部温度低，上部温度高，上部的热量向下部传导，结晶器内熔体的热量也沿轴线方向向下部传导。这种热传导称为自身传导。

D　热平衡

铸造时，当单位时间内导入结晶器内的热量与通过上述三种途径带走的热量相等时，则达到了热平衡。达到热平衡是连续铸造的先决条件，当导入的热量多于散失的热量时，可能造成拉漏铝等表面缺陷，甚至铸造无法进行。当导入热量小于散失热量时，则结晶器内液体温度会越来低，可能会产生冷隔，甚至完全凝固，铸造将不能继续进行。因而铸造过程中热平衡是通过调整铸造温度、冷却强度和铸造速度进行调节。

7.2.2 铸锭的结晶

7.2.2.1 凝固过程及凝固区的结构

在连续及半连续铸造条件下，铸锭的凝固过程总是从铸锭表面向中心、从底部向上部逐渐扩展的。除高纯铝和共晶成分的铝-硅合金外，铸锭断面上一般都存在着三个区域，即固相区、液相区和两相区。铸锭的质量与两相区的关系极大。

图 7-4 是根据铸锭断面温度场的实际结晶温度确定的某一瞬间的铸锭断面凝固区域结构示意图。左图是状态图的一部分。M 合金的实际结晶温度范围为 $t_1 \sim t_5$。右图是连续铸造时结晶器中正在凝固的铸锭横断面的一部分。铸锭厚度为 δ，该瞬间的温度场为 T。

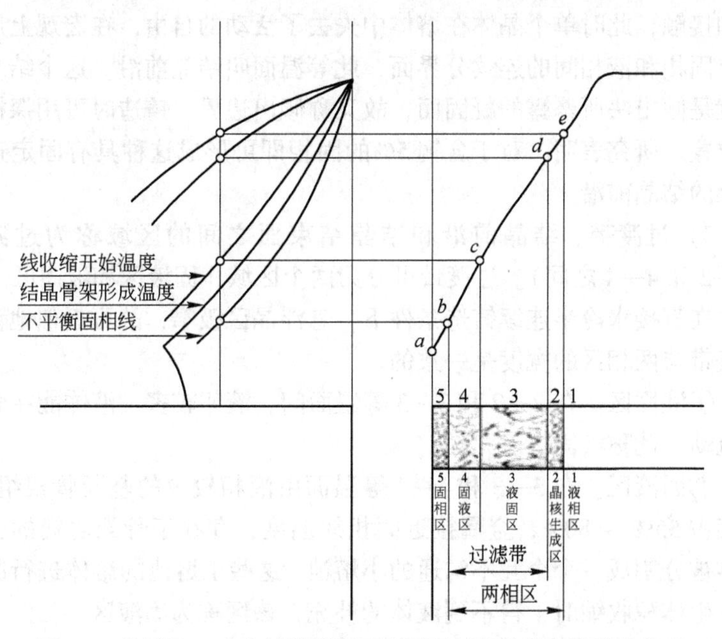

图 7-4 某瞬间 M 合金铸锭横断面凝固区域的结构与温度的关系

（1）固相区。在此瞬间，铸锭上 b 点已达到不平衡固相线温度。因此 4—4 等温面为固相等温面，也叫结晶结束面。从铸锭表面到结晶结束面之间的金属温度都低于不平衡固相线温度 t_4，在这个区域内的金属全部凝固成固相，称为固相区。

(2) 液相区。铸锭断面上的 e 点已达到液相线温度，1—1 等温面为液相等温面，也叫结晶开始面。温度高于液相线温度 t_1 的区域，金属都处于液体状态，称为液相区。

(3) 两相区。在 1—1 等温面和 4—4 等温面之间的区域，金属处于正在凝固的状态，由液相和固相组成，称为两相区。

1）悬浮晶区。在 1—1 和 2—2 等温面之间，从液体析出的晶体是没有联系的，它处于悬浮状态，且能在重力或液体动力作用下相对铸锭固定部分移动，称为悬浮晶区。用倾出法做实验时，悬浮晶区的晶体能随液态金属一起被倾出。

2）结晶前沿。在 2—2 等温面处，由于晶体不断长大，彼此叉生和接触，此时单个晶体在熔体中失去了活动的自由，在宏观上形成一层固相和液相间的连续分界面，此等温面叫结晶前沿。这个结晶前沿就是倾出法所暴露的凝固面，故又称倾出边界。铸造时可用探棒测其位置。研究表明，对于含铜 5%的固相即可形成这种具有固定连续骨架的结晶前沿。

3）过渡带。结晶前沿和结晶结束面之间的区域称为过渡带(2—2 和 4—4 之间)。过渡带可分为两个区域，固液区和液固区。

在直接水冷半连续铸造条件下，悬浮晶区极窄，故可近似地认为过渡带与两相区的宽度是一致的。

①液固区。在 2—2 和 3—3 等温面间，液相较多，液体能在骨架间流动，此称液固区。

②固液区。在 3—3 和 4—4 等温面由液相较少的坚硬骨架组成，固相占 55% ~ 80%，金属接近固相线温度，存在于骨架之间的少量液体被分割成一个个互不沟通的小熔池，这些小熔池的熔体进行凝固而发生体积收缩时，得不到液体的补充，该区称为固液区。

③补缩边界。固液区和液固区的边界（3—3 等温面）称为补缩边界。

7.2.2.2 过渡带

A 过渡带宽度的计算方法

铸锭过渡带的尺寸和形状决定铸锭的区域偏析及树枝晶疏松的特

性和程度，同时与裂纹的形成和发展有很大的关系，过渡带的扩大使铸锭强度、塑性显著下降。因此，预测过渡带的宽度对于预测铸锭的质量具有重要意义。

在直接水冷半连续铸造条件下，悬浮晶区极窄，故可近似地认为过渡带与两相区的宽度是一致的。因此，过渡带的宽度可采用热电偶凝固法实测，也可用合金的结晶温度区间与这个区间内温度梯度的平均值之比来近似估算：

$$B = \frac{t_1 - t_2}{G} \tag{7-1}$$

式中，B 为过渡带的几何尺寸，m；t_1 为合金液相线温度，℃；t_2 为合金固相线温度，℃；G 为温度梯度，℃/m。

B 影响过渡带宽度的因素

(1) 不同合金的影响因素。对不同合金，其他条件相同时，结晶温度范围越宽，过渡带尺寸越大。几种变形铝合金的温度范围见表 7-1。

表 7-1 几种变形铝合金的结晶温度范围

合 金	液相线温度/℃	固相线温度/℃	结晶温度范围/℃
1×××系	657	643	14
3003	654	643	11
6061	652	582	70
5052	649	607	42
2A11	645	515	130
2024	638	507	131
7075	635	477	158

(2) 同一合金的影响因素。对同一种合金，在其他条件相同时：

1) 铸锭的冷却强度越小，铸造温度越高，铸锭横截面越大，结晶器有效高度越高，则过渡带尺寸越大。

2) 提高铸造速度，过渡带水平间距稍有减小，但垂直范围增大。

3) 金属进入方式、漏斗大小等也能影响过渡带的尺寸和形状。

几种铸锭中过渡带尺寸的影响见图 7-5、图 7-6。

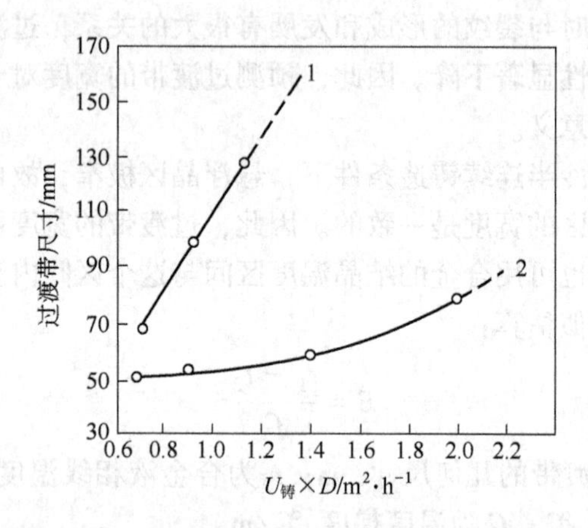

图 7-5 结晶器高度一定时（180mm）铸锭直径和
铸造速度对 2A11 合金铸锭中心过渡带垂直尺寸的影响
1—ϕ800mm；2—ϕ370mm

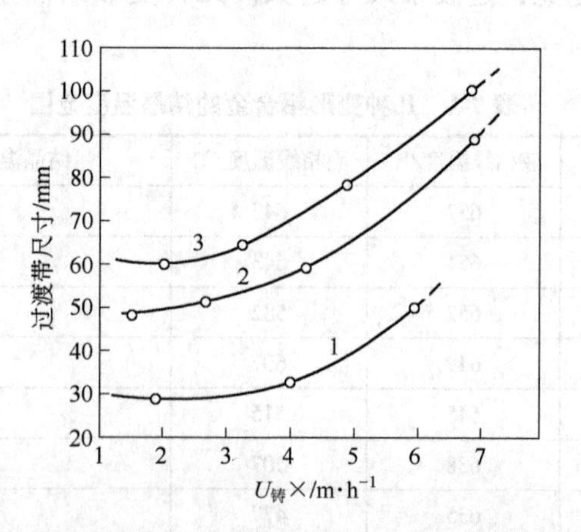

图 7-6 铸锭直径一定时（360mm）结晶器高度和
铸造速度对 2A11 合金铸锭中心过渡带垂直尺寸的影响
结晶器高度：1—100mm；2—180mm；3—340m

7.2.2.3 液穴

铸锭上部被结晶前沿和铸锭敞露液面所包围的液体金属区域，称为液穴。结晶面的形状即是液穴形状。液穴的深度直接反映了铸锭的凝固时间和凝固速度，而液穴的形状又决定着沿铸锭断面结晶速度变化的性质。因此，液穴深度和形状是控制铸锭结晶组织的重要指标，测定和调整铸造过程中液穴的深度是控制铸锭质量的重要手段。

A 液穴的深度测定和估算

（1）液穴深度的实测。液穴的深度可以用探棒（立式铸造常采用）和倾出法（横向铸造常采用）进行实测；也可以用在液穴中加入能改变铸锭组织的添加物（如熔融铅）或加入放射性同位素指示剂（如 Ca^{45}）的方法测定；用在铸锭内凝入热电偶来研究温度场的方法则可得到更为满意的结果。

（2）液穴深度的计算。铸锭液穴的深度也可按下式从理论上进行估算：

$$h = \{[L + (1/2)C(t_1 - t_2)]/B\lambda(t_1 - t_2)\} \cdot x^2 \cdot U \cdot \gamma \quad (7\text{-}2)$$

式中，h 为液穴深度，m；L 为合金的熔化潜热，kJ/kg；C 为合金在 $t_1 \sim t_2$，温度区间的平均比热容，kJ/(kg ·℃)；t_1 为合金液相线温度，℃；t_2 为铸锭表面温度，℃；B 为形状系数，扁铸锭为 2，圆铸锭为 4；λ 为铸锭的热导率，kJ/(m ·h ·℃)；x 为铸锭特征尺寸，扁铸锭为厚度的一半，圆铸锭为半径，m；U 为铸锭的铸造速度，m/h；γ 为铸锭的密度，kg/m^3。

通常，空心铸锭的液穴底部都在壁厚中心与内表面之间，而且铸锭外径和内径之比越大，则液穴底部就越靠近内表面。空心铸锭的液穴深度可通过联解两个对经过内外表面导热结晶时的独立方程式求出。空心铸锭的液穴深度与合金物理性能、铸造速度、铸锭壁厚的关系和实心圆铸锭相同。

式（7-2）中，没有考虑到以下因素的影响：1）结晶器凝固传热的影响；2）在计算时假设铸锭凝固部分的温度分布是直线型的（实际分布与直线规律有偏差）；3）已凝固铸锭导热的影响；4）假设铸锭表面温度在垂直于轴线的方向，温度梯度是直线的。因此，根据公式（7-2）计算出的结果只能是近似的。由于铸锭轴向热传导影响大，实际液穴深度要比计算的浅，因此生产中都偏重于实测法。

B 影响液穴深度的因素

（1）合金的物理性质。合金的导热性越好，热含量越小（即结晶潜热、热容、密度小)；合金液相线温度越高，则在其他条件相同时，液穴越浅。对于各种铝合金其热含量和液相线相差不大，故其液穴深度主要与合金的导热性有关。

(2) 铸锭的形状和尺寸。在其他条件相同时，液穴深度与铸锭厚度、直径、壁厚的平方成正比；当圆铸锭直径等于扁锭厚度时，扁铸锭液穴深度是圆铸锭的二倍；空心锭液穴深度小于相同外径圆铸锭的液穴深度，且内径越小，深度越接近。

(3) 铸造工艺参数。在其他工艺参数相同时，降低冷却强度、提高铸造速度和铸造温度、增加有效结晶区高度，则液穴加深。液穴的深度还与供流方式有关，采用分配漏斗供流比集中供流的液穴浅。

C　液穴形状

(1) 扁锭液穴形状。扁锭的液穴形状是带有曲线表面的四面维体，见图 7-7 (a)，结晶面对铸锭轴线的倾斜从铸锭外表面向中心方向不断减小，是凸出的，因此液穴下部不呈圆形。

(2) 实心圆锭液穴。实心圆锭液穴呈不规则的锥形，结晶前沿对铸锭轴线的倾斜度，由铸锭外表面向中心逐渐减小，直到相当于半径 R 的 0.37 倍的圆周处为止，然后结晶面的倾斜向铸锭中心增大。即在 $0.37R$ 至 R 之间，结晶面是凸出的；而在圆心至 $0.37R$ 之间，结晶面是凹陷的，呈碗形。实心圆锭的液穴形状见图 7-7 (b)。

(3) 空心圆锭液穴。空心圆锭的液穴形状是不规则的三角形环状带，由铸锭边缘开始到液穴底部的结晶前沿形状和圆铸锭的相同，而由铸锭内腔开始的结晶面则一直是保持凸出状的，见图 7-7 (c)。液穴底部在壁厚中心与内表面之间，而且铸锭外径与内径之比越大，液穴底越靠近内表面。

应该指出的是，由于在凝固过程中金属的热性能受多种因素影响而不断变化，且液穴中的温度场不均匀，故实际液穴形状更复杂。

7.2.2.4　结晶速度

单位时间内结晶前沿在铸锭坐标内移动的距离称为结晶速度。铸锭的结晶速度是决定铸锭质量的重要因素，通常结晶速度越大，铸锭的结晶组织越细小，力学性能越好。但结晶速度过大，将导致温度梯度增大，热应力增大，使铸锭裂纹倾向增加。

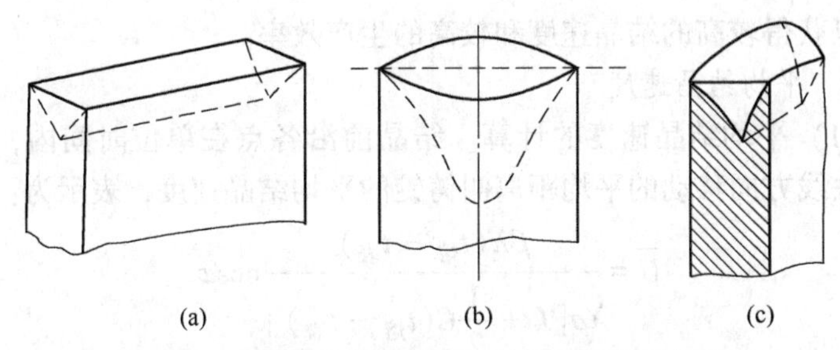

图 7-7 各种形状铸锭理论上的液穴形状示意图
（a）扁锭；（b）实心圆铸锭；（c）空心圆铸锭

A 任意点的结晶速度

在铸造过程中，在结晶前沿上任意一点沿其法线方向上的移动速度叫该点的结晶线速度。连续铸造时，结晶前沿上各点的结晶速度是不同的。扁铸锭的结晶线速度从铸锭边缘到中心不断减小。圆铸锭的结晶线速度按有最小值的曲线变化，即从铸锭边缘到 0.37R 圆周处，结晶线速度逐渐减小，而后，从 0.37R 圆周处直至铸锭中心，结晶线速度又逐渐增大，见图 7-8。

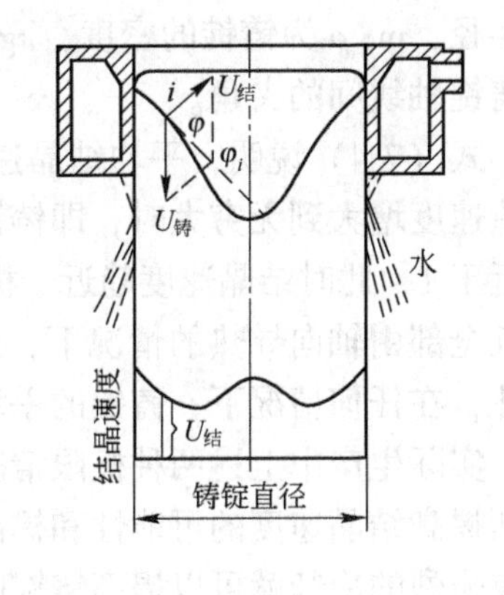

图 7-8 结晶线速度沿铸锭截面的变化及与铸速度的关系示意图

结晶前沿上任一点 i 的结晶线速度可表示为：

$$U_{结} = U_{铸}\sin\varphi \qquad (7-3)$$

式中，φ 为结晶器前沿在该点上的切线与铸锭轴线间的夹角；$U_{铸}$ 为铸锭的铸造速度，m/h。

可见，铸锭断面上任意一点的结晶速度都小于铸造速度，结晶线速度只能接近于铸造速度，不能超过铸造速度。上式中不能得出结晶速度与铸造速度的单值关系，因为 φ 也是铸造速度的函数。

在铸锭不产生裂纹等缺陷的情况下，应尽量采取较高速度进行铸造，以获得较高的结晶速度和较高的生产效率。

B　平均结晶速度

（1）平均结晶速度的计算。结晶前沿各点在单位时间内，沿各自的法线方向移动的平均距离叫铸锭的平均结晶速度，表示为：

$$\overline{U} = \frac{\beta\lambda(t_{熔} - t_{表})}{\chi\rho\left[L + \frac{1}{2}C(t_{熔} - t_{表})\right]}\cos\varphi \tag{7-4}$$

式中，L 为合金的熔化潜热，kJ/kg；C 为合金在 $t_{熔} \sim t_{表}$ 温度区间的平均比热容，kJ/(kg · ℃)；$t_{熔}$为合金液相线温度，℃；$t_{表}$为铸锭表面温度，℃；β 为形状系数，扁铸锭为 2，圆铸锭为 4；λ 为铸锭的导热率，kJ/(m · h · ℃)；χ 为铸锭特征尺寸，扁铸锭为厚度的一半，圆铸锭为半径，m；ρ 为铸锭的密度，kg/m^3；φ 为结晶前沿在该点上的切线与铸锭轴线间的夹角。

式（7-4）说明，平均结晶速度随着铸造速度的增大而增大。当铸造速度增大到无穷大时，即铸锭在全部由侧向导热的情况下，cosφ 趋近于 1，此时结晶速度趋近于极限值。当铸造速度减小到零时，即铸锭全部由轴向导热的情况下，此时平均结晶速度接近于铸造速度。因此，在任何情况下，铸锭的平均结晶速度都小于当时的铸造速度。

实际生产中上述两种极限情况不可能存在，但可以利用两种情况推断提高结晶速度的可能性和提高铸造性能的可能性，同时也否认了造成强烈的冷却就可以提高铸锭的结晶速度。

（2）提高平均结晶速度的措施。实际生产中可以采取以下措施提高铸锭的平均结晶速度。

1）降低铸锭表面温度，可以提高铸锭凝壳内的温度梯度，增加导热强度。现场采取的方法：一是在一定范围内提高水的流速和供水量来提高铸锭表面的冷却强度；二是降低结晶器的有效高度，使铸锭提早遇（见）水，消除或减轻空气对导热的影响；三是尽可能降低水温，强化与铸锭间的热交换过程。

2）提高铸造速度可以增大铸锭冷却面对结晶面的比例，从而增加导热强度，提高铸锭的平均结晶速度。

3）缩小铸锭横断面尺寸，以降低热阻，增大温度梯度，从而提高铸锭导热强度，增加铸锭平均结晶速度。对某些性能指标达不到要求的大截面合金铸锭，这往往是一个行之有效的办法。

4）改变铸锭形状，在其他条件相同的条件下，由于圆铸锭的冷却面与结晶面的比值比扁铸锭的大，故圆铸锭的平均结晶速度比扁铸锭的高。生产扁铸锭时，可减小铸锭的宽厚比，从而增大冷却面与结晶面之比。

7.2.2.5 结晶前沿的过冷

在实际生产条件下，合金熔体冷却到平衡液相线时还不能结晶，往往需要冷却到平衡液相线以下某一温度才能结晶，这种现象叫过冷。平衡液相线温度与实际结晶温度的差叫过冷度，过冷度在液穴中所占的宽度叫过冷带。熔体的过冷度分为温度过冷和浓度过冷。

A 温度过冷

一般当熔体温度下降到凝固点时，便开始形成晶核而结晶，但结晶过程释放出的结晶潜热又使晶核重新熔化而使结晶过程无法进行。随着熔体进一步冷却，当熔体温度下降到凝固点以下时，结晶潜热已不能使已形成的晶核熔化，结晶便会继续进行，这种温度必须低于凝固点温度才能结晶的现象叫温度过冷，温度过冷是晶核形成的先决条件。

B 浓度过冷

（1）溶质元素的再分配。铝合金处于液态时，原子集团内比较松散，原子集团间存在空穴，因此溶解合金元素的能力强。当其由液态向固态转变时，对溶质原子的溶解能力就会大大降低。

共晶型合金结晶时，成分小于平均成分的固相先结晶，而固相中不能容纳的溶质原子被排挤出来富集在界面上的液体中，然后逐渐向液体内部扩散均匀。合金结晶时的这种成分分离现象称为溶质元素的再分配。

（2）浓度过冷。在实际的生产条件下，铸锭的结晶速度通常总是大于溶质原子在熔体中的扩散速度，受溶质再分配的影响，就会逐渐在结晶前沿附近形成一层富集有合金组元及杂质的熔体层，并保持着一定的浓度梯度。由于合金的液相线温度（平衡结晶温度）随成分变化而变化，这样必然引起结晶前沿液相中各部分的液相线温度也不同。

显然，结晶前沿界面处的液体中含合金组元和杂质最多，相应的液相线温度最低；而离结晶前沿越远的液体，由于合金组元和杂质含量少，相应的液相线温度越高。如果此时结晶前沿的液相中温度梯度较小，那么在一定范围内，就可能使结晶前沿附近的熔体实际温度都低于合金的平衡结晶温度（液相线温度），这样就在结晶前沿处形成过冷。这种由于结晶过程中的溶质再分配引起结晶前沿的液体产生浓度差而发生的过冷叫浓度过冷。

浓度过冷的结果，一方面使结晶前沿界面处液体的平衡结晶温度大为降低，从而减小了实际过冷度，对原有晶体的继续生长起阻碍作用；另一方面，在离结晶前沿较远的液体中产生了较大的过冷度，为新的晶核的形成和长大创造了条件。因而，浓度过冷对于抑制铸锭中柱状晶的生长和促进等轴晶的发展是十分有利的。

7.2.3 铸锭结晶过程

7.2.3.1 结晶原理

在液体金属中，原子是无序排列的，但在瞬间会出现“近似规则排列”的原子团，随着熔体温度的降低，原子动能减小，当温度降至某一点时，熔体中这些“近似规则排列”的原子团形成不稳定的固态晶芽，此温度下液体金属与晶芽处于一种动态平衡状态，此温度即平衡结晶温度。随着温度继续下降，液体中较多“近似规则排列”的原子动能下降，原子团具有足够大的尺寸时，开始形成晶核，液体金属就会附着在晶核上长大，然后液体金属中又产生第二批晶核，依此类推，晶核不断长大，直到全部液体金属原子排列成规则的固体，液相完全消失，结晶过程结束。这种原子重新排列的过程称为结晶过程。结晶过程是晶核的形成和长大的过程。如图7-9所示是熔体结晶过程示意图。

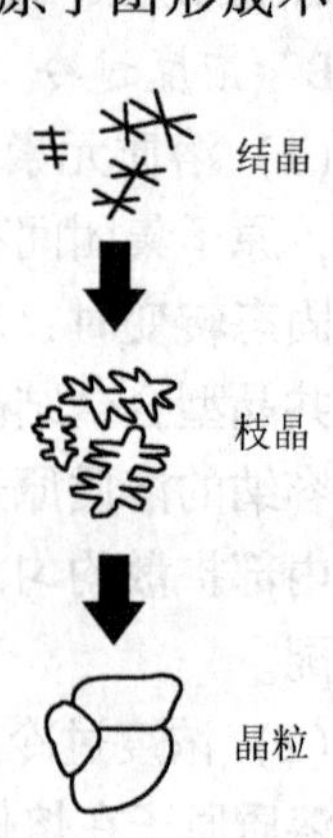

图7-9 结晶原理示意图

7.2.3.2 晶核分类

熔体中“近似规则排列”的原子团是晶核的前身，当这些原子集团具有足够大的尺寸时，才能形成晶核，这一足够大的尺寸称为晶核的临界尺寸。晶核根据来源不同可分为自发晶核和非自发晶核。

（1）自发晶核。自发晶核是熔体自身在温度降低时，那些“近似规则排列”的原子在其尺寸达到或超过临界晶核尺寸时形成的。自发晶核必须在很大的过冷度下才能形成。

（2）非自发晶核。非自发晶核是熔体中熔点较高的杂质质点，晶核的形成总是产生于非自发晶核，而不是自发晶核。这是因为铝熔体中存在着大量可作为结晶核心的杂质质点，且其所需过冷度小，仅为几分之一度到几度，而自发晶核所需的过冷度为130℃以上。这类杂质质点又可分为两类：

1）活性质点。这类质点的晶体结构与金属晶体结构相似，可以直接作为晶核的基底，起人工晶核的作用，这类质点包括熔点较高的该金属的氧化物。

2）非活性质点。这类质点是难熔物质，它的结构与金属的相差甚远，质点本身并不具备晶核条件。但由于难熔物质表面的微细凹孔裂缝中的金属，其饱和蒸气压很小，因而在凹孔和裂缝中的金属熔化温度相对高些。在凹孔和裂缝中的金属仍然保持固态。在这种温度下，凹孔和裂缝中的残余固态金属就能够促进形核。

7.2.3.3 晶核的形成

液态金属在结晶时，只有当那些“近似规则排列”的原子团的尺寸大于临界尺寸时才能成为晶核。晶核的临界尺寸与过冷度有关，过冷度越大，稳定晶核的临界尺寸越小，则形核率越大。只有具备以下条件时，晶核才能形成。

（1）熔体中存在着结构起伏。由于液体金属的热运动很激烈，熔体中那些“近似规则排列”的原子团很容易被破坏，而此时其他地方又出现新的“近似规则排列”的原子团，仿佛在液体金属中不断涌现一些极微小的固态结构一样，这种不断变化的“近似规则排列”的原子团称为结构起伏，又称相起伏，它是形核的基础。

（2）熔体中存在能量起伏。在一定温度下，液体金属有一定的平均自由能，在微观区域内自由能并不相同，有的微观区高些，有的微观区低些，即各微观区的能量也处于此起彼伏，变化不定的状态，这种微观区暂时偏移平衡能量的现象叫能量起伏。当液体中某一微观区域的高能原子附于晶核上时，将释放一定能量，并在此形成稳定的晶核。

(3) 有足够的过冷度。液体金属的结晶必须在过冷的液体中形成，液体金属的过冷度必须大于临界过冷度。足够的过冷度是形核的基础，只有在过冷液体中的相起伏才能成为晶胚。

(4) 晶胚尺寸达到临界晶核半径的要求。只有当熔体中的过冷度达到或超过临界过冷度时，过冷液体中的最大晶胚尺寸才能达到或超过临界晶核半径。临界晶核半径与过冷度成正比。

7.2.3.4　晶体的长大

晶体的长大必须在过冷的液体中进行。晶体长大的方式和速度取决于晶核的界面结构、晶面附近的温度分布及潜热的释放和逸散方式。具有粗糙界面的金属长大所需过冷度小，长大速度快。在过冷的液体中，界面前沿存在负温度梯度，相界面前方的液体是不稳定的，相界面也就不稳定。一旦相界面出现一个突出部分，与过冷液体接触，突出部分就会很快向前生长，形成一个分枝，分枝的侧面析出结晶潜热，温度升高，远处仍是过冷的液体，也存在负温度梯度，也会长出新的分枝。由于在晶体的棱边和顶端具有良好的散热条件，结晶时放出的结晶潜热能够迅速逸出，故晶体得到优先生长，整个晶体长成树枝状，如图7-9所示。

7.2.4　铸锭的典型组织

铝合金铸锭的典型组织是由表面细等轴晶区、柱状晶区和中心等轴晶区三部分组成。

7.2.4.1　表面细等轴晶区

细等轴晶区是在结晶器壁的强烈冷却和液体金属的对流双重作用下产生的。当熔融金属液体浇入低温的结晶器内时，与结晶器壁接触的液体受到强烈的冷却，并在结晶器壁附近的过冷液体中产生大量的晶核，为细等轴晶区的形成创造了热力学条件；同时由于浇注时，液流引起的动量对流及液体内外温差引起温度起伏，使结晶器壁表面晶体脱落和重熔，增加了凝固区的晶核数目，因而形成了表面细等轴晶区。这些细等轴晶的形成过程中释放出的结晶潜热既被结晶器壁导出，也能向过冷液体中散失，因此枝晶的生长是无方向性，这也是形成等轴晶的原因。

细等轴晶区的宽窄与浇注温度、结晶器壁温度及导热能力、合金成分等因素有关。浇注温度高、结晶器壁导热能力弱时，细等轴晶区窄；适当地提高冷却强度可使细等晶区变宽，但冷却强度过大时，细等轴晶区减小，甚至完全消失。

7.2.4.2 柱状晶区

随着液体对流作用的减弱，结晶器壁与凝固层上晶体脱落减少，加上结晶潜热的析出使界面前沿液体温度升高，细等轴晶区不能扩展。这时结晶器壁与铸锭间形成气隙，降低了导热速度，使结晶前沿过冷度减小，结晶只能靠细等轴晶的长大来进行。这时那些一次晶生成的方向与凝固方向一致的晶体，由于具有最好的散热条件而优先长大，其析出的潜热又使其他枝晶前沿的温度升高，从而抑制其他晶体的长大，使自己向内延伸成柱状晶。

在表面等轴晶区形成后，凡是阻止在固液界面前沿形核的因素，均有利于形成柱状晶。如合金浇注温度、凝固温度范围窄、有效活性杂质少、结晶前沿的温度过冷小、液体流动受抑制从而导致单向导热等。

7.2.4.3 中心等轴晶区

中心等轴晶区的形成有三种形式：第一种是表面细等轴晶的游离，即凝固初期在结晶器壁附近形成的晶体，由于其密度与熔体密度的差异以及对流作用，浮游至中心成为等轴晶；第二种是枝晶的熔断和游离。柱状晶长大时，在枝晶末端形成溶质偏析层，抑制枝晶的生长，但此偏析层很薄，任何枝晶的长大都要穿过此层，因而形成缩颈，该缩颈在长大枝晶的结晶潜热作用下，或在液体对流作用下熔断，其碎块游离至铸锭中心，在温度低时可能形成等轴晶；第三种是液面的晶体组织。在浇注过程中，大量的晶体在对流作用下或发展成表面细等轴晶，或被卷至铸锭中部悬浮于液体中，随着温度下降，对流的减弱，沉积在铸锭下部的晶体越来越多，形成中部等轴晶区。

应该指出，在实际生产条件下，不一定三个晶区共存，可能只有一个或两个晶区。除上述三种晶粒组织外，还可能出现一些异常的晶粒，如粗大晶粒、羽毛晶粒等。

7.2.5　铸锭组织特征

在直接水冷半连续铸造条件下铸造的铝合金铸锭，由于强烈的冷却作用引起的浓度过冷和温度过冷，使凝固后的铸态组织偏离平衡状态，这些组织主要有以下特点。

（1）晶界和枝晶界存在不平衡结晶。以含 Cu4.2%的 Al-Cu 二元合金为例，参见图 7-10。在平衡结晶时，合金到 *b* 点完全凝固，在 *a*~*d* 点组织为均匀的 α 固溶体，温度降至 *d* 点以下时，α 固溶体分解，在 α 固溶体上析出 $CuAl_2$ 质点。若在非平衡条件下（图中虚线部分），晶体的实际成分也不能按平衡固相线变化，而是按非平衡固相变化，含 Cu4.2%的合金必须冷却到 *c* 点才能完全凝固。这时合金受溶质再分配的影响，在晶界和枝晶上有一定数量的不平衡共晶组织。冷却速度越大，不平衡结晶程度越严重，在晶界和枝晶界上这种不平衡结晶组织的数量越多。

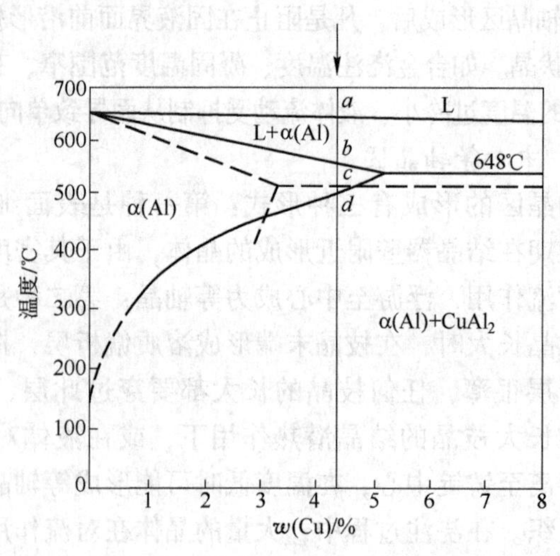

图 7-10　Al-Cu 二元共晶平衡与非平衡结晶示意图

（2）存在着枝晶偏析。枝晶偏析的形成和不平衡共晶的形成相似。由于溶质元素来不及析出，在晶粒内部造成成分不均匀现象，即枝晶偏析。枝晶内合金元素偏析的方向与合金的平衡图类型有关。在共晶型的合金中，枝晶中心的元素含量低，从中心至边缘逐渐增多。

(3) 枝晶内存在着过饱和的难溶元素。合金元素在铝中的溶解度随温度的升高而增加。在液态下和固态下溶解度相差很大。在铸造过程中，当合金由液态向固态转变时，由于冷却速度很大，在熔体中处于溶解状态的难溶合金元素，如 Mn、Ti、Cr、Zr 等，由于来不及析出而形成该元素的饱和固溶体。冷却速度越大，合金元素含量越高，固溶体过饱和程度越严重。

7.3 铸造工艺对铸锭质量的影响

半连续及连续铸造中，影响铸锭质量的主要因素有冷却速度、铸造速度、铸造温度、结晶器高度、填充速率等。

7.3.1 冷却速度对铸锭质量的影响

7.3.1.1 对组织结构的影响

在直接水冷半连续铸造中，随着冷却强度的增加，铸锭结晶速度提高，熔体中溶质元素来不及扩散，过冷度增加，晶核增多，因而所得晶粒细小；同时过渡带尺寸缩小，铸锭致密度提高，减小了疏松倾向。此外，提高冷却速度，还可细化一次晶化合物尺寸，减小区域偏析的程度。

7.3.1.2 对力学性能的影响

合金成分不同，冷却强度对铸锭力学性能的影响程度也不一样。但对同一种合金而言，铸锭的平均力学性能随冷却强度的增大而提高。

7.3.1.3 对铸造成型和裂纹倾向的影响

(1) 冷却强度对铸造成型的影响，一般铸造开头都采用弱冷却，有利于铸锭成型，特别是硬合金铸造。同时由于铸造开始时底座伸入结晶器及形状的差异，铸锭仅靠结晶器壁一次冷却，开始冷却强度可能不足，铸锭出结晶器表面温度过高或在水平方向温度差异过大，铸锭瞬间温度梯度过大，对于难成型的合金来说，会造成铸锭裂纹倾向性增加。因此，对于难成型的合金和规格，特别是硬合金，在控制好铸造开头弱冷却的同时，还须控制好铸锭出结晶器初见水时铸锭表面温度。而铸造开始的起始流量和爬坡速度不仅必须根据合金种类、规格、底座形状、伸入结晶器高度、水温等来确定，而且和开头充型速率、保持时间、起始速度和爬坡速度直接相关，比较复杂，很难用一个比较准确的曲线公式来确定，需要靠理论和经验来确定。

(2) 铸锭随着冷却强度的提高，铸锭内外层温差大，铸锭中的热应力相应提高，使铸锭的裂纹倾向增大。

(3) 冷却均匀程度对铸锭裂纹也有很大影响。局部水冷不均导致凝固壳厚度不均和凝固线高低不同，使铸锭各部分收缩不一致，冷却弱的地方形成曲率半径很小的液穴区段，该区段局部温度高，最后收缩时受较大应力而使裂纹倾向增大。冷却均匀程度对铸锭裂纹的影响在扁锭铸造时尤为突出。

7.3.1.4 对表面质量的影响

随着冷却强度的提高，铸锭内外温差大，温度梯度增大，铸锭各部分不能同步收缩，热应力相应提高，使铸锭的裂纹倾向增大。铸造速度慢会使冷隔的倾向变大，但也会使偏析浮出物和拉裂的倾向降低。冷却不均也可能造成铸锭表面拉裂、漏铝等表面缺陷。

7.3.1.5 冷却水量的确定

A 影响冷却强度的因素

一般来说，影响冷却强度的因素主要有：冷却水流量（压力）、水质、流速和温度，结晶器结构，包括高度（指有效高度）、结晶器壁厚和材质，水孔角度、大小、分布，铸锭表面质量等。

B 冷却水量的计算

半连续铸造条件下，冷却水量可按下式估算：

$$W = \frac{c_1(t_3 - t_2) + L + c_2(t_2 - t_1)}{c(t_4 - t_5)} \tag{7-5}$$

式中，W 为单位质量金属的耗水量，$m^3/(tAl)$；c_1 为金属在（$t_3 \sim t_2$）温度区间的平均比热容，J/(kg·℃)；c_2 为金属在（$t_2 \sim t_1$）温度区间的平均比热容，J/(kg·℃)；t_1 为金属最终冷却温度，℃；t_2 为金属熔点，℃；t_3 为进入结晶器的液体金属温度，℃；t_4 为结晶器进水温度，℃；t_5 为二次冷却水最终温度，℃；c 为水的比热容，J/(kg·℃)；L 为金属的熔化潜热，J/kg。

上面都是在比较理想状态下计算的冷却水耗量，实际生产中，由于受室温、双排水冷却、敞露液面、底座（引锭头）材质与结构、铸锭本身散热等多方面因素的影响，铸锭实际所需冷却水量差别很大。根据合金和规格不同，大概每吨金属耗水量为7~20m³。

铸造过程中，实际耗水量也可按下式近似计算：

$$Q = \mu F \sqrt{2gH} \tag{7-6}$$

式中，Q 为耗水量，m^3/s；μ 为流水系数，按试验确定，通常取0.6；F 为出水孔总面积，m^2；g 为重力加速度，m/s^2；H 为结晶器入口处的水压，扁锭一般为0.08~0.20kPa。

7.3.1.6 确定水流量和水压的原则

在结晶器和供水系统结构一定的情况下，冷却水的流量和强度是通过改变水压来实现的。在确定冷却水流量和水压时，应遵循以下原则：

(1) 扁锭的铸速高，单位时间内凝固的金属量大，与圆锭相比，铸锭冷却面与结晶面之比小，故需冷却水量多，一般为圆锭的3~4倍。而圆锭和空心锭小些。

(2) 铸锭规格相同时，冷却水量由大到小的顺序是软合金→硬铝系合金→高镁合金→超硬铝合金。

(3) 对于同一合金，铸锭规格越大（圆锭直径增大，扁锭变厚)，单位长度水量就越低，以降低裂纹倾向。但对软合金和裂纹倾向小的合金，也可随规格的增大而加大水流量，以保证获得良好的铸态性能。

(4) 采用隔热膜、热顶和模向铸造时，其冷却速度基本同于普遍模铸造相应冷却强度。

(5) 底座（引锭头）材质与结构影响铸造开头冷却强度。

(6) 水温低时，可适当降低冷却水流量。

7.3.1.7 冷却水水质要求

为保证冷却均匀，要确保水温较恒定、冷却水均匀、冷却水流量稳定，防止结晶器二次水冷喷水孔堵塞。半连续铸造对冷却用水的基本要求见表7-2。

表 7-2　冷却水水质基本要求

水温/℃	水压/MPa	结垢物质量		pH	SO_4^{2-}/mg·L^{-1}	PO_4^{3-}/mg·L^{-1}	悬浮物量			电导率/μS·cm^{-1}	油及油脂/mg/L
		含量/%	硬度/mg·L^{-1}				总量/%	单个大小/mm^3	单个长度/mm		
20~26	0.25~0.30	≤0.01	≤55	7~8	≤400	≤2~3	≤5×10^{-3}	≤1.4	<3	≤500	≤10

7.3.2　铸造速度对铸锭质量的影响

铸造速度的快慢直接影响铸锭的结晶速度、液穴深度及过渡带宽窄，铸锭开头和收尾为了铸锭成型等需要，铸造速度可能是变化的，而铸造过程中铸造速度是恒定的。不同合金、不同规格的铸造速度是不同的。因而，铸造速度是决定铸锭质量的重要参数。

7.3.2.1　铸造速度对铸锭质量的影响

A　组织的影响

在一定范围内，随着铸造速度的提高，铸锭结晶内结构细小。但过高的铸造速度会使液穴变深（$h_{液穴}=kv_{铸}$），过渡带尺寸变宽，结晶组织粗化，结晶时的补缩条件恶化，增大了中心疏松倾向，同时铸锭的区域偏析加剧，使合金的组织和成分不均匀性增加。

B　力学性能的影响

随着铸造速度的提高，铸造的平均力学性能如图 7-11 所示的曲线变化，且其沿铸锭截面分布的不均匀程度增大。

C　裂纹倾向的影响

随着铸造速度的提高，铸锭形成冷裂纹的倾向降低，热裂纹倾向升高。这是因为提高铸造速度时，铸锭中已凝固部分温度升高性好，因此冷裂倾向低。但铸锭过渡带尺寸变大，脆性区几何尺寸变大，因而热裂倾向升高。

D　表面质量的影响

提高铸造速度，液穴变深，结晶壁薄，铸锭产生金属瘤、漏铝和拉裂倾向变大；铸造速度过低易造成冷隔，严重的可能成为低塑性大规格铸锭冷裂纹的起因。

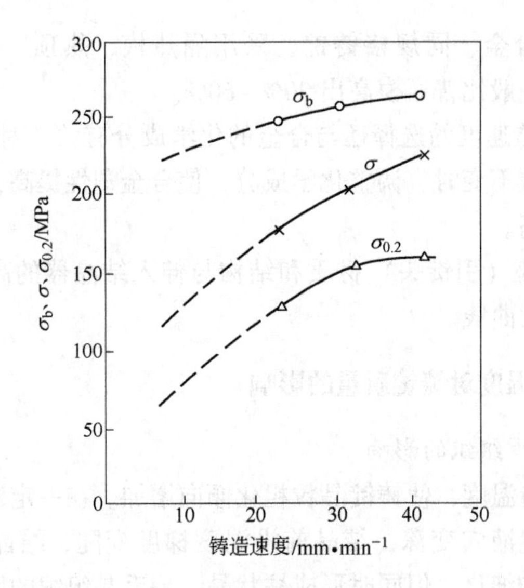

图 7-11 5A06 合金 ϕ405 铸锭的平均力学性能与铸造速度的关系

7.3.2.2 铸造速度选择

选择铸造速度的原则是在满足铸锭成型、铸锭质量的前提下，尽可能提高铸造速度，以提高生产率。同时，提高铸造速度可以降低保温炉所需铸造温度，从而降低能耗，减少烧损。

(1) 扁铸锭铸造速度的选择以不形成裂纹为前提。对冷裂倾向大的合金，随铸锭宽厚比增大，应提高铸造速度，对冷裂倾向小的软合金，随铸锭宽厚比的增大适当降低铸造速度。在铸锭厚度和宽度比一定时，随合金热裂倾向的增加，铸造速度应适当降低。

(2) 实心圆铸锭铸造速度选择一般遵循以下原则：对同种合金，随直径增大，铸造速度逐渐减小；对同规格不同合金，铸造速度应按照软合金→高镁合金→硬合金的顺序逐步递减。

(3) 空心圆锭铸造速度的选择。对同一种合金，外径或内径相同时，铸造速度随壁厚增加而降低。在其他条件相同时，软合金空心圆锭的铸造速度约比同外径的实心圆锭的高 30%，硬合金高 50%

~100%。

(4) 同合金、同规格铸锭，采用隔热模、热顶、横向铸造时，其铸造速度一般比普通模高出20%~60%。

(5) 铸造速度的选择还与合金的化学成分有关。对同一种合金，其他工艺参数不变时，调整化学成分，使合金塑性提高，铸造速度也可以相应提高。

(6) 底座（引锭头）材质和结构与伸入结晶器的高度影响铸造开头爬坡速度曲线。

7.3.3 铸造温度对铸锭质量的影响

7.3.3.1 组织的影响

提高铸造温度，使铸锭晶粒粗化倾向增加。在一定范围内提高铸造温度，铸锭液穴变深，结晶前沿温度梯度变陡，结晶时冷却速度大，晶内结构细化，但同时形成柱状晶、羽毛晶组织的倾向增大。提高铸造温度还会使液穴中悬浮晶尺寸缩小，因而形成一次晶化合物倾向变低，排气补缩条件得到改善，致密度得到提高。降低铸造温度，熔体黏度增加，过渡带变宽，造成补缩条件变坏，疏松、氧化膜缺陷增多。

7.3.3.2 力学性能的影响

铸造温度是影响铸锭性能的一个很活跃的因素，它对铸锭力学性能的影响取决于下列因素的综合结果：

(1) 提高铸造温度，使铸锭晶粒度有粗化趋势，从而可能引起铸态力学性能降低。

(2) 提高铸造温度，使结晶前沿温度梯度变陡，结晶时的冷却速度增大，因而细化了晶内结构，引起铸态力学性能提高。但同时，铸锭形成柱状晶和羽毛晶的趋势增大，在提高铸态力学性能总水平的前提下，铸锭纵向和横向性能的差别增大。

(3) 提高铸造温度，温度梯度加大，过渡带将变窄，使铸锭液穴中悬浮晶区的尺寸缩小，形成一次晶化合物的倾向性降低，排气补缩条件得到改善，铸锭致密度提高，从而使铸态力学性能提高。

综上所述，可以认为：在一定范围内提高铸造温度，硬合金铸锭的铸态力学性能可相应提高（见图 7-12)；而软合金铸锭的铸态力学性能由于对晶粒度的关系很敏感，故有下降的趋势。

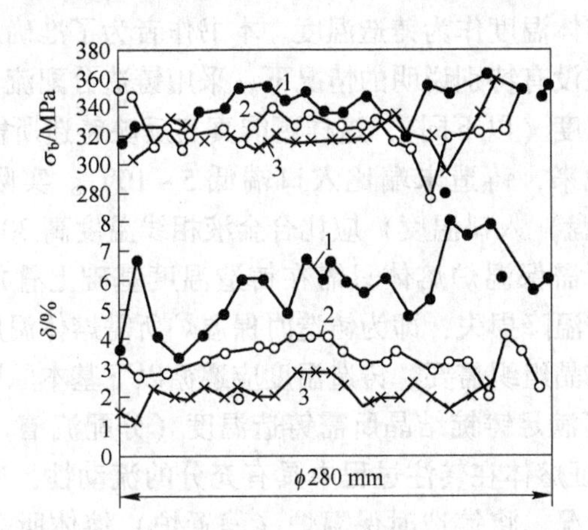

图 7-12 直径 280mm 2024 合金铸锭的力学性能

铸造温度：1—800℃；2—700℃

7.3.3.3 裂纹倾向的影响

其他条件不变时，提高铸造温度，液穴变深，柱状晶形成倾向增大，合金的热脆性增加，裂纹倾向变大。

7.3.3.4 表面质量的影响

提高铸造温度，铸锭液穴变深，凝壳变薄，在熔体静压力作用下，凝壳与结晶器壁的摩擦面积增大；同时，熔体对结晶器壁的烧附性增强，铸锭拉锭阻力增大，因而铸锭表面形成拉痕和拉裂的倾向增加。提高铸造温度时，由于凝壳变薄和表面氧化物破裂，铸锭表面形成偏析瘤的倾向也增加。如果此时结晶器较高或者二次水冷较弱，则可能形成凸起程度较大的偏析浮出物。但提高铸造温度使铸锭表面形成冷隔的倾向性降低。

7.3.3.5 铸造温度的选择

铸造温度按传统说法就是铸造时保温炉所需的金属熔体温度，但是随着熔铸技术进步和对铸锭质量的要求越来越高，目前保温炉到结晶器铸造之间有除气、过滤等在线处理装置，还有较长的熔体转注、供流输送距离，若以保温炉熔体作为铸造温度，不能真实客观反映熔融铝铸造所需实际铸造温度，而最准确的铸造温度应该以分流盘末端或入口端的熔体温度作为铸造温度。本书作者为了准确反映铸造所需熔体温度，在没有特别说明的情况下，采用铸造分配流盘入口端作为本书的铸造温度（以下同），这样更能真实反映铸造所需的金属熔体温度。一般说来，铸造末端比入口端低 5~10℃。实际的铸造温度（分配流槽（盘）入口温度）应比合金液相线温度高 30~60℃，而铸造时保温炉所需保温炉熔体只需在铸造温度基础上叠加上转注、供流、在线所需温降损失，即为铸造时保温炉所需熔体温度。因而，为了满足铸造结晶组织需要。铸造温度应遵循以下基本原则。

（1）为了满足铸锭结晶所需铸造温度（分配流槽（盘）入口温度），同时保证熔体在转注过程中具有充分的流动性，应视转注距离长短和气温情况，将铸造时保温炉（静置炉）熔体所需熔体温度控制在比合金液相线温度高 50~110℃的范围内。

（2）对于扁铸锭，从防止裂纹这个主要问题出发，应选择较低的铸造温度。通常，扁铸锭铸造速度快，熔体流量大，转注过程中降温少，铸造温度一般控制在 690~720℃之间即可。对于特别难成型 7×××系合金，铸造温度则可适当低一些。

（3）对于传统圆铸锭铸造，铸锭裂纹倾向性和铸造温度的关系不太敏感，而转注过程中，熔体流量一般较小，热量散失大，同时，为了加强铸锭结晶时析气补缩的能力，创造顺序结晶的条件，提高铸锭致密度，故铸造温度多偏高选取。对于直径 350mm 及以上的铸锭，一般控制在 695~715℃之间；对于形成金属间化合物一次晶倾向比较大的合金，则控制在 700~720℃之间，甚至更高；对于直径较小的圆铸锭传统铸造，由于结晶速度较快，过渡带尺寸较小，铸锭性能通常较高，故铸造温度仅以满足流动性和不形成光晶为依据，一般控制在 700~730℃。对于热顶铸造，一次根数多，流量大，可适当降低铸造温度（分配盘入口温度），一般控制在 695~715℃。

（4）空心圆铸锭的铸造温度可参照同合金相同外径的实心圆铸锭，按中下限选取。

7.3.4 结晶器高度对铸锭质量的影响

7.3.4.1 结晶器高度对铸锭质量的影响

有效结晶高度是指熔体与结晶器壁接触点到铸锭与二次直接水冷的直接距离，这个高度对铸锭质量有非常重要的影响。随着铝合金半连续铸造技术发展和铸锭质量的提高，结晶的有效高度越来越低，甚至采用电磁铸造、低液位铸造、气滑铸造，有效结晶高度几乎没有了。一般来说有效结晶高度指熔体与结晶器壁接触点到结晶器下缘之间，这个距离有如下影响：

（1）对组织的影响。随着结晶器高度的降低，有效结晶区缩短，冷却速度加快，溶质元素来不及扩散，活性质点多，晶内结构细。上部熔体温度高，流动性好，有利于气体和非金属夹杂物的上浮，疏松倾向小。

（2）对力学性能的影响。随着有效结晶区的缩短，晶粒细小，有利于提高平均力学性能。

（3）对裂纹倾向的影响。随着结晶器有效高度的降低，有利于降低铸锭表面热裂纹倾向，但对扁锭冷裂纹不利，使圆锭中心裂纹和横向裂纹倾向增加。

（4）对表面质量的影响。采用矮结晶器时，铸锭表面光滑，这是因为铸锭周边逆偏析程度和深度小，凝壳无二次重熔现象，抑制了偏析瘤的生成，铸锭表面质量好。

7.3.4.2 结晶器高度的选择

软合金及塑性好的软合金扁锭、小规格圆锭和空心锭，因其裂纹倾向小，宜采用矮结晶器铸造，结晶器高度一般在20~100mm；对塑性低的硬合金扁锭、大直径圆锭及空心锭采用相对较高结晶器铸造，结晶器高度一般为80~200mm。

7.3.5 金属填充速率对铸锭质量的影响

对于铝合金半连续铸造（DC）来说，金属的填充速率对铸锭成型性、裂纹倾向性、表面质量以及安全生产有着非常重要的影响。

7.3.5.1 对铸锭成型的影响

铸造开始时，金属熔体填充速率对铸锭成型起至关重要的作用，须按一定速率进行填充，金属熔体在结晶器上升高度的快慢和保持时间，即为填充曲线，因而铸造开头填充速率随着铸造开头的进行也是变化的。一般来说，除一些小规格圆锭凝固比较快，易成型外，应遵循原则是："慢供流、缓开车和弱冷却"。"弱冷却"在7.3.1.2节冷却水对铸锭成型的影响中已有介绍了，这里就不再赘述。

一般来说，铸造开头填充过快，铸锭裂纹倾向增加，甚至铸造失败。填充过慢，铸锭底部可能形成冷隔，裂纹倾向也会增加，甚至造成铸造失败。金属的填充速率须根据合金种类、规格、底座形状、伸入结晶器的高度来定，比较复杂，需要靠理论推算和试验来确定。据资料介绍和长期的生产经验，扁锭的填充速率一般控制在1.5~6kg/(s·根)，圆锭一般控制在0.8~3kg/(s·根)，合金、规格不同，差异比较大。

7.4.5.2 对铸锭质量的影响

A 金属填充速率对表面质量的影响

铸造开头和过程中填充速率过慢，铸锭形成冷隔倾向增加，铸锭表面质量下降。开头填充速率过快，若再保持时间不够，造成底部漏铝，还可能造成铸造失败，漏铝可能造成熔融铝遇水爆炸事故。铸造过程中金属填充速率过快，金属液位上升，有效结晶高度提升，表面易形成偏析瘤，使铸锭表面质量下降，甚至可能使金属冒槽；铸造过程中金属填充速率波动过大，铸锭表面易出现冷隔、漏铝、波纹等表面质量缺陷。

B 金属填充速率对铸锭冶金质量的影响

铸造过程中填充速率不均，液位波动大，形成二次污染，可能造成铸锭冶金质量缺陷。

7.4 铸造工艺流程与操作技术

由于国内铝加工熔铸装备水平参差不齐，有非常传统的装备，也有从欧美发达国家引进的自动化程度非常高的熔铸生产线，铸造工艺和操作差异性很大，本节主要就目前国内应用较多的传统和较先进的智能化连续铸造工艺及操作进行介绍。

7.4.1 铸造工艺流程

铝及铝合金半连续（连续）铸造工艺流程示于图7-13。

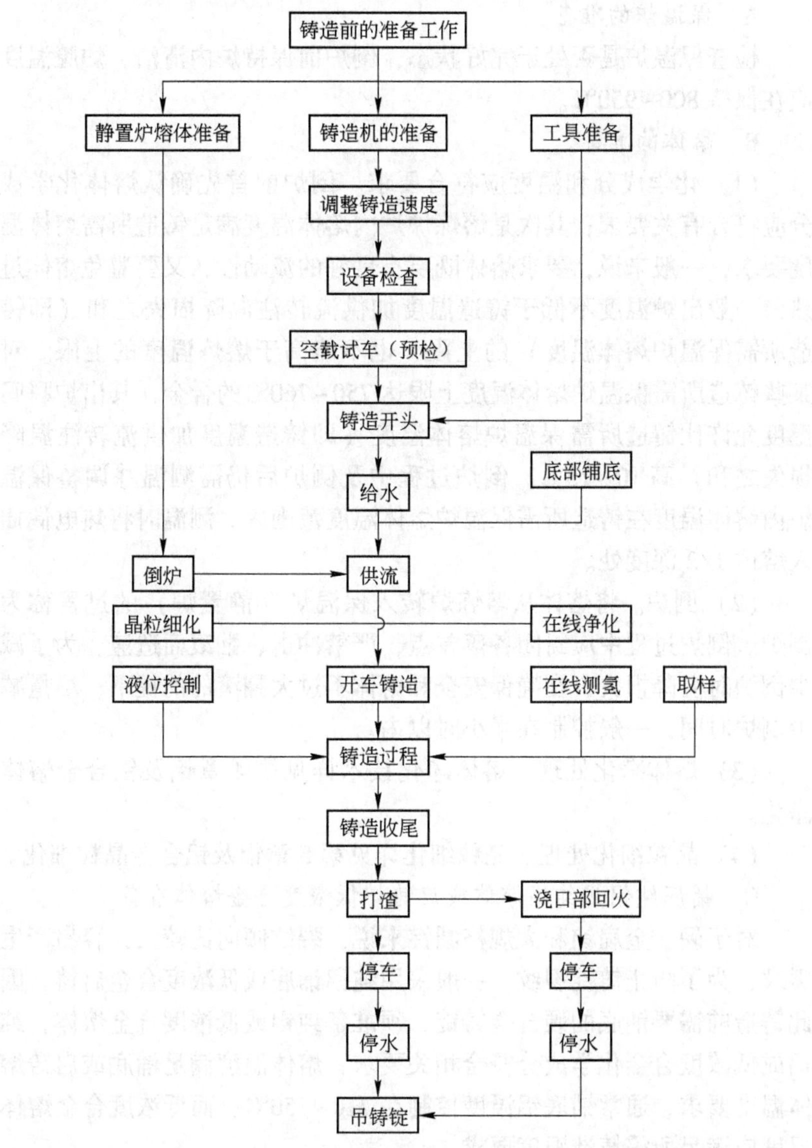

图7-13 铝及铝合金铸锭半连续（连续）铸造工艺流程

7.4.2 铸造基本操作工艺

7.4.2.1 铸造前的准备

A 保温炉的准备

检查保温炉是否处于完好状态，倒炉前保持炉内清洁，炉膛温度应在保持800~950℃。

B 熔体的准备

(1) 化学成分和温度应符合要求。倒炉前首先确认熔体化学成分应符合有关要求；其次是熔炼炉炉内熔体温度满足铸造所需熔体温度要求，一般来说，要求熔体既要有良好的流动性，又要避免熔体过热，一般出炉温度不低于铸造温度加供流转注温降损失之和（即铸造所需保温炉熔体温度）的上限，也不能高于熔炼温度的上限。对某些铸造所需保温炉熔体温度上限达750~760℃的合金，其出炉瞬间温度允许比铸造所需保温炉熔体温度（即铸造温度加供流转注温降损失之和）高10~15℃。倒炉过程中及倒炉后仍需测温并调整保温炉内熔体温度在铸造所需保温炉熔体温度范围内。测温时将热电偶插入熔体1/2深度处。

(2) 倒炉。将熔体从熔炼炉转入保温炉（静置炉）的过程称为倒炉。倒炉过程中应封闭各落差点，严禁冲击、翻滚而造渣，为了减少倒炉时温降损失，在确保安全和熔体不过大翻滚的前提下，尽量减少倒炉时间，一般控制在半小时以内。

(3) 熔体净化处理。熔体净化技术详见第4章铝及铝合金熔体净化。

(4) 晶粒细化处理。晶粒细化详见第5章铝及铝合金晶粒细化。

C 铺底纯铝炉纯铝熔体或启铸炉低浓度合金熔体准备

对于硬合金扁锭和大规格圆锭来说，裂纹倾向比较大，容易产生裂纹，为了防止铸锭裂纹，一般采用纯铝铺底或低浓度合金启铸，因此铸造前需要铺底的硬合金铸锭，须准备纯铝或低浓度合金熔体，纯铝或低浓度合金化学成分符合相关要求；熔体温度满足铺底或启铸熔体温度要求，通常铺底铝温度控制在710~750℃，而低浓度合金熔体温度应满足所需铸造温度要求。

D 工具的准备

(1) 转注及操作工具的准备。流管、流槽、分配流槽（盘)、下注管、塞棒等使用前须检查、修补、清理、喷涂并干燥，开头前需进行烘烤；渣刀、钎子等使用前干燥、预热。

(2) 成型工具的准备。结晶器和芯子工作表面应光滑，没有划痕和凹坑，并进行润滑处理；冷却水应符合冷却水水质要求，见表7-2,定期清理过滤网。保证水路清洁无水垢，水冷系统连接密封不漏水。为保证水冷均匀，应做到：出水孔角度符合要求并保持一致；给水前用压缩空气将水路系统中脏物吹净，保证水孔畅通，必要时定期将水冷系统拆开，彻底进行清理；出水孔无阻塞现象；扁锭结晶器外一表面光滑平直，无卷边、刀痕、磕伤、变形、水垢、油污，防止水流分叉；传统扁锭结晶器与水冷系统间隙一致，保证二次水喷在结晶器下缘或稍低一点的水平线上。有挡水板时，使两侧挡水板角度一致，并保证流经挡水板的水喷在铸锭上；传统圆锭结晶器内外套严密配合，组合水孔不能有缝隙；空心锭结晶器与芯子的出水孔应保持在同一水平面上，芯子要对中。热顶要清理转接板与石墨环之间渣滓、杂物，用无水乙醇清洗干净石墨环。用塑模材料将转接板和石墨环连接处塑模成一定弧度的R角形状，避免此处在铸造过程中残留金属渣滓，造成圆锭表面拉痕拉裂缺陷。塑模完成后，在塑模周边刷上一层润滑油，增加塑模的光滑度。对铸盘进行烘烤，确保干燥，并有一定温度。

(3) 检查底座是否有水，要将底座余水彻底吹干，并检查底座是否有裂纹储水，防止铸造开头熔融铝与底座余水发生爆炸事故。

E 检查设备

检查传动和制动装置，钢丝绳磨损情况、滑轮润滑情况，导向轮轴瓦间隙及其润滑，液压铸造机各种阀和开关按钮是否正常到位，手动阀是否正常（关闭）到位，水位报警装置，供水、排水装置，行程指示装置，盖板液压开闭装置，应急水及应急系统、电气控制装置等。

F 确认铸造工艺

(1) 传统工艺。根据所铸合金、规格，参照规程选用水冷系统、底座、芯子、结晶器及与之匹配的漏斗、漏斗架等工具，确认工艺参数，如铸造温度、铸造速度、冷却水压、铺底、回火等。

(2) 自动铸造须对设备运行参数及工艺参数进行预检，预检通过后方能启动铸造。

7.4.2.2 铸造的开头

铸造开头对于铸锭成型和铸锭质量至关重要，开头须控制好金属熔体充型速率和冷却强度。遵循基本原则是："慢供流、缓（晚）开车、弱冷却"。同时，对于难成型合金、规格，要控制铸锭出结晶器初见水的铸锭表面温度以及同一水平线铸锭表面温度要尽量均匀，从而降低铸锭裂纹倾向性，确保铸造开头成功。

A 铺底

铺底是在基体金属注入结晶器之前，在底座和结晶器内注入纯铝或低浓度合金，在纯铝和低浓度合金未完全凝固前浇入基体金属的操作。

(1) 硬合金扁锭和大规格圆锭铺底。对于硬合金扁锭和 $\phi \geqslant$ 400mm 的 2024、7075 等 2、7 系硬合金圆锭来说，裂纹倾向比较大，容易产生裂纹，为了防止铸锭裂纹，一般采用纯铝铺底，目前也有采用与本体金属合金相同元素的低合金成分熔体（低浓度）启铸，降低纯铝或与本体金属的过大差异，两者平滑过渡，更有利于铸锭成型。两种方法都是为了提高铸锭底部的塑性，以减少铸锭底部拉应力，避免因应力集中而产生起始裂纹；而且纯铝或低合金的线收缩系数大，如同给铸锭底部装一个金属箍，降低了底部本体金属内拉应力的作用，同时，低浓度合金对过渡部分本体金属有稀释作用，铸锭底部均匀过渡，减少铸锭白斑风险。一般来说，纯铝铺底铝或低合金熔体启铸铺底分别有以下具体要求：

1) 纯铝铺底铝。

①要保证铺底铝纯度，其原铝品位最好不低于 Al99. 50。

②控制铺底铝铁大于硅 0. 05%以上。

③铝液温度控制在 710~750℃。

④确保金属用量，通常铺底铝端头厚度不低于 20mm。

⑤适时放入本体金属，防止铺底铝和本体金属不能很好焊合，通

常铺底铝四周凝固 20mm 时放入本体金属为宜。

⑥放入本体金属前，应将铺底铝表面硬壳和底渣打净。

2）低浓度合金启铸。

①低浓度合金元素与本体金属元素基本相同。

②一般来说，低合金成分是本体金属元素成分的 20%~40%，成型难度越大，应选择较低合金成分的低合金熔体。

③低合金熔体铸造温度应满足铸造温度要求。

④确保低合金金属量，一般启铸长度不宜低于 50mm，成型难度越大，应增加启铸长度，一般不宜超过正常铸造的液穴深度的 1.2 倍。

⑤启铸过渡带，低合金启铸与本体金属正常铸造需要一段过渡带长度，一般来说，启铸过渡带长度是与合金成型难度相关，成型难度越大，过渡带就越长，反之，过渡带越短。

(2) 对于成型难度不大的合金，一般不需纯铝铺底而又有一定裂纹倾向的合金可采用本合金做铺底材料，以增加铸锭抵抗底部拉应力的金属厚度，降低裂纹倾向。这种操作叫铺假底。它一般适用于软合金或低合金铸锭及较小规格圆锭。其操作是在放入本体金属后，迅速用预热好的渣刀将液态金属在底座上扒平并打净氧化渣，待周边金属凝固 20~30mm 后放入分配漏斗和过滤袋，继续浇入本体金属。

B 放入本体金属

(1) 传统工艺。放入本体金属后要及时封闭各落差点。在放入本体金属前，通常应开车少许，或慢速下降，让结晶器内液面水平稍稍下降，当本体金属注入结晶器中，铺满底座或铺满铝底时应及时打渣，渣刀不要过于搅动金属，动作要轻而快。打渣时先打掉边部的硬壳，后打中心的渣。

在铸造开头时，一般采用慢放流、缓开车、弱冷却的操作法，其目的是降低底部裂纹的倾向性，防止底部漏铝、悬挂和抱芯子。控制好铸锭见水表面温度。及时打净表面浮渣。

(2) 自动铸造工艺。启动铸造后，自动检测液位高度，当液位达到设定高度，通过检测液位高度，自动控制下注管开口度，按设定填充速率曲线自动控制金属熔体填充。

7.4.2.3 铸造过程

（1）流盘及结晶器内液面控制平稳。当结晶器中金属液面偏低，应使液面缓慢升高；当液面偏高时，也应缓慢下降。铸造过程中液面控制不应过低，否则可能产生成层和漏铝现象，在使用普通模铸造时液面不要过高，否则二次加热现象严重，可导致表面裂纹。铸造过程中的液面水平应根据合金、规格、铸造方法及结晶器高度确定。

（2）在铸造过程中尽可能不要用渣刀搅动金属表面的氧化膜，但是当液面存在渣或者渣卷入本体金属时要及时打出。

（3）及时润滑。

（4）取最终成分分析试样。

（5）注意观察铸锭表面，发现异常及时采取措施。

（6）铸造过程中控制好铸造温度。

7.4.2.4 铸造的收尾

（1）对于传统铸造来说，大直径实心圆锭待浇口部凝固至接近漏斗周边时取出，取漏斗时注意漏斗上的结渣不要掉入浇口部；对于扁锭和小直径圆锭，因其冷却强度大，收尾时应立即取出漏斗和过滤袋。

（2）对于扁锭自动铸造和热顶铸造，液位降到设定高度，扁锭分配流槽自动抬起，铸锭快脱离结晶器时铸造机停止下降，防止冷却水冲入铸锭浇口部上部。

（3）回火处理。对硬合金扁锭和大规格圆锭需按下列方式进行回火处理

1）在铸锭未脱离结晶器下缘之前停车停水，利用铸锭浇口部液穴内液态金属的余热将铸锭加热到350℃以上，这种操作叫自身回火。回火是为了提高浇口部的塑性，防止浇口部冷裂纹。

2）进行回火操作时，应注意的问题为：

①掌握好停水、停车时间。扁锭在停止供流后，当铸锭上表面下降到距结晶器下缘尚有15~20mm左右时停车。

②对于扁锭，当浇口部未凝固金属尚有铸锭厚度的1/3~1/2时停水，严禁过早回火。回火过早会恶化铸锭浇口部性能。

③对直径400mm以下圆锭，当浇口未凝固金属有铸锭直径的二

分之一左右时停车停水；对直径在400mm以上圆锭，当浇口未凝固金属有铸锭直径的三分之一左右时停水停车。

④回火操作时，严禁水淌落到浇口部。

(4) 对不需回火的铸锭，在浇口下降到快见水的情况下停车，待浇口部完全凝固并冷却到室温时停水，严禁在未充分冷却之前下降铸锭让浇口部直接见水。

(5) 打印。铸造完毕后，在铸块上打（或喷）上合金、炉号、熔（铸）次号、顺序号等，以示区别。

7.5 铝及铝合金扁锭铸造工艺

7.5.1 软合金及4×××系扁锭传统铸造工艺

软合金主要包括1× × ×合金、3× × ×合金、Mg含量小于4%的5× × ×合金、Mg_2Si含量小于1%的6× × ×合金、8 × × ×等合金。

7.5.1.1 软合金传统扁锭铸造工艺操作

软合金（包括4×××合金）扁锭一般裂纹倾向相对较小，扁锭常有的铸造缺陷有成层、漏铝、拉裂、弯曲、裂纹等，铸造操作如下。

A 铸造前的准备

(1) 检查结晶器各部分尺寸是否符合要求，有无变形，工作表面是否光滑；使用前应认真打磨，保证结晶面光洁度。

(2) 保证水冷均匀。保证水孔畅通，水流不分岔，无堵水孔现象，各出水孔角度一致。采用传统分体式结晶器时，结晶槽与水冷装置间隙一致，安装结晶器后观察水冷均匀性，确保相应位置水冷均匀，调整结晶槽各侧面与水套间隙一致，二次水见水位置合适。二次水应喷在结晶器的下口处，若二次水偏上，铸造开始易向上返水而影响铸造，还可能还会发生熔融铝遇水爆炸事故；二次水偏下，铸锭水冷不及时，降低了冷却强度，可能产生裂纹。

(3) 为防止弯曲，结晶器、盖板、底座放正，必要时用水平尺校准，底座对中。

(4) 供流流槽、分配流盘完好并充分干燥，铸造前预热烘烤。

(5) 将底座余水彻底吹干，并检查底座是否有裂纹储水，防止铸造开头熔融铝与底座余水发生爆炸事故。

(6) 结晶器与底座间隙不能过大，以防止漏铝，必要时采用棉绳等材料塞严。严禁采用石棉绳。

B 操作过程

(1) 铸造开头。

1) 开始时慢放流，使金属水平缓慢升上，有裂纹倾向的采用本合金铺假底，必要时以纯铝铺底。

2) 铸造开始打净底部渣，先打周边渣，后打中心渣。对于传统分配流盘，应适当调整流盘高度，使液面高于漏斗口，金属不发生翻滚。液面水平控制在距结晶器上缘70~80mm。

3) 开头采用手动或自动多次停、开车的办法，或采用适当启铸时间、起始速度和爬坡速度，控制金属充填速率，确保铸造开头成型。

4) 发生漏铝立即停车，降低供流量或暂时停止供流，待正常后继续铸造。

5) 开车后如发生悬挂，应稍许停车再开车，待铸锭下降脱离结晶槽后，应将翘起一侧的底部垫实，防止铸锭弯曲。

(2) 铸造过程中。

1) 控制好熔体温度。

2) 铸造过程中保持流槽、分配流盘适当液位高度，封闭好落差点，防止冲击、翻滚，禁止破坏流槽和分配流盘内液面氧化膜。保持结晶器内液面平稳，减少液面波动，无明显夹渣不要搅动金属，增减金属液位水平要缓慢进行（原则上应保持金属液位平稳）。铸造过程中不能任意搅动液面，无明显较大夹渣物不要打渣。

3) 铸造过程中要观察结晶器大小面之间有无凝角现象，如有及时打出，并检查熔体温度是否过低等异常情况，防止铸锭出现大小面拉裂。

4) 检查铸锭外侧表面情况，出现裂纹、严重拉裂、断流等无法挽救的缺陷时及时处理。

5) 观察冷却水流量、压力、水温等情况。一旦发生异常冷却水压力下降、停电、停水要及时处理，防止冷却强度不足，造漏铝事故，特别防止熔融铝遇水爆炸事故。

(3) 铸造收尾。

1) 收尾时及时移走分配流盘，打出表面渣，铸锭下降到结晶器下缘时停车。4×××系、6×××系合金待浇口彻底冷却才能停水，其余合金待浇口金属完全凝固就可以停水。

2) 每铸次结束后，应将流槽、流盘内的氧化膜及残余金属彻底清理干净。

3) 收尾后及时打（喷）印。

7.5.1.2 几种常见的软合金、4×××合金扁锭传统铸造工艺

A 高纯铝的铸造

(1) 结晶器校平，液面平稳，开头慢放流，防止漏铝。

(2) 铸造冷却水起始流量一般按1/2~2/3设定，逐渐提升至正常流量。

(3) 有轻微裂纹可以继续正常铸造。

B 3×××合金的铸造

3×××合金底部易产生悬挂、漏铝，因此铸锭弯曲倾向大。开头前认真检查水，开头时采用铺假底处理，开车后可适当停车二至三次，或缓慢低速开车，以降低铸锭表面见水温度，避免产生大的收缩而导致漏铝。一旦漏铝应立即停车，降低供流量或暂停供流，待正常后继续铸造。

C 4×××合金的铸造

(1) 4×××合金Si含量较高，流动性好，铸造温度，一般控制在670~700℃，以防止漏铝。

(2) 一般来说，当合金中Si含量大于9%时，应进行变质处理，防止粗晶倾向。

(3) 在铸造开头时可采用铺假底，也可采用纯铝铺底。

(4) 收尾时待浇口彻底冷却至室温才能停水，防止浇口部裂纹。

(5) 铸造速度不宜过高，以防止大面裂纹。但铸造速度过低侧面裂纹倾向严重，生产中速度一般控制在45~65mm/min。

D 5A02、5052、5A03、5754、5082、5182等5×××系合金的铸造

(1) 5×××合金黏度大，铸造时拉裂倾向大，因此铸造温度适

当控制高些，一般不低于 700℃。

（2）5A02、5052、5A03、5754、5082、5182 等合金铸造过程中如出现水冷不均匀，铸锭表面裂纹倾向较大，要确保水冷均匀。

（3）硼元素对大多 5××× 合金扁锭都有“毒害”作用，熔体中硼含量超过 3×10^{-6}时，铸锭就会产生皱褶缺陷，严重的会导致裂纹，因此，若晶粒细化能满足铸锭晶粒度要求，尽可能不选用含硼的晶粒细化剂，或选低硼细化剂。

（4）5A02、5052、5A03、5754、5082、5182 合金铸造速度一般控制在 45~65mm/min。

E　Mg_2Si 含量低于 1%的 6×××系合金的铸造

（1）控制好 6×××系中杂质 Fe 和 Cu 含量，尤其是杂质 Fe 不宜过低，一般不宜低于 0.15%；Cu 含量控制要尽量避开裂纹的敏感区。

（2）6×××系合金流动性较好，铸造温度一般控制在 690~710℃。

（3）铸锭底部裂纹倾向大，因此在铸造开头一般采用铺假底工艺，规格特别大的 6×××系扁锭，裂纹比较大，也可采用纯铝铺底。

（4）铸造开头采用慢供流填充方式。开车不宜过早，铸造过程中大小面交角部位拉裂倾向大，因此要保证工具的充分润滑，且铸造过程中勤观察大小面之间的液面处有无凝角，发现凝角及时捞出。

（5）收尾时浇口部不回火，且须待浇口彻底冷却凉透后才能停水，以防止浇口裂纹；对于厚度 400mm 及以上的扁锭，铸造速度一般控制在 40~60mm/min。

7.5.1.3　工业常用软合金及 4×××系扁锭的工艺参数

工业常用软合金及 4×××系扁锭的工艺参数见表 7-3。

表 7-3　工业常用软合金及 4×××系扁锭的工艺参数

合金	规格 /mm×mm	浇注速度 /mm · min^{-1}	浇注温度 /℃	冷却流量 /m^3 ·（h · 根）$^{-1}$	铺底	回火
1A85~1A99	300×(1000~1240)	50~55	690~710	(40~60)N	–	
	500×(950~1350)	45~55	700~715	(45~80)N	–	
	500×(1350~1600)	45~52	700~715	(50~90)N		

续表 7-3

合 金	规格 /mm×mm	浇注速度 /mm·min^{-1}	浇注温度 /℃	冷却流量 /m^3·(h·根)$^{-1}$	铺底	回火
1×××系、7A01	300×(640~1290)	55~60	690~725	(40~60)N	–	
	340×(1260~1540)	55~60	700~725	(50~80)N	–	
	500×(980~1380)	50~55	700~725	(60~90)N	–	
	500×(1560~1700)	42~48	700~725	(65~105)N	–	
3×××系合金	300×(640~1270)	50~55	710~720	(40~60)N	–	
	340×(1260~1540)	50~55	710~720	(45~65)N	–	
	400×(1120~1260)	45~55	710~720	(45~65)N	–	
	500×(980~1260)	50~55	710~720	(50~80)N	–	
	500×(1350~1380)	45~50	710~720	(60~90)N	–	
	500×(1560~1700)	40~45	710~720	(65~100)N	–	
5A02、5052 5082、5754、 5083、5182	400×(1000~1300)	50~60	710~730	(45~65)N	–	
	500×(1120~1620)	45~55	710~730	(50~90)N	–	
	500×(980~1700)	40~50	710~730	(50~100)N	–	
4×××系合金	400×(1000~1300)	50~60	670~710	(40~60)N	–	
	500×(1000~1300)	50~55	670~710	(45~65)N	–	
	500×(1300~1700)	50~55	670~710	(50~75)N		
6×××系合	400×(1000~1300)	50~60	700~715	(35~45)N	–	
	500×(740~1300)	45~55	700~715	(40~60)N	–	
	500×(1320~1700)	40~45	700~715	(45~65)N		
8011、8A06	400×(1000~1300)	50~65	700~720	(35~45)N	–	
	500×(950~1360)	48~55	700~720	(40~60)N	–	
	500×(1360~1700)	42~48	700~720	(45~65)N		

注：1. N 为根数。

2. 铸造温度指分配流槽（盘）入口温度，铸造时保温炉所需熔体温度可根据转注过程中的温降损失自行调节。

7.5.2 硬合金扁锭的铸造

硬合金主要指 2×××、镁含量不低于 4%的 5×××、部分 6×××、7×××系合金，硬合金扁锭铸造时的裂纹倾向大，因此铸造前的准备和铸造操作上侧重于防止铸锭裂纹的产生。

7.5.2.1　硬合金扁锭传统铸造工艺操作

A　铸造前的准备

(1) 水冷的均匀程度对裂纹的影响很大，因此在铸造前要认真检查水冷系统，保证水冷均匀，并使两侧挡水板的角度一致，挡水板下缘与结晶下缘在同一水平面或稍低一点的位置。

(2) 结晶器工作表面光滑，铸造前用砂纸打磨并润滑。结晶器无变形、无砂眼等缺陷。结晶器锥度合适，对应角度一致。

(3) 结晶器与水套间隙一致，结晶器放正。

B　操作过程

铸造开始前先铺底（不需铺底的铺假底），之后立即用加热好的渣刀将金属表面渣打净，然后可开车下降少许，当靠近结晶器四周熔体凝固 20mm 左右放入本体金属，并仔细打渣。打渣原则是先周边，后中心，由漏斗处向小面移动渣刀，不许逆流打渣。当熔体将铺底铝盖满后，开车下降，铸造开头时为减少夹渣，铸造温度一般采用中上限。

铸造过程中保持流槽、流盘、结晶器内液面平稳，封闭各落差点，并及时润滑。液面无渣时，不得随意破坏氧化膜。

收尾时，在停止供流前用热渣刀将流盘内的渣打净。停止供流后流盘内的金属流净立即移走分配流盘，并取出漏斗和分配袋，用热渣刀将漏斗附近的渣打净，防止浇口夹渣。对需回火的合金进行回火处理，不需回火的合金要使浇口部凉透才能停水，在浇口部不见水的情况下停车越晚越好，待铸锭凉透后吊出。

7.5.2.2　2×××系合金扁锭铸造工艺特点

(1) 2A12 合金中 Mg 含量高，疏松倾向大，液态氧化膜致密性差，增加了吸气性。

(2) 2A12 合金结晶温度范围宽，低温塑性差，易产生由热裂纹导致的冷裂纹，故可在结晶器小面开缺口（现代熔铸技术已少见了，以下同），其目的是使小面优先见水，防止侧裂；2A11 合金低温塑性好，冷裂倾向小、热裂倾向高。

(3) 为防止浇口裂纹，2A12 合金需进行回火处理，而 2A11 合金不能回火，这是因为 2A11 合金易生成 Mg_2Si 相，当温度降至

400℃时，Mg_2Si 相析出并聚集于晶界，当 Si 含量达到一定数量时，Mg_2Si 在晶界上大量聚集而形成的相变应力易使浇口产生裂纹。

（4）2A12 合金铸造速度高，2×××合金在铸造时，液面距结晶器上缘不宜过小，一般为 60~80mm，以防止表面裂纹；为防止底部裂纹，2×××合金在铸造时须铺底。

（5）为了降低 2A12、2024 等类似合金铸锭皮下裂纹等，可添加 0.0005%~0.0008%的 Be。

7.5.2.3 5×××系等高镁合金扁锭铸造工艺特点

A 工艺特点

（1）有一定的热裂倾向。如合金中 Na 含量高，使其产生钠脆性。由于合金中 Mg 含量高，易使铸锭表面形成疏松的氧化膜（$V_{Mgo}/V_{Mg}=58\%$），铸锭表面的显微裂纹是应力集中的场所，在冷却不均的情况下极易开裂。

（2）表面易产生的拉痕、拉裂倾向。5×××系合金易氧化，表面氧化膜强度低，易拉裂，因而结晶器锥度适当大一点。

（3）合金熔体黏度大，流动性差，易形成冷隔。

（4）低温塑性好。但由于 Mg 含量高，缺口敏感度高，易产生冷裂。

B 铸造与操作

（1）为防止表面裂纹，一般铸造速度通常控制在 42~75mm/min（规格越大速度越低）。

（2）铸造温度通常为 700~725℃。

（3）为防止底部裂纹，采用表面光滑凹面（双曲面）的底座，裂纹倾向性较大的，铸造开头时铺底；裂纹倾向性较小的，也可采用铺假底的方法。

（4）为防止侧面裂纹，可采用小面带缺口的结晶器（现在已鲜见了）和大小面分开供水的水箱式盖板。

（5）浇口部可自身回火，也可不自身回火，目前 5×××系合金除 5A12 外，其他可一律可不回火。

（6）严禁使用含 Na 熔剂覆盖和精炼，熔体中通常加 0.001%~0.005%的 Be。

(7) 防止表面热裂纹和表面夹渣。

7.5.2.4 7×××系合金扁锭铸造工艺特点

7×××系合金结晶范围很宽，高、低温塑性都很差，冷裂、热裂倾向极大，还易产生皮下疏松等缺陷。为抑制以上缺陷，除在成分上进行适当的调整外，铸造时应严格工艺操作。

(1) 浇注速度不宜过高，防止液穴过深而产生大面裂纹，但也不能过低，以防止侧裂。

(2) 有效结晶区高度不宜过高，防止铸锭被二次加热，遇二次水冷时形成表面裂纹或皮下裂纹。一般结晶器高为 200mm 时，液面距结晶器上缘高度为 60~80mm。

(3) 为防止底部裂纹，铸造开头须铺底，并使用具有光滑凹面（双曲面）的底座。

(4) 为防止侧面裂纹，可使用小面带缺口的结晶器（现也鲜见了）。可采用大小面分开供水，小面水可稍小些。

(5) 冷却强度不宜过高，水压一般控制在 0.03~0.15MPa。

(6) 为了降低 7A04、7075、7050 等类似合金铸锭皮下裂纹，可适当添加 0.0005%~0.001%的 Be。

(7) 操作重点是防止夹渣、成层和表面热裂纹。

7.5.2.5 铸造工艺参数

工业上常用的硬合金扁锭铸造工艺参数见表 7-4。

表 7-4 常用硬合金扁锭的工艺参数

合金	规格 /mm×mm	浇注速度 /mm·min^{-1}	浇注温度 /℃	冷却流量 /m^3·(h·根)$^{-1}$	铺底	回火
2A02 2A12 2024 2524	300×（1200~1500）	90~95	700~725	(18~35) N	+	+
	340×（1200~1600）	55~65	700~725	(20~40) N	+	+
	400×（1000~1350）	45~65	700~725	(20~40) N	+	+
	400×（1380~1800）	40~55	700~725	(25~45) N	+	+
	500×（1000~1350）	42~55	695~720	(20~40) N	+	+
	500×（1380~1650）	40~55	695~720	(25~45) N	+	+
	500×（1700~2000）	40~50	695~720	(25~45) N	+	+

续表 7-4

合金	规格 /mm×mm	浇注速度 /mm·min^{-1}	浇注温度 /℃	冷却流量 /m^3·(h·根)$^{-1}$	铺底	回火
2A11 2A16 2219 2017 2A17	300×(1200~1500)	65~75	700~725	(15~32) N	+	-
	340×(1200~1600)	50~60	700~725	(18~40) N	+	-
	400×(1000~1350)	45~65	700~725	(20~40) N	+	-
	400×(1380~1800)	40~55	700~725	(25~45) N	+	-
	500×(1000~1350)	42~55	695~720	(20~40) N	+	-
	500×(1380~1650)	40~55	695~720	(25~45) N	+	-
	500×(1700~2000)	40~50	695~720	(25~45) N	+	-
2A70 2A80 2014 2A14 2A50 2B50	300×(1200~1500)	65~75	700~725	(15~32) N	+	-
	340×(1200~1600)	50~60	700~725	(18~40) N	+	-
	400×(1000~1350)	45~65	700~725	(20~40) N	+	-
	400×(1380~1800)	40~55	700~725	(25~45) N	+	-
	500×(1000~1350)	42~55	695~720	(20~40) N	+	-
	500×(1380~1650)	40~55	695~720	(25~45) N	+	-
	500×(1700~2000)	40~50	695~720	(25~45) N	+	-
7A04 7A09 7A10 7075	300×(1200~1500)	55~65	700~725	(18~40) N	+	+
	340×(1200~1600)	45~60	700~725	(18~40) N	+	+
	400×(1000~1350)	45~55	700~725	(15~35) N	+	+
	400×(1380~1800)	40~55	700~725	(15~35) N	+	+
	500×(1000~1350)	40~55	695~720	(15~35) N	+	+
	500×(1380~1650)	40~55	695~720	(15~35) N	+	+
	500×(1700~2000)	40~50	695~720	(18~40) N	+	+

注：1. N为根数。

2. +为铺底、回火，-为不铺底、不回火。

3. 铸造温度指分配流槽（盘）入口温度，铸造时保温炉所需温度可根据转注过程中的温降损失自行调节。

7.5.3 扁锭自动铸造

随着现代铝合金铸造技术的发展，扁锭自动铸造已被广泛应用。扁锭自动铸造与传统铸造有很大的不同，下面重点介绍不同之处和特别强调的内容。

7.5.3.1 铸造开头准备

（1）对激光等非接触液位控制系统进行检查，标定。

（2）检查各流槽、下注管、塞棒表面是否光滑、完整、清洁。

（3）设置或确认工艺菜单，工艺参数包括填充速率、保持时间、铸造速度（包括启铸高度、起始速度、爬坡速度及稳定状态速度）、铸造温度（开头温度、过程温度和收尾温度）、冷却水量（起始流量、爬坡流量（正、负曲线）、铸锭初始见水流量、稳定流量，塞棒起始开口度，液位高度、硬合金刮水器高度、油润滑参数、报警参数、终止铸造参数等，并按照工艺菜单核对工艺参数。

（4）烘烤好流盘内塞棒、下注管、供流流槽、分配流槽等。

（5）安装好玻布分流袋、下注管、塞棒。一般来说，在铸造稳定状态下下注管最低点在金属熔体液面下距离（h_1）不低于25mm，下注管最低点与分配袋底部之间距离（h_2）不小于25mm，分配袋底部与底座之间距离（h_3）不小于30mm。它们之间位置距离关系如图7-14所示。

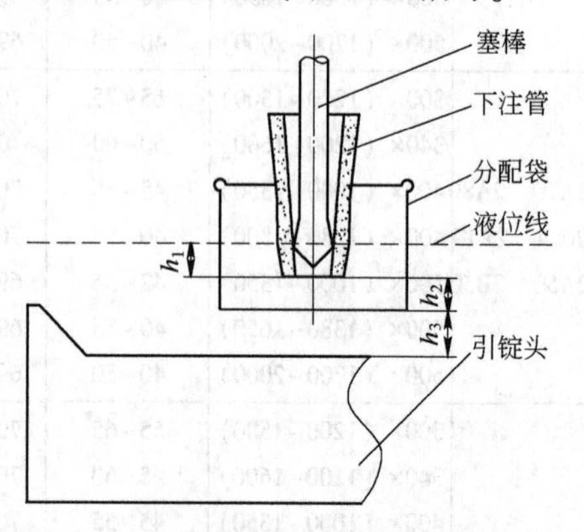

图7-14 下注管、分配袋和底座支架的之间位置关系距离示意图

7.5.3.2 铸造开头

（1）进入操作电脑“预检查”界面，输入铸造编号，对铸造工艺配方、冷却水系统、保温炉出口及分配流槽搭接口前激光、底座零位、喂丝机、保温炉金属温度等项目进行预检，项目通过后，方能铸造。

（2）用校准板对金属液位传感器进行校准。

（3）关闭并移开下注管加热器，安装塞棒，安装好后，对塞棒动作进行预检。

（4）软合金铸造将保温炉倾翻旋钮打到“自动”和“上升”位置；对于硬合金扁锭铸造若采用开头铺底先进行铺底，再启动铸造，若采用低合金启铸，首先启动低合金启铸。

（5）点击预检界面“准备铸造”，对最后的预检清单点“√”后铸造开始。

(6) 电脑显示达到稳定阶段后，表明铸造开头基本成功。

7.5.3.3 铸造过程控制

铸造过程中主要观察是否有异常状况。

7.5.3.4 铸造收尾

(1) 铸造结束时，塞棒会自动闸死下注管，分配流槽开始自动上升，断开分配流槽与供流流槽，放干流槽内剩余金属，并及时取出塞棒，进行清理。

(2) 观察结晶器内熔体液位，在熔体液位降到结晶器下沿位置(即接近结晶器下缘) 时，按“停车”按钮，铸造平台停止下降；若需要回火的硬合金，在浇口部熔体凝固约1/3~1/2时，关停“冷却水”，同时打开放水阀，进行浇口部回火处理。浇口部回火不宜太晚，否则浇口部易裂。

(3) 停水后待盖板无冷却水时，按下停车按钮，铸锭脱离结晶器一定距离，防止盖板（平台）倾翻时，铸锭浇口部顶住水套盖板(平台)。

7.6 铝及铝合金圆锭铸造工艺

7.6.1 圆锭传统铸造工艺

7.6.1.1 圆锭铸造基本操作

A 铸造前的准备

(1) 结晶器工作表面光滑，用普通模铸造时内表面用细砂纸打光。保证水冷均匀，当同时铸多根时，应使底座高度一致，结晶器和底座安放平稳、牢固。

(2) 流槽、流盘充分干燥。

(3) 漏斗是分配液流，减慢液流冲击的重要工具，铸造前根据铸锭规格选择合适的漏斗。漏斗过小使液流供不到边部，而产生冷隔、成层等缺陷，严重时导致中心裂纹和侧面裂纹。漏斗过大会使漏斗底部温度低，从而产生光晶、金属间化合物缺陷。如果漏斗偏离中心，会因供流不均而造成偏心裂纹。

(4) 调整好熔体温度，控制在浇注温度的中上限。

B 铸造与操作

(1) 铸造开头。

1) 一般来说，铸造开头温度控制在中上限，大直径圆锭控制上限或上限加5℃以内。

2) 对需铺底的合金规格应事先铺好纯铝底，铺底后立即用加热好的渣刀将表面渣打干净，周边凝固20mm后，放入本体金属。使液面缓慢上升并彻底打渣。液位升到一定高度时放入自动控制石墨漏斗，并打净漏斗底渣，打渣时渣刀不能过分搅动金属。不铺底的合金及规格，准备好后直接放入本体金属。

(2) 铸造过程。

1) 铸造过程中控制好温度，一般在中限。

2) 封闭各落差点。

3) 控制好流槽、流盘、结晶器内液面水平，避免忽高忽低，保持平稳。

4) 做好润滑工作。使用油类润滑时，润滑油应事先预热。

(3) 铸造的收尾。

1) 铸造收尾前温度不宜太低，否则易产生浇口夹渣。

2) 收尾前不得清理流槽、流盘的表面浮渣，以免浮渣落入铸锭。

3) 停止供流后及时移走流盘，并小心取出自动控制漏斗；对使用手动控制漏斗或环形漏斗的，当液面脱离漏斗后即可取出漏斗。浇口部不打渣。

4) 需要回火的合金，当液体还有直径的1/2~1/3时停冷却水，并开快车下降，当铸锭脱离结晶器10~15mm时停车，待浇口完全凝固后即可吊出。不需回火的合金在浇口不见水的情况下停车越晚越好，待浇口部冷却至室温时停水。小直径铸锭距结晶器下缘10~15mm时停车，防止铸锭倒入井中。

7.6.1.2 小直径圆锭的铸造工艺特点

直径在270mm以下的小直径圆径形成冷裂倾向小。同时由于冷却强度大，过渡带尺寸小，形成疏松倾向小。因此浇注速度可高些，温度不宜太高，不需铺底回火。

7.6.1.3 大直径圆锭的铸造工艺特点

(1) 为降低形成疏松倾向、减少冷隔，采用较高的铸造温度，一般高 5~15℃。

(2) 铸造速度低。

(3) 软合金因没有冷裂倾向，故不需铺底回火；硬合金大直径铸锭均需铺底，对铸态低温塑性差的合金浇口部需回火。

(4) 操作时注意防止成层、裂纹、羽毛晶、疏松、光晶、化合物偏析等缺陷。

7.6.2 圆锭同水平热顶铸造工艺

随着铸造技术发展，热顶铸造效率高、操作简单、劳动强度小，铸锭质量好，因而圆锭热顶铸造几乎取代了传统圆锭铸造工艺，热顶铸造已在熔铸行业应用更加广泛。下面重点介绍圆锭的热顶铸造工艺技术特点。

7.6.2.1 铸造工具准备

(1) 检查结晶器水冷状况。

(2) 检查流槽、保温帽有无破损。

(3) 大圆锭转接板下缘凸出石墨环 0.5~1.5mm。

(4) 塑模材料：石墨乳或采用圆锭润滑油、细滑石粉和细石墨粉按一定比例混合，并搓揉均匀而制。

(5) 清理干净转接板与石墨环之间渣滓、杂物，用无水乙醇清洗石墨环；

(6) 用准备好的塑模材料（最好是石墨乳）将转接板和石墨环连接处塑模成一定弧度的 R 角形状，塑模尽量薄而少，防止过厚在烘烤和铸造过程中脱落，不能将塑模材料涂抹到保温帽和石墨环上，避免此处在铸造过程中残留金属渣滓，造成圆锭表面拉痕拉裂缺陷。

(7) 塑模完成后，在塑模周边刷上一层润滑油（或猪油），增加塑模的光滑度。

(8) 用专用流槽烘烤器或电热毯烘烤流槽与分配盘，第一次铸造前须烘烤 24h 以上。

7.6.2.2 铸造开头准备

(1) 每铸次开头前，将铸造平台升起，对中底座与结晶器平台。

(2) 吹干底座。为了防止熔融铝遇水爆炸，可均匀涂上少许黄甘油。

(3) 升起底座到铸造起始位置时，上升过程中，要防止底座上升过程中顶坏结晶器和石墨环。

(4) 每铸次开头前，将铸造平台升起，对中底座与结晶器平台，一般来说底座高度调整至结晶器下沿约5~10mm为宜。

(5) 设置或确认工艺菜单，工艺参数包括填充速率、保持时间、铸造速度（包括起始速度、爬坡速度及稳定状态速度）、铸造温度（开头温度、过程温度和收尾温度）、冷却水量（起始流量、爬坡流量（正、负曲线）、铸锭初始见水流量、稳定流量），液位高度、硬合金刮水器高度、润滑参数、气滑铸造设置油和气参数、报警参数、终止铸造参数等，并按照工艺菜单核对工艺参数。

(6) 对自动铸造机系统，需对上述参数进行“预检”，待预检通过后方能铸造。

7.6.2.3 铸造开始开头控制

(1) 对于软合金或小规格圆锭而言，其成型难度较小，直接用本体金属进行开头铸造。

1) 铸造开始前，在放入本体金属前，将金属进入结晶器各入口用闸板堵住，当金属液位升至一定高度后，同时快速提升闸板，让金属熔体同时快速进入结晶器。

2) 当金属液位升到一定高度，启动铸造。

3) 为了防止铸锭裂纹，对于大规格圆锭（特别是硬合金）应降低填充速率和底部冷却强度，采用缓供流、慢开车、弱冷却。同时要控制铸锭初始见水温度。

(2) 硬合金大规格圆锭铸造。

1) 对于2024、7075等2、7系硬合金大规格圆锭，成型难度大，采用纯铝铺底或低浓度合金启铸。

2) 可采用刮水器进行刮水处理。

7.6.2.4 铸造过程控制

观察铸锭表面质量及液位波动等异常情况，防止漏铝。

7.6.2.5 铸造收尾控制

(1) 到设定铸造长度，倾翻炉回落，固定炉堵流眼，流槽内液位变低。

(2) 观察结晶器内熔体液位，在熔体液位降到石墨环位置下沿时，按“停车”按钮，铸造平台停止下降。若需要回火的硬合金，在圆锭浇口部熔体凝固1/3时，关停“冷却水”，同时打开放水阀，进行浇口部回火处理。浇口部回火不能太晚，否则浇口部易裂。

(3) 停水后待盖板无冷却水时，按下车按钮，圆锭脱离结晶器一定距离，防止水套盖板时倾翻使铸锭浇口部顶住水套盖板和过高温度将结晶器烤变形。

(4) 需回火的圆锭，铸造机下车和倾翻盖板过程，要防止残余水滴入铸锭浇口部，若有残余水滴到圆锭浇口部，应及时用扫帚等清扫，防止水流造成浇口部冷裂倾向。

(5) 每铸次铸造完，及时用小型工具轻轻清理干净流槽、流盘内残余金属和渣子，并进行修补和喷涂。

7.6.2.6 铸造工艺参数

常用铝合金圆锭的传统铸造工艺参数见表7-5。

表7-5 常用铝合金圆锭的铸造工艺参数

合金	圆锭直径/mm	浇注速度/mm·min^{-1}	浇注温度/℃	冷却水压/MPa	铺底	回火
1×××系	81~145	130~180	710~730	0.05~0.10	–	–
	162	115~120	710~730	0.05~0.10	–	–
	192	105~110	710~730	0.05~0.10	–	–
	242	95~100	710~730	0.05~0.10	–	–
	280±10	80~85	710~730	0.08~0.15	–	–
	360±10	70~75	710~730	0.08~0.15	–	–
	405	60~65	710~730	0.08~0.15	–	–
	482	45~50	710~730	0.08~0.15	–	–
	550	40~45	710~730	0.04~0.08	–	–
	630	30~35	715~735	0.04~0.08	–	–
	775	25~30	715~735	0.04~0.08	–	–

续表 7-5

合金	圆锭直径 /mm	浇注速度 /mm · min^{-1}	浇注温度 /℃	冷却水压 /MPa	铺底	回火
3A21	81~145	110~130	710~730	0.05~0.10	−	−
	162	100~105	710~730	0.05~0.10	−	−
	192	90~95	710~730	0.05~0.10	−	−
	242	70~75	710~730	0.05~0.10	−	−
	280±10	70~75	710~730	0.08~0.15	−	−
	360±10	55~60	710~730	0.08~0.15	−	−
	405	45~50	710~730	0.08~0.15	−	−
	482	40~45	710~730	0.04~0.08	−	−
	550	35~40	710~730	0.04~0.08	−	−
	630	30~35	715~735	0.04~0.08	−	−
	775	25~30	715~735	0.04~0.08	−	−
2A01 2A10	91~145	110~130	700~725	0.05~0.08	−	−
	162	90~95	700~725	0.05~0.08	−	−
	192	80~85	700~735	0.05~0.08	−	−
	215	75~80	700~725	0.05~0.08	−	−
	242	70~75	700~725	0.05~0.08	−	−
	290	65~70	700~725	0.05~0.08	+	−
	360	50~55	710~730	0.05~0.08	+	−
5A02 5A03	81~145	110~130	710~730	0.05~0.10	−	−
	162	95~100	710~730	0.05~0.10	−	−
	192	90~95	710~730	0.05~0.10	−	−
	242	85~90	710~730	0.05~0.10	−	−
	280±10	70~75	710~730	0.08~0.15	−	−
	360±10	60~65	710~730	0.08~0.15	−	−
	405	50~55	710~730	0.08~0.15	−	−
	482	45~50	710~730	0.08~0.15	+	−
	550	35~40	710~730	0.04~0.08	+	−
	630	25~30	715~735	0.04~0.08	+	−
	775	20~25	715~735	0.04~0.08	+	−
2A11	91~145	110~140	710~730	0.05~0.10	−	−
	162	95~100	710~730	0.05~0.10	−	−
	192	85~90	710~730	0.05~0.10	−	−
	242	60~65	710~730	0.05~0.10	−	−
	280±10	60~65	710~730	0.08~0.12	+	−
	360±10	50~55	710~730	0.08~0.12	+	−
	405	35~40	710~730	0.08~0.12	+	−
	482	25~30	710~730	0.04~0.08	+	−
	550	22~25	710~730	0.04~0.06	+	−
	630	19~21	715~735	0.04~0.06	+	−
	775	15~17	715~735	0.04~0.06	+	−

续表 7-5

合金	圆锭直径 /mm	浇注速度 /mm·min^{-1}	浇注温度 /℃	冷却水压 /MPa	铺底	回火
2A02 2A06 2A12 2A16 2A17 2219	91~145	110~160	710~730	0.05~0.10	-	-
	162	90~95	710~730	0.05~0.10	-	-
	192	80~85	710~730	0.05~0.10	-	-
	242	60~65	710~730	0.05~0.10	-	-
	280±10	50~55	710~730	0.05~0.10	+	+
	360±10	30~35	710~730	0.05~0.10	+	+
	405	25~30	710~730	0.05~0.10	+	+
	482	22~25	710~730	0.04~0.06	+	+
	550	20~22	710~730	0.04~0.06	+	+
	630	18~20	715~735	0.04~0.06	+	+
	775	14~16	720~740	0.04~0.06	+	+
2A50 2A14	91~143	110~130	715~730	0.05~0.10	-	-
	162	95~100	715~730	0.05~0.10	-	-
	242	70~75	715~730	0.05~0.10	-	-
	360	50~55	725~740	0.05~0.10	+	-
	482	25~30	725~740	0.05~0.10	+	-
	630	20~25	725~740	0.04~0.06	+	-
	775	15~20	740~750	0.04~0.06	+	-
2A70 2A80	91~143	100~120	710~730	0.05~0.10	-	-
	162	80~85	710~730	0.05~0.10	-	-
	242	70~75	710~730	0.05~0.10	-	-
	360	40~45	710~730	0.05~0.10	+	-
	482	25~35	710~730	0.05~0.10	+	-
	630	20~25	715~735	0.04~0.06	+	-
	775	15~20	720~740	0.04~0.06	+	-
7A04 7A09 7075	91~143	90~95	710~730	0.04~0.08	-	-
	162	80~85	710~730	0.04~0.08	-	-
	242	55~60	710~730	0.04~0.08	+	-
	360	25~30	710~730	0.04~0.08	+	+
	482	18~20	710~730	0.04~0.08	+	+
	630	15~16.5	715~735	0.03~0.05	+	+
	775	13~15	720~740	0.03~0.05	+	+

注：1. 采用热顶铸造时，浇注速度可适当提高。

2. 浇注温度指分配盘入口温度，铸造时保温炉熔体可根据转注过程中的温降损失自行调节补偿。

3. +为铺底、回火，-为不铺底、不回火。

7.7 铝及铝合金空心圆锭铸造

7.7.1 空心锭传统铸造工艺

7.7.1.1 空心锭与同外径的实心锭相比的特点

（1）在铸造工具上，多了一个内表面成型用的锥形芯子。芯子通过一个固定在结晶器上口圆槽处的芯子支架而安放在结晶器的中心部位，且芯子可以转动和上下移动。

（2）采用二点供流的弯月形漏斗或叉式漏斗，手动控制液面。

（3）产生成层、冷隔倾向大，故浇注速度较高。

（4）浇注温度较低，一般为690～720℃。

（5）冷却水压较高，一般为0.08～0.12MPa；芯子水压平均为0.02～0.03MPa。

（6）操作重点在铸造开头和收尾时防止与芯子粘连。

（7）应尽量减少夹渣，防止液面波动。

7.7.1.2 铸造与操作工艺

A 铸造前的准备

（1）外圆水冷系统的检查与实心圆锭的相同。芯子安放在芯子支架上，平稳、不晃动、不偏心。

（2）根据合金、规格选择芯子锥度。保证芯子工作表面光滑，当使用普通模铸造时，芯子壁用砂纸打磨光滑，无划痕和凹坑等。

（3）芯子下缘与结晶器出水孔水平一致或稍高一些，但要保证不上水。芯子出水孔过高，会使铸造开头顺利，但易出现环形裂纹或放射状裂纹；太低易抱芯子形成内壁拉裂，严重时使铸造无法进行。

（4）检查芯子接头处有无漏水，芯子出水孔有无堵塞，保证水冷均匀。连接芯子的胶管，不要拉得太紧，以利于开头收尾时摇动芯子。

（5）芯子水比外圆结晶器水压要小，能使芯子充满水即可。如芯子水压过大，会造成在铸造开头时抱芯子，而且易产生内壁裂纹。芯子水压过小，铸锭内壁冷却不好，容易粘芯子而产生拉裂，甚至烧坏芯子，同时也使内壁偏析浮出物增多。

B 铸造工艺操作

（1）铸造的开头控制。

1）铸造开头时要慢放流，使液面均匀上升。

2）液体金属铺满底座即可打渣，待液面上升至距结晶器上缘20~30mm后开车，同时要轻轻转动芯子，同时润滑和打渣。这是因为开始时，底部收缩快，如液流上升太快易抱芯子，使铸造无法进行。

3）一旦芯子被抱住，应立即降低芯子水压，减少铸锭内孔的收缩程度，从而使芯子与铸锭内壁凝固层间形成缝隙而脱离，但应注意防止烧坏芯子。

4）对易出现底部裂纹的合金应先铺底。对大直径空心锭，开车可适当早些，更要注意水平的上升。

（2）铸造过程控制。铸造过程中的关键是控制好液面水平，不能忽高忽低，并做好润滑。

（3）铸造收尾控制。铸造收尾前，严禁清理流槽、流盘和漏斗里的表面浮渣，以防止掉入浇口部。停止供流后立即取出漏斗，浇口部不许打渣（外部掉入者除外）。收尾时轻轻摇动芯子，不回火的合金在浇口部不见水的情况下，停车越晚越好。对于需回火的合金应进行回火处理。

7.7.1.3 铸造工艺参数

工业上常用的空心锭的铸造工艺参数见表7-6。

表7-6 工业上常用的空心锭的铸造工艺参数

合金	规格（外径/内径）/mm	浇注速度 /mm·min^{-1}	浇注温度 /℃	冷却水压 /MPa	铺底	回火
5A02 3A21	212/92	80~85	710~730	0.08~0.12	–	–
	270/106	85~100	710~730	0.08~0.12	–	–
	270/130	85~100	710~730	0.08~0.12	–	–
	360/106	70~75	710~730	0.08~0.12	–	–
	360/165	80~85	710~730	0.08~0.12	–	–
	405/155	70~75	710~730	0.06~0.10	–	–
	405/215	75~80	710~730	0.06~0.10	–	–
	482/215	70~75	710~730	0.06~0.10	–	–
	482/255	70~75	710~730	0.06~0.10	–	–
	482/308	75~80	715~735	0.06~0.10	–	–
	630/255	40~45	720~740	0.04~0.08	–	–
	630/308	45~50	720~740	0.04~0.08	–	–
	630/368	55~60	720~740	0.04~0.08	–	–
	775/440	30~35	720~740	0.04~0.08	–	–
	775/520	40~45	720~740	0.04~0.08	–	–

续表 7-6

合金	规格（外径/内径）/mm	浇注速度 /mm·min^{-1}	浇注温度 /℃	冷却水压 /MPa	铺底	回火
2A02 2A12	212/92	100~105	710~730	0.08~0.12	-	-
	242/100	80~85	710~730	0.08~0.12	-	-
	242/140	80~85	710~730	0.08~0.12	-	-
	360/106	60~65	710~730	0.08~0.12	+	+
	360/210	70~75	710~730	0.08~0.12	+	+
	405/155	65~70	710~730	0.04~0.08	+	+
	405/215	70~75	710~730	0.04~0.08	+	+
	482/215	50~55	710~730	0.03~0.06	+	+
	482/255	50~55	710~730	0.03~0.06	+	+
	482/308	55~60	715~735	0.03~0.06	+	+
	630/255	30~35	720~740	0.03~0.06	+	+
	630/308	30~35	720~740	0.03~0.06	+	+
	630/368	35~40	720~740	0.03~0.06	+	+
	775/440	35~40	720~740	0.03~0.05	+	+
	775/520	35~40	720~740	0.03~0.05	+	+
2A50 2A14	270/106	90~95	700~720	0.08~0.12	-	-
	360/130	60~65	700~720	0.08~0.12	+	-
	480/210	60~65	700~720	0.08~0.12	+	-
	630/368	40~45	715~730	0.04~0.08	+	-
	775/520	35~40	715~730	0.04~0.08	+	-
2A70 2A80	270/106	90~95	710~730	0.08~0.12	-	-
	270/130	90~95	710~730	0.08~0.12	-	-
	360/210	80~85	715~735	0.08~0.12	+	-
7075	270/106	70~75	700~720	0.03~0.06	+	+
	270/130	70~75	700~720	0.03~0.06	+	+
	360/106	50~55	710~730	0.03~0.06	+	+
	360/210	60~65	700~720	0.03~0.06	+	+
	482/308	55~60	715~730	0.03~0.06	+	+
	630/368	35~40	715~730	0.03~0.06	+	+

注：1. 采用隔热模或热顶铸造时，浇注速度可适当提高。

2. 浇注时保温炉所需的熔体温度可根据转注过程中的温降自行调节。

3. +为铺底、回火，-为不铺底、不回火。

7.7.2 热顶空心锭同水平铸造工艺

热顶空心锭同水平与热顶实心圆锭同水平铸造差异不大，其主要不同之处如下：

(1) 铸造开头准备。

1) 调整好空心锭芯子高度。

2) 设置和确认工艺菜单，确认芯子、水等铸造工艺参数，按照工艺菜单核对工艺参数。

3) 热顶空心锭铸造速度一般比热顶实心锭高20%~50%。

4) 其余与实心热顶工艺操作基本一致。

(2) 铸造开头控制。

1) 控制分配流盘金属熔体量均匀分配，防止各结晶器熔体供流不均。

2) 掌握好开车时间，防止开车过早，造成漏铝；开车过晚，造成抱死芯子而不能下车。

3) 其余与实心热顶工艺操作基本一致。

(3) 铸造过程控制。热顶空心锭过程操作与实心热顶收尾操作基本一致。

(4) 铸造收尾控制。热顶空心锭收尾与实心热顶收尾控制基本一致。

(5) 实、空心热顶同水平铸造工艺参数对比。几种合金实、空心热顶铸造工艺参数见表7-7。

表7-7 实、空心热顶铸造工艺参数（仅供参考）

合金	规格/mm×根	速度/mm·min^{-1}	水量/m^3·h^{-1}	铸造温度/℃	铺底	回火
6061	ϕ375×12	40	110~120	690~710	-	-
7075	ϕ375/160×12	72	85~95/35~40	690~710	+	+
7075	ϕ375/90×12	65	95~100/38~42	690~710	+	+
6063	ϕ375×12	43	110~120	690~710	-	-
6063	ϕ375/160×12	75	85~95/40~45	690~710	-	-
6061	ϕ375×12	40	110~120	690~710	-	-

续表 7-7

合金	规格/mm×根	速度/mm · min^{-1}	水量/m^3 · h^{-1}	铸造温度/℃	铺底	回火
5A06	ϕ425×6	38	42	690~710	-	-
2024	ϕ425×6	35	36	690~710	+	+
7075	ϕ425×6	30	34	690~710	+	+
5A06	ϕ435×6	35~38	55~65	690~710	-	-
5083	ϕ435/180×6	63~68	45~50/15~25	690~710	-	-
2024	ϕ435×6	35~40	60~70	690~710	+	+
2024	ϕ435/180×6	65~70	45~50/15~25	690~710	+	+
7075	ϕ435×6	35~40	55~65	690~710	+	+
7075	ϕ435/180×6	63~68	45~50/15~25	690~710	+	+
2A14	ϕ630×2	22~27	20~30	690~710	-	-
7075	ϕ630×2	20~25	18~28	690~710	+	+
7050	ϕ630×2	19~23	18~23	690~710	+	+
7075	ϕ880×2	18~22	15~20	690~710	+	+

7.8 熔融铝遇水爆炸的成因与防范

熔融铝遇水事故在铝熔铸车间常有发生，轻则发生烫伤事故，重则造成重大人员伤亡和财产损失。近年来，国内熔铸企业熔融铝遇水事故屡有发生，引起国内铝熔铸行业及有关部门高度重视。为什么熔融铝会产生如此大的爆炸事故呢，这和熔融铝遇水爆炸的特殊性有关。下面就熔融铝遇水爆炸的成因进行简单介绍，根据成因制定防止和杜绝熔融铝遇水爆炸事故的措施。

7.8.1 熔融铝遇水爆炸的成因（机理）

熔融铝遇水爆炸在国内很多认为只是“蒸汽爆炸”，而事实上熔融铝遇水“蒸汽爆炸”不足以产生那么大的爆炸威力和传输距离，实际上熔融铝遇水爆炸应该分为物理爆炸和化学爆炸两部分。它们的爆炸机理如下。

7.8.1.1 物理爆炸（蒸汽爆炸）

物理爆炸，即蒸汽爆炸，由于两种液体密切接触，温差巨大，且水的沸点远远低于熔融铝的熔体温度，由于快速的热运动，水的温度迅速达到沸点以上并达到一种过热状态，水瞬间蒸发为气体，体积膨胀1600倍（水在100℃，101.325kPa下，水的体积比分别为：液态下0.00104344m^3/kg，气态下（蒸汽）1.6736m^3/kg）。特别在铸井狭小的空间条件下，形成一定幅值的压力波，需要释放膨胀产生的能量，随即发生爆炸，使高温熔融铝飞溅，最远可飞出爆炸中心点30m，造成伤害事故。但蒸汽爆炸威力不大，飞溅一般不会造成最严重的伤害，而最主要伤害来自于化学（氧化）反应。

7.8.1.2 化学爆炸（氧化爆炸）

化学爆炸，即氧化爆炸。众所周知，铝是一种化学反应非常活跃的金属元素，在自然界中铝几乎总是和氧结合在一起，铝—氧键破坏需要巨大的能量，电解铝生产1t原铝需要13000kW·h以上的电是同样的道理；相反，熔融铝与水或空气中的氧发生反应，将释放同样巨大能量，其反应式如下：

$$2Al + 3H_2O = Al_2O_3 + 3H_2,\ \Delta G = 1.65MJ \quad (7\text{-}6)$$

$$4Al + 3O_2 = 2Al_2O_3,\ \Delta G = 3.3MJ \quad (7\text{-}7)$$

（1）氧化反应释放能量。上述反应据有关资料介绍以及热动力计算来看：熔融铝氧化反应释放能量为15.5kJ/g，即1kg熔融铝遇水氧化反应后释放的能量相当于3kg的TNT炸药爆炸所释放的能量。若我们将200kg的熔融铝泄漏入铸井，其中有10%与水发生氧化反应，其释放能量为60kg TNT炸药，相当于1200颗手榴弹，在井坑这样相对封闭的空间，爆炸破坏性将被进一步放大。可见，熔融铝遇水氧化爆炸产生巨大威力，其危害是巨大的。因此，熔融铝遇水爆炸最主要的是氧化爆炸，其次才是蒸汽（物理）爆炸。

（2）熔融铝碎末化作用。金属铝是非常活泼的金属因素，一旦暴露于空气中，铝的表面急速氧化，形成致密的氧化膜，使表面钝化，阻止进一步氧化。因此，铝氧化在一般条件是不会发生爆炸的。那为什么熔融铝遇水会发生爆炸呢？这主要是高温熔融铝遇水碎末化的作用。图 7-15 是模拟铸造过程中熔融铝漏铝下泄产生碎末化的过程示意图，实际过程比模拟图要复杂得多。

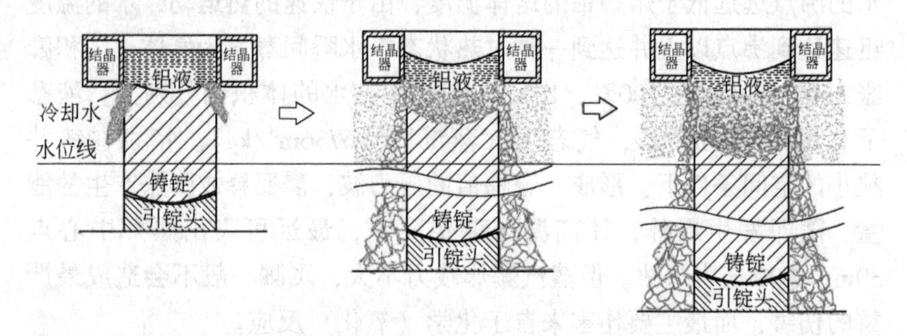

图 7-15　模拟铸造过程中熔融铝漏铝下泄过程示意图

由图 7-15 可以看出：当熔融铝在铸造过程中突然漏铝，起初，下泄的熔融铝相对于冷却水来说，占比较少，很快就凝固了，不会发生熔融铝遇水爆炸。随着时间的推移（这个时间也非常短），熔融铝下泄量急剧增大，加之水温也快速上升，金属凝固的表面温度也非常高，造成下泄熔融铝凝固的表面遇水后形成一层气体保护膜（幕），大大减缓了对下泄熔融铝的冷却水效果，使冷却作用无法穿透到下泄漏铝的中心部位和被大量固体遮挡或包裹的部分熔体，同时结晶器到深井水位还有一段距离，这个距离一般都大于 750mm 的高度，这个高度及以下是熔融铝与水及水蒸气充分混和的过程。致使这些地方漏铝中心部位的熔融金属很难全部凝固，在压力的作用下，使少部分水和水蒸气通过凝固缝隙进入下泄熔融铝的中心区域，其造成下泄熔融铝中心区域熔融铝、高温水滴、水蒸气混和在一起。此时中心部位高温液体水滴和水蒸气被熔融铝包裹、覆盖，这时候被包覆盖水瞬间蒸发为气体，气体急速膨胀，产生巨大的压力，形成一定幅值的压力波。压力在释放过程产生急速热运动，此时在蒸汽膨胀和热运动作用下，对被包裹、覆盖的未凝固熔融铝进行充分切割、破碎，使熔融铝急速碎末化。熔融铝碎末化后，其每一个细小的熔融铝颗粒比表面急剧增大，这样碎末化的熔融铝颗粒急速与水蒸气充分混和后，使碎末化熔融铝颗粒与水蒸气（水滴）进行了急速充分的氧化反应，类似高浓度熔融铝粉与水蒸气的氧化反应，瞬间产生巨大化学能，这些能量的释放，形成威力巨大的爆炸。爆炸在铸井狭小空间被进一步放大，这和粉尘爆炸完全相类似，由于是高温熔融铝颗粒，其爆炸威力甚至超过铝粉尘爆炸的威力，爆炸威力传输距离远，可达200m开外，极可能造成巨大的人员伤亡和财产损失。因此，熔融铝碎末化是熔融铝遇水发生氧化反应而产生爆炸的主要原因。

7.8.2 熔融铝遇水爆炸主要防范措施

对于熔铸企业来说，半连续铸造（深井铸造）工序，熔融铝遇水爆炸是熔铸车间最大的安全隐患和最大危害事故，必须加以防范。降低铸井铸造熔融铝爆炸事故的发生，根据熔融铝爆炸的成因和多年经验教训以及参考国内外事故资料，作者认为防范熔融铝遇水爆炸事故发生，其核心首先是阻断熔融铝与水接触，特别是阻断熔融铝下泄进入铸井，其后才是阻止或延缓熔融铝遇水爆炸的发生。其主要防范措施如下：

(1) 对铝合金熔铸生产线配置宜采用熔炼炉+保温炉+铸造机的流程布置，可以降低安全风险，最好采用倾动式保温炉，特别是大容量的保温炉应采用倾动式保温炉（静置炉），一旦发生大量漏铝、停电、停水等异常情况可立即自动倾动回翻，阻止漏铝进一步扩大，从而有效降低熔融铝遇水爆炸事故风险。

(2) 保温炉（又称静置炉、包括熔保一体炉，即与铸造机直接相连的炉组，以下同）熔融金属出口应设置漏铝监测和报警装置，并与流槽紧急切断与排放装置连锁，或与铸造分配流槽断开装置实现连锁；同时铸造时倾动式保温炉应根据熔融金属需量实现自动供流，并在操作区域设置手动泄压装置。确保供流过程中，发生意外跑流、漏铝的情况下，阻止熔融铝下泄进入铸井。

(3) 固定式保温炉出口应配置适当数量备用装配完整的堵头（塞头），以防堵头（塞头）在控流或堵流过程中一旦失败，能及时采用备用堵头（塞头）将流眼堵（塞）死，防止继续跑流。若发生无法控制的跑流，应立即截断燃烧系统或停电，打开炉门降温，并向炉内流眼处加入铝锭（冷料），将流眼凝固，待铝液量减少后用硅酸铝堵住漏点，防止铝液继续流出。

（4）对于固定式保温炉要定期检查和更换流眼，使用有强度、刚度、耐冲击流眼材料，流眼几何尺寸符合要求，确保流眼在控流、堵流过程可靠。

（5）倾动式保温炉炉坑靠近炉门位置应设置不低于200mm的挡板和配置铝液泄漏报警装置，倾翻系统应与铸造机的系统连锁，铸造时根据金属熔体需量实现自动供流。

（6）倾动炉的底坑禁止积油、积水、潮湿，并每班检查炉底底坑积油、积水、干燥情况。

（7）在紧急排放阀口（槽）、铸造分配流槽设置提升倾倒断开处应设置符合容量、材质要求的应急容器，铁质容器应涂涂料，所有应急容器应保持干燥。

（8）钢丝绳铸造机要对钢丝绳进行定期与不定期检查和更换，每次铸造前须检查钢丝绳的运行情况，若发现断丝、变形、起毛等情况须立刻进行更换，严禁头尾对调后继续使用。

（9）铸造机的冷却水系统应配置进出（排）水温度、进水压力、进水流量监测和报警装置；同时铸造机冷却水系统应设置应急水源或水箱以及应急电源，铸造机的循环冷却水系统应设置应急水源（如高位水池）或循环水水泵应急电源等，并与铸造机监测、报警装置、熔融金属紧急排放口和快速切断阀联锁，或与铸造分配流槽断开装置连锁，确保紧急情况下不断水，铸造机能将分配盘、结晶器剩余未凝固金属铸造（凝固）完毕。

（10）热顶铸造分配盘（模盘）发生漏铝的情况下严禁倾翻热顶铸造分配盘（模盘）。

（11）小圆锭（$\phi \leqslant 250$mm）热顶铸造盘（模盘）应配置应急堵头，如图7-16所示。非导流侧设置应急溢流口（槽），所有溢流口和供流流槽与分配流槽或热顶铸造盘之间的搭接口每一个须配置至少2个（1用1备）残料箱（放干箱）。其容积应大于此段流槽或流盘内铝液量的1.5倍。

（12）支架（托座）采用屋脊结构，如图6-34、图6-35所示，有利于初始漏铝或少量漏铝可以迅速分流，防止金属（液）和冷却水沉积于支架（托座）上，可以阻止或延缓熔融铝遇水爆炸的风险。

(13) 铸造井周边应设置不低于200mm的围堰，防止高温熔融铝流入铸井内。

(14) 铸造（浇注）区域的回水管、回水沟、回水坑，应设置防止熔融金属进入的措施。

(15) 必要时在接触漏铝的铸井井壁、支架（托座）、平台等涂防爆涂料，降低熔融铝遇水爆炸的风险。

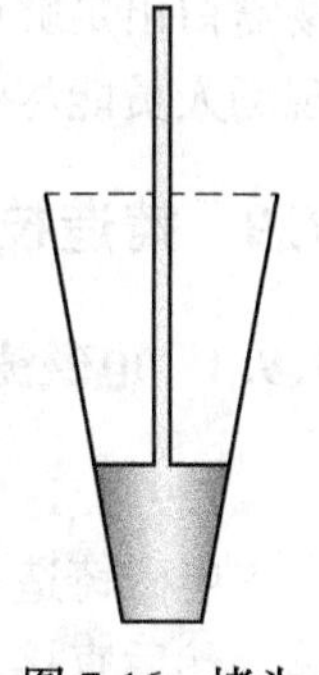

图7-16 堵头结构示意图

(16) 铸井底部设置最低安全水位，防止初始漏铝和少量漏铝可尽快冷却凝固，阻止或延缓熔融铝遇水爆炸的风险。

(17) 铸造过程中分配流槽（盘）或热顶铸造盘（模盘）入口熔体温度、铸造冷却强度和铸造速度等工艺参数稳定。

(18) 应急冷却水应在出现停电、停水时自动启动，应急水管道须并联安装两个控制阀，至少一个常闭电磁阀（自动控制阀，停电状态下能自动打开），设置手动阀应遵循就近原则。严禁结晶器或铸造盘断水后再打开手动阀。

(19) 钢丝绳应使用钢芯钢丝绳，应使用带绳槽卷筒，禁止钢丝绳多层缠绕；导向轮的深度应满足钢丝绳公称直径的1.5倍，钢丝绳使用的钢丝绳夹应符合GB/T 5976，且钢丝绳每端设置的绳夹至少不少于3个，卷筒应符合GB/T 34529规范要求；卷筒上设置的钢丝绳端头压板应带绳槽，且每根钢丝绳端头压板不少于3个。

(20) 铸造机液压缸控制系统应设置自动和手动紧急泄压装置。定期检查液压缸是否漏油，运行是否平稳。如果是外导式铸造机应及时检查和清理导轨上可能凝固的铝或其他杂物。

(21) 铸造期间，铸造机现场应控制作业人员人数，并应制订岗位人员职责和操作标准；铸造期间（特别是开头和收尾操作阶段）应满足最低作业人员的数量要求，严禁脱岗、严禁无人值守。

(22) 铸造机周围一定范围内，铸造期间，非相关人员禁止入内；操作及相关人员要进行有效的防护，避免烫伤、炸伤等；铸造现场需留出足够的逃生通道，一旦有先兆无法阻止的爆炸风险，要确保现场人员能尽快撤离，降低人员伤亡风险。

7.9 铸造技术的发展趋势

7.9.1 电磁铸造技术

7.9.1.1 电磁铸造的优缺点

电磁铸造是利用电磁力来代替普通半连续铸造法的结晶器支撑熔体，然后直接水冷形成铸锭。它的突出特点是：在外部直接水冷、内部电磁搅动熔体的条件下，冷却速度大，并且不用成型模，而以电磁场的推力来限制铸锭外形和支持其上方液柱。其优点是：改善了铸锭组织，使铸锭晶粒和晶内结构都变得更加微细，并提高了铸锭的致密度；使铸锭的化学成分均匀，偏析度减少，力学性能提高，尤其是铸锭表皮层的力学性能提高更为显著；而且熔体是在不与结晶器接触的情况下凝固，不存在凝壳和气隙的影响，所以不产生偏析瘤、表面黏结等缺陷，铸锭的表面光洁程度提高，不车皮、不铣面即可进行压力加工，硬合金扁锭的铣面量和热轧裂边量也大为减少，提高了成品率并减少了重熔烧损。此法的主要缺点是：设备投资较大，电能消耗较多，变换规格时工具更换较复杂，操作较为困难。

7.9.1.2 电磁铸造原理及结构特点

电磁铸造用结晶器铸造系统的结构如图 7-17 所示。其工作原理是：当交变电流 I_1经过感应线圈 6 时，在铸锭液穴 5 中产生感应电流 I_2，这样在电流 I_1与 I_2 的磁场间便产生了一个从液柱外周（不管电流怎样交变）始终向内的推力 F，这就是所谓“电磁压力”或“电磁推力”。液态金属便依靠这个推力成型。因此，只需设计不同形状和尺寸的感应圈，便能铸成各种截面尺寸的铸锭。电磁推力的表达式为：

$$F = \left(\frac{IW}{L}\right) Q(\omega,\ \beta,\ \alpha) \tag{7-8}$$

式中，W 为感应线圈匝数；I 为电流；L 为感应线圈高度；Q 为自由变量 ω、β、α 的函数，它与电流频率、电磁结晶槽的结构和铸锭直径有关。因为感应线圈中流过的电流相等，无法使电磁推力沿高度上适应静压力的变化，因此，在装置中还要附加上一个电磁屏蔽4。电磁屏蔽用非磁性材料制成，是壁厚带有锥度的圆环。它的作用是：靠其带锥度的壁厚变化局部遮挡磁场，来调控电磁推力沿液穴高度上的变化，使其与液穴高度方向的熔体静压力的变化相平衡，以得到规定的铸锭尺寸。

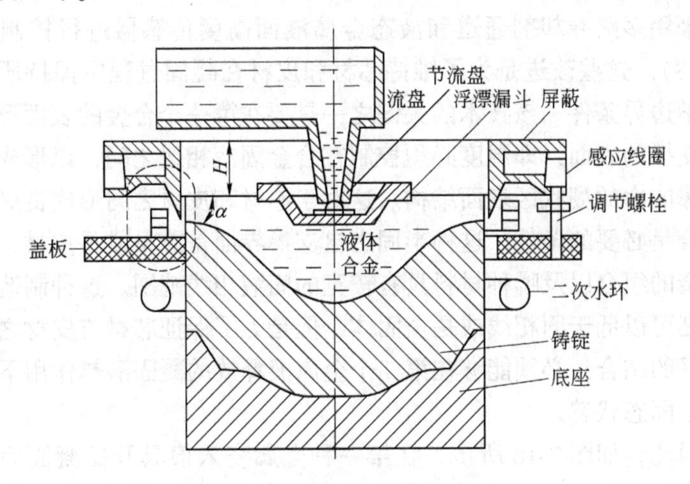

图 7-17 电磁结晶器结构简图

7.9.2 复合铸造技术

7.9.2.1 复合铸造技术原理

复合铸造技术这是一项生产铝合金覆层材料最新的技术。美国Novelis公司于2006年成功开发了一项新技术（称为Novelis FusionTM Technology），可以直接采用DC铸造工艺生产覆层材料。这种覆层铸坯具有清洁、高强度的界面结构，而且对覆层材料的组合限制较少。覆层板材的轧制工艺基本与单个合金的热轧和冷轧工艺相同。该公司已经在纽约Oswego轧制加工厂建立了国际上第一条生产线，生产了50多种不同合金组合的覆层铸坯。该项技术是传统复合板材技术的突破，可以大大减少传统复合工艺的生产工序，显著降低成本，并且放宽对复合板材合金组合选择的限制，为新型覆层材料的开发提供了新途径。这些材料用传统工艺难以或无法进行生产。在航空覆层产品和钎焊板材的生产中将发挥愈来愈重要的作用，将成为该领域的一项核心竞争技术，因此，引起了世界各国相关工业界的关注，形成了研究开发的热点。

熔铸覆层复合铸造工艺技术采用普通的直冷铸造（DC）结晶器和底部装置，增加了二次散热装置，将两种不同的液体合金分隔开来，采用多路冷却剂通道和液态金属液面高度传感器进行控制（见图 7-18）。这些改进是为了维持芯材和皮材在凝固过程中保持所需的热力学边界条件。该技术的关键之一是要在第一个合金的表面形成能够自支撑的表面，即温度必须控制在合金固液相线之间，以形成具有自支撑能力的糊状区表面结构。这对于芯材和皮材之间形成良好的冶金结合是必要的条件。这种半固态自支撑界面是芯材或是皮材，取决于合金的组合以及哪种材料具有较宽的固液相线范围。这种制造界面的温度可以低于固相线或是全固体，但是为了保证芯材与皮材之间形成良好的结合，必须能够在第二个金属液释放的凝固潜热作用下重新达到半固态状态。

因此，如图 7-18 所示，在第一种金属浇入模具开始凝固后，要持续一段时间才能开始下降底部装置。在底部装置降低到一定位置时，开始浇铸第二种合金使其在二次散热装置的底部与已形成的第一种合金的半固态界面相接触。同时散热调整工艺参数，维持界面的冶金结合，并使第一种合金中形成的金属间化合物颗粒分散到界面附近的第二种合金中。这种熔覆结晶器可以设计成单面或双面覆层。

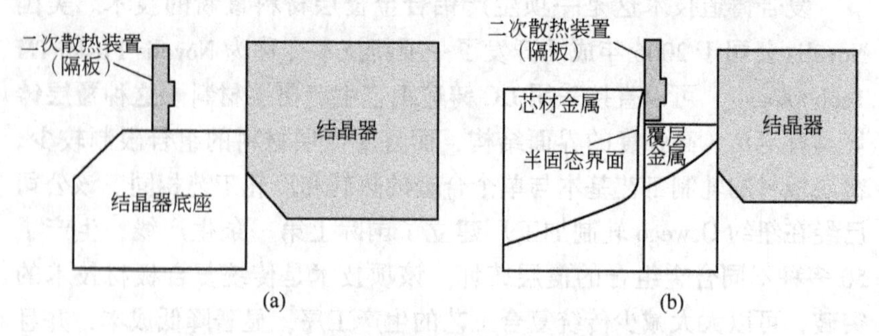

图 7-18　Novelis 熔覆复合铸造工艺技术示意图
（a）开始阶段；（b）稳态阶段

第二种合金的上表面与第一种合金的下表面之间保持一定的相对距离对获得良好的冶金结合十分重要。需要采用特殊的流量控制和压力传感器来控制两种合金的液面高度。

7.9.2.2 复合铸造技术的优势与不足

A 复合铸造技术的优点

复合铸造板坯技术与单个合金热轧相同，覆层合金需要经过扒皮、预热、热轧和最终冷轧进行加工。不同的是，由于熔铸复合坯形成了良好的界面结合，允许采用更高的道次压下量，提高轧制效率。

Novelis 公司已经对 50 多种不同的合金组合进行了熔铸复合实验，结果良好。下面列举两例：

（1）1200/2124 覆层材料。将 A1200 合金覆层在 A2124 合金上以形成高质量的航空级板材，因此界面质量控制十分重要。首先将皮材合金 A1200（固液相线温度 657~646℃）在 685~690℃进行浇铸，待形成自支撑表面后，浇铸 A2124 合金（温度 688~690℃，固液相线温区 638~502℃）。所得到的熔铸覆层材料的界面结合良好，呈平面状，十分干净，基本没有氧化物和疏松。力学性能与普通轧制复合材料相当。

（2）钎焊板。汽车用钎焊板由 Al-Mn 芯材和 Al-Si 皮材复合组成，Al-Mn 合金的固液相线温度远高于所采用的 Al-Si 合金。在进行熔铸覆层工艺时，铸造顺序与上面的情况相反，首先浇铸 Al-Mn 合金形成自支撑界面，然后浇铸 Al-Si 合金形成覆层结构。同样，获得了结合良好的界面，呈平面状，十分干净，疏松很少。图 7-19 比较了 3 个月生产周期内熔覆和轧制复合板材的平均力学性能，可见熔铸复合板材的性能稳定，达到或超过了普通轧制复合板材的水平。

从以上介绍的 4 种主要铝合金复合板材制造技术来分析，技术含量最高、质量最好的当属熔铸复合铸造技术。该技术省去了传统板材复合轧制过程中板坯表面处理和焊接等大量加工工序，使生产工序大为简化、制造工艺流程也大为缩短，成为节约能源、降低制造成本的环保型铝合金复合板材制造技术，非常有发展前途。这是复合铸造技术的最大优点。Novelis 对该项技术申请了专利。

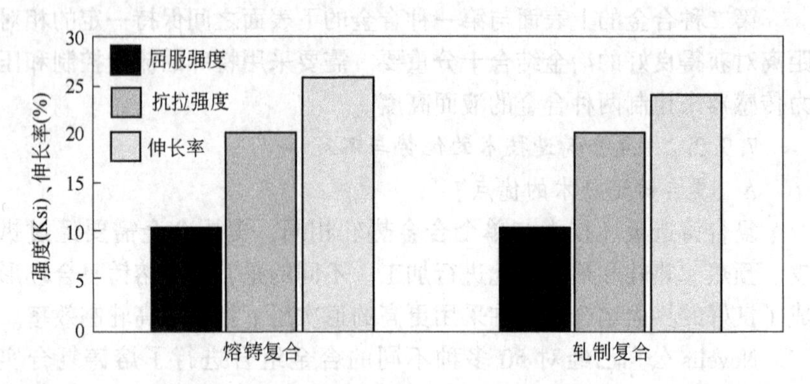

图 7-19　复合板材（4045/X900/4050）力学性能对比（1Ksi≈6.84MPa）

B　复合铸造技术的不足

该项技术的不足之处，可能包括：

（1）技术控制难度较大。从上述介绍的情况来看，为保证工艺过程的稳定进行，必须对复合界面的散热和力学性能进行精确控制，以免引起界面失稳，造成失败。因此，对工艺参数的调控精度要求较高，我国目前的工艺控制水平难以达到。

（2）设备投资较大。该项技术需要投资新的专用生产线，或对原有生产线进行重大改造，投资较大。

（3）合金组合仍然受到限制。由于凝固过程中复合界面稳定性的特殊要求，在选择复合系统时仍需要考虑两种合金的物理化学性能的差异不能太大，否则难以实现良好的复合，性能也可能受到不利影响。例如，界面化学成分控制不当会造成严重的偏析，形成不利的偏析层，造成性能的降低，无法满足用户对复合板材性能的要求。

总之，虽然 Novelis 的复合铸造技术存在一些不足，但目前来说仍是一项很有前途的技术，相信通过不断优化和改进，会得到更加广泛的应用。

7.9.3　振动铸造技术

7.9.3.1　振动铸造的优点

振动铸造技术就是铸锭在铸造过程中，对铸造液穴施加外力，搅动液穴中熔体，将结晶过程中两相区的枝晶进行破碎，从而改善了铸锭组织，使铸锭晶粒和晶内结构都变得更加微细，并提高了铸锭的致密度，晶粒更细；使铸锭的化学成分均匀，偏析度减少，力学性能提高。

7.9.3.2 振动铸造的方式

振动铸造是在铸造过程中利用外力对液穴中的熔体进行振动，其方式有超声波振动和电磁振动，最好的是超声波振动，但目前超声波要穿透铸锭对液穴进行振动的技术据资料介绍还只能停留在实验阶段，还没有应用到工业生产中。在国内有采用将产生超声波棒插入结晶器内熔体进行超声波振动，这种方式简单、易实现。但插入熔体的超声波棒，极易使结晶熔体产生光晶、化合物、氧化膜等冶金组织缺陷，恶化铸锭质量，给后续材料使用带来很大风险。另一种是电磁振动，国内目前在小于 ϕ680mm 圆锭铸造中有应用，在更大规格圆锭和扁锭铸造中还存在技术难点，但对于铸锭组织有一定改善作用。这两种方式都需要进一步突破技术难关，可以有效改善铸锭组织，提高铸锭组织、力学性能。

总之，随着铝加工熔铸技术的发展，铝合金铸造技术也在不断进步。广大熔铸工作者围绕提高铸锭质量、提高成材率和熔铸安全开展技术攻关，并不断取得新的突破。

8 铝及铝合金铸锭均匀化与加工

第 8 章
数字资源

8.1 铝合金铸锭均匀化退火

大多数铝合金的铸锭在进入压力加工前要进行均匀化退火（简称均热），即把铸锭在高温下进行长时间加热，以便得到比原有铸造状态更均匀、更稳定的组织，增加合金在冷加工和热加工时的塑性，并使制品获得所希望的性能。

铸锭的均匀化退火是使铸锭组织由非平衡的或非稳定的状态向平衡的或稳定的状态转变的过程，是一单向不可逆的变化过程。这种退火在热处理的分类中属于第一类退火。

8.1.1 均匀化退火的目的

铸锭的均匀化退火是用来消除铸锭的残余应力，消除铸锭的化学成分和组织的不均匀性，进而改善铸锭的压力加工工艺性能以及制品的某些最终性能的热处理工序。半连续铸造生产的铸锭，由于冷却速度快，熔融的金属在凝固时会产生非（不）平衡结晶，进而造成铸锭的化学成分和组织的不均匀性，亦即所谓非平衡状态。其主要表现在：

（1）晶粒内部的化学成分不均匀——晶内偏析（枝晶偏析）。

（2）合金的开始熔化温度（即固相点）降低。如图 8-1 中的 X_1 合金，非平衡结晶时其固相点由平衡结晶时的 t_b 降到 t_c，这是由于在合金的局部区域，即最后凝固的晶粒边界，出现偏离平衡图的低熔点组成物（如图中的 X_1 合金）或平衡共晶体（如 X_2 合金）。如铝合金 2A12、7A04 铸锭在晶界处就可以发现非平衡相 $CuAl_2$、Al_2CuMg（S 相）、Mg_2Si、$MgZn_2$（η 相）、$Al_2Mg_2Zn_3$ 等相，这些非平衡相的熔点较基体金属——固溶体的熔点要低。

（3）合金在非平衡结晶时，固溶体的溶解度曲线发生偏移（见

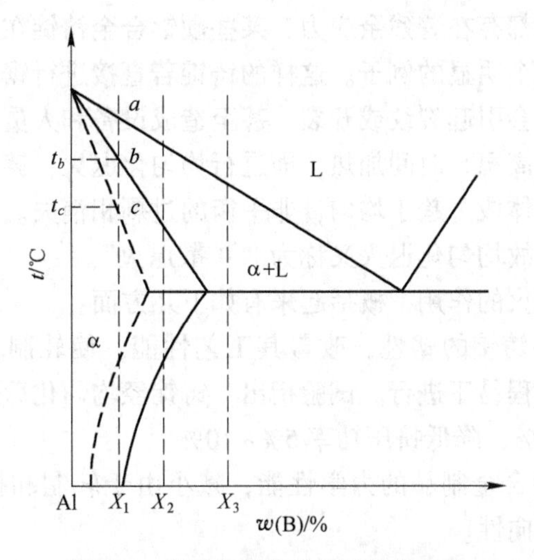

图 8-1 非平衡结晶时的固相线变化

图 8-1)。因此，平衡状态下单相成分的合金可能出现非平衡的第二相（如图中的 X_1 合金），而两相合金则第二相的数量增多（如图 X_3 合金）。

（4）某些在固溶体内扩散速度很慢的元素，在非平衡结晶时，其浓度会超过平衡结晶时的极限浓度。例如在平衡状态下，于共晶温度时，Mn 在铝中的最大溶解度为 1.4%，若在 25000℃/s 的冷却速度下凝固时，其溶解度可达到 9.2%。因此，半连续铸造的含锰铝合金，其固溶体的锰含量通常是过饱和的。

以上的非平衡状态，使铸锭的组织与性能往往发生一些反常的变化，以致使其后的加工工艺过程难以掌握。例如，当铸锭加热时容易发生过烧现象；当出现多余的脆性相时，往往使合金的塑性明显降低，晶内偏析往往是压力加工时出现带状组织的原因之一。同时，由于铸锭组织的非平衡性在加工后也难以消除，将造成制品力学性能和化学稳定性下降，同样由于组织与性能处于非平衡状态，亦将使制品在使用过程中组织及性能稳定性差，尤其是在高温下使用时组织及性能会缓慢地变化，例如高温蠕变性能将发生下降现象。

另外，对于铝合金，特别是高成分的铝合金铸锭，在其铸造以后，内部一般都存在着残余应力，某些硬铝合金铸锭在室温放置时自行崩裂就是一个明显的例子。这样的铸锭若直接进行锯切、铣面或压力加工则往往会引起裂纹或开裂，甚至造成设备和人员伤害事故。

铸锭进行高温长时间加热，即进行均匀化退火，铸锭的组织则发生变化：固溶体成分趋于均匀，非平衡的过剩相消失。因该两过程均依赖于扩散，故均匀化退火又称为“扩散退火”。

均匀化退火的作用，概括起来有如下几方面：

（1）提高铸锭的塑性，改善其工艺性能，使轧制、挤压、锻造等压力加工过程易于进行。试验指出：铸锭经均匀化后，可提高挤压速度 10%~20%，降低挤压功率 5%~10%。

（2）改善合金制品的力学性能，减小由于轧制和挤压所引起的力学性能的异向性。

（3）提高金属制品的抗腐蚀性能。

（4）消除铸锭的残余应力，避免铸锭锯切时的裂纹或开裂现象。

（5）防止某些合金（例如 3003）在再结晶退火后出现粗大晶粒。

综上所述，均匀化退火对于半成品的生产具有较大的意义。但它并不是一项尽善尽美的工序，铝合金铸锭在经均匀化退火后，其制品的强度要稍许降低。例如 2024 合金铸锭于 490℃进行一昼夜均匀化后，其淬火板片的伸长率可提高百分之几，但强度极限要降低 10~15MPa。因此，均匀化对于要求高强度的制品是不利的。另外，均匀化退火是一项费时而昂贵的操作，铸锭在长时间的加热过程中，往往还会发生严重的氧化作用而使表面质量变差。由此看来，均匀化退火这一工序的需要与否，必须根据产品特性和要求来确定。

8.1.2　均匀化退火的基本原理

在均匀化退火时，合金中固溶体成分变均匀和非平衡过剩相消失，均依赖于扩散。因此扩散是均匀化退火的基本形式。

8.1.2.1　扩散

均匀化退火过程，实际上就是相的溶解和原子的扩散过程。空位迁移是原子在金属和合金中的主要扩散方式。图 8-2 是空位迁移机构示意图。所谓“扩散”，就是金属及合金中原子的迁移运动。它既可以是纯金属中同种原子的“均质扩散”，也可以是合金中溶质原子在溶剂中的“异质扩散”。原子的迁移形式可以是多样的，但一般说来，主要是空位迁移，这种空位迁移所需要的能量最小，空位迁移时亦伴随着原子的迁移。如果在合金中，空位优先与溶质原子结合，形成“空位—溶质”原子集团，增加了有效空位浓度以及溶质原子跳入空位的平均速度，因此溶质原子在空位的帮助下迁移比纯金属原子的迁移更容易进行。

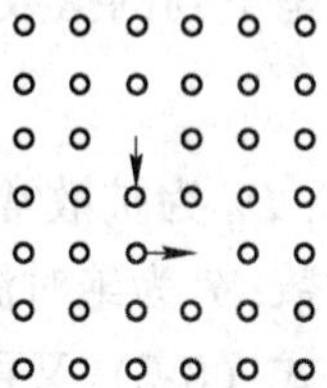

图 8-2 原子扩散机构（空位移动）示意图

非平衡结晶的合金，由于具有较高的能量，因而有自动向平衡状态转化的趋势，只是这种自动转化的趋势很慢罢了。如果对合金进行高温加热，则提高了原子热运动的能力，加速了原子扩散的速度，从而使合金较快地向平衡状态转化。

8.1.2.2 影响扩散的因素

将铸锭在高温下长时间加热，合金元素的原子将进行充分的扩散而使合金成分趋于均匀。根据裴克第一扩散定律，在单位时间 $\mathrm{d}\tau$ 内，通过单位截面积 $\mathrm{d}S$（垂直于原子流动方向）在浓度梯度为 $\frac{\mathrm{d}c}{\mathrm{d}l}$ 的路程中所扩散的物质量 $\mathrm{d}m$ 为：

$$\mathrm{d}m = D\frac{\mathrm{d}c}{\mathrm{d}l}\mathrm{d}S\mathrm{d}\tau \tag{8-1}$$

式中，D 为元素的扩散系数。

从式（8-1）可知：

（1）扩散的根据在于浓度梯度 $\frac{\mathrm{d}c}{\mathrm{d}l}$ 的存在，随扩散过程的进行，浓度梯度逐渐减小，$\frac{\mathrm{d}c}{\mathrm{d}l}$ 逐渐减小，故 $\mathrm{d}m$ 亦逐渐减小，说明扩散的速度随时间的延长而由快变慢，见图 8-3。说明过分延长均匀化退火时间，效果不大，且增加能耗。

（2）影响元素扩散系数 D 的因素，将影响均匀化过程。而 D 与温度呈下列的指数关系：

$$D = D_0 e^{-\frac{Q}{RT}} \tag{8-2}$$

式中，D_0 为扩散常数，即原子的振动频率；Q 为扩散激活能；R 为气体常数；T 为绝对温度。

式（8-2）又可用图 8-4 表示。

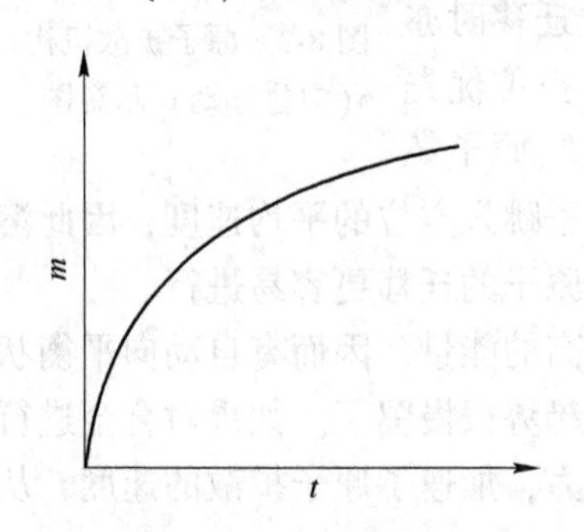

图 8-3　原子扩散数目 m 与时间 t 的变化曲线

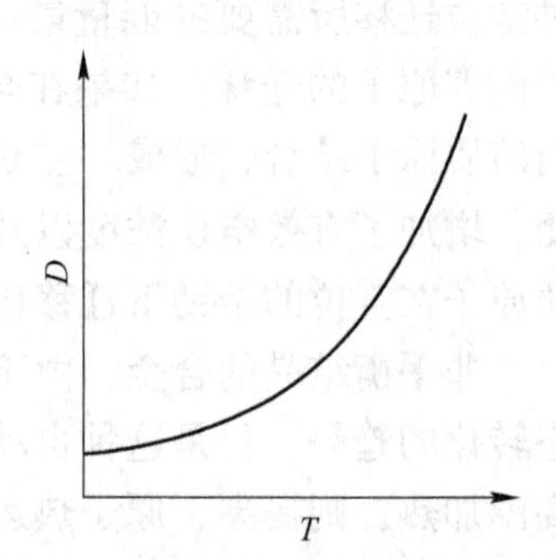

图 8-4　扩散系数 D 与温度 T 的变化曲线

由式（8-2）看出，扩散系数 D 与温度 T 成指数关系，即温度的增加，扩散系数以幂指数形式增加，见图 8-4，工业生产中通常采用的均匀化温度为 $0.9 \sim 0.95T_m$，T_m 表示铸锭实际开始熔化温度。有时在低于非平衡固相线温度进行均匀化难以达到组织均匀化的目的，即使能达到，也需要很长时间，高温均匀化退火是将金属温度控制在非平衡固相线温度以上但在平衡固相线以下的退火工艺。表 8-1 列出了不同均匀化制度对 5A06 合金 ϕ482 组织和性能的影响。5A06 合金非平衡固相线线温度约为 451℃，平衡固相线温度约为 540℃。

表 8-1　不同均匀化制度对 5A06 合金组织和性能的影响

名　称	均火温度/℃	保温时间/h	第二相体积分数/%	SR	力学性能		
					$\sigma_{0.2}$/MPa	σ_b/MPa	δ/%
铸　态			6.2	2.336	163	268	16.9
原工艺	460~475	24	2.5	1.049	165	276	13.4

续表 8-1

名 称	均火温度/℃	保温时间/h	第二相体积分数/%	SR	力学性能		
					$\sigma_{0.2}$/MPa	σ_b/MPa	δ/%
试验工艺	485~500	9	2.1	1.040	233	291	13.6

注：SR 表示枝晶内元素偏析程度，SR 大，偏析程度大，SR=1，没偏析。

由此可见，温度升高可使均匀化过程加速，因此在生产上只要能避免过烧的情况发生，应尽量提高均匀化的温度。

其次，凡是能提高原子原始能量的因素均能降低扩散激活能，因而加速扩散过程。例如晶粒边界、亚晶界等处能量较高，其扩散速度也较快。因此，晶粒细小的铸锭以及预先经一定冷变形的铸锭有利于均匀化的进行。

另外，扩散过程亦与固溶体的类型有关，有研究指出，间隙式固溶体要比置换式固溶体的扩散速度快。

8.1.2.3 均匀化过程的组织变化

铸锭在均匀化过程中，组织均匀化过程较为复杂，但总的来看不外乎是溶解、析出过程。对于铝合金，其中的 Cu、Mg、Zn、Si、Ag 等元素具有较大的扩散系数，它们在铝中的扩散比较快，均匀化时，铸锭中由这些元素形成的并分布于晶界和枝晶间的非平衡相向固溶体中溶解，并通过原子的扩散而使固溶体成分均匀，使晶内偏析消除。因此，在均匀化过程中上述元素是固溶过程。但是另外一些元素，如 Mn、Cr、Fe、Zr、Ti 等，它们在铝中的扩散速度较慢，在快速冷却的半连续铸造条件下，这些元素来不及析出而以过饱和状态存在于固溶体中。当在高温下进行加热时，固溶体将发生分解，析出含 Mn、Cr、Fe、Zr、Ti 的金属间化合物弥散质点，因此均匀化对这些元素则是析出过程。

如果均匀化的温度足够高时间又足够长，某些能溶解于固溶体的第二相质点可能通过溶解—析出（沉淀）过程聚集长大，即非等轴的片状、针状或树枝状的第二相溶解于固溶体，然后又在质点较大的或曲率半径较大的第二相质点附近析出，形成粗大的等轴状的第二相，即所谓相的聚集和球化。例如 3003 合金在高温均匀化时，将发

生 $MnAl_6$的析出与球化。

需要指出的是，对于大多数铝镁合金，一般在固态下不产生相变，在铸锭的均匀化过程中，原子的扩散只在有限的范围内进行，晶界的大量缺陷及夹杂妨碍了晶粒间的原子交换，晶界难以迁移，故均匀化后晶粒的尺寸变化很小。图 8-5 是 2024 合金在均匀化前后的组织变化。

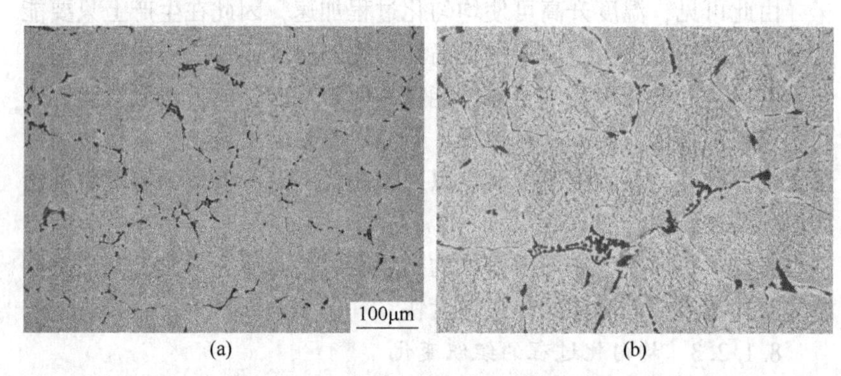

(a) (b)

图 8-5 2024 合金铸态均匀化前后组织

(a) 铸造组织；(b) 均匀化退火后的组织

8.1.3 铝合金铸锭均匀化退火工艺

任何热处理规程基本上都包括四个参数：加热速度、加热温度，加热温度下的保温时间以及冷却速度。均匀化退火也是如此。其中最主要的参数是加热温度和保温时间。对铸锭进行均匀化退火时应当正确地合理地选择这些工艺参数，以便使铸锭的组织及性能达到最佳值并获得较好的经济效果。

8.1.3.1 均匀化退火工艺制定的原则

A 加热温度的确定

一般来说，在不发生过烧的前提下，应采用尽可能高的均匀化温度。温度愈高，原子扩散愈快，均热过程进行亦较彻底，同时可以大大缩短时间，提高生产效率。

均匀化退火温度一般采用 0.9～0.95T_m 的范围。即略低于合金的开始熔化温度（固相线温度）。由于铸锭的非平衡结晶，所以铸锭的实际开始熔化温度更低，在状态图上，此开始熔化温度就是不平衡固相线温度。具体地说，一般均热温度应低于不平衡固相线温度5~40℃。

原则上，均匀化温度的选定可以合金在状态图上的固相线（面）为依据。但是迄今为止对四元以上的合金状态图研究还很有限，而工业上应用的合金大多数是三元或四元以上，并且合金在非平衡结晶的情况下，往往出现一些非平衡相或易熔组成物。这些易熔组成物促使合金在未加热到固相线（面）温度之前就发生局部熔化。因此，确定合金的均匀化温度时仅参考状态图的固相线（面）是不够的，还必须通过实验的方法来确定。实验的方法可以是通过测定合金的冷却曲线求出合金的开始熔化温度，再确定均匀化温度；也可以是先根据状态图大致确定一个温度范围，然后在这温度范围内选取不同的温度进行均热，观察其显微组织是否过烧及性能的变化，最后再确定一个合理的温度范围。

近年来一些研究者指出，对于铝合金连续铸锭在低于非平衡固相线温度进行均匀化退火难以达到组织均匀化的目的，即使能达到，也往往需要极长保温时间。因此，探讨了在非平衡固相线温度以上进行均匀退化火的可能性（见图8-6（Ⅱ））。可以在高于该合金中易熔组成物熔点的温度，即高于不平衡固相线温度而低于平衡固相线温度进行均匀化退火，并称此为“高温均匀化”。高温均匀化后的合金并无任何过烧的迹象，其原因可能是由于铸锭中的非平衡过剩相比较弥散，这些弥散相在很长的加热与保温时间内能通过扩散溶解而逐渐消失，最后变成均匀的固溶体组织而不遗留任何过烧的痕迹。

也有研究者认为：铝合金铸锭在高温均匀化退火时，非平衡共晶在开始阶段熔化，但保温相当长时间后，液相消失，熔质元素进入固溶体中，在原来生成液相的部位（晶间及枝晶网胞间）留下显微孔穴。若铸锭氢含量不超过一定值或不产生晶间氧化，则这些显微缺陷可以修复，不会影响制品质量。例如B·A·李万诺夫对制造巨大挤压型材的2A12合金铸锭进行510~530℃（该合金的三元共晶温度为507℃）的高温均匀化试验，证明很有成效：它能提高挤压速度，并

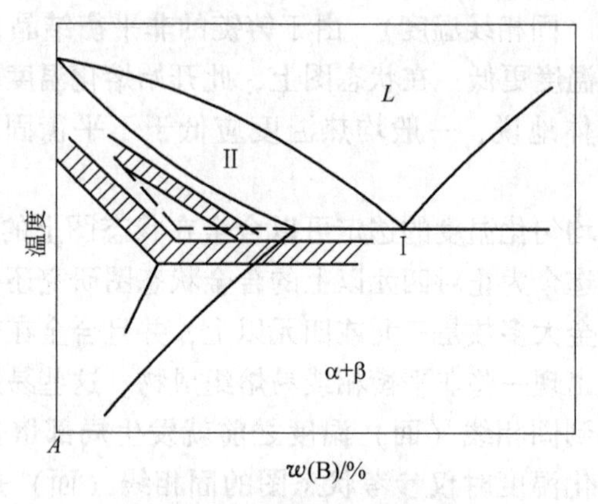

图 8-6　均匀化退火温度范围
Ⅰ—普通均匀化；Ⅱ—高温均匀化

使型材的纵向、横向性能更趋于一致。又如资料介绍 7A04 合金在 460℃/16h~505℃/6h 高温均匀化，并随炉缓冷作用下，使铸锭高温瞬时强度降低近 1/3，大大减少了合金的变形抗力。

因此，高温均匀化对于改善合金的工艺性能和力学性能，对提高生产率，降低成本是有效的途径之一，因此值得试验和推广。

B　保温时间的确定

保温时间基本上取决于非平衡相溶解及晶内偏析消除所需的时间。由于这两个过程同时发生，故保温时间并非此两过程所需时间的代数和。实验证明，铝合金固溶体成分充分均匀化的时间仅稍长于非平衡相完全溶解的时间。多数情况下，均匀化完成时间可按非平衡相完全溶解的时间来估计。

非平衡相在固溶体中溶解的时间（t_s）与这些相的平均厚度（m）之间有下式经验关系：

$$t_s = am^b \tag{8-3}$$

式中，a 及 b 为系数，依均匀化温度及合金成分而改变。对铝合金，指数 b 为 1.5~2.5。

随着均匀化过程的进行，晶内浓度梯度不断减小，扩散的物质量也会不断减少，从而使均匀化过程有自动减缓的倾向。图 8-7 例子证

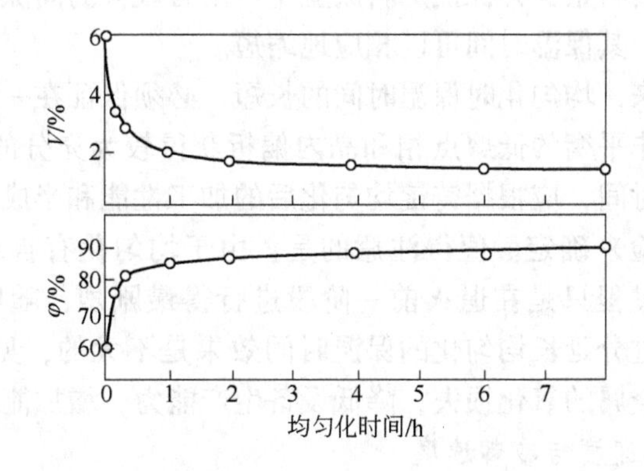

图 8-7 φ150mm2A12 铸锭在 500℃均匀化时，
体积分数（V）及 100℃时面缩率（φ）与均匀化时间的关系

明，2A12 铸锭均匀化退火时，前 30min 非平衡相减少的总量较后 7h 的和多得多。说明过分延长均匀化退火时间不但效果不大，反而会降低炉子生产能力，增加能耗。

从上可以看出，均匀化温度与均匀化完成时间是最直接的关系，均匀化退火的保温时间主要决定于均匀化温度，均匀化温度高，则保温时间可以缩短。另外，还与合金的本性，铸锭的组织特征，即偏析程度、第二相的形状、大小和分布等因素有关。如果合金的导热性好，铸锭组织愈弥散，枝晶叉愈细，第二相质点愈小，则均匀化过程愈迅速，保温时间可以缩短。一般快速冷却的半连续铸锭，由于组织较细密，其保温时间就可以比其他冷却较慢的铸造法生产的铸锭要短。铸锭的致密程度也影响到均匀化退火时原子的扩散过程，当在铸锭中存在疏松和孔洞时，原子就无法通过这些区域进行扩散，从而降低了均匀化的效果。塑性变形能使铸锭组织细化，又能使组织致密，所以它能加速均匀化退火的过程，有人指出：某些高强度合金在均匀化以前，预先进行变形程度不超过 10%~20%的热加工（如热锻、热轧）可以大大缩短均匀化退火的时间。

在工业生产中，保温时间还与均热设备特性、铸锭尺寸、装料量和装料方式有关。显然，若采用带强制热风循环系统的电炉，或铸锭尺寸小，或装料量少并保证炉料放置于炉内有较大的间隙时，有利于铸锭的均热，其保温时间可以相应地缩短。

总的说来，均匀化时保温时间的长短，必须保证在一定的均匀化温度下，使非平衡的低熔点相和晶内偏析获得较为充分的扩散为准。最佳的保温时间，应根据铸锭均匀化后的加工性能和半成品力学性能变化进行试验来确定。值得注意的是：由于均匀化有自动减缓的倾向，均匀化过程只是在退火前一阶段进行得最剧烈，随后就不断变慢。因此，过分延长均匀化的保温时间效果是不大的，见图 8-3，同时还会增加金属的氧化损失，降低设备生产能力，增加能耗。

C 加热速度与冷却速度

两者不受严格限制，可根据具体生产条件而定。铸锭的升温加热过程一般是将铸锭在较高的炉温下装炉，然后控制炉温在均匀化温度上下，使铸锭以较快的速度升温。当铸锭的实际温度达到均匀化温度时或是铸锭加热至均匀化温度所需的时间（通过实验测定）到达时即可转入正式的均匀化保温过程。对于大截面的铸锭，其加热升温阶段的时间一般长达 5~7h。铸锭在长时间的加热升温过程中，其实已部分地进行了均匀化过程，因此有的均匀化退火工艺不仅规定了保温时间，而且也规定了包括加热升温时间在内的总均热时间。

铸锭的冷却，一般是将铸锭从炉内取出放在空气中冷却，也可以随炉慢冷（打开或关闭炉盖）。对于热处理强化的塑性较差的多相合金，其冷却速度不宜太快。冷却速度值得注意，例如，有些合金冷却太快会产生淬火效应，而过慢冷却又会析出较粗大第二相，使加工时易形成带状组织，固溶处理时难以完全溶解，因此减小了时效强化效应。对型材用 6063 等 6××× 系合金，进行快速冷却甚至水雾冷却，有利于在阳极氧化着色处理时获得均匀的色调。

8.1.3.2 铝合金铸锭均匀化退火工艺制度

均匀化退火虽然对于铝合金铸锭的组织均匀化，获得良好的压力加工工艺性能并改善制品的某些最终性能是需要的，但也不一定是必须的，因为均匀化退火毕竟是一道代价昂贵的热处理工序。对于某种合金铸锭是否需要均匀化退火，必须从合金的塑性、设备能力、制品性能要求及生产成本等因素进行综合考虑来决定。

对于纯铝，显然不需要进行均匀化。对于5052合金，由于它具有较高的塑性，一般也不必均匀化，只有当对其有特殊需要时才进行。而对3003、2A11、6061等合金也不一定非均匀化不可，例如3003合金若是为了避免在轧制和随后退火时出现粗大晶粒，就需要均匀化退火处理，一般情况下可不进行均匀化退火处理。

对于2A12、2024、5A05、5A06、7A04、7075、7049、7050、7055等合金，由于它们的塑性较差，压力加工难以进行，因此必须进行均匀化处理。

值得注意的是，对于某些制作大断面的挤压型、棒材的铸锭，如果这些铸锭又是含Mn、Cr元素的铝合金，则不宜进行高温均匀化。因为高温均匀化会使合金中的Mn、Cr析出而降低其浓度，进而可能使制品的挤压效应消失，降低制品的强度。如果这样的铸锭截面较大，建议将铸锭只作消除残余应力的加热：加热的温度宜稍低于该合金的均热温度，加热时间可控制在4~6h。

表8-2、表8-3列出了工业上常用的铝合金铸锭均匀化退火制度。

表8-2 工业上常用的铝合金扁锭均匀化退火制度

合金牌号	厚度/mm	制品种类	金属温度/℃	保温时间/h
2A11、2A12、2017、2024、2014、2A14	200~400	板材	485~495	15~25
2A06	200~400	板材	480~490	15~25
2219、2A16	200~400	板材	510~520	15~25
3003	200~400	板材	600~615	5~15
4004	200~400	板材	500~510	10~20
5A03、5754	200~400	板材	455~465	15~25
5A05、5083	200~400	板材	460~470	15~25
5A06	200~400	板材	470~480	36~40
7A04、7075、7A09、7050	300~450	板材	455~465	35~50

表8-3 工业上常用铝合金圆铸锭均匀化退火制度

合金牌号	规格/mm	铸锭种类	制品名称	金属温度/℃	保温时间/h
2A02		空心、实心	管、棒	470~485	12
2A04、2A06		所有	所有	475~490	24

续表 8-3

合金牌号	规格/mm	铸锭种类	制品名称	金属温度/℃	保温时间/h
2A11、2A12、2024、2A14		空心	管	480~495	12
2017、2024、2014		实心	锻件变断面	480~495	10
2A11、2A12、2024、2017	ϕ142~290	实心		480~495	8
2A12、2024	<ϕ142		要求均匀化	480~495	8
2A16、2219	所有	实心	型、棒、线、锻	515~530	24
2A10	所有	实心	线	500~515	20
3A21、3003	所有		空心管、棒	600~620	4
4A11、4032、2A70、2A80、2A90、2218、2618	所有		棒、锻	485~500	16
2A50	所有	实心	棒、锻	515~530	12
5A02、5A03		实心	锻件	460~475	24
5A05、5A06、5B06、5083		空心、实心	所有	460~475	24
5A12、5A13		空心、实心	所有	445~460	24
6A02、6061		空心、实心	锻件、商品棒	525~540	12
6A02、6063		空心、实心	管、棒、型	525~540	12
7A03	实心	实心	线、锻	450~465	24
7A04		空心、实心	锻、变断面	450~465	24
7A04	实、空	空心、实心	管、型、棒	450~465	12
7A09、7075、7050	所有		棒、锻、管	455~470	24
7A10	>ϕ400		棒、锻、管	455~470	24

8.1.4 铝合金铸锭均匀化退火处理注意事项

根据均匀化退火处理的基本原理，考虑到铝合金铸锭的特点，结合有关工厂的生产实践，提出如下的均匀化退火注意事项（仅供参考）：

（1）铸锭在进行均匀化退火时，加热的温度高（接近合金的固相线温度)，加热保温的时间又长（一般长达十余小时或更多)，如果均热炉的温度不准或各区域温度差较大，最容易产生过烧或均热不充分的现象。其次，铸锭在高温下长时间加热，其表面容易氧化和吸气（H_2)，恶化铸锭质量，这种情况多在以火焰加热的均热炉出现。因此对均热炉的基本要求是：温度能精确控制，且炉内各区域的温度要均匀，其温度偏差不宜超过±5℃。同时炉内的气氛最好是中性的，并保持干燥，以电阻炉加热为宜。目前工厂均一般采用带强制热风循环系统的电阻炉。

(2) 对于断面尺寸较大的圆铸锭，由于铸造后铸锭残余应力存在，则均热宜在锯切之前进行。对于小直径的圆锭，则可先锯切而后均热，这样提高了均热的生产效率、降低能耗。

对于扁铸锭，如果断面尺寸较大，且合金的裂纹倾向性较大，则应先均热后锯切及加工。如果其断面尺寸较小，或者是不易裂纹的合金，则把均热与轧制前的加热合并进行（即均热后将铸锭冷却并保温到轧制前的加热温度）是较合理的，这样可以大量地节约能源。

同时应该注意，不管是圆锭或是扁锭，若对它需要先均热后锯切，缩短其在均热前的放置时间是有利的，因为长时间的放置会使某些高成分的合金铸锭裂纹甚至开裂。

(3) 新修、大修或小修后的均热炉必须按有关的烘炉制度进行烘炉后方可使用。

(4) 必须定期测定均热炉炉膛各区域的温差是否在允许范围内，且经常检查炉体、风机、导流板、电阻丝挡板、测温仪表等是否正常。

(5) 装炉时，炉温高于150℃可直接装炉，否则要按规定预热。7A04、7075、7050等7×××系硬合金铸锭，特别是管材锭升温速度不宜过快。

为了有效地利用均热炉，对不同合金、规格的铸锭，若均热制度相同，允许同一炉均热，但必须按合金规格进行分类装炉。铸锭的放置应留有一定的间隙，以确保热风畅通。

(6) 均热过程中应经常观察温度是否正常或测温仪表是否正常。记录好温度、时间等工艺参数和曲线，并按规定取样作金相检查。

出炉时，对于硬铝、超硬铝合金铸锭，不宜冷却太快，应随炉冷却一段时间后方能出炉。对于较大规格的铸锭，出炉后可堆放在一起，让其自然冷却。其余的合金铸锭则可直接出炉放在空气中冷却。

8.2　铸锭的机械加工

铸锭的机械加工的目的是消除铸锭表面缺陷，使其成为符合尺寸和表面状态要求的铸坯，它包括锯切和表面加工。

8.2.1　锯切

通过熔铸生产出的扁、圆铸锭多数情况是不能直接进行轧制、挤压、锻造等加工，一方面是由于铸锭头尾组织存在很多硬质点和铸造缺陷，对产品质量和加工安全有一定影响；另一方面受加工设备和用户需求的制约，因此锯切是机械加工的首要环节。锯切的内容有切头、切尾、切毛料、取试样等，见图 8-8。

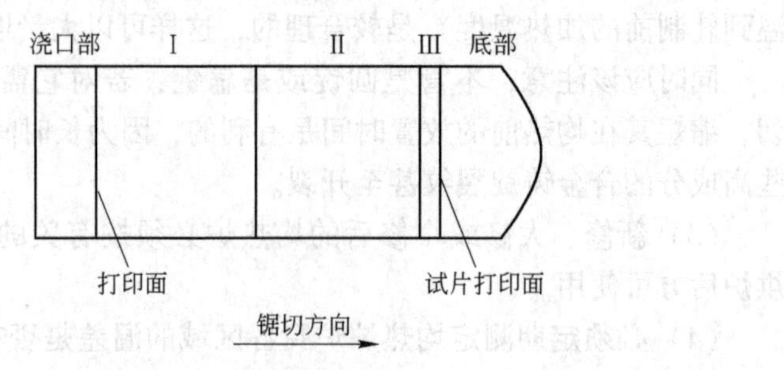

图 8-8　扁锭锯切示意图

为了便于区分铸锭头和尾，我们统一将铸造开头部分称为铸锭“头”(底部)，收尾浇口部部分称为“尾”，这样更容易理解铸锭的头和尾，避免混淆。

8.2.1.1　*扁锭锯切*

根据热轧产品的质量要求的不同，对扁锭的头尾有三种处理方法：

(1) 对表面质量要求不高的产品，可保留铸锭头尾原始形状，即热轧前不对铸锭头尾作任何处理，以最大限度地提高成材率，降低成本。

(2) 对表面质量要求较高的产品如5052、2024等轧制的坯料应将铸锭底部圆头部分或铺底纯铝（头）切掉，浇口部（尾）的锯切长度根据合金特性和产品质量要求而异，但一般至少要切掉浇口部(尾)的收缩部分。

(3) 表面要求极高的产品如PS板基料、铝箔料、3104制罐料、高表面产品、探伤制品等高质量要求产品铸锭应加大切头、切尾长度，一般浇口部（尾）应切掉50~200mm，底部（头）应切掉150~300mm，确保最终产品的质量要求和卷材重量。

直接水冷的半连续铸造铝合金铸锭，在快速冷却的条件下铸锭中产生不平衡结晶和冷却不均匀，使得铸锭显微组织中存在化学成分和组织偏析，产生应力分布不均匀，尤其是硬合金铸锭，直接锯切会破坏应力的静态平衡，锯切力和铸锭中应力产生了叠加，当叠加后的拉应力超过铸锭的强度极限时就产生锯切裂纹（见图8-9)，并有爆炸的危险，可能伤及人员或设备。因此，在锯切前应确认待加工铸锭是否必须先均热或加热，通常高镁及硬合金铸锭需要先通过均热或加热处理后才能锯切加工。

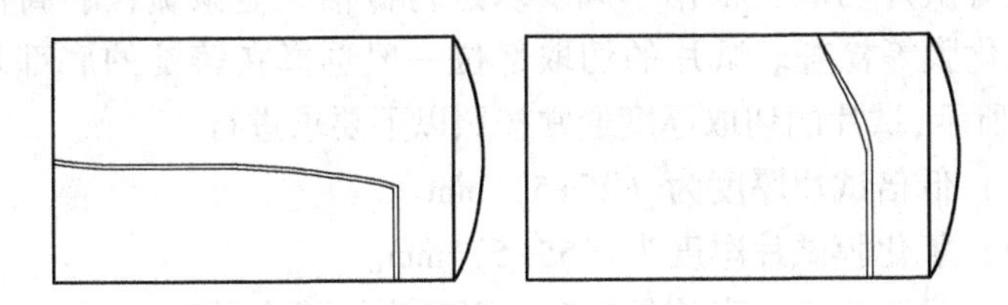

图8-9 铸锭应力造成锯切裂纹示意图

如今大型铝加工熔铸设备都向铸锭的宽度和长度进行发展，以最大限度地提高铸造生产效率和成品率，减少头、尾锯切损失，因此一根铸锭就有可能组合了两个及两个以上的毛料，在切去头、尾的同时还需要根据轧制设备的工作参数以及用户的需求，对毛料进行锯切。毛料切取过程中应满足三个基本要素：

(1) 切掉铸锭上不能修复的缺陷，如裂纹、拉裂、成层、夹渣、弯曲、偏析瘤等。

(2) 按长度要求锯切，严格控制在公差范围内。

(3) 切斜度符合要求。

表8-4列出了部分扁锭锯切规定。

表8-4 部分铝合金扁锭锯切尺寸要求

合 金	厚度/mm	切浇口部/mm	切底部/mm	长度公差/mm	切斜度/mm	齿痕深度/mm
2A12、7A04等普通制品	400	≥100	≥150	-0/+10	3	≤1
7A52、2D70、7B04等探伤制品	400	≥150	≥250	-0/+10	3	≤1
普通软合金	所有	≥80	≥150	-0/+10	3	≤1
罐料、PS板基料等高质量要求	所有	≥150	≥200	-0/+10	3	≤1

注：1. 供流流线越长，特别是过滤后距离越长，底部锯切长度就越长。
2. 铸造稳定前开头长度越长，底部锯切长度越长，反之则短。

大多数铝合金扁锭，在锯切加工中不需要切取试片进行分析，但随着高质量产品的需要，同时也为了在轧制前及时发现不合格铸锭，减少损失，越来越多的制品如3104制罐料、部分探伤制品都在锯切工序进行试片切取，根据不同要求进行低倍、显微疏松、高倍晶粒度、氧化膜等检查。试片的切取部位一般选择在铸锭的底部端，如图8-8所示，试片的切取厚度通常按照以下要求进行：

(1) 低倍试片厚度为（25±5）mm。

(2) 氧化膜试片厚度为（55±5）mm。

(3) 显微疏松、高倍晶粒度、固态测氢试片厚度约15mm。

一根铸锭中同时有多个试验要求，如低倍、显微疏松、高倍晶粒度、固态测氢等检测，可在一块试片中取样，不用重复切取。

试片切取后应及时打上印记，印记的编号应与其相连的毛料一致，便于区别，确保试验结果有效。如果试片检验不合格时，可切除200mm后切复查试片，复查试片只能在原处，即毛料的取样端切取。

锯切是机械加工的首要环节，在满足要求进行作业时，还应对毛料的表面质量进行观察、判断，通过如实记录，便于对可修复的表面缺陷进行刨边、铣面处理。表面缺陷包括皮下裂纹、拉裂、成层、夹渣、弯曲、偏析瘤等。

8.2.1.2　圆锭锯切

与扁锭一样，圆铸锭头尾组织存在一定的铸造缺陷，因此需要经过锯切将头尾切掉，与扁锭加工有一定差别的是，一根圆铸锭一般需要加工为多个毛坯，并且在试片的切取方面有更多的要求。圆铸锭锯切一般从浇口部（尾）开始，顺序向底部进行，浇口部、底部的切除及试片切取量根据产品规格、制品用途以及用户要求而有所区别，锯切方法见图8-10。

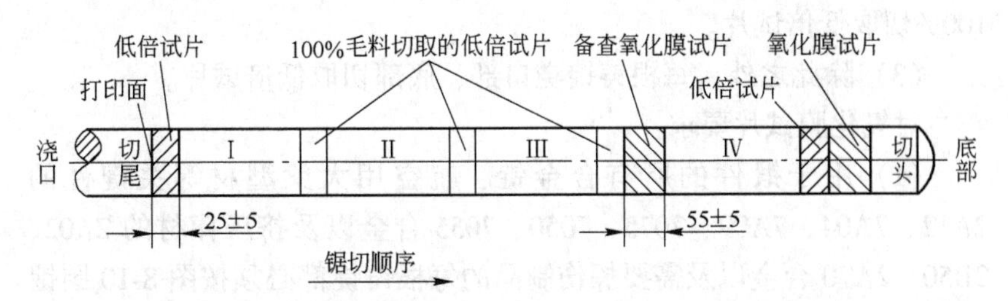

图8-10　圆锭锯切示意图（图中Ⅰ、Ⅱ、Ⅲ、Ⅳ为毛料顺序号）

为了防止加工中发生铸锭裂纹或炸裂，部分合金和规格的铸锭必须先均热或加热，消除内应力后才能锯切，见表8-5。

表8-5　需先均热或加热后才能锯切的部分合金和规格

合　金	规　格/mm
7×××系	所有空心锭
	≥ϕ260 实心锭
2A13、2A16、2B16、2A17、2A20	≥ϕ405 空、实心锭
2A02、2A06、2B06、2A70、2D70、2A80、2A90、2618、2618A、5A12、4A11、4032	≥ϕ482 空、实心锭
2A50、2B50、2A14、2014、2214、6070、6061、6A02、6B02	≥ϕ550 空、实心锭
2A11、2017、2A12、2024、2D12	≥ϕ405 空、实心锭
	所有空心锭

由于圆铸锭（除小圆锭热顶铸锭外）在铸造过程中液体流量小，铸造时间长，可能产生更多的冶金缺陷，因此对试片的切取有严格的

要求，一般试片包括低倍试片、氧化膜试片、固态测氢试片等。

对低倍试片要求：

(1) 所有不大于250mm 的纯铝及部分6×××系小圆锭可按铸盘首尾端（即铸造分配盘入口端和末端）取低倍试片。

(2) 7A04、7A09、2A12、2A12 大梁型材用锭，6A02、2A14、2214 空心大梁型材用锭，2A70、2A02、2A17、7A04、7A09、7075、7050 合金直径不小于 405mm 的一类一级锻件以及探伤制品用锭须100%切取低倍试片。

(3) 除此之外，每根铸锭浇口部、底部切取低倍试片。

对氧化膜试片要求：

(1) 用于锻件的所有合金锭、航空用大梁型材等关键件的2A12、7A04、7A09、7075、7050、7055 合金以及挤压棒材的 2A02、2B50、2A70 合金以及需要探伤制品的每根铸锭都必须按图 8-10 圆锭锯切示意图的规定部位和顺序切取氧化膜及备查氧化膜试片。

(2) 备查氧化膜试片在底部毛料的另一端切取，但对于长度小于 300mm 的毛料应在底部第二个毛料的另一端切取。

(3) 氧化膜试片厚度为（55±5）mm。

(4) 氧化膜及备查氧化膜试片的印记应与其相连毛料印记相同。

固态测氢试片的锯切一般是根据制品要求或液态测氢值对照需要进行切取。

铝及铝合金圆锭的锯切尺寸应符合表 8-6 的要求。

表 8-6 铝及铝合金圆锭的锯切尺寸要求/mm

序号	合金	≤φ250		φ260~φ482		≥φ550	
		切浇口部	切底部	切浇口部	切底部	切浇口部	切底部
1	1×××、3A21、3003	100	120	120	120	120	150
2	2A01、2A04、2A06、2A16、2B16、2A17 及6×××系	100	120	120	120	120	150

续表 8-6

序号	合　金	≤ϕ250		ϕ260~ϕ482		≥ϕ550	
		切浇口部	切底部	切浇口部	切底部	切浇口部	切底部
3	5A02、5052、5A03、5083、5086、5082、5A05、5056、5A06、LF11、5A12、2A12、2024、2A13、2A17、7A19、7A04、7A09、7075、7A10、7A12、7A15、7A52、7A31、7A33、7003、7005、7020、7022、7475、7039、LC88	100	120	120	120	150	150
4	2A14、2014、2A50、2B50、2A70、2A80、2A90、2618、2214、2A02 大梁，以及 2A12、2024、6A02、7A04、7075、7050 要求一级疏松、一级氧化膜的锻件	250	250	200	250	170	250
5	探伤及型号工程制品	350	350	300	350	250	300

注：1. 表中的数值为最少锯切量。

2. 序号“4”中的锯切长度系指这些合金中有锻件及探伤制品要求的铸锭。

3. 其他一般制品（6A02、2A12、2D12 及 7A04、7B04 除外）的锯切长度可比表中规定的长度少 50mm。

圆锭通过低倍试验会检查出一些低倍组织缺陷，如夹渣、光晶、花边、疏松、气孔等，这些组织缺陷将直接影响产品性能，因此必须按规定切除一定长度后再取低倍复查试样。根据产品的不同要求，复查分为废毛料切低倍复查和保毛料切低倍复查，直至确认产品合格或报废。

8.2.2 表面加工

扁、圆铸锭经过锯切后需进行表面加工处理，表面加工方法主要有扁锭的刨边、铣边、铣面，圆锭的车皮、镗孔等。

8.2.2.1 *扁锭表面加工*

扁锭表面加工分为对大面的铣面和对小面的刨边、铣边。

A 铣面

除表面质量要求不高的普通用途的纯铝板材，其铸锭可用蚀洗代替铣面外，其他所有的铝及铝合金铸锭均需铣面。铸锭表面铣削量应根据合金特性、熔铸技术水平、产品用途等原则来确定。其中，所采用的铸造技术是决定铣面量最主要的因素，铸锭表面铣削量的确定要同时兼顾生产效率和经济效益。一般来说，普通产品平面铣削厚度为每面6~15mm，3104罐体料、1235双零箔等高品质铝材用锭锭的铣面量通常在12~15mm。

铣面后坯料表面质量要求：

(1) 铣刀痕控制，通过合理调整铣刀角度，使铣削后料坯表面的刀痕形状呈平滑过渡的波浪形，刀痕深度不大于0.1mm，避免出现锯齿形。

(2) 铣面后的坯料表面不允许有明显深度和锯齿状铣刀痕、及粘刀引起的表面损伤，否则需重新调整和更换刀体。坯料表面允许有断面形状呈圆滑状之刀痕，如果刀痕呈陡峭状，则必须用刮刀修磨成圆滑状，并重新检查和调整好刀的角度。

(3) 铣过第一层的坯料上，发现有长度超过100mm的纵向裂纹时应继续铣面、再检查，若仍有超过100mm长裂纹时，继续铣至条件成品厚度。

(4) 铣面后的坯料，其横向厚差不大于2mm，纵向厚差不大于3mm。

(5) 铣面后的坯料，及时消除表面乳液、油污、残留金属屑。

(6) 铣面后的坯料，其厚度一般应符合表8-7的规定。

表8-7 铝及铝合金扁锭铣面厚度尺寸要求

合　金	坯料厚度/mm	铣面后合格品厚度不小于/mm
所有合金	300	280
	340	320
	400	380
软合金	480	460
阳极氧化板、制罐料等高品质铝材用扁锭	500	465

B　刨边、铣边

镁含量大于3%的高镁合金铸锭、高锌合金扁锭坯料，以及经顺压的2×××系合金扁锭坯料小面表层在铸造冷却时，富集了Fe、Mg、Si等合金元素，形成非常坚硬的质点以及氧化物、偏析物等，热轧时随铸锭的减薄或滚边而压入板坯边部，致使切边量加大，严重时极易破碎开裂，影响板材质量，因此，该类铸锭热轧前均需刨边或铣边。一般表层激冷区厚度约5mm，所以刨边或铣边深度一般控制在5~10mm范围。

刨边质量要求如下。

（1）刨、铣边深度：软合金3~5mm，硬合金和高Mg合金5~10mm。

（2）刀痕深度：软合金不大于1.5mm，硬合金及高Mg合金不大于2.0mm。

（3）加工后的边部应保持铸锭原始形状或热轧需要的形状。

（4）加工后铸锭表面应无明显毛刺，刀痕应均匀。

8.2.2.2 圆锭表面加工

圆锭表面加工分为车皮和镗孔。

（1）车皮质量要求。车皮后的圆锭坯料表面应无气孔、缩孔、裂纹、成层、夹渣、腐蚀等缺陷及无锯屑、油污、灰尘等脏物，车皮的刀痕深度不大于0.5mm（或更小）。为消除车皮后的残留缺陷，圆锭坯料表面允许有均匀过渡的铲槽，一般其数量不多于4处，对于直径不大于405mm的铸锭其深度不大于4mm，直径不小于482mm的铸锭其深度不大于5mm。若通过上述修伤处理仍不能消除缺陷时，允许再车皮按条件成品交货。

（2）镗孔质量要求。所有空心锭都必须镗孔，当空心锭壁厚超差大于10mm时，外径不大于310mm的小空心锭壁厚超差大于5mm时，镗孔应注意操作，防止壁厚不均匀超标，同时修正铸造偏心缺陷。镗孔后的空心锭内孔应无裂纹、成层、拉裂、夹渣、氧化皮等缺陷，以及无铝屑、乳液、油污等脏物，镗孔刀痕深度不大于0.5mm。镗孔至条件品后，仍不能消除铸锭裂纹、成层、拉裂、夹渣、氧化皮等缺陷，可以通过切掉缺陷方法处理。

铝及铝合金圆锭成品锭尺寸标准应符合表8-8的要求。

表 8-8　铝及铝合金圆锭成品锭尺寸标准要求

规　格	直径（外径）公差/mm	内径/mm	长度公差/mm	切斜度/mm	壁厚不均度/mm
ϕ775	±4		−0/+10	≤7	
ϕ800（模压）	±4		−0/+10	≤7	
ϕ630	±4		−0/+10	≤7	
ϕ550	±4		−0/+10	≤5	
ϕ482	±4		−0/+10	≤5	
ϕ310～405	±2		−0/+10	≤5	
ϕ262～290	±2		−0/+10	≤3	
ϕ≤250	±2		−0/+10	≤3	
775/520、775/440	±4	±2	−0/+12	≤7	≤3.0
630/370、630/310、630/260	±4	±2	−0/+12	≤7	≤3.0
482/310、482/260、482/215	±4	±1.5	−0/+10	≤5	≤2.0
405/215、405/115	±4	±1.5	−0/+10	≤5	≤2.0
360/170、360/138、310/138、310/106	±4	±1.5	−0/+10	≤5	≤2.0
262/138、262/106	±2	±1	−0/+10	≤3	≤1.0
222/106、222/85、192/85	±2	±1	−0/+10	≤3	≤1.0

9 铸锭的质量检验及检测技术

第9章
数字资源

9.1 常规质量检验

铸锭均应按熔次、毛料进行化学成分、尺寸偏差、低倍组织和外观质量的检验。经过均匀化处理的铸锭还应检验是否存在过烧组织。根据某些产品质量需求可能还需对铸锭的纯净度、氧化膜、晶粒尺寸等进行检验。

9.1.1 化学成分

化学成分应符合《变形铝及铝合金化学成分》（GB/T 3190）标准或用户的特殊要求。

铝合金化学成分分析方法应按《铝及铝合金化学分析方法》（GB/T 20975）或《铝及铝合金光电直读发射光谱分析方法》（GB/T 7999）的规定进行，仲裁分析应采用 GB/T 20975 规定的方法。化学成分检测技术参见 9.4 节内容。

9.1.2 纯净度

9.1.2.1 氢含量

对铸锭氢含量有要求时，可根据《铝及铝合金铸锭纯净度检验方法》（GB/T 32186）的规定，根据产品方法和等级要求，采用液态测氢或固态测氢方法进行检测。

液态氢含量，在除气装置出口与浇注系统之间的流槽内进行在线测量；固态氢含量，在铸锭或产品上切取样品进行检测，也有在流槽中取样进行检测。

9.1.2.2 渣含量

对渣含量有要求时，可根据《铝及铝合金铸锭纯净度检验方法》

(GB/T 32186)的规定，根据产品方法和等级要求，采用在线测渣或离线测渣方法进行检测。

9.1.3 尺寸偏差

圆铸锭包括外径、内径（空心锭）、长度、弯曲度、切斜度、壁厚差（空心锭）等；扁铸锭包括厚度、宽度、长度、凹凸度、弯曲度、切斜度等。

9.1.4 外观质量

9.1.4.1 圆铸锭

(1) 不车皮铸锭表面应清洁，无裂纹、油污、灰尘、腐蚀，成层、缩孔、偏析瘤等缺陷不得超过有关标准的规定；

(2) 车皮后的铸锭表面不得有气孔、缩孔、裂纹、成层、夹渣、腐蚀等缺陷，以及锯屑、油污、尘土等脏物；

(3) 车皮镗孔后的铸锭表面刀痕、顶针孔深度要符合有关标准的规定。

9.1.4.2 扁铸锭

(1) 不铣面铸锭表面不得有夹渣、冷隔、拉裂，其他缺陷（如弯曲、裂纹、成层、偏析瘤等）不得超过有关标准的规定；

(2) 铣面后的铸锭表面不允许有裂纹、黏铝、起皮、气孔、夹渣、腐蚀、疏松、铝屑等，清除表面的油污及脏物，刀痕深度和机械碰伤要符合标准规定，铸锭两侧的毛刺必须刮净；

(3) 锯切铸锭的锯齿痕深度应符合标准规定，无锯屑和毛刺；

(4) 刨边后的铸锭无裂纹和残留的偏析物。

9.1.5 低倍组织

低倍组织应符合表 9-1 的规定。根据产品质量标准和用户等级要求进行低倍组织检验。低倍组织及氧化膜首次检测不合格时，可切取复查试片进行复查。低倍试片和氧化膜试样的切取方法见图 8-10。

表 9-1 低倍组织分级及要求

缺陷名称	低倍组织要求				
	Ⅰ级	Ⅱ级	Ⅲ级	Ⅳ级	Ⅴ级
裂纹	不允许存在				
气孔	不允许存在				
羽毛晶	不允许存在	羽毛状晶面积小于铸锭截面面积的10%	羽毛状晶面积小于铸锭截面面积的20%	羽毛状晶面积小于铸锭截面面积的30%	
非金属夹杂	不允许存在	任意100cm^{2}不多于1点，全截面不多于2点，且单点直径小于0.3mm	任意100cm^{2}不多于1点，全截面不多于2点，且单点直径小于0.5mm	任意100cm^{2}不多于2点，全截面不多于4点，且单点直径小于0.5mm	任意100cm^{2}不多于3点，全截面不多于6点，且单点直径小于0.5mm
光亮晶粒	不允许存在	每点平均直径为≤3mm时，不允许多于10点； 每点平均直径为>3~9mm时，不允许多于2点； 每点平均直径为>9mm时，不允许存在		每点平均直径为≤3mm时，不允许多于15点； 每点平均直径为>3~9mm时，不允许多于2点； 每点平均直径为>9mm时，不允许存在	
晶粒度	不超过一级	不超过二级	不超过三级	不超过四级	不超过五级
疏松	不超过一级	不超过二级		不超过三级	—
外来金属夹杂、白斑	不允许存在				
粗大金属化合物、化合物偏析	不允许存在	总长≤5mm，且单点长≤1.5mm	总长≤7.5mm，且单点长≤1.5mm	不多于5点，且单点长≤5mm	—
偏析层	有要求时，供需双方协商并在合同中注明				

续表 9-1

缺陷名称	低倍组织要求				
	Ⅰ级	Ⅱ级	Ⅲ级	Ⅳ级	Ⅴ级
氧化膜	不多于 2 点，且单点面积 $\leqslant 2mm^2$		不多于 2 点，且单点面积 $\leqslant 3mm^2$	（应符合产品标准）单点面积 $\leqslant 3mm^2$，且总面积 $\leqslant 9mm^2$	—

9.1.6 显微组织

经过均匀化处理的铸锭显微组织不允许过烧。对铸锭显微疏松尺寸、晶粒尺寸等有要求时，需进行检测。

9.1.7 铸锭标识

铸锭端面标识合金牌号、炉号、熔次号、根号、毛料（节）号等信息，验收后的铸锭打上检印。

9.2 铝合金外观缺陷及分析

9.2.1 裂纹

铸锭裂纹分冷裂纹和热裂纹两种，铸锭冷凝后产生的裂纹叫冷裂纹，铸锭冷凝时产生的裂纹叫热裂纹。

9.2.1.1 冷裂纹

A 冷裂纹的宏观组织特征

在铸锭低倍试片上呈平直的裂线，断口比较整齐，颜色新鲜呈亮灰色或浅灰色（见图 9-1），断口没有氧化。

B 冷裂纹显微组织特征

裂纹不沿枝晶发展，横穿基体和枝晶网络，裂纹平直清晰。

C 冷裂纹形成机理及防止措施

铸造时凝固冷却过程中，铸锭内部由于冷却不均，产生极大不平衡应力。不平衡应力集中到铸锭的一些薄弱处产生应力集中，当应力

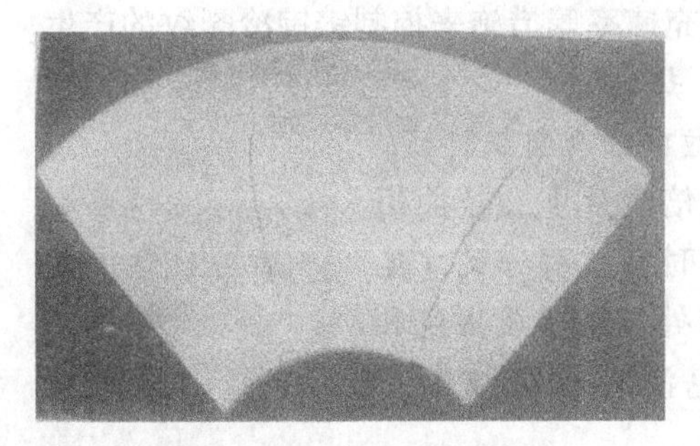

图 9-1 空心锭中的冷裂纹

超过了金属的强度或塑性极限时，在薄弱处则产生裂纹。

冷裂纹多发生在高成分的大尺寸扁锭中，产生底裂、顶裂和侧裂，有时也发生在大直径圆锭中，开裂时常伴有巨大的响声，有时造成危险事故。当铸锭均匀化退火后，由于内部的应力已经消除，不会再产生裂纹。

由于热裂纹对冷裂纹有很大影响。生产中有时发现由热裂纹引起冷裂的情况，因此两种裂纹产生的原因常常难以分辨，其中产生裂纹的敏感合金元素及控制范围见表 9-2。

表 9-2 易引起铸锭裂纹敏感的合金元素及杂质控制范围（质量分数）

合金牌号	合金元素及杂质控制范围/%	细化剂添加量/%
1070A、1060、1050A	$w(Fe)>w(Si)$，$w(Si)<0.3$，$w(Fe)>w(Si)+(0.05\sim0.2)$	0.01~0.02Ti
3A21	$w(Fe)>w(Si)$，$w(Si)=0.2\sim0.3$，$w(Fe+Mn)\leqslant1.8$，$w(Fe)=0.2\sim0.4$	0.03~0.06Ti
5A02，5A05，5A06	$w(Fe)>w(Si)$，$w(Na)<0.001$	
2A11	$w(Si)>0.6$，$w(Cu)>4.5$，$w(Zn)<0.2$	0.01~0.04Ti
2A12	$w(Fe)>w(Si)$，$w(Si)<0.35$ $w(Fe)>w(Si)+(0.03\sim0.15)$，$w(Zn)<0.2$	0.01~0.04Ti
2A50，2B50，2A70，2A80，2A90	2A70 的 $w(Fe)=w(Ni)$，取成分下限，2A80 的 $w(Mn)<0.15$，$w(Fe)>w(Si)$，$w(Si)<0.25$，$w(Fe)=0.3\sim0.45$	0.02~0.1Ti
7A04	扁锭：$w(Mg)=2.6\sim2.75$，Cu、Mn 取下限	

另外，还可通过提高铸造温度、铸造速度，刮水器位置，降低水

流量，控制填充速率等措施来控制铸锭冷裂纹的产生。

9.2.1.2 热裂纹

A 热裂纹的宏观组织特征

在铸锭低倍试片上裂纹曲折而不平直，有时裂纹有分叉（见图9-2)。断口处裂纹呈黄褐色和氧化色，颜色没有冷裂纹断口新鲜。

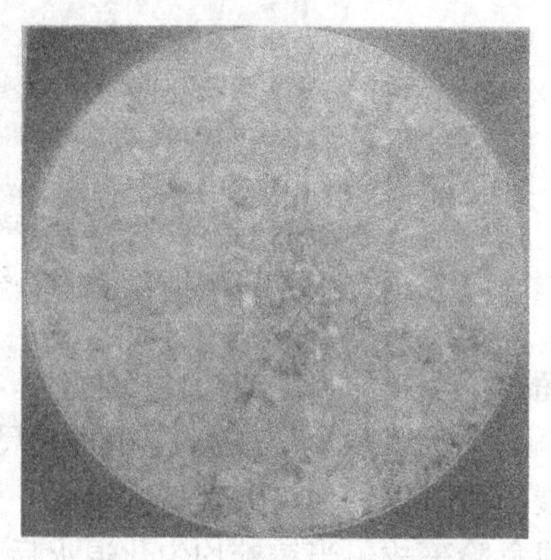
图9-2 热裂纹宏观组织特征

B 热裂纹的显微组织特征

沿枝晶裂开并沿晶发展，在裂纹处经常有低熔点共晶填充物。热裂纹比冷裂纹细，没有冷裂纹好观察，特别是裂纹处有低熔点共晶填充物时，更要与正常低熔点共晶仔细区分，一般前者比后者尺寸小而分布致密。

C 热裂纹形成机理及防止措施

热裂纹是一种普通又很难完全消除的铸造缺陷，除铝硅合金外，几乎在所有的工业变形铝合金中都能发现。因为在固-液区内的金属塑性低，熔体结晶时体积收缩产生拉应力，当拉应力超过当时金属的强度，或收缩率大于伸长率时则产生裂纹。固液状态下，其伸长率低于0.3%时产生热裂纹。热裂纹种类主要有表面裂纹、中心裂纹、放射状裂纹和浇口裂纹等。

可通过降低铸造开头温度、降低填充速率、适当地保持时间、增加开头或过渡段水流量、降低开头或过渡段的铸造速度、提高水的冷却性能等措施来控制铸锭热裂纹的产生。

9.2.1.3 裂纹表现形式

A 中心裂纹

中心裂纹可能是热裂纹，也可能是冷裂纹。它的产生原因是在铸锭凝固过程中，由于中心熔体结晶收缩受到外层完全凝固金属的阻碍，在铸锭中心产生抗应力，当抗应力超过当时金属的允许形变值时，便产生中心裂纹。在高成分合金铸锭中，这种裂纹大多数是一种混合型裂纹，常见于圆锭，如图9-3所示。

B 环状裂纹

环状裂纹是热裂纹，其特征为圆环状。在结晶过程中，当已形成铸锭外壳层硬壳，而中间层的冷却速度又很快时，在过渡带转折处收缩应力很大，收缩受到已凝固硬壳的阻碍，则在液穴结晶面的转折处形成裂纹。如果铸锭表面冷却比较均匀，可能形成环状裂纹，如果铸锭表面冷却不均，则形成半环裂纹，如图9-4所示。

图9-3 中心裂纹

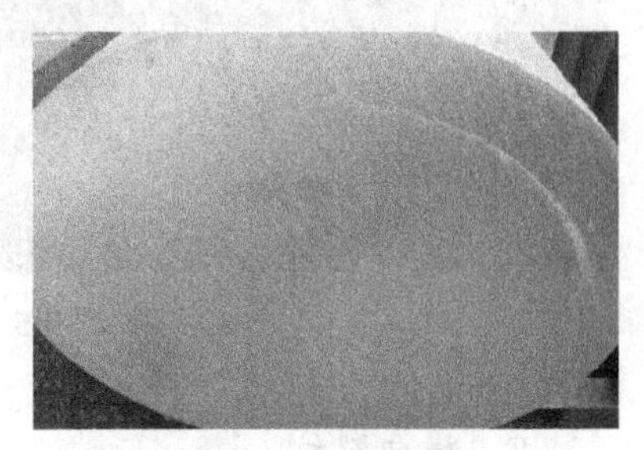

图9-4 环状裂纹

C 放射状裂纹

裂纹由铸锭中心向外散射，像太阳光芒向外散射一样，散射裂纹线相距较远，由铸锭中心附近向外散，彼此相距愈来愈远。

放射状裂纹形成机理是由于中心结晶产生收缩拉应力，拉应力受外层阻碍，当拉应力很大时使已结晶的金属呈放射状裂开，使过大的拉应力得以释放。由于铸锭表面早已结晶，金属的强度超过应力数值，铸锭表面很难裂开。在形成放射状裂纹时，中心熔体还没有结晶，熔体立即将形成的裂纹间隙填充，在间隙处快冷结晶形成细小的枝晶。一般放射状裂纹不明显，往往没有破坏金属的连续性。

放射状裂纹多发生在空心铸锭中，在圆铸锭中也时有发生。空心锭产生该种裂纹的原因是铸锭内表面急剧冷却，芯子妨碍铸锭热收缩。放射状裂纹为热裂纹。

D 表面裂纹

裂纹产生在铸锭表面，表面裂纹通常是热裂纹，如图9-5所示。

当液穴底部高于铸锭直接水冷带时形成，其原因是铸造速度过小和结晶槽过高。当铸锭从结晶槽拉出来的瞬间，铸锭外层急剧冷却，收缩受到已经凝固的铸锭中心层阻碍，使外层产生拉应力而开裂。表面裂纹特征是裂纹沿铸锭表面纵向发展。夹渣、冷隔、漏铝、沟痕等也会造成局部应力集中而形成表面裂纹。

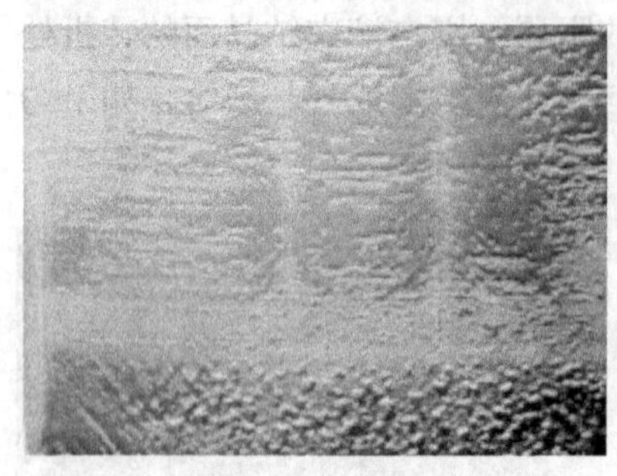

图 9-5　表面裂纹

E　横向裂纹

横向裂纹属于冷裂纹，多发生在 2A12、7A04、7075、7A09 等硬合金大直径铸锭中。产生原因是铸锭直径大，铸造速度过小，轴向温度梯度大，沿铸锭的横截面开裂。

F　底部裂纹

裂纹位于铸锭底部，产生原因是与底部接触的铸锭下部冷却速度很快，而上层冷却速度较慢，使下层受拉应力。如果铸锭两端发生翘曲，由热应力引起的铸锭变形大于铸锭所能承受的形变时，将在铸锭的底部引起裂纹。底部裂纹多发生在扁锭中（见图 9-6）。

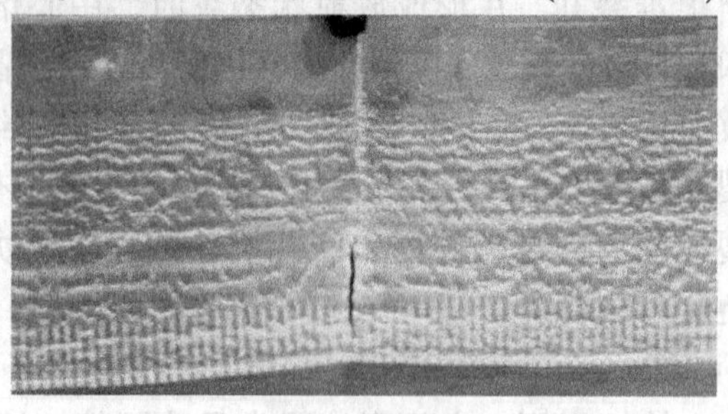

图 9-6　底部裂纹

G 浇口部裂纹

裂纹位于铸锭浇口部中心，沿铸锭纵向向下延伸。产生原因是在铸造末期，铸锭顶部金属凝固收缩时，在顶部产生拉应力，将刚结晶塑性很低的中心组织拉裂而产生裂纹。如果浇口区的金属在较高的温度已经形成了细小的热裂纹，在铸锭继续冷却过程中，应力以很大的冲击力使铸锭开裂。这种裂纹开裂有很大的危险性，不但容易使铸造工具破坏，还可能导致人身安全事故。生产中，浇口有夹渣、掉入底结物、水冷不均和回火处理不当等原因，都可能产生浇口裂纹。浇口裂纹多发生在扁锭中。

H 晶间裂纹

在铸造塑性高的软合金时，如果化学成分和熔铸工艺控制不当，熔体结晶时产生粗大等轴晶、柱状晶或羽毛状晶，由于收缩应力使塑性差晶界裂开而产生晶间裂纹，这种裂纹的特征是都沿晶界开裂。

I 侧面裂纹

裂纹产生在扁铸锭的侧面，见图 9-7，产生原因是铸锭侧面冷却速度过大，外表层急剧收缩，已凝固的内层对收缩有阻碍，产生很大拉应力使侧面金属产生裂纹。

J 鱼刺形裂纹

鱼刺形裂纹产生于扁铸锭的大面，呈鱼刺形沿着铸锭大面纵向展开，常见于硬合金铸锭，该类型裂纹属于冷裂纹，如图 9-8 所示。

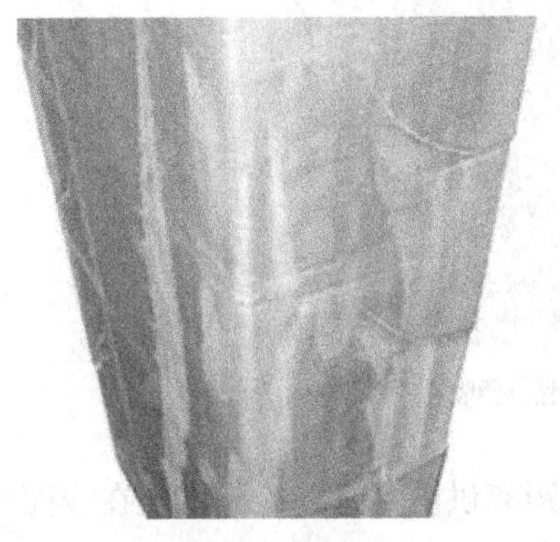

图 9-7 侧面裂纹

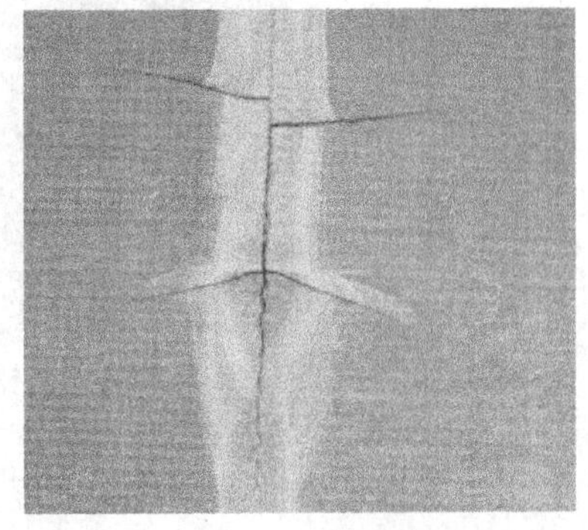

图 9-8 鱼刺形裂纹

9.2.2　冷隔

铸锭外表皮上存在的较有规律的金属重叠或靠近表皮内部形成的隔层叫冷隔。

9.2.2.1　冷隔的宏观组织特征

冷隔在铸锭表皮上呈近似圆形、半圆形或圆弧形不合层，不合层处金属呈沟状凹下。在低倍试片上组织有明显分层，分层处凹下形成沿铸锭外表面的圆弧状黑色裂纹（见图 9-9）。

9.2.2.2　冷隔的显微组织特征

冷隔处为黑色裂纹，裂纹处有非金属夹杂，裂纹组织两边相近。

9.2.2.3　冷隔的形成机理

由于铸造工艺不当，在熔体与结晶器接触的弯月面上，由于液穴内的金属不能均匀到达铸锭边部，在金属流量小的地方，熔体不能充分补充，该处的熔体温度很快下降结晶成硬壳，硬壳与结晶器间产生空隙。当结晶槽中金属液面提高到足以克服表面张力并冲破表面氧化膜时，熔体流向已产生的空隙中，后来的熔体结晶后与先结晶的已形成表面氧化膜的硬壳不能焊合。

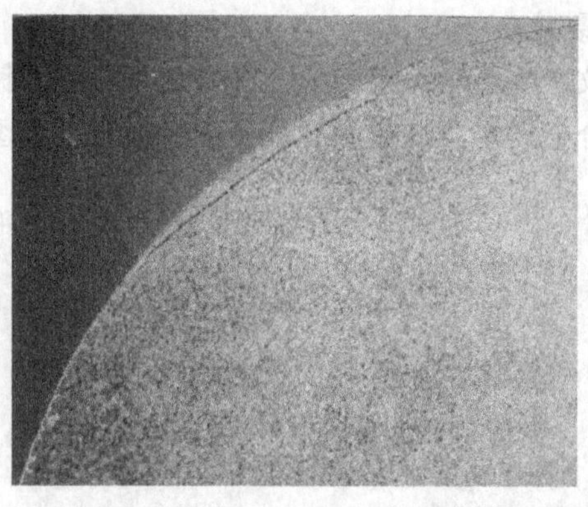

图 9-9　圆铸锭冷隔宏观组织

由于扁铸锭因窄面冷却强度大，距离供应点远，冷隔首先在窄面形成。

9.2.2.4 冷隔的危害性及处理方式

因为冷隔使铸锭形成隔层，破坏了金属的连续性，当该处应力很大时，常常引起扁铸锭形成侧面裂纹，引起圆铸锭形成横向裂纹。如果冷隔没有导致铸锭产生裂纹，因其破坏了金属的连续性，加工铸锭时也导致产生裂纹。为了保证加工质量和制品质量，生产中可通过铣面或车皮方式将冷隔去除。当冷隔过深时，铸锭报废。

9.2.2.5 冷隔的防止措施

(1) 提高铸造速度，增加熔体供流量；

(2) 提高铸造温度，增加熔体的流动性；

(3) 提高结晶器金属液位；

(4) 保证结晶器平台水平；

(5) 如扁锭结晶器转角冷却过大造成冷隔，可堵塞部分结晶器转角水孔。

9.2.3 拉裂和拉痕

在铸锭表面纵向上存在的条痕称拉痕。在铸锭表面横向上存在的小裂口称拉裂。

9.2.3.1 组织特征

拉痕的组织特征为沿铸锭表面纵向分布的条痕，条痕凹下，深度很浅。显微组织与正常组织没有差别。

拉裂的组织特征为沿铸锭表面横向分布的小裂口，裂口断续，深度较拉痕深但有底，小裂口边界不整齐，见图 9-10。

图 9-10 拉裂宏观组织

9.2.3.2　拉裂的形成机理

拉痕与拉裂形成的机理相同，差别只是两者的程度不同。当熔体结晶后将铸锭从结晶槽向铸造井下拉时，由于在结晶槽内熔体刚结晶形成的金属凝壳强度较低，不足以抵抗铸锭和结晶槽工作面之间的摩擦力，铸锭表面则被拉出条痕，严重时将铸锭表面横向拉出裂口，再严重时可能将局部硬壳拉破，在裂口处产生流挂。

9.2.3.3　拉裂的危害性及处理方式

拉痕和拉裂破坏了铸锭表层组织的连续性，当深度不超过铸锭表面加工余量时，用铣面或车皮的办法将其去掉；当深度很深时，将铸锭报废。

9.2.3.4　拉裂的防止措施

（1）保证结晶器光滑和进行润滑，不允许有毛刺、水垢和划痕；
（2）结晶器要放正，防止铸锭下降时一边产生很大的摩擦力；
（3）适当结晶器锥度；
（4）适当降低浇注速度和浇注温度；
（5）均匀冷却，适当提高水压；
（6）适当降低结晶器金属液位。

9.2.4　弯曲

铸锭纵向轴线不成一条直线的现象称为弯曲。

9.2.4.1　弯曲的形成机理

结晶器或底座安装不水平、不稳定，铸造机导轨不正或固定不牢，开头底部漏铝，冷却不一致造成的底部翘曲差异，导致铸锭在铸造过程中失衡。

9.2.4.2　弯曲的危害及处理方式

弯曲可能导致铸锭部分表面铣面或车皮量不足，影响铸锭的后续加工质量。当弯曲不大时，可通过增加铣面或车皮量和矫直进行消除；当弯曲过大时，因无法进行加工变形，铸锭报废。

9.2.4.3　弯曲的防止措施

（1）结晶器或底座安装水平、平稳；
（2）底座平台导向柱与结晶器平台导向孔之间无擦挂；

(3) 调正或固定好铸造机导轨，防止液压缸旋转和铸锭一边偏重；

(4) 结晶器冷却水出水均匀；

(5) 防止漏铝。

9.2.5 偏心

空心铸锭内外不同心的现象称为偏心。

9.2.5.1 偏心的形成机理

芯子安装不正，铸造机下降时不平稳，铸造工具不符合要求均可能导致偏心。

9.2.5.2 偏心的危害性及处理方式

偏心使空心锭壁厚不均，对工艺性能有严重影响。如果偏心不大可用镗孔来校正，如果偏心过大铸锭只能报废。

9.2.5.3 偏心的预防措施

(1) 芯子安装对正；

(2) 保证铸造机运行平稳；

(3) 铸造工具尺寸要符合要求。

9.2.6 尺寸不符

铸锭的实际尺寸不满足所要求的尺寸称为尺寸不符。

9.2.6.1 尺寸不符的形成机理

设备或工艺控制发生异常导致铸造中断，铸造结束前回炉控制不当，投料量不准确，结晶器变形等可能造成铸锭尺寸不符。

9.2.6.2 尺寸不符的危害性及处理方式

铸锭尺寸不符可能使产品不能正常交付，可通过改尺方式进行处理，否则只能报废。

9.2.6.3 尺寸不符的防止措施

(1) 根据不同的熔体流量控制好回炉时机；

(2) 定期对铸造机进行长度控制等的校验；

(3) 根据烧损、在线装置容量、余料情况等准确计算投料量；

(4) 保证结晶器尺寸符合要求。

9.2.7　周期性波纹

铸锭横向表面存在的有规律的条带纹称为周期性波纹（也称竹节）。

9.2.7.1　周期性波纹的形成机理

表面张力过大阻碍了熔体流动或铸锭的周期性摆动使大面产生周期性渗出物。周期性波纹多产生于纯铝、3003 软合金铸锭表面以及 6063 热顶小圆锭。

9.2.7.2　周期性波纹的危害性及处理方式

该缺陷在车皮或铣面量不足时对后续产品加工质量会造成影响。可对铸锭进行车皮或铣面修复。

9.2.7.3　周期性波纹的主要防止措施

（1）提高铸造温度；

（2）提高铸造速度；

（3）降低结晶器金属液位；

（4）确保铸造机速度稳定。

9.2.8　表面气泡

铸锭均匀化热处理后，有时在表面形成的鼓包称表面气泡，如图 9-11 所示。

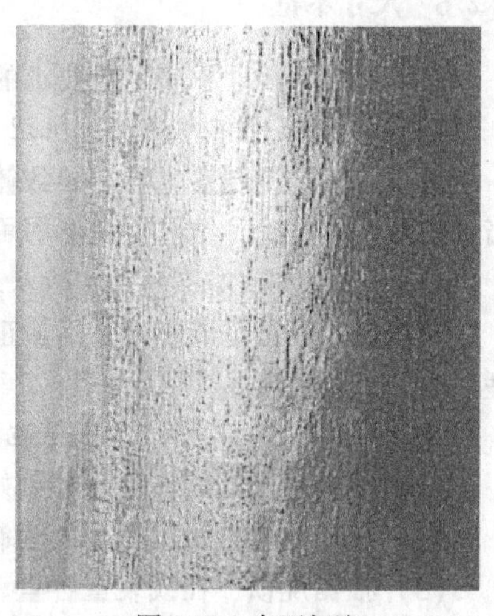

图 9-11　表面气泡

9.2.8.1　宏观组织特征

在铸锭表面上为分散的鼓包，鼓包内为空腔，放大倍数观察，空腔内壁有闪亮的金属光泽。

9.2.8.2　显微组织特征

气泡空腔附近有疏松和均火后残存的枝晶组织，气泡内壁对应位置的枝晶组织有对应性。用电子显微观察，气泡内壁有梯田花样，表明气泡以疏松为核心形成。

9.2.8.3 形成机理

铸锭表面气泡不是铸造后就存在，而是铸锭均匀化退火后才出现，好像这不属于冶金缺陷，其实主要是铸锭中氢含量过高所致。

当熔炼过程中，由于除气不彻底，将熔体中残存的过多气体，主要是氢气保留在铸锭内。氢含量过高时在铸锭内形成气泡，氢含量较高时形成疏松。

铸锭的表面气泡除与铸锭内的氢含量有关外，还与铸造时的冷却速度和均匀化温度有关。根据对 Al-Mg-Si 合金的研究，当铸锭中氢含量相同时，铸造冷却速度愈快，均热温度愈高，在铸锭表面愈容易生成气泡，见表 9-3。

表 9-3 铸锭氢含量、冷却速度、均火温度与表面气泡的关系

均火温度/℃	铸锭冷却速度	熔体含氢量/mL·$(100gAl)^{-1}$			
		0.142	0.174	0.192	0.280
530	慢冷				
	快冷				
540	慢冷				
	快冷				气泡
550	慢冷				气泡
	快冷			气泡	气泡
560	慢冷			气泡	气泡
	快冷	气泡	气泡	气泡	气泡
570	慢冷		气泡	气泡	气泡
	快冷	气泡	气泡	气泡	气泡
580	慢冷	气泡	气泡	气泡	气泡
	快冷	气泡	气泡	气泡	气泡

除铸锭外，加工制品如板材和挤压制品等，在热处理时也能在其表面上生成气泡。其原因除铸锭生成气泡的原因外，还与热处理炉内湿度过大有关。因为水蒸气与铝表面反应生成原子氢，氢原子半径很小，沿着晶界和晶格间隙扩散进入金属表层内。当炉内温度降低时，

由于炉内氢浓度很低，氢又从固溶体内析出，压力达到几个大气压，将表面金属鼓起形成气泡。这种气泡是由环境氢引起的，气泡尺寸较铸锭内部氢引起的气泡尺寸小，一般为0.1~1mm，气泡大小均匀。

9.2.8.4 表面气泡的危害及处理方式

表面气泡破坏了表皮组织的连续性，铸锭要车皮和铣面，板材和锻件不应超过公差余量之半。

9.2.8.5 表面气泡防止措施

(1) 加强除气精炼，降低熔体氢含量；

(2) 热处理时温度不能太高，时间也不能过长；

(3) 热处理炉内湿度不能过高；

(4) 流槽、流盘等转注工具要充分预热。

9.2.9 偏析瘤

半连续铸造过程中，在铸锭表面上产生的瘤状偏析渗出物，称为偏析瘤。

9.2.9.1 偏析瘤的宏观组织特征

偏析瘤在铸锭表面呈不均匀的凸起，像大树干表面的凸起一样，只是比树皮上的凸起多，尺寸也小得多。对合金元素高的合金，特别是大截面的圆铸锭，偏析瘤的尺寸较大，例如2024、2A12和7A04合金等，尺寸大约为10mm，凸起高度在5mm以下，其他合金偏析瘤尺寸小得多，分布也不如硬合金密集。

9.2.9.2 偏析瘤显微组织特征

第二相尺寸比基体的大几倍，分布也致密，第二相体积分数也大几倍。有时在偏析瘤处可发现一次晶，如羽毛状或块状的Mg_2Si，或相中间有孔的Al_6Mn等。图9-12为2A12合金铸锭边部显微组织，基体组织细小而均匀，偏析瘤处第二相粗大而致密。

9.2.9.3 偏析瘤形成机理

铸造开始时，熔体在结晶器内急骤受冷凝固使体积收缩，在铸锭表面与结晶器工作表面之间产生了间隙，使铸锭表面发生二次加热而产生二次重熔，这时在金属静压力和低熔点组成物受热重熔熔体所产生的附加应力联合作用下，含有大量低熔点共晶的熔体，沿着晶间及

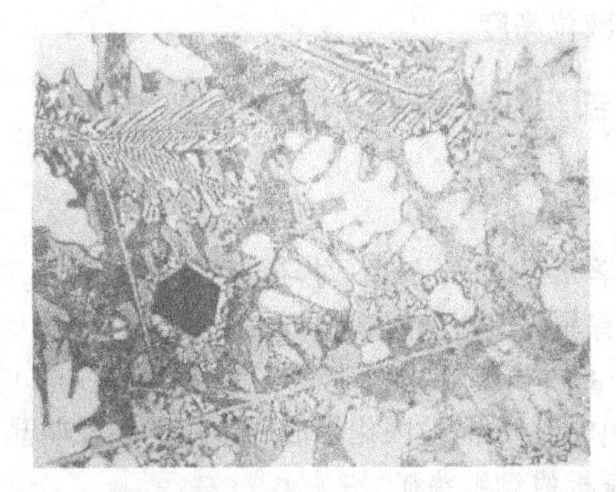

图 9-12 2A12 铸锭偏析瘤显微组织（混合酸浸蚀）

枝晶间的缝隙，冲破原结晶时形成的氧化膜挤入空隙，凝结成偏析瘤。表 9-4 为 2A12 合金铸锭偏析瘤成分。

表 9-4 2A12 合金铸锭偏析瘤成分（质量分数） （%）

元素	Cu	Mg	Mn	Fe	Si
基体	4.37	1.33	0.52	0.25	0.24
偏析瘤	11.07	3.0	0.41	0.59	0.60

9.2.9.4 偏析瘤的危害及处理方式

偏析瘤是不正常组织，如果生产过程中没有或没全部去除，残余的偏析瘤则被带入后续加工制品的表面或内部，给制品性能带来严重的危害。另外，因其含有大量低熔点共晶，合金在热处理时很容易引起过烧和表面起泡，这对任何制品都是不允许的。

偏析瘤可通过铣面进行去除。

9.2.9.5 偏析瘤的防止措施

（1）降低铸造温度和铸造速度；

（2）结晶器和芯子锥度不能过大；

（3）提高冷却强度或结晶器不能局部缺水；

（4）玻布袋、铸造漏斗要放正，保证结晶器内液流分布均匀；

（5）下注管和塞棒配合要同心、垂直，圆度均匀、不能有缺失，底部水平一致；

（6）降低液位高度。

9.3　铸锭内部组织缺陷及分析

9.3.1　偏析

铸锭中化学元素成分分布不均匀的现象称为偏析。在变形铝合金中，偏析主要有晶内偏析和宏观偏析。

9.3.1.1　晶内偏析

显微组织中同一个晶粒内化学成分不均的现象叫晶内偏析。

A　晶内偏析的组织特征

晶内偏析只能从显微组织中看到，在铸锭试样浸蚀后其特征是，晶内呈年轮状波纹（图9-13），如果用干涉显微镜观察，水波纹色彩更加清晰好看。合金成分由晶界或枝晶边界向晶粒中心下降，晶界或枝晶边界附近显微硬度比晶粒中心显微硬度高。水波纹的产生原因是，晶粒内不同部位合金元素含量不同，受浸蚀剂浸蚀的程度不同。

图9-13　铸锭晶内偏析显微组织特征

B　晶内偏析形成机理

在连续或半连续铸造时，由于存在过冷，熔体进行不平衡结晶。当合金结晶范围较宽，溶质原子在熔体中的扩散速度小于晶体生长速度时，先结晶晶体（即一次晶轴）含高熔点的成分多，后结晶晶体含低熔点的成分较多，结晶后形成从晶粒或枝晶边缘到晶内化学成分的不均匀。晶内偏析因合金而异，虽然不可避免但可以控制使其变轻。在变形铝合金中，3A21、3003合金铸锭晶内偏析最严重。

C 晶内偏析的危害及处理方式

（1）晶内偏析造成的化学成分不均匀性和出现的不平衡过剩相，使合金抵抗电化学腐蚀的稳定性降低；

（2）非平衡共晶或低熔组成物的出现使合金开始熔化温度降低，使铸锭在随后的热变形或淬火的加热过程中容易产生局部过烧；

（3）晶内偏析造成非平衡相出现和使第二相数量增加，这些低熔相在晶枝周围组成硬而脆的枝晶网络，使铸锭的塑性和加工性能急剧降低；

（4）由晶内偏析造成的化学成分不均匀性遗传到半制品中，导致退火后在加工材中形成粗大晶粒。

晶内偏析是不平衡结晶造成的，因此在铝合金连续铸造的实际生产中，晶内偏析是不可避免的。消除晶内偏析的有效方法是对铸锭进行长时间的均匀化处理。例如对3003合金铸锭，如果不进行均匀化处理直接轧制成板材，则板材退火后晶粒粗大。原因是晶内有严重的锰偏析，导致再结晶温度提高与再结晶温度区间加宽，最终产生大晶粒。为了获得细晶粒，必须提高铁含量（大于0.4%）和加入少量钛，在600~620℃将铸锭均匀化，采用高温热轧（480~520℃）和板材退火快速加热等措施。

D 晶内偏析预防措施

（1）适当控制化学成分，细化晶粒；

（2）提高结晶过程中溶质原子在熔体中的扩散速度；

（3）降低和控制结晶速度。

9.3.1.2 宏观偏析

宏观偏析是指易熔组分在铸锭横截面上有规律性的不均匀分布。根据易熔组分在铸锭横截面上富集的部位，区域偏析可分为正偏析、逆偏析、中间偏析三种类型。铸锭中心部分富集易熔组分的宏观偏析称正偏析，铸锭边部富集易熔组分的宏观偏析称逆偏析，易熔组分主要富集在铸锭中心和边部之间的中间区域时，这种偏析称中间偏析。在连续铸造的铝合金铸链内，宏观偏析主要表现为易熔组分的逆偏析，即铜、镁、锌、硅的含量从铸锭边部向中心不断下降。

A 宏观偏析的组织特征

其组织特征不能用金相显微镜观察，只能用化学分析方法确定。图9-14为2A12合金铸锭铜含量与位置的关系。

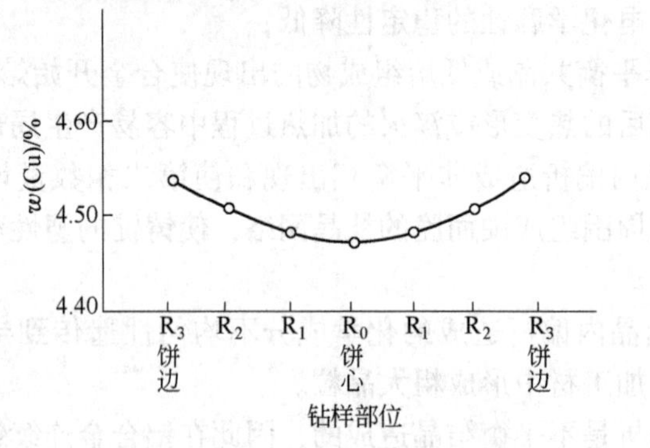

图9-14 铸锭铜含量与位置的关系

B 宏观偏析形成机理

传统解释认为，随着熔体凝固的进行，残余液体中溶质富集，由于凝固壳的收缩或残余液体中析出的气体压力，使溶质富集相穿过形成凝壳的树枝晶的枝干和分支间隙，向铸锭表面移动，使铸锭边部溶质高于铸锭中心。

C 宏观偏析的危害及处理方式

铝合金铸锭中的逆偏析是使铸锭及其压力加工制品在力学性能和物理性能方面产生很大差异的重要原因，逆偏析程度严重的区域，其化学成分甚至超出标准的规定范围，并使力学性能超标而报废。

逆偏析是铝合金连续铸造凝固过程中的一种伴生现象，无法完全避免，也不能用高温均匀化使之消除。

D 宏观偏析的防止措施

（1）增大冷却强度，采用矮结晶器；

（2）采用低液位铸造；

（3）适当降低铸造速度；

（4）适当提高铸造温度；

（5）采用合适的玻布袋、漏斗、下注管、塞棒，均匀导流；

（6）细化晶粒。

9.3.2 缩孔

液体金属凝固时，由于体积收缩而液体金属补缩不足时，凝固后铸锭尾部中心形成的空腔称为缩孔。

缩孔破坏了金属的连续性，严重影响工艺性能，可在铸锭机加或热轧时去除。

9.3.3 疏松与气孔

9.3.3.1 疏松

一般将铸锭宏观组织中的黑色针孔称为疏松。

A 疏松的宏观组织特征

将铸锭试片车面或铣面，再经碱水溶液浸蚀后，用肉眼即可观察到试样表面上所存在的黑色针孔状疏松。

疏松断口的宏观特征是，断口组织粗糙、不致密，疏松超过二级时，呈白色絮状断口，图 9-15 所示为 7A04 合金 ϕ405mm 圆铸锭断口上的疏松。

图 9-15 7A04 合金 ϕ405mm 圆铸锭断口上的疏松
（上边断口无疏松，组织细密，下边为四级疏松，断口粗糙有白亮点）

生产中按四级标准对铸锭疏松定级，疏松级别愈高，疏松愈严重，黑色针孔不但数量多，尺寸也大，在低倍试片上尺寸在几十至几百微米之间。

B　疏松的显微组织特点

在显微组织中，疏松呈有棱角形成的黑洞，铸锭变形后，有的变成裂纹，有的仍然保持原貌。不管试样浸蚀与否，疏松都能看见，不过还是浸蚀后容易观察。断口用扫描电镜或电子显微镜观察，疏松内壁表面有梯田花样（见图 9-16)，梯田花样为枝晶露头的结晶台阶。

图 9-16　疏松电子图像

C　疏松的形成机理

一般将疏松分收缩疏松和气体疏松两种，收缩疏松产生的机理是，金属铸造结晶时，从液态凝固成固态，体积收缩，在树枝晶枝杈间因液体金属补缩不足而形成空腔，这种空腔即为收缩疏松。收缩疏松一般尺寸很小，从铸造技术上讲收缩疏松难以避免。

气体疏松产生的机理是，熔体中未除去的气体氢气含量较高，气体被隐蔽在树枝晶枝杈间隙内，随着结晶的进行，树枝晶枝杈互相搭接形成骨架，枝杈间的气体和凝固时析出的气体无法逸出而集聚，结晶后这些气体占据的位置成为空腔，这个空腔就是由气体形成的气体疏松。

铸锭疏松的分布规律是，一般在圆铸锭中心和尾部较多，扁铸锭多分布在距离宽面 0. 5~30mm 的表皮层内。

D　疏松的危害及处理方式

金属加工变形后，疏松有的能被焊合，有的不能被焊合，不能被焊合的疏松往往成为裂纹源。变形量较大或淬火时，几个邻近的疏松可能形成小裂纹，进而相连形成大裂纹，导致加工制品报废。如果疏松没形成大裂纹，也不同程度降低制品的使用寿命。

疏松对铸锭性能有不良影响，疏松愈严重，影响愈大。例如对7A04合金圆铸锭，随着疏松级别加大，强度、伸长率和密度都下降（见表9-5）。4级疏松铸锭比没有疏松铸锭的强度下降25.7%，伸长率下降55.4%，密度下降2%，其中伸长率下降最大。

表9-5 7A04合金不同级别疏松铸锭的性能

疏松级别	密度/g·cm^{-3}	σ_b/MPa	δ/%
0	2.806	231.1	0.56
1	2.788	224.3	0.50
2	2.770	208.9	0.41
3	2.767	189.6	0.25
4	2.754	176.6	0.25

对2A12合金ϕ405mm圆铸锭，铸锭的强度和伸长率随疏松在铸锭中的体积分数增大而下降，疏松体积分数从2.8%增至10.8%，强度下降21%，伸长率下降50%，显然疏松对塑性的影响更大。

疏松对加工制品的力学性能，特别是对横向性能有明显影响，例如对2A12合金飞机用大梁型材，疏松严重降低型材横向的强度和伸长率，4级疏松比没有疏松型材强度下降12%，伸长率下降44.9%（见表9-6）。

表9-6 2A12合金各级疏松大梁型材性能

疏松级别	纵向			横向				高向			
	σ_b/MPa	$\sigma_{0.2}$/MPa	δ/%	σ_b/MPa	$\sigma_{0.2}$/MPa	δ/%	α_k/J·cm^{-2}	σ_b/MPa	$\sigma_{0.2}$/MPa	δ/%	α_k/J·cm^{-2}
0	537.1	354.2	16.9	481.2	317.2	16.7	1.23	421.4	245.2	6.3	0.79
1	546.3	364.3	14.6	480.3	327.5	15.7	1.14	444.2	304.8	8.8	0.72
2	544.6	347.3	16.1	466.5	316.9	12.6	0.98	428	299.1	7	0.69
3	545.2	361.2	16.3	460.1	320.2	10.2	1.1	404.2	300.5	5.8	0.79
4	542	347.2	15.5	423.5	308.6	9.2	1.16	414.2	29.5	6.8	0.68

E　疏松的防止措施

(1) 缩小合金开始凝固温度与凝固终了温度差；

(2) 减少熔体、工具、熔剂、氯气或氮气水分含量；

(3) 熔体不能过热，停留时间不能过长，高镁合金要把表面覆盖好，防止熔体吸收大量气体；

(4) 提高浇注温度，降低浇注速度；

(5) 高温高湿季节，控制空气中的湿度；

(6) 强化熔体净化，降低熔体氢含量。

9.3.3.2　气孔

铸锭试片中存在的圆形孔洞称气孔。

A　气孔的组织特征

在铸锭试片上，气孔的宏观和微观特征都为圆孔状（见图 9-17），在变形制品的纵向上有的被拉长变形（见图 9-18）。圆孔内表面光滑明亮，光滑的原因是结晶凝固时气泡的压力很大，明亮的原因是气泡封闭在金属内，气泡内壁没被氧化。与其他缺陷不同，铸锭或制品试片不浸蚀，也清晰可见气孔。

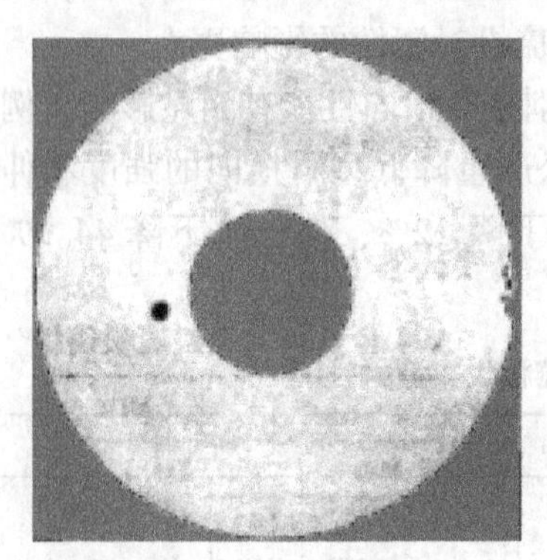

图 9-17　空心铸锭气孔

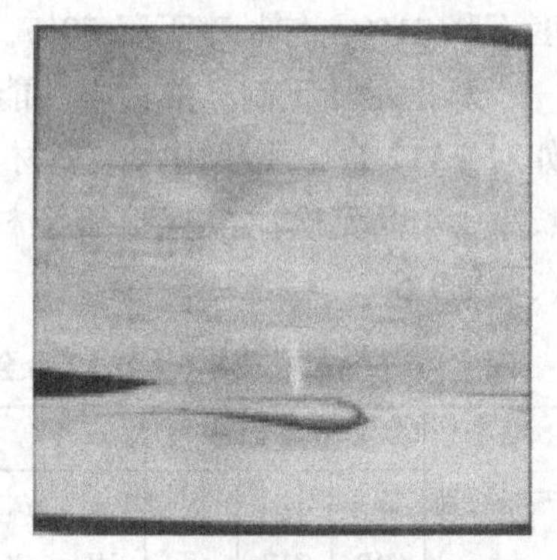

图 9-18　挤压棒材中的气孔
（气孔沿变形方向被拉长）

气孔尺寸一般都很大（约几毫米），个别合金尺寸则较小，在低倍试片检查时很难发现，只在断口检查时才能发现。如火车活塞用的 4032 合金，由于熔体黏度过大，气体排出困难，有时在打断口时可发现小而多的气泡（见图9-19），气泡个个呈半球形闪亮发光，尺寸约1mm，分布比较均匀。气孔在铸锭中分布没有规律，常常与疏松伴生。

图9-19 4032合金405mm圆铸锭低倍试片断口
（断口上闪亮的圆孔为气泡）

B 气孔形成机理

当熔体中氢含量较大且除气不彻底时，使氢气以泡状存在，并在金属凝固后被保留下来，在金属内形成球形空腔。

C 气孔的危害及处理方式

铸锭中的气孔破坏了金属的连续性，严重影响工艺性能。气孔在不能切除的情况下只能报废处理。

D 气孔的预防措施

（1）从原辅材料、燃料、工具、设备、工艺五个方面采取措施，降低熔体中的含气量和非金属氧化物含量。

（2）适当提高铸造温度，降低铸造速度，建立良好的析气条件，便于气泡上浮。

（3）提高铸锭冷却速度，阻止气体以气泡形式析出。

9.3.4 夹杂与氧化膜

9.3.4.1 非金属夹杂

在宏观组织中，与基体界限不清的黑色凹坑称为非金属夹杂。

A 非金属夹杂组织特征

宏观组织特征为没有固定形状、黑色凹坑、与基体没有清晰界限

(见图 9-20)。非金属夹杂的特征，只有在铸锭低倍试片经碱水溶液浸蚀后，才能清晰显现。断口组织特征为黑色条状、块状或片状，基体色彩反差很大，很容易辨认。

图 9-20 非金属夹杂的宏观组织
(边部黑色物是非金属夹杂)

显微组织特征多为絮状的黑色紊乱组织，紊乱组织由黑色线条组成，与白色基体色差明显。

B 非金属夹杂形成机理

在熔炼和铸造过程中，如果将来自熔剂、炉渣、炉衬、油污、泥土和灰尘中的氧化物、氮化物、碳化物、硫化物带入熔体并除渣、过滤不彻底，铸造后在铸锭中则产生夹杂。

C 非金属夹杂的危害及处理方式

非金属夹杂严重破坏了金属的连续性，对金属的性能特别是高向性能有严重影响；对薄壁零件更加有害，并破坏了零件的气密度。当夹杂存在于轧制板材中则形成分层。不管夹杂存在于何种制品中，都是裂纹源，都是绝对不允许的。

以 5A03 合金圆铸锭和 3003 空心锭为例，将有夹杂和没夹杂铸锭的性能相比较（见表 9-7），在 5A03 合金拉伸试样断口上，夹杂面积占 4.5%时，强度下降 12.4%，伸长率下降 50%。在 3003 合金拉伸试样断口上，夹杂面积占 1.5%时，强度下降 7%，伸长率下降 18%。

表 9-7 5A03 合金圆铸锭及 3A21 合金空心锭非金属夹杂对力学性能的影响

合 金	拉伸试样断口情况	夹杂占断口面积/%	σ_b/MPa	$\sigma_{0.2}$/MPa	δ/%
5A03	无夹杂	0	205.0	115.8	8.8
	有夹杂	0.4	191.3	116.7	5.3
	有夹杂	4.5	179.5	116.7	4.3
3003	无夹杂	0	131.3		28.7
	有夹杂	1.5	121.5		23.2

通过对低倍试片或断口的检查，确认非金属夹杂是否符合相应标准，否则作报废处理。

D 非金属夹杂防止措施

(1) 将原、辅材料中的油污、泥土、灰尘和水分等清除干净；

(2) 炉子、流槽、虹吸箱要处理干净；

(3) 精炼要好，精炼温度不能太低，防止渣液分离不好，炉渣要除净；

(4) 强化在线除气和过滤，提高熔体纯净度；

(5) 降低转注、供流和分流过程的二次污染；

(6) 提高铸造温度，以增加金属流动性，使渣子上浮。

9.3.4.2 金属夹杂

在组织中存在的外来金属称为金属夹杂。

A 金属夹杂的组织特征

金属夹杂的宏观和微观组织特征，都为有棱角的金属块，颜色与基体金属有明显的差别，并有清楚的分界线，多数为不规则的多边形界线，硬度与基体金属相差很大。

B 金属夹杂的形成机理

由于铸造操作不当，或由于外来金属掉入液态金属中，铸造后外来的没有被熔化的金属块保留在铸锭中。

C 金属夹杂的危害及处理方式

由于外来金属与基体有明显分界面，其塑性与基体又有很大的差别，铸锭变形时在金属夹杂与基体金属的界面上很容易产生裂纹，严重破坏了制品的性能，铸锭和铝材含有这种缺陷则为绝对废品。虽然大生产中这种缺陷很少，但一旦有这种缺陷，常常会造成严重后果，例如可以将价值昂贵的轧辊损坏。

9.3.4.3 氧化膜

铸锭中存在的主要由氧化铝形成的非金属夹杂称为氧化膜。

A 氧化膜的宏观组织特征

由于氧化膜很薄，与基体金属结合非常紧密，在未变形的铸锭宏观组织中不能被发现，只有按特制的方法，将铸锭变形并淬火后做断口检查时才能被发现，其特征为褐色、灰色或浅灰色的片状平台

(见图9-21)，断口两侧平台对称。各种颜色氧化平台光滑度不同，褐色氧化膜放大倍数观察有起层现象。

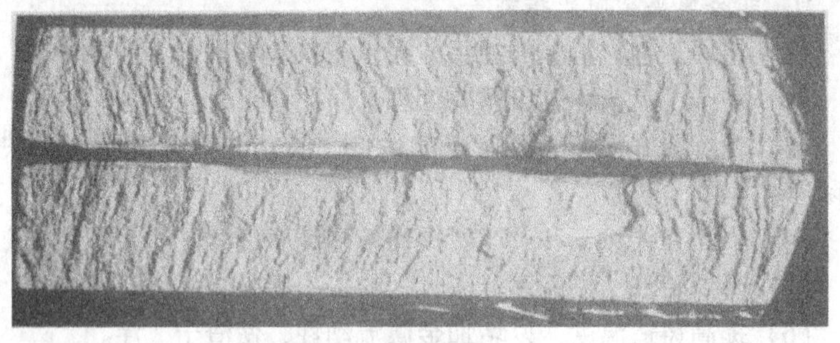

图9-21 氧化膜断口特征
(图中对称的小平台为氧化膜)

B 氧化膜的显微组织特征

用显微镜观察，氧化膜特征为黑色线状包留物，黑色为氧化膜，白色为基体，包留物往往为窝纹状。

C 氧化膜的形成机理

氧化膜形成的机理主要有两个：其一，是在熔炼和铸造过程中，熔体表面始终与空气接触，不断进行高温氧化反应形成氧化膜并覆盖在熔体表面。当搅拌和熔铸操作不当时，以及转注、供流、分流等过程中，浮在熔体表面的氧化皮被破碎并卷入熔体内，最后留在铸锭中；其二，铝合金熔炼时，除了使用原铝锭、中间合金和纯铝作为炉料外，还加入一定数量的废料，包括工厂本身的几何废料、工艺废料、碎屑以及外厂的废料。碎屑和外厂废料成分复杂，尺寸小、质量差、存在着大量的氧化膜夹杂物，在复化和熔炼过程中由于除渣不净，氧化夹杂物进入熔体，成为氧化膜的另一主要来源。

根据氧化膜形成的时间和合金的不同，氧化膜具有不同的颜色。通常，在熔炼时形成的氧化膜具有亮灰色；含镁量高的合金，氧化膜多呈黑褐色。

氧化膜在熔体和铸锭中的分布极不均匀，几乎没有规律可循。通常，在静置炉中熔体的下层、铸锭的底部以及第一铸次的铸锭中氧化膜分布较多。模锻件和锻件中氧化膜的显现程度与单一方向变形程度的大小有关，单向变形程度愈大，显现得愈明显。

D 氧化膜的危害及处理方式

氧化膜破坏了金属的连续性，是铝加工制品产生分层和许多表面缺陷的重要原因，它使产品的性能降低，特别是严重降低高向和横向性能，氧化膜愈严重影响愈大。同时，还会降低合金的抗应力腐蚀性能。

根据制品的用途，对所用铸锭和制品中的氧化膜要进行严格控制，特别是航空用的模锻件分别用低倍和探伤的相关检查标准进行控制，不符合标准的进行报废处理。

E 氧化膜的防止措施

(1) 将原辅材料的油、腐蚀产物、灰尘、泥沙和水分等清除干净；

(2) 熔炼过程中尽量少反复补料和冲淡，搅拌方法要正确，防止表面氧化皮成为碎块掉入熔体内；

(3) 空气湿度不能过大；

(4) 熔体转注、供流、分流过程中，熔体要满管流动，落差点要封闭；

(5) 提高精炼温度，除渣除气时间不能太短，确保熔体在静置炉静置时间；

(6) 使用的各种工具要预热好；

(7) 强化在线除气和过滤；

(8) 铸造温度不能偏低，要保证熔体的良好流动性；

(9) 控流分流稳定均匀，防止结晶器液面波动、翻滚和冲击，如振动棒振动结晶器熔体表面等；

(10) 圆锭采用同水平热顶工具铸造，扁锭控制好下注管、玻布袋浸入熔体深度。

9.3.5 白亮点

在断口上存在的反光能力很强的白点称为白亮点。

9.3.5.1 白亮点的宏观组织特征

在铸锭低倍试片上很难显现，而在低倍试片断口上很容易显现。

白亮点在断口上的特征为白色亮点（图 9-22），对光线没有选择性，用十倍放大镜观察，白亮点呈絮状。

图 9-22 白亮点的断口特征

9.3.5.2 白亮点的显微组织特征

用普通光学显微镜观察为疏松，用扫描电镜观察为梯田花样。

9.3.5.3 白亮点的形成机理

根据现代分析手段证实，白亮点并非氧化膜，它的产生原因与疏松相同，都是氢气含量过高造成的。

9.3.5.4 白亮点的危害及处理方式

白亮点破坏了金属的连续性，对铸锭和加工制品的性能都有不良影响。根据对几种硬合金的研究，白亮点明显降低强度、塑性和疲劳寿命。对不符合标准的铸锭进行报废处理。

9.3.5.5 白亮点的防止措施

(1) 彻底精炼，充分干燥熔剂和使用工具；

(2) 电炉、静置炉彻底干燥烘烤；

(3) 强化在线除气和过滤；

(4) 熔体要覆盖好，停留时间不能过长；

(5) 结晶器不能过高、冷却水温也不能过高；

(6) 铸造速度不能太慢。

9.3.6 白斑

在低倍试片上存在的白色块物称为白斑。

9.3.6.1 白斑的组织特征

在宏观试片上为形状不定的块状、与基体边界清晰、颜色发白，与灰色基体色差明显，这种组织特征在低倍试片浸蚀后很容易辨认(见图9-23)。

图9-23 白斑宏观组织特征

显微组织特征是纯铝组织，第二相非常稀少而不连续，第二相尺寸小，没有合金那种枝晶网络，与合金组织没有明显分界线，没有破坏组织的连续性，显微硬度很低。

9.3.6.2 白斑形成机理

为了防止铸锭产生裂纹，铸造开头采用纯铝铺底，在操作过程中，如果操作不当，引入的合金熔体流速过快，将铺底铝溅起进入合金熔体中，结晶后在合金中便形成了白斑。根据白斑产生的机理，白斑绝大多数出现在铸锭的底部。

9.3.6.3 白斑的危害及处理方式

白斑虽然没有破坏金属的连续性，但它是一种冶金缺陷。如果将其遗传到制品中，对合金的性能有不利影响，不但使制品的强度大大降低，而且会因白斑附近软硬不均，引起应力集中，很容易引起裂纹，使制品的使用寿命明显降低。可通过锯切方式将缺陷部位切除。

9.3.6.4 白斑的防止措施

(1) 铸造时，正确操作不能将铺底铝溅起，不允许流槽残留铺底纯铝；

(2) 提高漏斗温度，防止分配袋、下注管粘铺底铝；

(3) 适当提高铺底铝的温度；

(4) 采用低浓度合金启铸。

9.3.7　光亮晶粒

在宏观组织中存在的色泽明亮的树枝状组织称为光亮晶粒（见图 9-24）。

9.3.7.1　光亮晶粒的宏观组织特征

铸锭试片经碱水溶液浸蚀后，光亮晶粒色泽光亮，对光线无选择性，在哪个方向观察色泽不变，仔细观察或用十倍放大镜观察，光亮晶粒呈树枝状。在断口上该组织呈亮色絮状物，絮状物的面积比疏松断口絮状物大。

9.3.7.2　光亮晶粒的显微组织特征

与正常组织相比，枝晶网络大，如图 9-25 所示。图中网络大区域为光亮晶粒，网络小区域为正常组织。光亮晶粒的枝晶间距比基体间距大几倍，第二相体积分数小一半以上（表 9-8）。第二相尺寸小，该组织发亮发白，是合金组元贫乏的固溶体，显微硬度低。

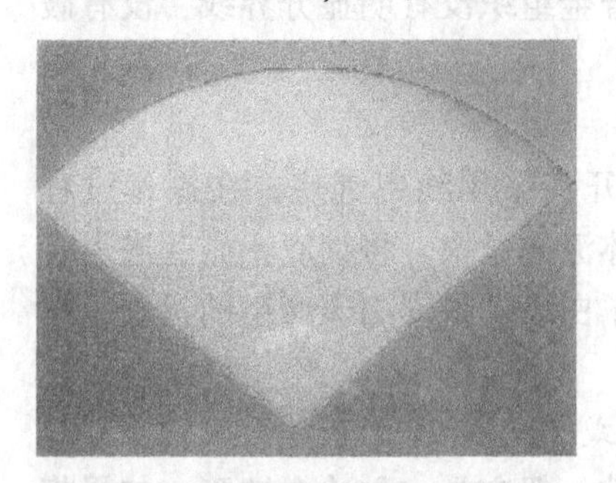

图 9-24　光亮晶粒宏观组织特征图
（圆心附近发亮组织为光亮晶粒）

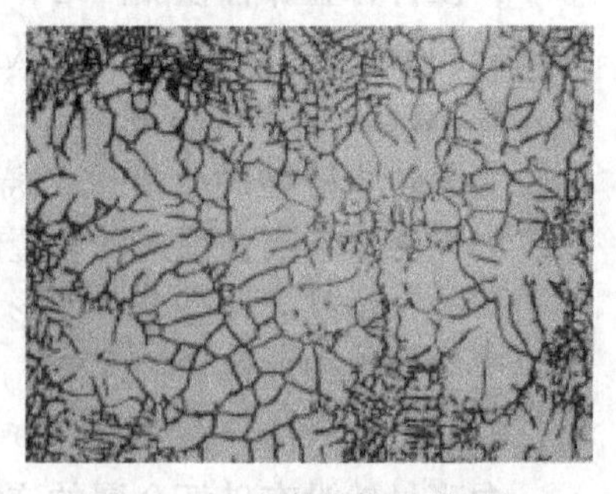

图 9-25　光亮晶粒显微组织

表 9-8　2A12 合金 ϕ360mm 铸锭光亮晶粒晶内尺寸

组织种类	枝晶间距 $T/\mu m$	第二相体积分数 $V/\%$
基体	49.7	11.2
光亮晶粒	117.0	6.0

9.3.7.3　光亮晶粒的形成机理

铸造时由于操作不当，有时在铸造漏斗底部、分配袋底部等生成合金元素低的树枝状晶体，这种树枝状晶体被新流入的熔体不断冲刷，液相成分在结晶过程中没有多大变化，不断按先结晶的成分长大，成为合金元素贫乏的固溶体，其化学成分偏离合金成分较大。

随着铸造的进行，漏斗下方的结晶体长大成底结物，底结物由于重量不断增加，或因铸造机振动，使底结物落入液穴结晶前沿，与熔体一起凝固成铸锭，这种底结物就是光亮晶粒。

9.3.7.4 光亮晶粒对制品性能的影响

光亮晶粒虽然没有破坏金属的连续性，但它的化学成分含量低于合金的，硬度低，塑性高，使合金组织不均匀。如果将光亮晶粒遗传到加工制品中，对软合金的性能影响较小，对硬合金可使强度明显下降。例如2A12合金，光亮晶粒使强度下降19.6~49.1MPa。可通过锯切方式将光晶部位切除，不能切除的作报废处理。

9.3.7.5 光亮晶粒的防止措施

(1) 铸造漏斗要充分预热，漏斗表面要光滑，漏斗孔距底部不能过高；

(2) 漏斗沉入液穴不能过深，防止铸锭液体部分的过冷带扩展到液穴的整个体积，造成体积顺序结晶；

(3) 结晶器内熔体不要插入冷的金属棒等可能产生底结物的媒介，如结晶器内熔体插入振动棒、热电偶等；

(4) 提高铸造温度和铸造速度，防止漏斗产生底结物；

(5) 铸造开头操作时应用热渣刀刮净漏斗等底部底结物；

(6) 防止结晶器内金属水平波动，确保液流供应均匀。

9.3.8 羽毛状晶

在铸锭宏观组织上存在的类似羽毛状的金属组织称为羽毛状晶。

9.3.8.1 羽毛状晶组织特征

在铸锭试片上多呈扇形分布的羽毛状（见图9-26），又像美丽的大花瓣，所以又称花边组织。与正常晶粒相比，晶粒非常大，是正常晶粒大小的几十倍，非常容易辨认。

铸锭经挤压变形后，羽毛状晶不能被消除，多数呈开放式菊花状。棒材经二次挤压后，羽毛状晶仍不能被消除，只是变成类似木纹状的碎块，其尺寸仍然比正常组织大得多。在锻件上因其变形特点，羽毛状晶的形状变化不大。在铸锭断口上，羽毛状晶呈木片状，组织不如氧化膜平台平滑。

9.3.8.2　羽毛状晶显微组织特征

树枝晶晶轴平直，枝晶近似平行（见图 9-27），一边成直线另一边多为锯齿。在偏振光下观察，直线为孪晶晶轴。铸锭加工变形后，仍保持羽毛状晶形态，只是由亚晶粒组成。

图 9-26　羽毛状晶在铸锭上的宏观组织特征

图 9-27　羽毛状晶显微组织特征

9.3.8.3　羽毛状晶的形成机理

当向结晶面附近导入高温熔体时，在半连续铸造时会生成孪晶，孪晶为片状的双晶，是柱状晶的变种，孪晶即为羽毛状晶。

9.3.8.4　羽毛状晶的危害及处理方式

羽毛状晶具有粗大平直的晶轴，力学性能有很强的各向异性，铸锭在轧制和锻造时，常常沿双晶面产生裂纹。不但严重损害工艺性能，也极大地降低了力学性能。即使没产生裂纹的制品，在阳极氧化后，常常在羽毛状晶和正常晶粒的边界上、在羽毛状晶自身的双晶界上呈现条状花纹，使制品表面质量受到了损害。

羽毛状晶虽然没破坏金属的连续性，因其对性能有较大影响，生产中必须严加控制。对存在该缺陷的铸锭进行报废处理。

9.3.8.5　羽毛状晶的防止措施

(1) 降低熔炼温度，缩短熔炼时间，防止熔体炉内停留时间过长，引起非自发晶核减少；

(2) 铸造温度不宜过高；

(3) 增强熔体晶粒细化效果。

9.3.9 粗大晶粒

在宏观组织中出现的均匀或不均匀的大晶粒称为粗大晶粒。

9.3.9.1 粗大晶粒的宏观组织特征

粗大晶粒在铸锭试片浸蚀后很容易被发现。为了保证产品质量，对均匀大晶粒按五级标准进行控制，每级晶粒相应的线性尺寸见表9-9,正常情况下铸锭的晶粒都在等于或小于二级以下。由于铸造工艺不当，偶尔出现超过二级的等轴晶粒，或在细小的等轴晶粒中出现局部大晶粒，大晶粒尺寸比正常晶粒大几倍或十倍（图9-28)。

表9-9 铸锭晶粒级别相应的线性尺寸

晶粒级别	1	2	3	4	5
晶粒线性尺寸/μm	117	1590	2160	2780	3760

9.3.9.2 粗大晶粒的显微组织特征

在偏振光下，晶粒仍然像宏观看到的一样，晶粒仍然粗大，只是晶粒位向差更加明显，晶粒的色泽更加美丽好看。大晶粒断口组织比小晶粒断口粗糙、不致密。

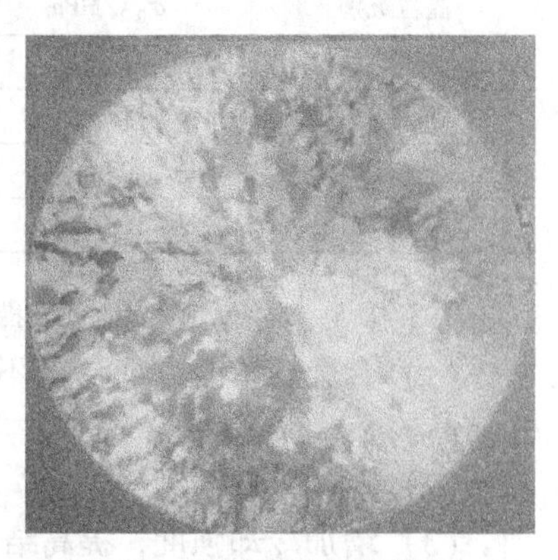

图9-28 粗大晶粒组织特征

9.3.9.3 粗大晶粒的形成机理

铸锭的晶粒尺寸受熔体中结晶核心或铸造工艺的影响，当结晶核心少、铸造冷却速度慢、过冷度小、成核数量少时，晶粒细化效果差，晶粒长大速度快则产生均匀大晶粒。当熔体过热、或铸锭规格大也会产生大晶粒。当导入熔体方式不当或导入过热熔体时，由于液穴内温度不均匀，在温度高的地方晶粒长大得快，在铸锭中出现局部大晶粒或大晶区。

当细化晶粒的化学元素低时能产生均匀大晶粒，也能产生局部大晶粒。局部大晶粒在铸锭中有时不能显现，而在加工制品的热处理后才显现。

9.3.9.4 粗大晶粒的危害及处理方式

当组织中晶粒大小不同时，其在空间的晶界面大小也不同。因为晶界面上杂质较多，原子排列又不规则，在外力作用下单位体积内晶界面大和晶界面小，其承受外力的能力必然不同，最终导致性能的差异。晶粒大小对性能的影响，因合金的不同而不同。

对软合金，例如5A03合金，铸锭晶粒尺寸大，略使强度下降，伸长率显著提高（见表9-10）。将具有不同晶粒的铸锭加工成棒材，棒材退火后晶粒比铸锭显著变小，铸锭晶粒愈大，棒材晶粒变小愈甚，棒材比铸锭晶粒等级相应变小0.5~2级。一句话，铸锭的晶粒尺寸对变形制品的晶粒尺寸有重要影响，铸锭的晶粒大变形制品的晶粒也大，但其晶粒等级相应下降。对不符合制品标准要求的铸锭进行报废处理。

表9-10 5A03合金 ϕ270mm 圆铸锭性能

晶粒级别	$\sigma_{0.2}$/MPa	σ_b/MPa	δ/%
1	111.7	178.4	7.3
2	115.6	181.3	8.3
3	108.8	174.4	8.8
4	103.9	166.6	8.9

9.3.9.5 防止粗大晶粒的措施

（1）合金熔体全部或局部不能过热，防止非自发晶核熔解，防止结晶核心减少；

（2）降低铸造温度；

（3）增加冷却强度，提高结晶速度；

（4）合金成分与杂质含量配置适当；

（5）提高晶粒细化效果。

9.3.10 晶层分裂

在铸锭边部断口上沿柱状晶轴产生的层状开裂称为晶层分裂。

9.3.10.1 晶层分裂的宏观组织特征

晶层分裂只在铸锭试片打断口时发生，位置在断口边部，即铸锭边部（见图9-29）。晶层分裂的裂纹方向与铸锭纵向呈45°角，裂纹较长，一般为10~20mm，裂纹较多并彼此平行。

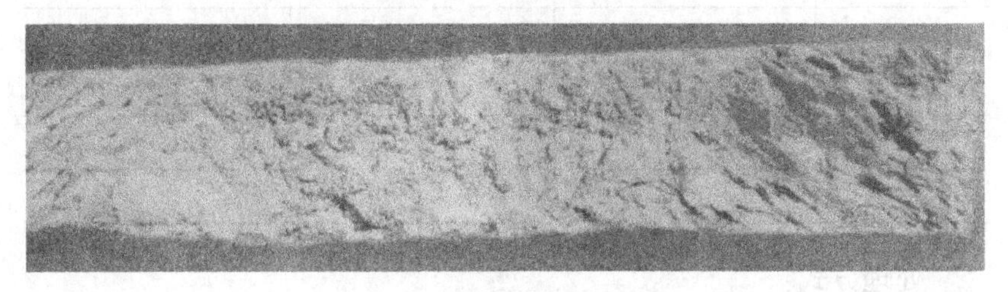

图9-29 晶层分裂断口特征

铸锭试片在打断口前，沿纵向剖开并用碱水溶液浸蚀，在边部可清楚看见粗大的柱状晶，柱状晶晶轴的方向与铸锭纵向呈45°角，柱状晶的深度与断口上裂纹的长度相近。

9.3.10.2 晶层分裂的显微组织特征

晶层分裂的裂纹沿着由第二相组成的枝晶发展，裂纹边部有大量第二相。

9.3.10.3 晶层分裂形成机理

铸造时如果熔体过热或促进形核的活性杂质太少，在特定的结晶条件下，则细晶区的晶体以枝晶单向成长，其成长方向与导热方向一致，距离冷却表面愈远，向宽度方向成长程度愈大。在柱状晶区的结晶前沿，残余熔体由于浓度过冷，温度梯度下降，形成大量新的晶体，新晶体的生长阻碍了柱状晶的继续生长，在柱状晶区前面形成了等轴晶区。这样结晶后在铸锭的边部形成了狭长的沿热流方向成长的柱状晶区。打断口时可发现晶层分裂。

9.3.10.4 晶层分裂的危害及处理方式

晶层分裂的本质是柱状区，因柱状晶是单向细长的晶粒，方向性很强，柱状晶区内的由第二相组成的枝晶也有方向性，这种有方向且晶内结构不均匀的组织，严重降低铸锭的加工性能和力学性能，见表9-11。

表 9-11　铸锭晶层分裂区与等轴晶区的性能

合金	σ_b/MPa	$\sigma_{0.2}$/MPa	δ/%
2A70	320.8	264.9	8.0
	342.4	281.5	9.6
6A02	204.0	158.9	8.4
	234.5	197.2	10.0
2A10	154.0	123.6	12.0
	163.8	129.5	18.0

处理方式：

（1）严格防止熔体过热或局部过热，以免减少非自发晶核，增强晶粒细化；

（2）合金成分与杂质含量调整适当；

（3）金属在炉内停留时间不能过长；

（4）集中供流或供流要均匀。

9.3.11 粗大金属化合物

在低倍试片上呈针状、块状的凸起物称为粗大金属化合物。

9.3.11.1　粗大金属化合物的宏观组织特征

在铸锭低倍试片上为分散或聚集的针状或块状凸起，边界清晰，有金属光泽，对光有选择性。凸起的原因是化合物较基体抗碱溶液浸蚀，基体被浸蚀快，化合物被浸蚀慢，最后化合物在试片上比基体高而凸起。断口组织特征为针状或块状晶体，有闪亮的金属光泽。

9.3.11.2　粗大金属化合物的显微组织特征

尺寸粗大有棱角，形貌有相应每种化合物的特定形状和颜色，尺寸比二次晶大几倍以上（见图 9-30）。比如 $MnAl_6$ 的二次晶尺寸约 10μm，而一次晶的粗大化合物尺寸在 50~100μm 之间。粗大化合物又硬又脆，对化学试剂有特有的着色反应。铸锭加工变形后，粗大化合物多被破碎成小块，但小块尺寸仍比二次晶大得多。

9.3.11.3　粗大金属化合物形成机理

（1）在 2×××、3×××、5×××、6×××和 7×××系合金中，为抑制再

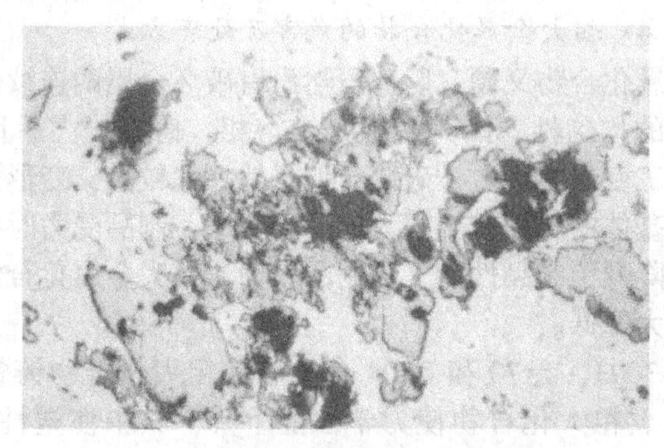

图 9-30 粗大金属化合物显微组织特征

结晶和使晶粒细化、提高金属强度和防止应力腐蚀裂纹等目的，添加了铁、锰、铬和锆等元素，如果成分选择不当或铸造工艺不当，添加元素达到生成初晶化合物的成分范围，铸锭的凝固温度处于化合物的生成范围，并有充足的生长时间，都为形成粗大金属化合物提供了生成条件。

（2）在凝固过程中，由于熔质再分配使局部元素富集等导致熔体成分不均，也给形成初晶化合物创造了条件。

（3）由于铁、锰等第三元素的加入，操作不当时在铸造漏斗的底部容易形成化合物晶核并长大，在漏斗底部悬挂着较大的初晶化合物。

（4）使用的中间合金中粗大化合物初晶，在熔炼时没有熔化或没有全部熔化，铸造后也被保留了下来。例如 4032 合金是高硅合金，硅含量高达 11%～13%，当中间合金中的初晶硅，在熔炼时没有充分熔化时，往往将粗大的初晶硅被保留在铸锭中。

通常，对 3003 合金，当锰含量为 1.6%、铁含量为 0.6%时，则出现 $Al_6(MnFe)$ 一次晶。对 2A70 合金，当铁含量为 1.6%，镍含量为 1.5%时，则出现条形的 Al_9FeNi 一次晶。对 7A04 合金，当锰铁及 3 倍铬含量的总和高于 1.2%时，则形成带圆孔的 Al_7Cr 一次晶。对 5A06 合金，当铁含量高于 0.15%时，则形成长针的 Al_3Ti 一次晶。根据生成条件，粗大金属化合物的分布大多位于铸锭中心。

9.3.11.4 粗大金属化合物的危害及处理方式

粗大金属化合物又硬又脆，虽然没有破坏金属的连续性，但严重破坏了组织的均匀性，因其多数是难溶相，铸锭均火后尺寸仍然很大。虽然加工变形后多数被破碎，但仍然尺寸较大，变形过程中在粗大化合物与基体的界面产生很大的应力集中，制品受力时很容易产生裂纹，严重降低了制品性能。当制品表面有粗大金属化合物时，又使腐蚀寿命大大降低。

根据对3003、2A70和7A04合金有无粗大化合物铸锭性能测量（见表9-12），粗大化合物使力学性能下降，其中使塑性下降最多，特别是对3003合金下降得更加严重。

表9-12 有无粗大化合物铸锭的性能比较

合金	化合物正常			化合物粗大		
	σ_b/MPa	$\sigma_{0.2}$/MPa	δ/%	σ_b/MPa	$\sigma_{0.2}$/MPa	δ/%
3003	127.4	91.1		143.1	113.7	5.4
2A70	269.5	213.6	4.0	229.3	203.8	2.2
7A04	243.0		1.2	245.9		0.3

9.3.11.5 粗大金属化合物的防止措施

（1）生成初晶化合物的元素含量，不能超过生成初晶的界限；

（2）中间合金中的粗大化合物在熔炼时要充分熔解；

（3）提高铸造温度和铸造速度，适当延长熔炼时间；

（4）漏斗表面要光滑并导热要好，漏斗要充分预热，漏斗不能沉入太深；

（5）结晶器内熔体不要插入冷的金属棒等可能产生底结物的媒介，如结晶器内熔体插入振动棒、热电偶等。

9.3.12 过烧

当加热温度高于低熔点共晶的熔点，使低熔点共晶和晶界复熔的现象叫过烧。

9.3.12.1 过烧的宏观组织特征

过烧严重时铸锭和加工制品表面色泽变暗、变黑，有时产生表面起泡。

9.3.12.2 过烧的显微组织典型特征

检查铸锭及加工制品是否过烧，只以显微组织特征为依据，其他方法只能作为旁证。对变形铝合金，根据国家标准，过烧的判定特征有3个，即复熔共晶球、晶界局部复熔加宽和3个晶粒交叉处形成复熔三角形（见图9-31）。

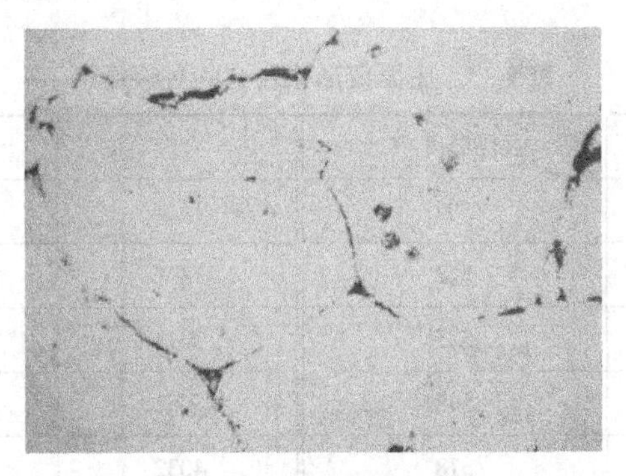

图9-31 过烧显微组织特征

用电子显微镜对复熔三角形处组织的研究发现，与复熔产物相接触的基体有梯田花样。梯田花样是枝晶露头的结晶台阶，与疏松内壁表面上的枝晶露头一样，表明该处的组织已发生复熔。一般将过烧程度分为轻微过烧、过烧和严重过烧。轻微过烧指过烧特征轻微，过烧指过烧特征明显，严重过烧指过烧特征多，晶界严重复熔粗化和平直，低熔点共晶大量熔化和聚集。轻微过烧判断较难，要判断准确必须有丰富的经验。

9.3.12.3 过烧形成机理

变形铝合金中，除α-Al基体外一般都有几种共晶，根据合金的不同，含有共晶的种类和多少也不同。如果在一种合金里有几种共晶，每种共晶的熔化温度不尽相同，当把合金从低温升到高温时，熔点最低的共晶必首先熔化，这个共晶熔化的温度称为过烧温度，而这种共晶被称为低熔点共晶，即熔点最低的共晶。例如2A12合金主要有两种共晶：

α-Al+$CuAl_2$　　　　　　　　　　熔点548℃

α-Al+$CuAl_2$+Al_2CuMg（S相）　　熔点507℃

三元共晶的熔点比二元共晶低得多，当合金在较高温度热处理时，三元共晶必首先熔化，其熔化温度（507℃）即为2A12合金的过烧温度。对铸锭的热差分析得出主要变形铝合金的过烧温度见表9-13。

表9-13　主要变形铝合金的过烧温度

合金	过烧温度/℃	合金	过烧温度/℃
2A12	507	2A06	510
2A11	522	2A16	548
6A02	555	2011	552
2A50	548	6063	591
2A14	518	4032	540
2A70	548	7A04	489

9.3.12.4　过烧的危害及处理方式

合金过烧后，低熔点共晶在晶界上和基体内复熔又凝固，改变了过烧前该处组织紧密相联的状态，对合金的连续性造成了普遍损害，对合金的力学性能、疲劳和腐蚀性能等都产生严重影响。因为合金过烧不能用热处理或加工变形消除，任何铸锭和制品发生过烧都为绝对废品。特别是用于航天工业的合金，更加不能允许。

需要指出的是，当合金轻微过烧时，由于第二相固溶更加充分，过烧复熔产物很小，晶界没有遭到普遍损坏，有些合金例如2A12合金，其力学性能不但没有降低反而升高，但应力腐蚀和疲劳性能明显下降。当过烧严重时，各项性能都明显下降。

以7A04和6063合金铸锭为例，随着均匀化温度的升高，铸锭的强度和塑性都逐渐升高，当铸锭过烧后（7A04合金489℃，6063合金591℃），性能开始下降，其中塑性下降最严重，见表9-14、表9-15。

表 9-14 7A04 合金不同均火温度铸锭的力学性能（保温 24h）

铸锭规格/mm	性能	均匀化温度							
		400℃	420℃	440℃	460℃	470℃	475℃	480℃	500℃
ϕ172	$\sigma_{0.2}$/MPa	308.7	316.5	352.8	355.7	348.9	359.7	354.8	342.0
	σ_b/MPa	315.6	335.2	388.1	425.3	427.3	426.3	415.5	295.0
	δ/%	4.1	4.7	4.8	9.2	9.3	9.5	10.0	7.3
ϕ200	$\sigma_{0.2}$/MPa	304.8	322.4	341.0	352.8	356.7	357.7	357.7	352.3
	σ_b/MPa	304.4	323.4	342.0	372.4	378.3	375.3	373.4	364.6
	δ/%	0.7	0.8	1.3	2.0	2.5	3.3	3.5	3.3
ϕ300	$\sigma_{0.2}$/MPa	308.7	307.7	340.1	351.8	356.3	355.7	365.5	344.9
	σ_b/MPa	307.7	308.7	345.7	353.7	363.7	373.4	370.4	346.9
	δ/%	1.3	1.2	1.5	2.7	3.5	3.5	4.0	2.7
ϕ420	$\sigma_{0.2}$/MPa	225.4	266.6	294.9	294.8	340.9	343.0	338.9	320.5
	σ_b/MPa	225.9	267.6	296.0	303.8	342.9	343.0	340.2	323.5
	δ/%	2.3	2.2	2.7	2.7	3.7	3.8	4.0	3.3

表 9-15 6063 合金均火铸锭性能（保温 12h）

均火温度/℃	σ_b/MPa	$\sigma_{0.2}$/MPa	δ/%
510	147.0	105.8	27.3
530	156.8	98.0	31.3
540	152.9	103.9	32.1
550	152.9	100.9	32.4
560	163.7	104.9	33.7
570	166.6	124.5	33.2
580	164.6	117.6	34.3
590	167.6	119.6	34.2
600	157.8	112.7	29.3
620	129.4	90.0	22.9

9.3.12.5　过烧的防止措施

（1）严格控制热处理的温度和保温时间；

（2）高温仪表定期检定，不允许使用检定不合格或超期仪表；

（3）热处理炉内温度要均匀，炉料不能有油污，摆放要合理；

（4）操作时要看对合金、卡片和工艺参数。

9.3.13　枞树组织

在铸锭纵向剖面上，经阳极氧化后出现的花纹状组织称为枞树组织。这种缺陷只产生在 Al-Fe-Si 系和 Al-Mg-Fe-Si 系合金中。

9.3.13.1　枞树组织的宏观组织特征

板材和挤压制品经阳极氧化后，在制品表面上呈条痕花样。

9.3.13.2　枞树组织的显微组织特征

对 Al-Fe-Si 系合金，铸锭边部外层为 Al_3Fe 相，相邻内层为 Al_6Fe 相。混合酸浸蚀后 Al_3Fe 相为细条状或草叶状，色泽发黑；Al_6Fe 相较粗大，呈灰色，不易受浸蚀。

对 Al-Mg-Fe-Si 系合金，外部是 Al_mFe 相，而内部是 Al_6Fe+Al_3Fe 相，两层组织相形状和尺寸有差别。

9.3.13.3　枞树组织的形成机理

Al-Fe 化合物的形成受冷却速度影响很大，冷却速度不同形成的相也不同。从铸锭表面向铸锭中心冷却速度递降，在铸锭边部冷却速度变化最大，相应在边部形成的相组成也不同。因为铝铁化合物的电化学性质不同，所以在阳极氧化时各相的电化学反应也不同，其色调也不同，最后在两层组织处形成枞树花样。

9.3.13.4　枞树组织的危害及处理方式

带有枞树组织的铸锭在轧制后的板材进行阳极氧化时会显现出来，有损最终制品的美观，故应加以消除。

9.3.13.5　枞树组织的防止措施

（1）控制好铸造速度；

（2）适当调节化学成分。

9.4 熔铸检测技术

9.4.1 化学成分分析

化学成分分析应用的技术是分析化学。分析化学是测量物质的组成和结构，研究物质化学组成的分析方法及相关理论的科学。根据分析原理、分析手段的不同，分析化学方法分为化学分析法和仪器分析法两大类。具体类别如图 9-32 所示，铝合金化学成分分析常用的只是其中的滴定分析法、原子光谱分析法、可见及紫外吸收光谱法等几种方法。

9.4.1.1 化学分析法

化学分析法是利用化学反应及其计量关系，由已知量求待测物量。化学分析法历史悠久，是分析化学的基础，又称为经典分析法，主要包括称量分析法和滴定分析法，以及试样的处理和一些分离、富集、掩蔽等化学手段。

A 称量分析法

称量分析法，也称重量分析法，是通过称量操作，测定试样中待测组分的质量，以确定其含量的一种分析方法。具体来说，是根据物质的化学性质，选择合适的化学反应，将被测组分转化为一种组成固定的沉淀或气体形式，通过沉淀、过滤、干燥、灼烧或吸收剂的吸收等一系列的处理后，精确称量，求出被测组分的含量。根据被测组分的分离方式，称量分析法分为三类：挥发分析法、沉淀称量分析法和电解分析法。

称量分析法是直接通过称量得到分析结果，不用基准物质或标准样品进行比较，其准确度较高，但操作烦琐、耗时长，在铝合金元素成分分析中有少量应用。如重量法测定硅量、电解重量法测定铜量、丁二酮肟重量法测定镍量等。

B 滴定分析法

滴定分析法是根据滴定所消耗标准溶液的浓度和体积以及被测物质与标准溶液所进行的化学反应计量关系，求出被测物质的含量。

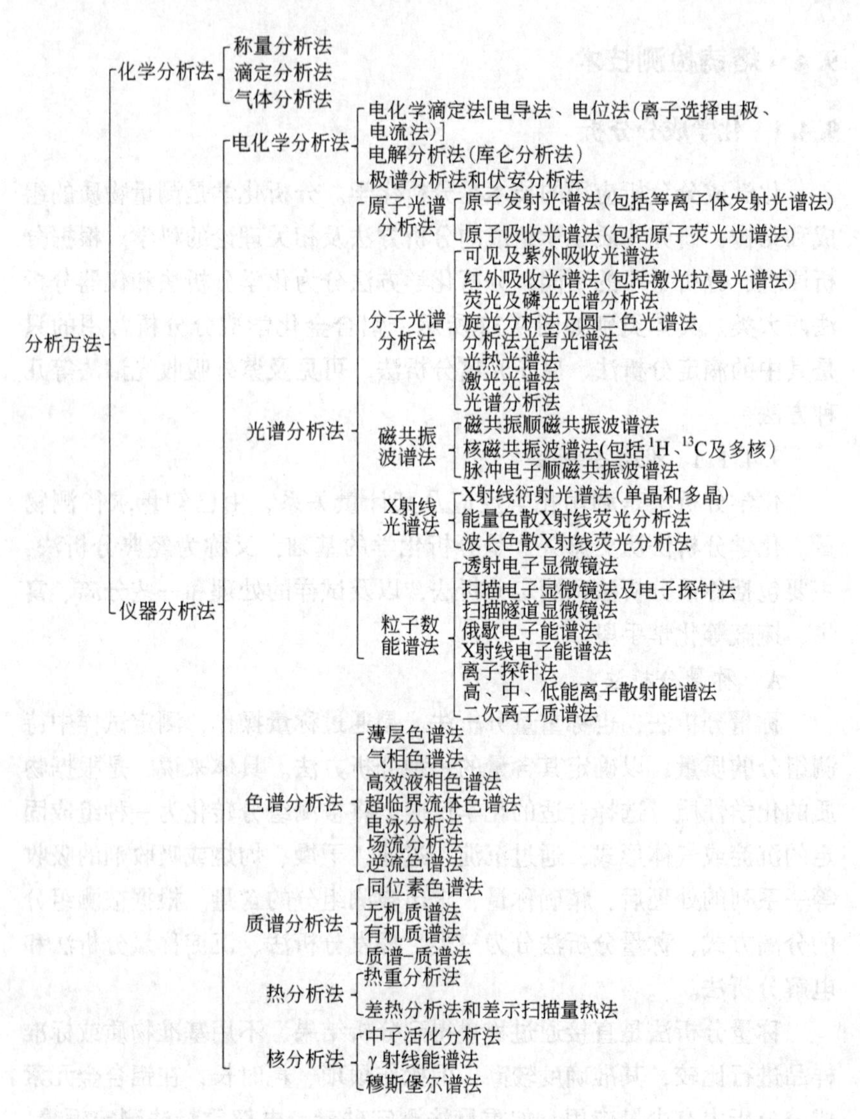

图 9-32 分析化学方法分类

a 滴定分析过程

将一定体积的被测样品置于锥形瓶中，然后将已知准确浓度的试剂溶液（即滴定剂，亦称标准滴定溶液）通过滴定管滴加到锥形瓶与被测物质反应，直到滴定剂与被测物质按化学计量关系定量反应完全为止。由于反应往往没有易为人察觉的外部特征，通常加入指示剂，通过指示剂颜色突变来指示化学计量点的到达，从而停止滴定，然后根据滴定剂浓度和滴定操作所耗用的体积计算被测物质的含量。

b 滴定分析法分类

按照所利用的化学反应不同，滴定分析法分为以下四类，在铝合金中应用较多的是络合滴定法和氧化还原滴定法。

（1）酸碱滴定法。利用酸、碱之间质子传递反应的滴定称为酸碱滴定法，过去称为中和法。该方法主要用于酸、碱的测定，在一些特殊情况下也可用于一些非酸、碱的物质的测定。如中和滴定法测定硝酸含量、中和滴定法测定氢氧化钠含量等。

（2）络合滴定法。利用配合物的形成及解离反应进行的滴定称为络合滴定法。络合滴定法在无机物分析中广泛应用，元素周期表中的绝大部分金属元素都可用络合滴定法测定，如 CDTA 滴定法，测定镁量、EDTA 滴定法测定锌量、EDTA 滴定法测定锆量、络合滴定法测定铝锰中间合金中的锰量等。

（3）氧化还原滴定法。利用氧化还原反应进行的滴定称为氧化还原滴定法。根据所用的标准滴定溶液又可分为：高锰酸钾滴定法、重铬酸钾滴定法、溴量法、碘量法等。氧化还原滴定法是四种滴定法中应用最广的一种，在铝合金中也有较多应用。如碘量法测定铜量、碘量法测定铝铁中间合金中的铁量、硫酸亚铁铵滴定法测定铝钒中间合金中的钒量、硫酸亚铁铵滴定法测定铬剂中的铬量等。

（4）沉淀滴定法。利用沉淀的产生或消失进行的滴定称为沉淀滴定法。因很多沉淀组成不恒定、溶解度大、达到平衡速度慢、共沉淀严重、无合适的指示剂等，能用于滴定的反应并不多，常用的滴定剂是 $AgNO_3$，所以，沉淀滴定法常被称为银量法。如沉淀滴定法测定氯离子含量、硝酸银滴定法测定氯化钠含量等。

C 化学分析法的特点

化学分析法通常用于测定相对含量在 1% 以上的常量组分，准确度高，不受试样状态影响，所用天平、滴定管等仪器设备简单，一次性投入少，是解决常量分析问题的有效手段。但分析过程复杂，操作烦琐，对操作者技能要求相对较高；分析周期长，不适合炉前分析；需消耗大量化学试剂，试验过程中要产生大量的试验废液，不利于环保。随着仪器分析技术的不断提高和应用的普及，化学分析法一般不用于生产常规检测，主要用于仲裁分析、比对分析、标准样品定值分析及仪器分析的补充等。具体分析方法可参考《铝及铝合金化学分析方法》（GB/T 20975）相关内容。

9.4.1.2 仪器分析法

仪器分析法是以物质的物理和物理化学性质为基础，利用能直接或间接地表征物质的各种特性（如物理的、化学的、生理性质等）的实验现象，通过探头或传感器、放大器、分析转化器等转变成人可直接感受的已认识的关于物质成分、含量、分布或结构等信息的分析方法。也就是说，仪器分析是利用各种学科的基本原理，采用电学、光学、精密仪器制造、真空、计算机等先进技术探知物质化学特性的分析方法。因此仪器分析是体现学科交叉、科学与技术高度结合的一个综合性极强的科技分支。这类方法通常是测量光、电、磁、声、热等物理量而得到分析结果，而测量这些物理量，一般要使用比较复杂或特殊的仪器设备，故称为“仪器分析”。

在铝合金化学成分分析中，仪器分析法应用较多的主要是原子发射光谱法、原子吸收光谱法、可见吸收光谱法等，电化学分析法有少量应用。

A 原子发射光谱法

原子发射光谱法，是无机定性和定量分析的主要手段之一，是在地质、冶金、机械制造、金属加工和无机材料等工业生产中获得广泛应用的仪器分析方法。

物质是由分子组成，分子由原子组成，原子由原子核和电子组成，每个电子都处在一定的能级上，具有一定的能量。在正常状态下，原子处在稳定状态，它的能量最低，这种状态称基态。当物质受到外界能量（光能、电能、热能等）的作用时，核外电子就跃迁到高能级，处于高能态（激发态）电子是不稳定的，它从高能态跃迁到基态，或较低能态时，把多余的能量以光的形式释放出来。

原子能级跃迁见图 9-33，其横坐标表示原子所处的能级。E_0 基态能级的能量，一般以零表示，释放出的能量 ΔE 与辐射出的光波长 λ 有如下关系：

$$\Delta E = E_h - E_1 = ch/\lambda \quad (9\text{-}1)$$

式中，ΔE 为释放出的能量；E_h 为高能态的能量；E_1 为低能态的能量；c 为光速，3×10^{10} cm/s；h 为普朗克常数；λ 为辐射光的波长。

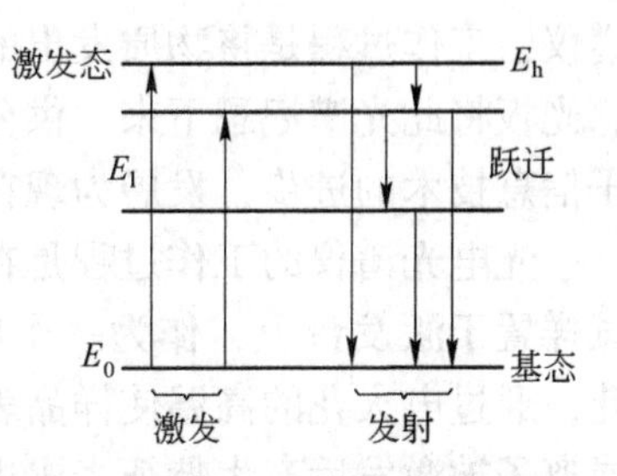

图 9-33 原子能级跃迁示意图

原子发射光谱法是通过测量电子进行能量级跃迁时辐射的线状光谱的特征波长和谱线的强度来对元素进行定性和定量分析的方法。由于各个元素的特征谱线波长是不一样的，特征谱线的强度大小由发射该谱线的光子数目决定，光子数目多则强度大，反之则弱。光子的数目和处于基态的原子数目相关，而基态原子数目又取决于该元素含量。根据谱线有无或强度大小，就可以得到该元素的含量，这就是它的定性定量分析原理。

原子发射光谱分析仪器主要由光源系统、分光系统、检测系统和数据处理系统四部分组成。光源是提供使分析物质蒸发和激发发光所需要的能量；分光系统是将不同波长的“复合光”按波长顺序色散，分开为一系列“单一”波长的“单色光”的器件；检测系统是探测、显示或记录各谱线的位置和强度的电器元件；数据处理系统是将检测系统检测的信号经过计算机系统处理换算成我们需要的数据并直接显示之。

原子发射光谱法定量分析，主要是根据样品光谱中分析元素的谱线强度来确定元素的浓度。元素的谱线强度与该元素在试样中浓度的相互关系，可用如下经验公式即赛伯-罗马金公式来表示：

$$I = ac^b \quad (9\text{-}2)$$

式中，I 为谱线强度；c 为分析元素的浓度；a 为与试样的蒸发、激发过程和试样组成等有关的一个常数；b 为与自吸收有关的常数。

在铝合金化学成分分析中，原子发射光谱法应用较多的是火花源原子发射光谱法和电感耦合等离子体原子发射光谱法。

a 火花源原子发射光谱法

火花源原子发射光谱法是采用火花光源，最早最基础的仪器是摄谱仪，工作过程是将物质发出的光在空间中按一定的规律展开，并用感光板将此光谱记录下来，供分析观察之用。后来随着光电技术和电子信息技术的进步，发展为现在的光电光谱仪。

光电光谱仪的工作过程是在氩气气氛中，将按要求加工好的固体试样置于激发台上，作为一个电极，光源产生的能量放电产生电火花，通过电火花的高温使样品表面被气化形成原子蒸汽，蒸汽中原子或离子被激发后产生特征光谱进入光谱仪分光系统。光栅按波长大小顺序色散光谱，各个元素的光谱通过出射狭缝射入光的接收系统，被对应的光电转换元件（光电倍增管或固体检测器）将各自的光信号转变成电信号进入测量系统，电信号经测量系统积分并进行模数转换，从而获得每个元素谱线的强度值，该强度与样品中元素含量呈比例关系。最后由计算机系统通过内部预制工作曲线换算获得该元素的含量。光电直读光谱仪工作原理图见图 9-34。

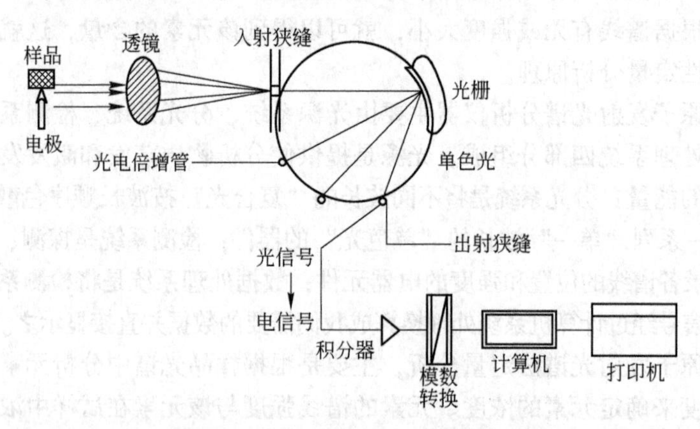

图 9-34　光电直读光谱仪工作原理图

光电光谱定量分析方法是内标法、三标准试样法、持久曲线法和控制试样法的综合应用。内标法是采用分析元素谱线和内标元素（通常为基体元素）谱线组成分析线对，以它们的相对强度制作工作曲线，这样可以使谱线强度由于试样的蒸发、激发条件等引起的变化得到补偿；三标准试样法是按确定的分析条件，选用同合金类型、元素含量有梯度的三个或三个以上的系列标准样品，根据元素谱线强度与含量的相互关系拟合工作曲线，可采用一次、二次或三次方程式来表示；持久曲线法是预先用三标准试样法制作持久工作曲线，日常分析时用一套高低点标准样品对工作曲线进行标准化，以修正由于温度、湿度、氩气、透镜、电极、电源等环境或设备器件发生变化引起的曲线飘移；控制试样法是分析时选用一个或多个化学组成、冶炼过程和物理状态与分析试样相近的标准样品或内控样品对试样分析结果进行校正。

光电光谱法的特点及应用中需注意的事项：

(1) 采用固态样品，仅对样品分析表面进行车或铣加工，不需对样品进行烦琐的化学预处理，方便快捷。

(2) 设备自动化程度高，检出限低，灵敏度高，分析速度快，分析范围宽，操作简便，使用维护成本低，可同时分析多个元素。

(3) 该方法是一种相对比较的方法，分析过程中需要依赖相应的标准样品，如对仪器元素通道进行日常校准的高低点标准化样品、绘制工作曲线的同类合金系列标准样品、与分析样品化学组成相近的类型标准化样品等，标准样品的质量和应用技术直接影响分析结果的可靠性。

(4) 该方法影响分析结果准确度的因素主要有：取样的代表性、激发点的代表性、标准样品的定值准确性和均匀性、标准样品选择的正确性、第三元素影响校正的合理性、试样与标准样品组织结构的差异性、设备的灵敏度和稳定性等，分析方法投入生产应用前应借助可溯源方法进行充分的比对、校正和监控，特别是3.0%以上高含量元素分析，因此对相关技术人员技能要求较高。

(5) 该类设备进口和国产的生产厂家很多，选择性大，检出限、灵敏度、短期稳定性、长期稳定性等性能差异也比较大，用户可根据实际技术要求选择性价比适合的设备。

光电光谱法是铝合金工业化生产中普遍采用的分析方法。具体分析方法可参考《铝及铝合金光电直读发射光谱分析方法》（GB/T 7999）。

b 电感耦合等离子体原子发射光谱法

电感耦合等离子体原子发射光谱法（ICP-AES），是以电感耦合等离子炬为激发光源的一类原子发射光谱分析方法，对应设备是电感耦合等离子体原子发射光谱仪。

其工作原理和工作过程是：以高频发生器提供的高频能量加到感应耦合线圈，经过耦合系统连接在位于等离子体发生管上端的水冷管状线圈上。石英制成的矩管内有三个同轴氩气流经通道，冷却气（氩气）通过外部及中间的通道，环绕等离子体起稳定等离子体炬及冷却石英管壁，防止管壁受热熔化的作用。工作气体（氩气）则由中部的中心管道引入，开始工作时启动高压放电装置让工作气体发生电离，被电离的气体经过环绕石英管顶部的高频感应圈时，线圈产生的巨大热能和交变磁场，使电离气体的电子、离子和处于基态的氩原子发生反复猛烈的碰撞，各种粒子的高速运动，导致气体完全电离形成一个类似线圈状的等离子体炬区面。根据合金类型及元素含量，采用对应的酸碱溶液分解试样，处理好的样品溶液由载气引入雾化系统进行雾化后变成全溶胶，由底部进入中心管内，经轴心的石英管从喷嘴喷入等离子体炬，并以气溶胶形式进入等离子体的轴向通道，在6000~10000K 的高温下，气溶胶被充分蒸发、原子化、电离和激发，发射出复合光。该复合光经色散系统分解成按波长大小顺序排列的谱线形成光谱，最后光谱进入检测器（CID 或 CCD），检测器将每个光谱光信号转化为不同电信号。通过和标准溶液相比，可根据特征谱线的存在与否，鉴别样品中是否含有某种元素，即定性分析；根据特征谱线强度值大小换算出样品中相应元素的含量，即定量分析。定量分析方法主要有：标准曲线法、标准加入法和内标法。电感耦合等离子体原子发射光谱仪工作原理图如图 9-35 所示。

电感耦合等离子体原子发射光谱法的优点是：检出限低、灵敏度高、分析精度高、样品测试范围广、动态线性范围宽、多种元素可同时测定，是一种建立在纯物质基础上的绝对分析方法，无需依赖标准样品。该方法的限制是：液态进样，分析前需对样品进行化学预处理，分析周期相对光电光谱法稍长。

该方法是目前应用最广泛的可溯源仪器分析方法，主要用于仲裁分析、标准样品定值分析、不同原理方法比对、光电光谱法的补充等。铝合金中 Fe、Mg、Zr、V、Ga 等几乎所有元素和含量段都可以

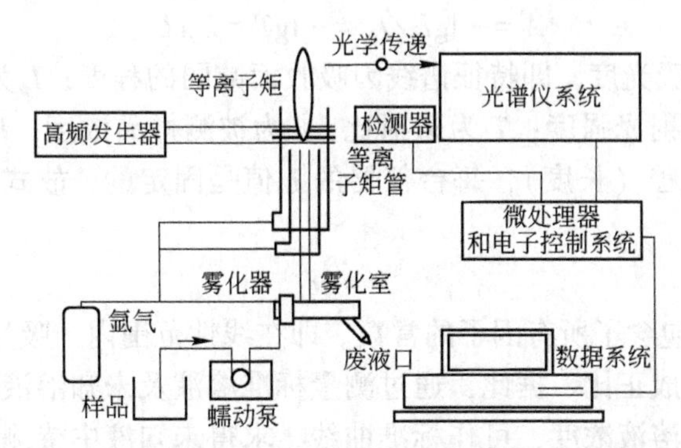

图 9-35 电感耦合等离子体原子发射光谱仪工作原理图

采用该方法分析。具体分析方法可参考《铝及铝合金化学分析方法 第 25 部分：电感耦合等离子体原子发射光谱法》（GB/T 20975.25）。

B 原子吸收光谱法

原子吸收光谱法（AAS）是当代对无机化合物进行元素定量分析的主要手段，它与用于无机元素定性和定量分析的原子发射光谱法相辅相成，是对无机物进行分析测定的两种主要方法。

原子吸收和原子发射都与原子的外层电子在不同能级之间的跃迁有关。原子吸收光谱法是利用气态原子可以吸收一定波长的光辐射，使原子中外层的电子从基态跃迁到激发态的现象而建立的。由于各种原子中电子的能级不同，将有选择性地共振吸收一定波长的辐射光，这个共振吸收波长恰好等于该原子受激发后发射光谱的波长。

其工作原理和工作过程是：当待测元素灯发射的特征波长的辐射通过试样原子化后的原子蒸气时，被原子中的外层电子选择性地吸收，透过原子蒸气的入射辐射强度减弱，其减弱程度与蒸气相中该元素的基态原子浓度成正比。即原子蒸气对不同频率的光具有不同的吸收率，蒸气相中的原子浓度与试样中该元素的含量成正比。对固定频率的光，原子蒸气对它的吸收是与单位体积中的原子的浓度成正比并符合朗伯—比尔定律。当一条频率为 ν，强度为 I_0 的单色光透过长度为 L 的原子蒸气层后，透射光的强度为 I_ν，令比例常数为 k_ν，则吸光度 A 与试样中基态原子的浓度 c 有如下关系：

$$A = -\lg I_\nu / I_0 = -\lg T = k_\nu cL \tag{9-3}$$

式中，A 为吸光度，即特征谱线因吸收而减弱的程度；I_ν 为透射光强度；I_0 为入射光强度；T 为透射比；c 为被测样品浓度；L 为光通过原子化器光程（长度），每台仪器的 L 值是固定的，故式（9-3）可表达为：

$$A = kc \tag{9-4}$$

式中，k 为包含了所有因子的常数。即在线性范围内，吸光度 A 与待测元素浓度成正比。据此，通过测量标准溶液及未知溶液的吸光度，又已知标准溶液浓度，可作标准曲线，求得未知液中待测元素浓度。因此，根据光线被吸收后的减弱程度就可以判断样品中待测元素的含量。这就是原子吸收光谱法定量分析的理论基础。

原子吸收光谱法对应设备称原子吸收光谱仪或原子分光光度计，其工作原理图如图 9-36 所示。

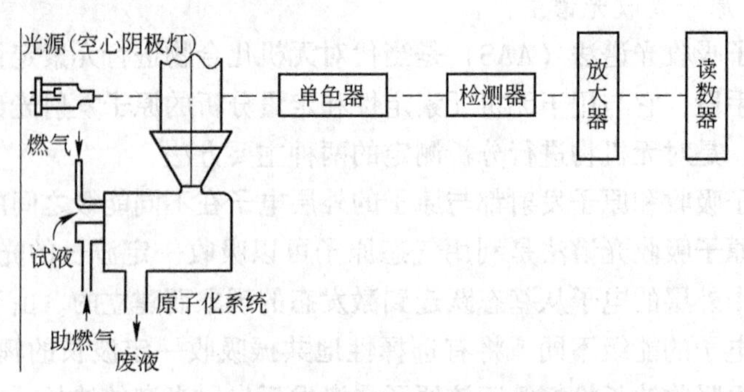

图 9-36　原子吸收光谱仪工作原理图

原子吸收光谱法的优点是：光谱干扰小、选择性好、灵敏度高、抗干扰能力强、精密度高、分析范围广，是一种建立在纯物质基础上的绝对分析方法，无需依赖标准样品。该方法的限制是：分析不同元素时需要更换不同的元素灯，一次只能测定单个元素；液态进样，分析前需对样品进行化学预处理，操作烦琐，分析周期相对较长；由于原子化温度低，对于一些易于形成稳定化合物的元素化学干扰大，测定灵敏度不够理想。

该方法作为一种可溯源的经典分析方法，在仲裁分析、标准样品定值、不同原理方法比对等方面有较多应用。铝合金中大多数元素都可以采用原子吸收光谱法分析，如火焰原子吸收光谱法测定铜量、火焰原子吸收光谱法测定镁量、火焰原子吸收光谱法测定铬量、火焰原子吸收光谱法测定镍量、火焰原子吸收光谱法测定锌量等。具体分析方法可参考《铝及铝合金化学分析方法》（GB/T 20975）相关内容。

C 分光光度法

分光光度法是基于物质对光的选择性吸收而建立的分析方法，亦称吸收光谱法，利用的光波长范围是紫外、可见和红外光区。利用可见光进行分光光度分析时，通常将被测组分通过化学反应转变成有色化合物，如硅钼蓝溶液呈蓝色、硫酸铜溶液呈蓝色、硫酸铁溶液呈棕红色，它们颜色的深浅与其浓度密切相关。溶液的浓度低呈现的颜色较浅，溶液的浓度高呈现的颜色就加深，因此，可根据测试溶液颜色的深浅，来判定溶液浓度的高低，这就是分光光度法，亦称可见光吸收光谱法（包括紫外吸收光谱法），也称“比色分析法”。

当一束平行的波长为 λ 的单色光通过一均匀的有色溶液时，光的一部分被比色皿的表面反射回来，一部分被溶液吸收，一部分则透过溶液，如图 9-37 所示。

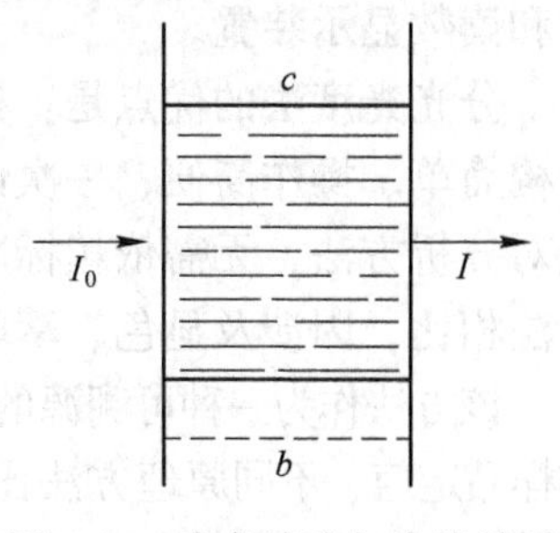

图 9-37 有色溶液与光线关系

b—溶液厚度；c—溶液浓度

这些数值间有如下的关系：

$$I_0 = I_a + I_r + I \quad (9\text{-}5)$$

式中，I_0为入射光的强度；I_a为被吸收光的强度；I_r为反射光的强度；I为透射光的强度。

在光度分析中采用同种质料的吸收池，其反射光的强度是不变的，由于反射所引起的误差互相抵消。因此上式简化为：

$$I_0 = I_a + I$$

式中，I_a越大即说明对光吸收得越强，也就是透过光 I 的强度越小，光减弱越多。透过光强度的改变与有色溶液浓度 c 和液层厚度 b 有关。也就是溶液浓度愈大，液层愈厚，透过的光愈少，入射光强度减弱愈显著。

朗伯比尔定律的数学表达式为：

$$A = \lg(I_0/I) = \lg(1/T) = kbc \tag{9-6}$$

式中，A 为吸光度；b 为光径长度（液层厚度）；c 为吸光物质浓度；T 为透光度，即透过光强度 I 与入射光强度 I_0 的比值；k 为比例常数，与吸光物质性质、入射光波长、温度等因素有关。

其物理意义是，当一束平行的单色光，通过稀的、均匀的吸光物质溶液时，溶液的吸光度与吸光物质浓度及光径长度乘积成正比。它是分光光度定量测定的依据。

分光光度法对应设备称分光光度计，主要由光源、单色器、样品吸收池、检测系统和显示系统等五部分组成。光源的作用，是在使用波长范围内提供有足够亮度和稳定的连续辐射光；单色器是将光源发射的复合光分解为单色光的光学装置；吸收池，又叫比色皿，用于盛放样品及参比溶液，对辐射光进行选择性吸收；检测系统是将光强度转变成电信号的光电转换装置；显示系统是与检测系统相连的电子放大和读数显示装置。

分光光度法的优点是：检出限低、灵敏度高、测量范围宽；仪器结构简单、操作简便、一次性投入少；是一种建立在纯物质基础上的绝对分析方法，无需依赖标准样品。该方法的限制是：与其他仪器分析法相比，因涉及显色、萃取、掩蔽、分离等烦琐操作，耗时更长。

该方法作为一种可溯源的经典分析方法，主要应用于仲裁分析、标准样品定值、不同原理方法比对等。铝合金中几乎所有元素均可应用，如钼蓝分光光度法测定硅量、邻二氮杂菲分光光度法测定铁量、新亚铜灵分光光度法测定铜量、高碘酸钾分光光度法测定锰量、丁二酮肟分光光度法测定镍量、二安替吡啉甲烷分光光度法测定钛量等。具体分析方法可参考《铝及铝合金化学分析方法》（GB/T 20975）相关内容。

D　电化学分析法

电化学分析法，是建立在物质的电化学性质基础上的一类分析方法。通常将被测物质溶液构成一个化学电池，然后通过测量电池的电动势或测量通过电池的电流、电量等物理量的变化来确定被测物的组成和含量。常用的电化学分析法有电位分析法、库仑分析法、极谱分析法和溶出伏安法等。

电化学分析法是仪器分析法中的一个重要分支，具有灵敏度高、准确度好、仪器相对比较简单、价格低廉等特点，在铝合金成分分析中有少量应用。如离子选择电极法测定硼量。具体分析方法可参考《铝及铝合金化学分析方法》（GB/T 20975）相关内容。

9.4.1.3 无损快速检测技术

无损快速检测技术主要应用于铝合金废料的分检、验收或合金混料的识别。目前常用方法主要有：看谱法、X 射线荧光光谱法、激光诱导光谱法（LIBS）等，对应设备为看谱镜、XRF 手持金属分析仪、LIBS 手持金属分析仪，可直接携带至现场对样件洁净表面进行检测，不需破损样件切取试样，适于在生产现场对大批量样件或大型样件进行快速合金定性分析或定量分析。

A 看谱法

看谱法是一种结构简单的原子发射光谱仪，和摄谱仪相似，有狭缝、准直镜以及物镜，但以目镜代替暗盒，以眼睛作为接受器观察光谱。工作波段是 390~700nm 的可见光区域。

看谱镜的工作过程，是试样被激发发射的光经简单的光学系统分光、聚焦于目镜，通过目镜可以看到被分析试样的光谱，仪器上的手轮转动光栅，可以将不同光域引入视场。因不同合金在光谱中有许多基体元素的谱线及不同分析元素的谱线，分析人员根据每种合金的特征光谱组合线，即可判定合金类型或合金牌号。手持式看谱镜工作原理图如图 9-38 所示。

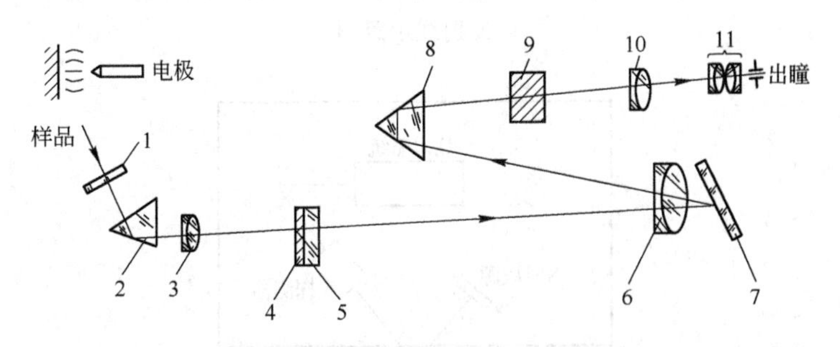

图 9-38 手持式看谱镜工作原理图

1，2—玻璃片；3—棱镜；4—透镜；5—狭缝；
6—物镜；7—光栅；8—棱镜；9—光阑；10—显微物镜；11—目镜

该方法简单快速，仪器价格低廉，在铝合金废料分类检测中应用较广。但随着更先进的智能化手持式金属分析仪的出现，该方法在工业企业逐渐被替代。

B　X 射线荧光光谱法

X 射线荧光分析（X-ray fluorescence）简称 XRF，其工作原理是仪器中 X 射线管发射 X 射线直接照射样品表面，当原子核的内层电子（如 K 层）受到外来 X 射线的照射时，会吸收能量而被激发；K 层的外层相邻电子层（L 层）会马上跃迁补充至 K 层。由于 L 层电子能量高于 K 层，多余的能量便以特征 X 射线发散出来，称为亚 X 射线，又称为荧光。仪器中的 X 射线探测器将特征 X 射线转化为电子脉冲，从探测器产生的信号被放大并传输至微处理器以进行运算，元素的强度数据可转化为含量数值。在样品中产生特征 X 射线示意图如图 9-39 所示，其工作原理图如图 9-40 所示。

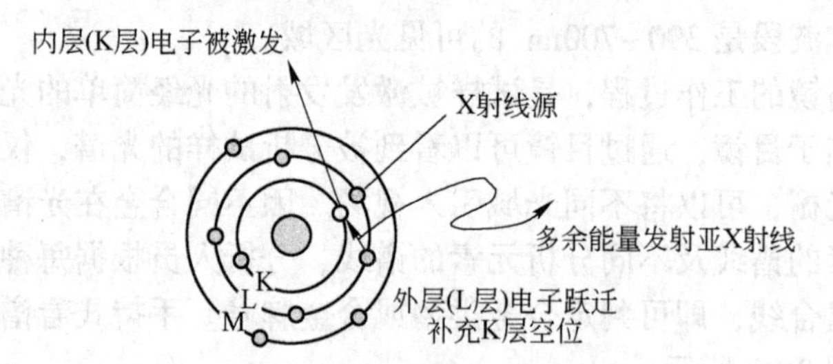

图 9-39　在样品中激发产生特征 X 射线示意图

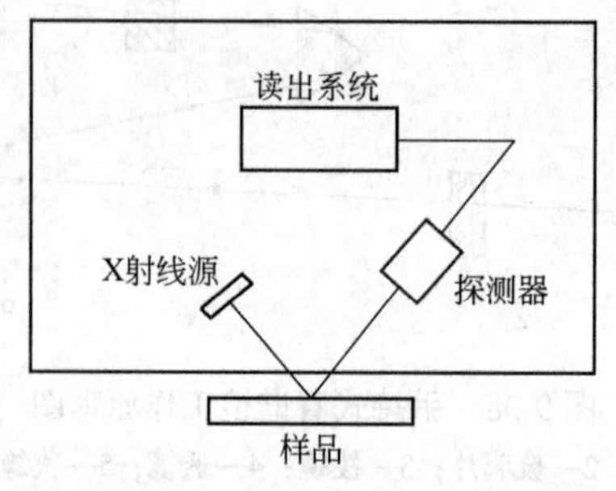

图 9-40　手持式 X 荧光金属分析仪工作原理图

该方法对应设备称手持式 X 荧光金属分析仪。该技术特点是：要求样品表面清洁即可，不需要对样品进行复杂的预处理；分析过程是照射非激发，对样品完全无损；手持式小巧轻便（200 多克），便于现场携带；显示屏人机对话，操作简单；分析速度快，10~30s 可完成一次数据采集；可多元素同时测定；可建立合金库进行合金识别或快速分检等，在对材料进行现场或远程无损分析、定性识别以及定量分析等方面具有重要应用。目前该类设备在铝合金废料检测或混料鉴别中得到大量应用。只是相比 LIBS 分析仪，测定轻元素（Mg、Si 等元素）时间稍长一些（约 30s）。

C 激光诱导击穿光谱法

激光诱导击穿光谱法简称 LIBS（laser-induced breakdown spectroscopy），原理上与原子发射光谱法类似，是利用高能量密度的短脉冲激光聚焦至物质表面，在焦点处产生瞬间高温使之烧蚀产生自由电子，而此时激光烧蚀区的物质在高温条件下瞬间融化、汽化，形成一团由分子、原子、离子和电子组成的高能气态物质，在激光能量和自由电子的连续碰撞下，发生雪崩电离过程而形成等离子体。这些等离子体几乎可将物质中的全部元素汽化并激发至高能态，当回到基态时会发出各自的特征光谱，借助光电转换器将特征光谱的光信号转换为电信号，进而对电信号进行采集和换算，即可得出相应元素的含量。其工作原理图如图 9-41 所示。

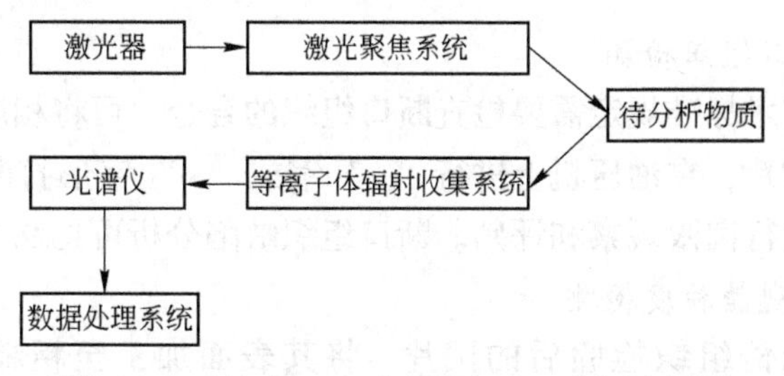

图 9-41 手持式 LIBS 金属分析仪工作原理框图

该技术对应设备称手持式 LIBS 金属分析仪。其特点是：要求样品表面清洁即可，不需要对样品进行复杂的预处理；激发斑点为肉眼可见的小针眼，对样件破坏性小；手持式小巧轻便（约200g），便于现场携带；显示屏人机对话，操作简单；分析速度快，1~3s 可完成一次数据采集；可多元素同时测定；可建立合金库进行合金识别或快速分检等，在对材料进行现场或远程无损分析、定性识别以及定量分析等方面具有重要应用。目前该类设备在铝合金废料检测或混料鉴别中已得到越来越广泛的应用。

9.4.2 铸锭组织检测

9.4.2.1 低部组织检测

根据有关技术标准或技术协议规定的质量要求确定检验项目。低倍组织检测是一种宏观观察，主要包括铸锭试片低倍组织检测、断口组织检测、宏观晶粒度评价、氧化膜检测等。具体检验方法和评定标准可参考《变形铝及铝合金制品组织检验方法第 2 部分：低倍组织检验方法》（GB/T 3246.2）。

A 铸锭试片低倍组织检测

工作流程：切取铸锭头尾横截面试片，将其表面加工至粗糙度不低于 $R_a3.2\mu m$，经氢氧化钠水溶液碱蚀、水洗、硝酸溶液酸洗、水洗清洁后即可进行肉眼观察，也可借助 10 倍放大镜观察，并按相关标准进行组织评定。铸锭低倍缺陷分类及评定见 9.1.5 和 9.3 节内容。

B 断口组织检测

根据技术标准规定需要检查断口组织的合金，可将相应的经低倍检验后的试片，在油压机上进行“-”字或“+”字形打断，即可对断口组织进行肉眼观察和评判。断口组织缺陷分析可见 9.3 节内容。

C 宏观晶粒度检测

利用低倍组织检验后的试片，将其表面加工至粗糙度不低于 $R_a3.2\mu m$，室温下在特定混合酸溶液（软合金）或特定碱溶液（硬合金）中浸蚀一定时间，然后用水和硝酸溶液清洗，可反复进行多次，直至晶粒清晰显现。试片清洗干净后，对照晶粒度标准图谱对试样进行晶粒度评级。

D 氧化膜检测

在铸锭底部切取 50mm×50mm×150mm 的氧化膜试样坯料，并将其 150mm 高镦压成厚 30mm 的圆饼。将样饼沿直径锯开成两块，以样饼锯开面为侧面截取 30mm 宽的长条样坯，将样饼的直径锯开面刨成楔形槽，槽深为样坯宽度的 1/3，保证断口受检面积不小于 $2000mm^2$。将样坯在压力机上一次折断或劈开，即可对劈开断口面进行观察。根据氧化膜的多少和大小，依据相关标准进行评定。开槽后的铸锭氧化膜试样截面示意图如图 9-42 所示，折、劈断口试验示意图如图 9-43 所示。

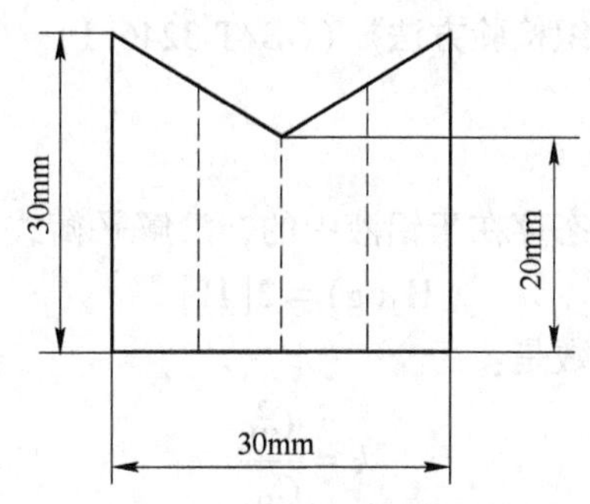

图 9-42 开槽后的铸锭氧化膜试样截面示意图

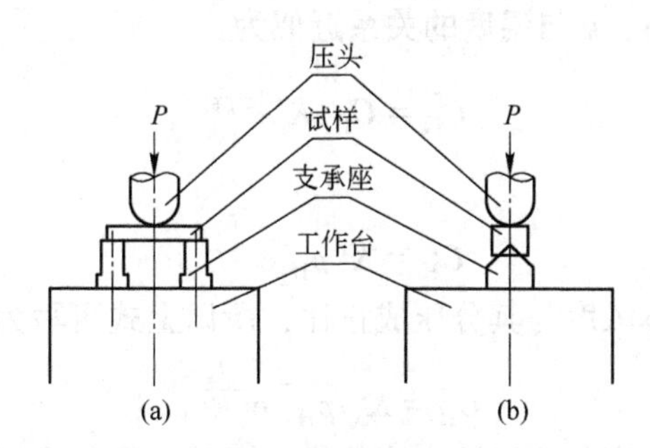

图 9-43 折、劈断口试验示意图

（a）折断；（b）劈开

9.4.2.2 显微组织检测

铸锭显微组织检测，主要包括过烧组织评判、晶粒尺寸测量、显微疏松尺寸测量、铸态组织观察等项目。

根据合金种类、规格和试验目的，从铸锭有代表性的部位切取试样，如检验过烧一般在铸锭热端（高温端）切取不少于两块高倍试样。试样的被检面用铣刀或锉刀去掉 1~3mm，然后粗磨、细磨、粗抛、细抛或精抛，经特定的浸蚀清洁后即可在显微镜下进行观察。通常在未浸蚀的试样上观察合金中相的形态和疏松、夹杂物等缺陷，在浸蚀试样上观察枝晶结构、鉴别相的组分以及观察均匀化处理后有无过烧组织，采用比较法或平均晶粒计算法或截距法测定晶粒尺寸。具体检验方法和评定标准可参考《变形铝及铝合金制品组织检验方法 第 1 部分：显微组织检验方法》（GB/T 3246. 1）。

9.4.3 测氢技术

氢是以原子状态存在于铝液中的，溶解平衡式为：

$$H_2(g) = 2[H] \tag{9-7}$$

反应的平衡常数是：

$$k = \frac{C_H^2}{C_{H_2}} \tag{9-8}$$

$$k = K' e^{-\frac{E_s}{RT}} \tag{9-9}$$

恒压条件下，k 与温度的关系近似为：

$$C_H^2 = C_{H_2} K' e^{-\frac{E_s}{RT}} \tag{9-10}$$

于是有：

$$C_H^2 = K' p_{H_2} e^{-\frac{E_s}{RT}} \tag{9-11}$$

但由于气体浓度与其分压成正比，所以上式可写为：

$$C_H = K\sqrt{p_{H_2}}\ e^{-\frac{E_s}{2RT}} \tag{9-12}$$

式中，E_s为氢的摩尔溶解热，当溶解为吸热时，E_s为正值，氢在纯铝中的摩尔溶解热 E_s = 104. 6kJ/mol；K 为常数；T 为铝液温度，K；C_H为氢在铝液中的溶解度，mL/(100gAl)；p_{H_2}为平衡状态下铝液与气体分界面上的氢气分压，MPa。

式（9-11）也可用如下的 Sieverts 定律表示为：

$$\lg C_H = \frac{1}{2}\lg p_{H_2} - \frac{A}{T} + B \tag{9-13}$$

式中，A、B 为与铝合金成分有关的常数。

式（9-13）中，A、B、T 都容易确定，所以测氢含量 C_H，关键是求得 p_{H_2} 值。尽管实际温度和铝合金成分对氢含量的影响不是直接按式（9-13）计算的，但关键仍是 p_{H_2} 的确定。目前实用的铝液测氢方法大都是通过测量 p_{H_2} 来确定 C_H。如 Telegas、Alscan、ELH-Ⅳ、CHAPEL 和固体电解质氢传感法等都是采用这种方法测氢含量。p_{H_2} 的测量方法大体上可分为三种。

9.4.3.1 平衡载气法

Telegas 技术又称为闭路循环技术（CLR）或循环气体法。少量惰性气体载体通过一陶瓷管进入铝液再被钟罩形探头收集进入循环气路，铝液中的氢扩散到循环气流中并逐渐达到平衡，利用热导池（氢的热导率约是氮的 7 倍）测出氢分压。Telegas 测氢仪探头易损，价高，仪器笨重，读数还需要根据合金成分及铝液温度修正。为了解决这些问题，美铝后来开发了 TelegasⅡ（图 9-44）。其测氢基本原理与 Telegas 测氢仪相同，但氢分压采用差示热导技术测量。它采用一个专门开发的连接于恒温电路的热敏膜代替原 Telegas 的两根细铂丝和惠斯登桥式电路，并配备了以微处理器为核心的控制系统。该法仍需较贵的探头。

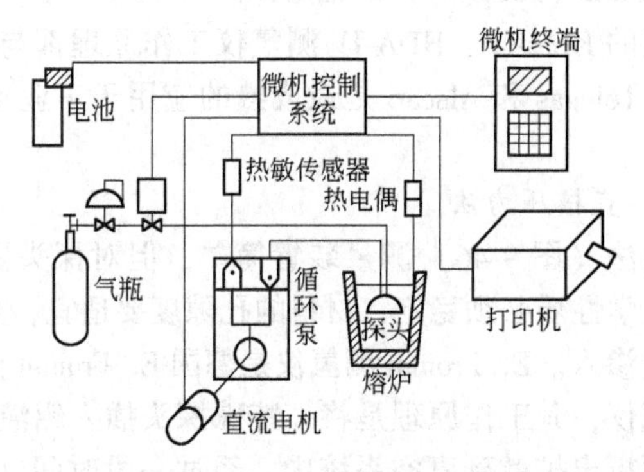

图 9-44 TelegasⅡ测氢仪示意图

Alscan 测氢仪（图 9-45）工作原理与 Telegas Ⅱ相同，主要是探头有较大改进，结实价廉的浸没式探头无需预热或特殊处理，即使在很浅的铝液中探头也可以以方便的角度使用。另外它无需将气流吹入铝液中，解决了 Telegas Ⅱ最难的问题，但相应地循环惰性气体中的氢达到平衡所需的时间也加长了，这可通过适当地移动探头来解决。

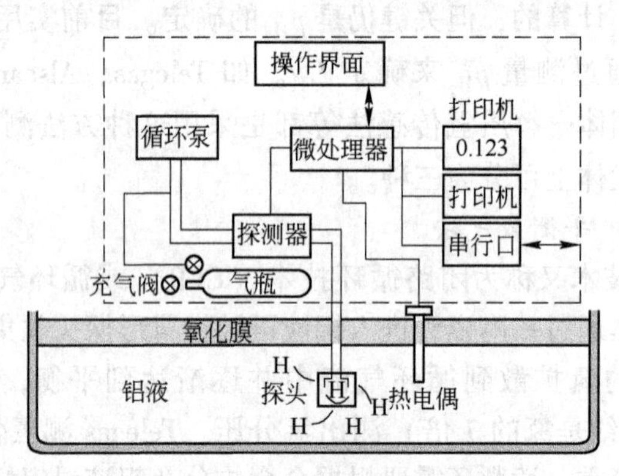

图 9-45　Alscan 测氢仪示意图

Alscan 每次测量时间约为 10min，精度为±0.01mL/(100gAl) 或读数的±5%，探头寿命与合金有关，多数情况下，至少可进行 10 次浸入，或在铝液中的累计浸泡时间 3h 以上，在纯铝中的寿命更长。现在，Alscan 测氢仪有氩气和氮气两个版本，氩气版用于测量低氢含量（低于 0.05mL/(100gAl)）的铝熔体。

国内开发的 ELH-IV、HDA-IV 测氢仪工作原理都与 Telegas 基本相同。目前，Telegas 和 Alscan 是最成熟的应用于工业上的铝液测氢方法。

9.4.3.2　*直接压力法*

直接压力法（图 9-46）测量装置简单，但对探头要求较高，高温下探头的化学性质必须稳定，材料的孔隙度要适宜，真空下氢能透入而铝液不能渗入。E. Fromm 测氢仪是德国 E. Fromm 公司生产的直接压力法测氢仪，其工作原理是将一特殊探头插入铝液中并抽真空，氢在探头表面析出扩散到真空系统中，经过一段时间（20~30min），真空系统中的氢分压与铝液的氢分压达到平衡。根据 Sieverts 定律即可算出铝液中的氢含量。该法的不足之处是测试时间长，探头寿命短，价格高。

哈培尔技术现已可连续监测熔炉中铝液的氢含量。哈培尔法中的圆柱形多孔石墨探头通过一个气密陶瓷管与压力测定仪相连。探头浸入铝液后迅速抽出探头内的空气，此时探头就像一个人造气泡。铝液中的氢向这个气泡中扩散，直到气泡中的压力与铝液中的氢分压 p_{H_2} 相等，此时测出探头中的气压即可确定铝液的氢分压。探头结构及气路图如图 9-47 所示。

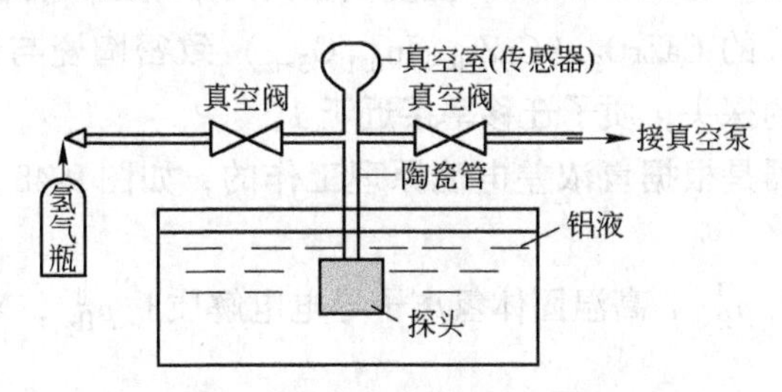

图 9-46　直接压力法示意图

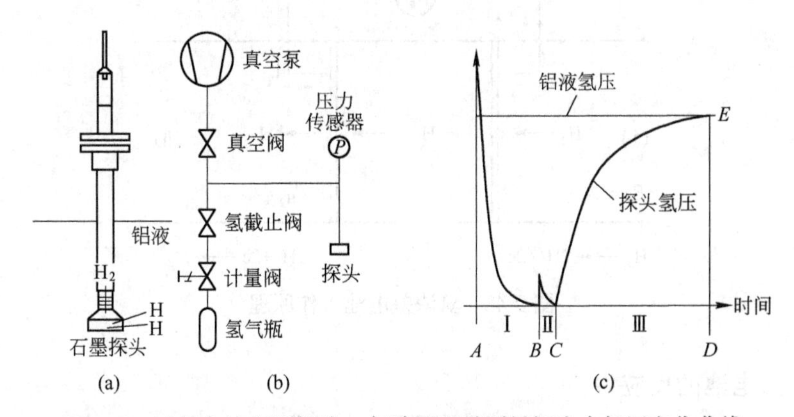

图 9-47　哈培尔法所用探头、气路原理及测量探头内气压变化曲线

（a）探头结构示意图；（b）气路原理；

（c）测量过程中探头内气压变化曲线

图 9-47（c）是测量过程中探头内气压变化曲线，可大致分为三个阶段：抽真空阶段，对应图中 *AB* 段，消除壅压阶段；第三阶段为

铝液中的氢向探头中注入一定量的氢气。无论是否达到平衡，探头内的压力都有显示。这种方法适用于连续测氢，当然更可以间隔测量，每次测量循环时间仅为1min。

9.4.3.3　固体电解质氢传感法

20世纪80年代以来，冶金分析工作者致力于研究具有高质子电导率的特种陶瓷，以掺入镱（Yb）的 $SrCeO_3$（$SrCe_{0.95}Yb_{0.05}O_{3-a}$）致密陶瓷与 Ca/CaH_2 混合物作为参比电极组成探头，其质子迁移率为0.91~0.93。在873~1170K温度范围内对溶解氢具有稳定的电势。掺入铟（In）的 $CaZrO_3$（$CaZr_{0.9}In_{0.1}O_{3-a}$）致密陶瓷与铂（Pt）参比电极组成的探头，质子迁移率接近于1。

氢传感器是根据氢浓差电池原理工作的，如图9-48所示。电池形式为：

$$M, p_{H_2}^{I} \mid 高温固体氢离子导电电解质 \mid p_{H_2}^{II}, M \qquad (9\text{-}14)$$

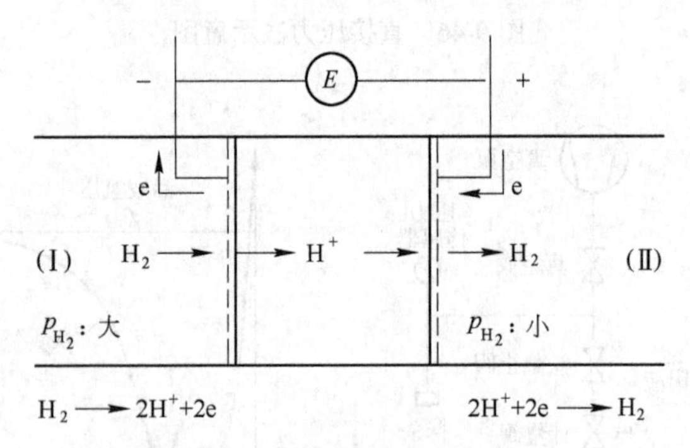

图9-48　氢浓差电池工作原理

电池的反应为：

$$H_2(p_{H_2}^{I}) = H_2(p_{H_2}^{II}) \qquad (9\text{-}15)$$

由于两极氢的化学位差，在电解质与金属电极的接界处将发生电极反应，分别建立不同的平衡电压，电池的电动势服从Nernst公式：

$$E = \frac{RT}{2F}\ln\frac{p_{H_2}^{I}}{p_{H_2}^{II}} \qquad (9\text{-}16)$$

式中，R 为理想气体常数，等于 8314J/(mol · K)；F 为法拉第常数，等于 965009.648456×10^{4}C/mol。

测定了电池电动势和温度后，就可以根据 $p_{H_2}^{I}$ 和 $p_{H_2}^{II}$ 中已知的一个量求得另一个未知量。氢分压已知的一侧称为参比电极，然后利用 Sieverts 定律求得铝液中的氢含量。

图 9-49 是 Notorp 氢传感器示意图，但由于采用氢做参比电极，需向探头通入 H_2 或 H_2-He。为了使用方便，降低成本，有人采用能提供稳定氢分压的金属氢化物为参比电极，如 Ca/CaH_2，但即使在实验室条件下 Ca/CaH_2 也存在氧化。因此，高效、稳定的高温固体氢参比电极的研制是亟待解决的一个重要课题。

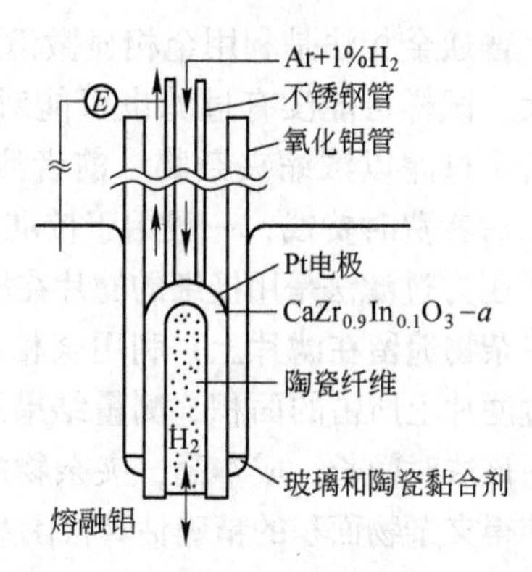

图 9-49　Notorp 氢传感器示意图

NCH 测氢仪是由东北大学根据固体电解质电动势原理，采用团体电解质化学传感器制成的。它能在线长期、连续测氧，且响应时间很短（约 10s）。

9.4.3.4　其他方法

其他测氢方法还有减压试验法（RPT 试验法，如图 9-50 所示）、固态测氢法等。

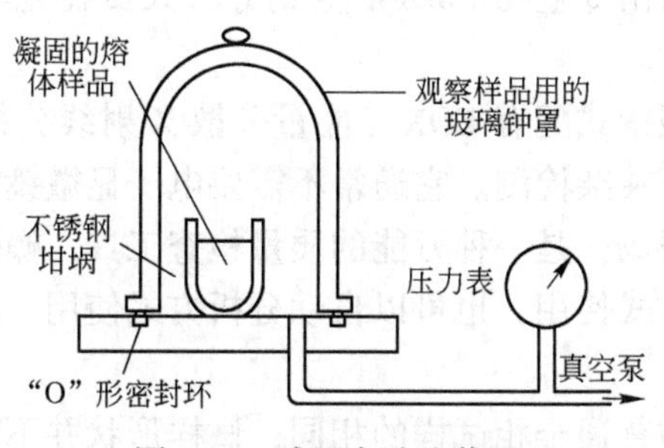

图 9-50　减压实验法装置

9.4.4 测渣技术

测渣方法有化学法、熔剂法、金相分析法、过滤法等，目前采用的主要是后两种方法。

9.4.4.1 普通金相法

普通金相法是利用金相显微镜来观察凝固试样中的夹杂物，误差较大。试样可能没有过滤也可能对已知质量（或体积）的铝液预先进行了过滤以浓缩夹杂物。前者测试的灵敏度低，易受人为因素干扰；后者费时费钱，一般用于校准连续测渣装置。

压力过滤法是用极细的滤片在压力下将铝液（已知质量的）过滤，使夹杂物遗留在滤片上，利用金相法数出夹杂物粒子个数，测出它们在过滤片上所占的面积，测量结果用每公斤过滤铝中的夹杂物面积表示。该法时间长、成本高，夹杂物的混合和滤片上的其他分散结构特征使得夹杂物面积的精确估算很困难，特别是当夹杂物和氢含量高时，滤片横截面上会出现疏松，使夹杂物的计数和面积测量值出入很大。

9.4.4.2 PoDFA 法

加拿大铝业公司的 PoDFA 和 PoDFA-f 系统（图 9-51）是目前唯一的既可对夹杂物性质进行定性分析也可对夹杂物浓度进行定量分析的质量控制工具。生产者可根据 PoDFA 的测定结果正式决定铝液是否可用于一些对夹杂物要求严格的产品的生产。该法将一定量的铝液在一定的控制条件下通过极细的滤片进行过滤，铝熔体中的夹杂物在滤片表面浓缩，浓度提高 10000 倍，带有残留金属的滤片被剖切、镶嵌和抛光，然后由专业的 PoDFA 金相分析人员在光学显微镜下进行分析。

一种新的便携式配有 EDX（能量分散 X 射线分析）的扫描式电子显微镜可用于夹杂检测。它通常不需要电子显微镜的典型试验室环境，可应用于现场，是一种万能的质量检查工具，操作简单，既可以分析扫描电镜方式使用，也可以自动分析方式使用，操作及日常维护成本很低。

试样制备与普通金相试样的相同，试样形状并不重要，日常分析用试样形状应以保证成本较低为原则。

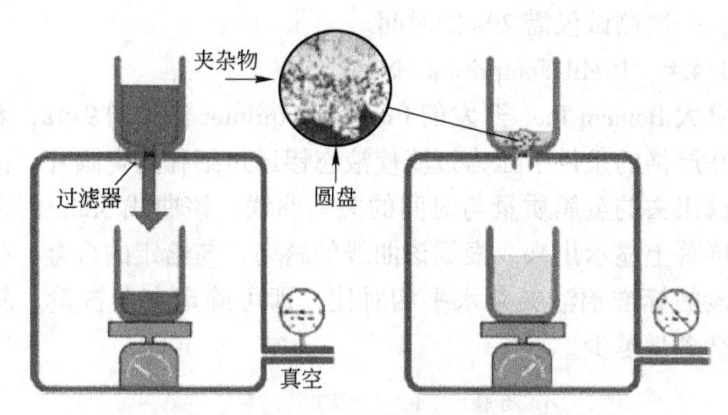

图 9-51 加拿大铝业公司的 PoDFA 法示意图

在 Personal SEM 上，分析表面根据四角坐标来设定，焦点和放大倍数调整合适后，分析程序计算要分析的那些区域，通过仪器自动平台的移动逐个扫描要分析的区域。根据放大倍数，分析程序将这些区域进一步分成放大的“电子”工作区，使分析速度达到最佳值。

为记录图像，Personal SEM 有一个 SE（二次电子，用于表面形貌）探测头和一个 BSE（背散射电子，用于表面元素对比）探测头。BSE 探测头显示金属试样中的外来夹杂。材料中要研究的相通过对比度阈进行探测并被测量和分析。EDX 对夹杂物的分析可根据要求在中心、沿对角线、整个表面或在周边进行。

可以选择相应的检测方式测定专门的检测内容，如尺寸、长度、宽度、外貌、化学成分和亮度。在线统计可显示每个夹杂的尺寸(长、宽、面积）及所含的元素，这样就可以对夹杂进行识别和分类。为了归档和进一步的数据处理，所有粒子检测结果都被保存在数据档案中。根据保存的夹杂物的数据，可在一台独立的 PC 机上输出统计结果。一次分析的总时间为 0.5~2h。

9.4.4.3 Qualilftash 法

Qualiflash 是一种评价铝液洁净度的过滤技术。当铝液进入一个底部有过滤器的温控罩内时，氧化物会阻塞模压陶瓷过滤器。过滤的金属被保留在有 10 个刻度的锭模中。根据铝液停止流动时锭模中铝的数量来确定铝液洁净度。Qualiflash 是一种便携式仪器，可用于炉前分析，一次测试仅需 20s 的时间。

9.4.4.4 Prefil-Footprinter 法

加拿大 Bomem Inc. 开发的 Prefil-Footprinter 法见图 9-52，其测渣原理是在严格的条件下压力过滤使液态铝通过细孔陶瓷圆片。测试结果是过滤出去的金属质量与时间的关系曲线，该曲线 3min 内即可在计算机屏幕上显示出来。根据该曲线的斜率，与给定的合金、生产工艺或阶段的标准铝液夹杂水平相对比，即可确定夹杂含量。斜率越大，夹杂含量越少。

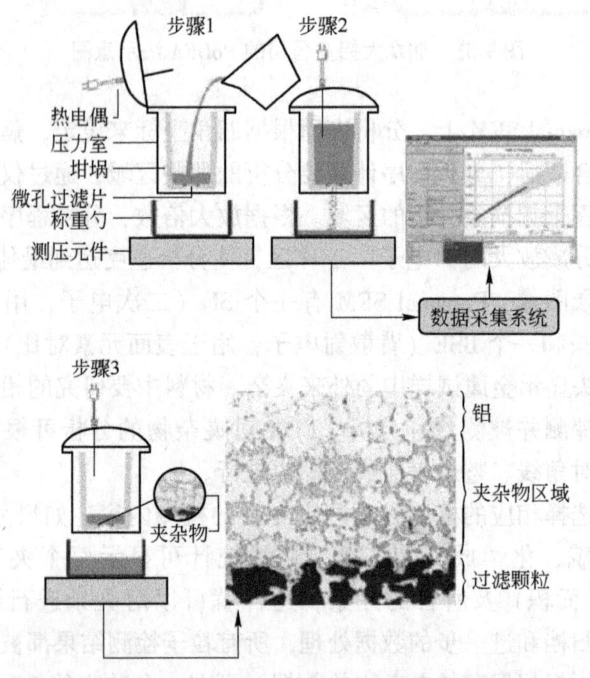

图 9-52 Prefil-Footprinter 法的测量过程

数据库的建立可以确定生产中在专门检测条件下，测量的铝液夹杂的极限。数据库专门用于比较和参考。在相同的检测条件下，测得结果可与数据库进行对比。

测量后残余的金属可用来进行标准的金相分析，以确定各种夹杂的数量。

Prefil-Footprinter 法的测量过程由以下几个阶段组成。首先将底部有多孔陶瓷圆片的坩埚预热并放入压力室中，放一勺铝液于坩埚内，关上盖，打开加压按钮；然后当铝液温度降到规定值时系统在坩埚内施加一恒定压力强迫铝液通过过滤圆盘；与计算机相连的负载测量装置记录下过滤出的金属质量与时间的关系曲线，并即时显示在计算机屏幕上。在不到 3min 的时间内结束试验后，压力腔中压力自动降低。试验结果与有关信息一同被保存。保留在滤片上的夹杂物可采用金相法进行检查、鉴别和计数，这一过程使夹杂物浓度提高 5000~10000 倍，可测夹杂物含量在 0.005~50mm^2/kg 范围内。

与 PoDFA 法及金相分析法对比，Prefil-Footprinter 法与金相分析法具有较好的一致性。A356.2 合金的检测表明，Prefil-Footprinter 法与 PoDFA 法具有较好的一致性。

Prefil-Footprinter 法测量夹杂速度快，比单纯的金属取样法灵敏，可用于铝液质量控制。

9.4.4.5 LiMCA 系统

ABB 公司开发的 LiMCA（liquid metal cleanliness analyzer）系统，可直接测量铝液中悬浮的绝缘粒子的密度，可监测 15~155μm 的夹杂物。由于配备了先进的信号和数据处理电子装置，仪器可通过分析电压波动频率及波动幅度的分布来推测铝液中粒子的密度及体积分布。粒子密度以每公斤铝液夹杂物粒子个数来表示，它可以表示成关于铸造时间的函数。粒子的体积分布用直方图表示，表示每单位粒子尺寸范围内粒子的密度。LiMCA 可用于工艺开发、过程控制和质量监控。过滤前使用硅酸铝取样头，过滤后使用带伸长管的硼硅玻璃取样头，伸长管可减小微气泡对测量结果的影响。LiMCA 能在 1min 的时间内测出熔体的洁净度，它几乎能连续监测铸造过程中洁净度的变化情况，将其显示为时间的函数。熔炼炉状况、原料组成、静置时间以及类似的参数对熔体洁净度的影响都可被检测出来。日常操作如液面高度控制、流盘中紊流的影响可直接看到，对应相应的铸造参数，可以测出夹杂从静置炉出口到达铸锭尾端的时间，以便及时停止铸造，减小切尾量。不足之处是探头易损，费用高。

LiMCA 根据电敏感区原理工作，在电敏感区两个浸于金属液中的电极间通有恒定的电流，两个电极被一个绝缘试样管分开。管壁开有一个小孔，允许铝液出入。当绝缘性的夹杂通过这个敏感区小孔时，由于电阻改变产生电压脉冲信号（图 9-53）。

电压变化可以下式表达：

$$\Delta V = \frac{4\rho I d^3}{\pi D^4} \tag{9-17}$$

式中，ΔV 为孔洞电压变化；ρ 为金属电阻率（$\rho_{Al} = 25\times10^{-8}\Omega\cdot m$）；$d$ 为等效球形颗粒直径；D 为电感应区直径；π 为 3. 1416；I 为电流(典型值 40A)。

采用 DSP 技术的 LiMCA 系统（图 9-54）不仅记录电压脉冲的高度，同时还记录脉冲起始斜率、终了斜率、达到峰值的时间、整个脉冲的时间、每个脉冲的起始和结束时间等 6 个参数。DSP 技术与模式识别技术相结合，以便将微气泡与夹杂区分开来。DSP-BasedLiMCA 比采用模拟技术的 LiMCA Ⅱ在成本和灵活性方面更具有优势。

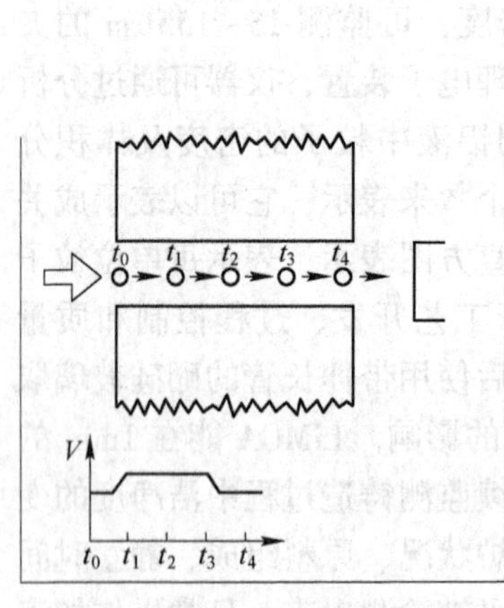

图 9-53　电敏感区工作原理示意图

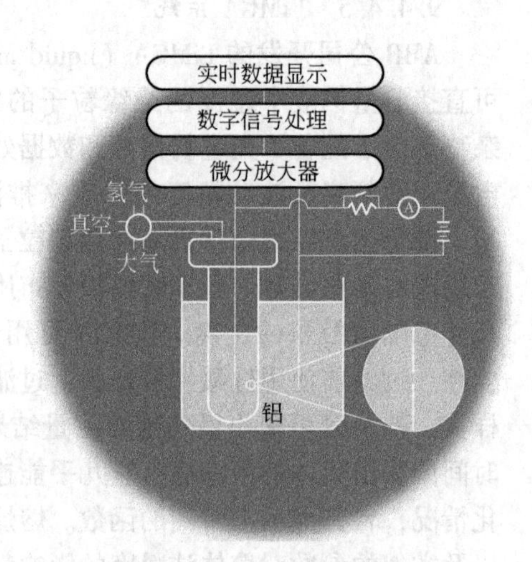

图 9-54　LiMCA 工作原理

目前，LiMCA 有固定式 LiMCA CM 和移动式 LiMCA Ⅲ两种类型，相比固定式测渣系统，LiMCA Ⅲ测量头更轻便，功能更齐全，测渣位置更加灵活。

压力过滤法可测量全部夹杂物粒子，而 LiMCA 法只能测量一部分夹杂物粒（15~155μm）。

9.4.4.6 其他方法

其他测渣方法还有 K-Mold 法、LAIS 法等。

在夹渣种类和含量的取样法测量中，样品的采集是一个棘手的难题。目前已知铝液中有 30 多种夹杂物，包括从薄膜到粒子的各种形状的氧化物、碳化物、硼化物、氮化物、金属间化合物和其他化合物，大小从几微米到半毫米，密度最小的约为 2.35g/cm^3，大的超过 4.0g/cm^3。取样时的条件对测试结果会有很大影响。

实际工作中应选用何种测渣仪取决于具体产品、铸造条件和生产水平。

第10章
数字资源

10 铝及铝合金熔铸设备

10.1 冶金炉的分类及对炉衬材料的基本要求

10.1.1 冶金炉的分类

铝及铝合金熔炼设备中常用的冶金炉型有熔化炉、保温炉（静置炉）、均匀化退火炉，以及炉料预处理炉、熔体在线净化装置等。

10.1.1.1 按加热能源分类

（1）燃料加热式。燃料包括天然气、石油液化气、煤气、柴油、重油、焦炭等，以燃料燃烧时产生的反应热能加热炉料。

（2）电加热式。由电阻组件通电发出热量或者让线圈通交流电产生交变磁场，以感应电流加热磁场中的炉料。

10.1.1.2 按加热方式分类

（1）直接加热方式。燃料燃烧时产生的热量或电阻组件产生的热量直接传给炉料的加热方式，其优点是热效率高，炉子结构简单。但是燃烧产物中含有的有害杂质对炉料的质量会产生不利影响；炉料或覆盖剂挥发出的有害气体会腐蚀电阻组件，降低其使用寿命；燃料燃烧过程中，燃烧产物中过剩空气（氧）含量高，造成加热过程金属烧损大。随着燃料与空气比例控制精度的提高，燃烧产物中过剩空气（氧）含量可以控制在很低的水平，可减少加热过程的金属烧损。

（2）间接加热方式。间接加热方式有两类：第一类是燃烧产物或通电的电阻组件不直接加热炉料，而是先加热辐射管等传热中介物，然后热量再以辐射和对流的方式传给炉料；第二类是让线圈通交流电产生交变磁场，以感应电流加热磁场中的炉料，感应线圈等加热组件与炉料之间被炉衬材料隔开。间接加热方式的优点是燃烧产物或电加热组件与炉料之间被隔开，相互之间不产生有害的影响，有利于保持和提高炉料的质量，减少金属烧损。感应加热方式对金属熔体还具有搅拌作用，可以加速金属熔化过程，缩短熔化时间，减少金属烧损。但是由于热量不能直接传递给炉料，所以与直接加热式相比，热效率低，炉子结构复杂。

10.1.1.3 按操作方式分类

(1) 连续式炉。连续式炉的炉料从装料侧装入，在炉内按给定的温度曲线完成升温、保温等工序后，以一定速度连续地或按一定时间间隔从出料侧出来。连续式炉适合于生产少品种大批量的产品。

(2) 周期式炉。周期式炉的炉料按一定周期分批加入炉内，按给定的温度曲线完成升温、保温等工序后将炉料全部运出炉外。周期式炉适合于生产多品种多规格的产品。

10.1.1.4 按炉内气氛分类

(1) 无保护气体式。炉内气氛为空气或者是燃料自身燃烧气氛，多用于炉料表面在高温能生成致密的保护层，能防止高温时被剧烈氧化的产品。

(2) 保护气体式。如果炉料氧化程度不易控制，通常把炉膛抽为低真空，向炉内通入氮、氩等保护气体，可防止炉料在高温时剧烈氧化。随着产品内外质量要求不断提高，保护气体式炉的使用范围不断扩大。

10.1.2 对冶金炉炉衬材料的基本要求

炉衬材料应具有高的耐火度，足够的化学稳定性、机械强度和密度，耐腐蚀、低导热，以承受熔体的机械冲击和炉衬胀缩引起的热应力冲击，抵抗精炼熔剂的腐蚀，减少炉衬热量散失。

10.2 火焰反射炉

10.2.1 火焰反射式熔化炉和保温炉（静置炉）简介

火焰反射式炉常用作熔化炉和保温炉（静置炉）。火焰反射式熔化炉和静置保温炉可分为固定式和倾动式。

固定式炉结构简单，价格便宜，但必须依靠液位差放出铝液，因此要求熔化炉和静置保温炉分别配置两个不同高度的操作平台，这样既不利于生产操作又增加了厂房高度或保温炉采用地坑；由于放流口靠近熔池底部，致使放流时沉底的熔渣易随铝液流出，造成铸锭的夹渣缺陷，同时存在跑流无法控制的安全隐患。

倾动式炉靠倾动炉子放出铝液，因此增加了液压式或机械式倾动装置，炉子结构较复杂，造价高，但保证了铝液在熔池上部固定高度流出，减少了沉底熔渣造成的铸锭夹杂缺陷，但表面氧化膜易被破坏，同时表面浮渣易随熔体流出，增加在线处理的负担。熔化炉和静置保温炉的操作平台均在厂房地面上，不需要另设操作平台，易于实现自动供流。

从炉子形状及加料方式分类，火焰反射式熔化炉和保温炉（静置炉）可分为圆形炉顶加料和矩形炉侧加料炉。

火焰反射式熔化炉和保温炉（静置炉）可使用液体（柴油、重油）和气体（石油液化气、天然气、煤气等）燃料。燃烧器普遍采用烟气余热利用装置预热助燃空气，可以提高能源利用率，降低能耗。常用的有蓄热式、引射式和烟气/助燃空气对流预热式。

还有一种被称为竖式炉的连续式火焰熔化炉，炉料从炉膛上部连续地加入炉内，在下落过程中与炉膛下部烧嘴产生的上升燃气进行热交换，熔化成液体落入炉底的熔池中。竖式炉的特点是燃气对炉料有预热作用，可提高燃气热量利用率，竖式炉在铸造纯铝线杆的连铸连轧中有应用，但是不便于生产需要添加合金元素的铝合金产品，所以应用不广泛。

10.2.2 几种火焰反射式熔化炉和静置保温炉

图 10-1～图 10-4 和表 10-1～表 10-6 列出了几种火焰反射式熔化炉和静置保温炉的结构简图和主要技术参数。

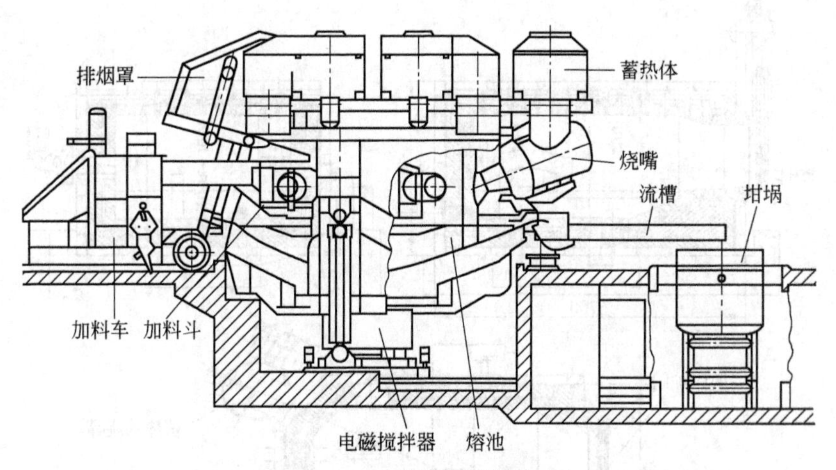

图 10-1 110t 熔铝炉结构简图

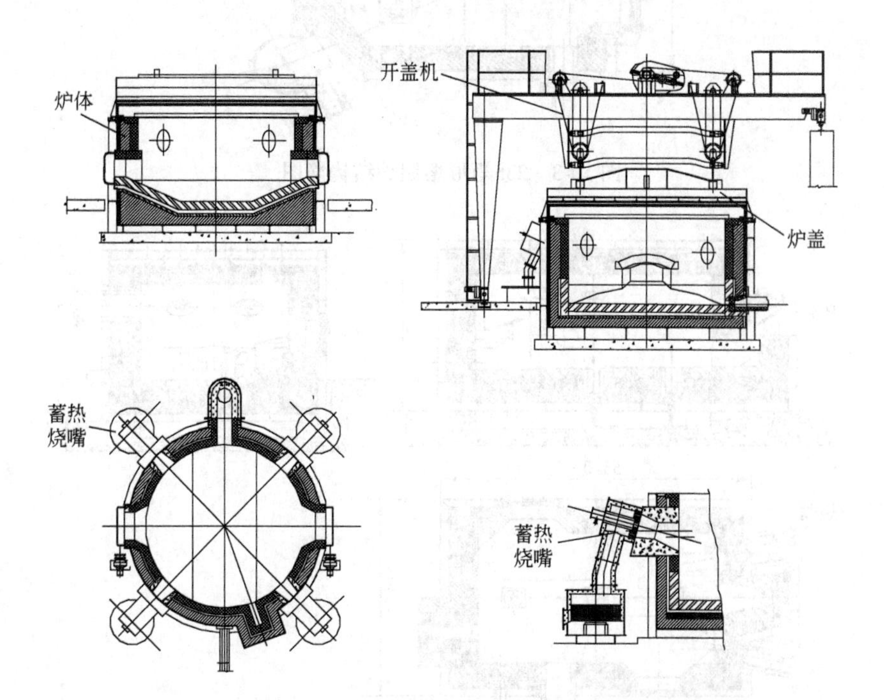

图 10-2 50t 圆形火焰熔铝炉（燃油蓄热式烧嘴）结构简图

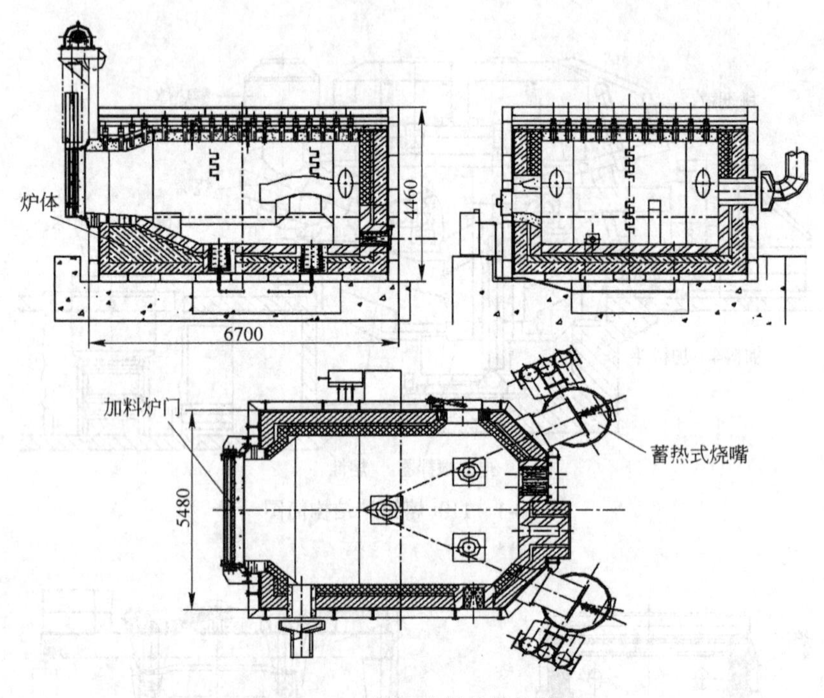

图 10-3 23t 矩形熔铝炉结构简图

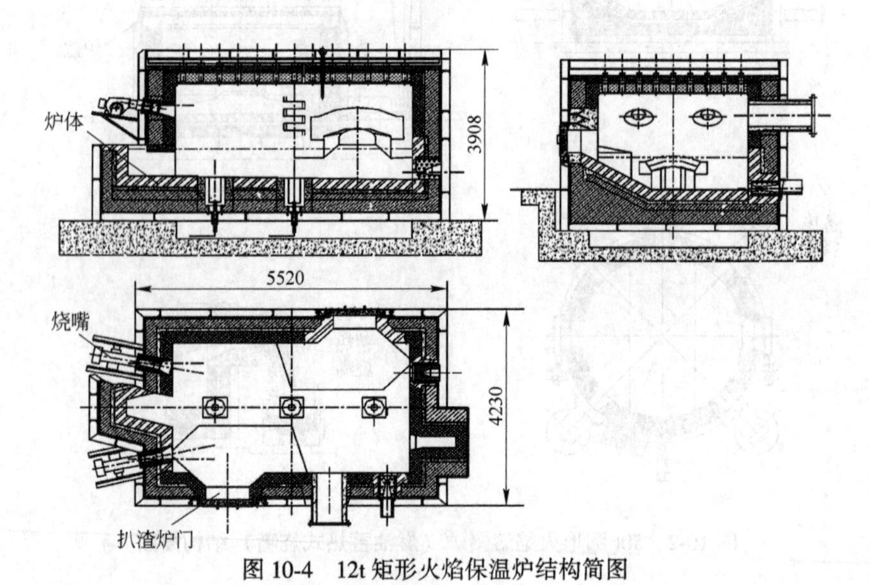

图 10-4 12t 矩形火焰保温炉结构简图

表 10-1 110t 熔铝炉技术参数（与图 10-1 对照）

制造单位	德国 GKI 公司
使用单位	德国 VAW 公司 Rheinwerk 工厂
容量/t	110
炉子形式	矩形侧加料
熔池面积/m^2	62
溶池深度/m	1
溶池搅拌	电磁搅拌器（ABB 公司）
炉门规格/m×m	8×2
烧嘴型号	低 NO_x 蓄热式（Bloom 公司）
烧嘴数量/对	3
烧嘴安装功率/MW	5.5×3
燃料	天然气
熔化率/$t \cdot h^{-1}$	28
加料方式	加料机
料斗容量/t	10
熔体倒出方式	液压倾动炉体，熔体倒入 10t 坩埚内，然后送往保温炉

表 10-2 15~75t 圆形火焰熔铝炉

制造单位	国内某热工设备有限公司				
吨位/t	15	30	40	50	75
用途	铝及铝合金熔炼				
炉子形式	固定式圆形顶开盖火焰炉				
容量/t	15（1+10%）	30（1+10%）	40（1+10%）	50（1+10%）	75（1+10%）
炉膛工作温度/℃	1050~1200				
铝液温度/℃	（720~760）±5				
熔化期熔化能力/$t \cdot h^{-1}$	≥4	≥7	≥10	≥12	≥18
燃料种类	天然气				
燃料发热量（标态）/$kJ \cdot m^3$	35162				
燃料最大消耗量（标态）/$m^3 \cdot h^{-1}$	320	450	650	900	1400

续表 10-2

制造单位	国内某热工设备有限公司				
助燃空气最大消耗量(标态)/$m^3 \cdot h^{-1}$	3326	4658	6940	9528	14821
助燃空气压力/Pa	9600~10000				
烟气最大生成量(标态)/$m^3 \cdot h^{-1}$	3688	5210	7650	11428	17631
烧嘴型式	蓄热式烧嘴				
烧嘴数量/个	2			4	
单位燃耗（标态)/$m^3 \cdot (tAl)^{-1}$	≤60	≤60	≤60	≤60	≤60
热工控制方式	PLC 自动控制				
开盖机提升能力/t	30	40	45	60	95
开盖机速度/$m \cdot min^{-1}$	2. 36				
开盖机行走速度/$m \cdot min^{-1}$	10. 5				

表 10-3　15~50t 矩形火焰熔铝炉技术参数

制造单位	国内某热工设备有限公司					
吨位/t	6	12	18	30	40	50
用途	铝及铝合金熔炼					
炉子形式	固定式矩形火焰炉					
炉子容量/t	6（1+10%）	12（1+10%）	18（1+10%）	30（1+10%）	40（1+10%）	50（1+10%）
炉膛工作温度/℃	1050~1200					
铝液温度/℃	720~760±5					
熔化期熔化能力/$t \cdot h^{-1}$	≥2. 5	≥3. 5	≥4. 5	≥7	≥10	≥12
燃料种类	天然气					

续表 10-3

制造单位	国内某热工设备有限公司	
燃料发热量（标态）/kJ·m^3	35169	
烧嘴型式	蓄热式烧嘴	
烧嘴数量/个	2	4
单位燃耗（标态）/m^3·$(tAl)^{-1}$	≤60	
热工控制方式	PLC 自动控制	

表 10-4 100t 倾动式矩形保温炉主要技术参数

制造单位	GKI 公司	烧嘴安装功率/MJ·h^{-1}	17280
容量/t	100	燃料	煤气
熔池面积/m^2	59	控制方式	PLC 自动控制
溶池深度/m	1	液压倾炉系统	
熔化率/t·h^{-1}	Max. 6	液压油箱容积/L	12000
铝液温度/℃	720~750	液压油泵压力/MPa	16
炉门规格/m×m	9.2×1.95	液压油泵电机功率/kW	30
加料门开启方式	液压	液压油缸形式	柱塞式
烧嘴数量/个	4	液压油缸数量/个	2

表 10-5 70t 矩形保温炉主要技术参数

制造单位	英国戴维（Davy）公司	烧嘴数量/个	1
容量/t	70	烧嘴安装功率/MJ·h^{-1}	15700
熔池面积/m^2	39	燃料	煤气
溶池深度/m	0.8	控制方式	PLC 自动控制
铝液温度/℃	710~750	液压倾炉系统	
铝液温度控制精度/℃	±5	液压油箱容积/L	800×2
炉门规格/m×m	6.6×1.89	液压油泵压力/MPa	13
加料门开启方式	液压	液压油缸数量/个	2

表 10-6 6~75t 固定式矩形火焰保温炉主要技术参数

制造单位	国内某热工设备有限公司				
吨位/t	6	18	35	50	75
用途	铝及铝合金熔体保温				
炉子形式	固定式矩形火焰炉				
炉子容量/t	6(1+10%)	1(1+10%)	35 (1+10%)	50 (1+10%)	75 (1+10%)
炉膛工作温度/℃	1050~1200				
铝液温度/℃	720~760				
熔体升温能力/℃·h^{-1}	30				
燃料种类	天然气				
燃料发热量（标态）/kJ·m^3	35162				
燃料最大消耗量（标态）/m^3·h^{-1}	≤20	≤26	≤35	≤55	≤100
烧嘴型式	超高速冷风直燃式烧嘴				
烧嘴数量/个	2				
热工控制方式	PLC				
	液压倾动系统				
液压倾动速度/mm·min^{-1}	80~200				
液压缸数量/个	2				
液压缸压力/MPa	12				
液压泵站电机功率/kW	11×2				

10.3 电阻反射炉

10.3.1 电阻式反射熔化炉和保温炉（静置炉）简介

电阻式反射炉利用炉膛顶部布置的电阻加热体通电产生的辐射热加热炉料，常作为熔化炉和保温炉（静置炉）。

电阻式熔化炉和保温炉（静置炉）可分为固定式和倾动式。两种形式的主要结构特点与火焰反射熔化炉和保温炉（静置炉）相同。

电阻式反射炉电阻带加热体多置于炉膛顶部，其炉型及加料方式多为矩形侧加料。电阻加热体的加热形式可分为电阻带直接加热和保护套管辐射式加热。当炉子加热功率增加时电阻加热体要相应加长，炉膛面积亦相应增加，从方便加料、扒渣、搅拌等工艺操作和提高能源利用率、降低能耗和方便工艺操作的角度考虑，炉膛面积不宜过大，因此，电阻式反射炉不适合用于大容量、大功率的炉型。国外已很少见到电阻式反射熔化炉和保温炉（静置炉），国内在老厂还有使用电阻式反射熔化炉和保温炉（静置炉）的，一般也不用于熔化炉，只用于保温炉，吨位不超过30t。

10.3.2 几种电阻式反射熔化炉和静置保温炉

图10-5、图10-6和表10-7、表10-8列出了电阻式反射炉和静置保温炉的结构简图和主要技术参数。

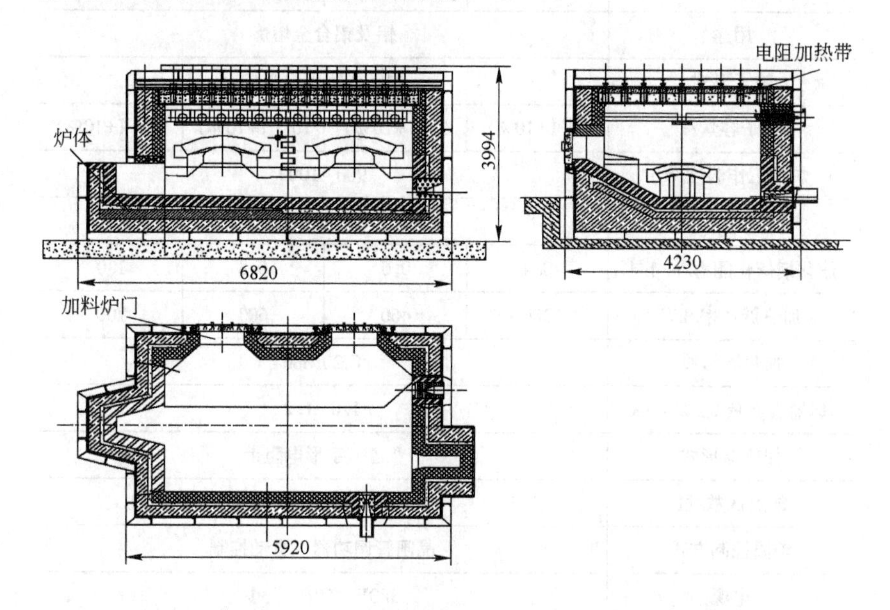

图10-5 12t电阻熔化保温炉结构简图

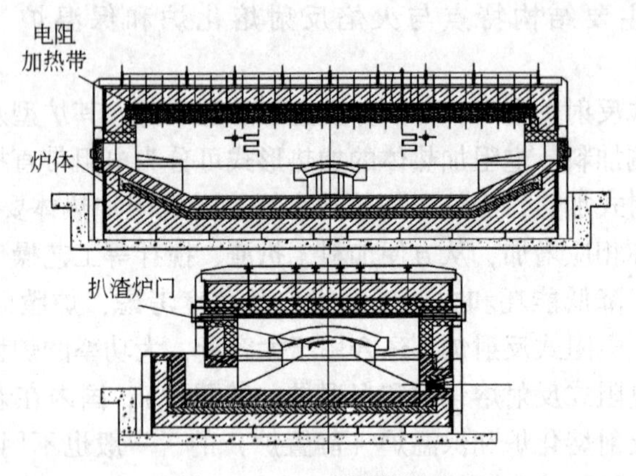

图 10-6　22t 电阻保温炉

表 10-7　4~12t 矩形电阻熔化炉主要参数

制造单位	苏州新长光工业炉有限公司			
吨位/t	4	6	10	12
用途	铝及铝合金熔炼			
炉子形式	固定式矩形电阻炉			
炉子容量/t	4（1+10%）	6（1+10%）	10（1+10%）	12（1+10%）
炉膛工作温度/℃	900~1000			
铝液温度/℃	720~760			
熔化期熔化能力/$t \cdot h^{-1}$	0.4	0.6	0.8	1.0
加热器功率/kW	300	460	600	700
加热器材质	Cr20Ni80			
加热器表面负荷/$W \cdot cm^{-2}$	1.0~1.2			
加热器形式	“之”字形电阻带			
加热区数/区	1	2		3
炉温控制方式	晶闸管调功器　自动控制			
电源	380V　50Hz　3Φ			

注：本炉也可以采用硅碳棒做加热器。

表 10-8 6~25t 矩形电阻保温炉主要技术参数

制造单位	苏州新长光工业炉有限公司					
吨位/t	6	12	15	18	20	25
用途	铝及铝合金熔体保温					
炉子形式	固定式矩形电阻保温炉					
炉子容量/t	6（1+10%）	12（1+10%）	1（1+10%）	1（1+10%）	20（1+10%）	25（1+10%）
炉膛工作温度/℃	900~1000					
铝液温度/℃	720~760					
熔体升温能力/℃·h^{-1}	30					
加热器功率/kW	120	240	280	320	360	450
加热器材质	Cr20Ni80					
加热器表面负荷/W·cm^{-2}	1.0~1.2			1.2~1.4		
加热器形式	“之”字形电阻带					
加热区数/区	1			2		
炉温控制方式	晶闸管调功器 自动控制					
电源	380V 50Hz 3Φ					

注：本电阻保温炉也可以做成倾动式，倾动部分的参数见火焰保温炉；本炉也可以采用电辐射管或硅碳棒做加热器。

10.4 用于反射式熔化炉和静置保温炉的几种装置

10.4.1 余热（废气）利用装置

火焰反射式熔化炉和静置保温炉燃烧器所产生的热能有相当部分以烟气形式消耗了，采用自动控制装置精确检测和控制空气/燃料比，在保证充分燃料燃烧的前提下可把过剩空气量减至最低限度，不但减少了废气排出时带走的热量，提高了炉子热效率，而且也减少了对环境的污染。在炉子的排烟系统内安装余热（废气）利用装置，可充分利用排出废气中的热量加热燃烧用空气，余热（废气）利用装置的形式主要有换热器式余热（废气）利用装置、蓄热室式预热装置等。

10.4.1.1 换热器式余热（废气）利用装置

从20世纪70年代开始，国内较普遍地采用了一种在烟道上回收烟气的装置空气预热器（或称空气换热器）来回收炉膛内排出的烟气带走的热量。采用这种办法可以降低烟道烟气温度，增加进入炉膛的助燃空气的温度，达到一定的节能效果；其控制方式通常采用燃气/空气流量并行串级控制方式、单交叉限幅燃烧控制方式以及双交限幅燃烧控制方式等，缺点是：（1）其回收热量的数量有限，炉子热效率一般在40%以下；（2）空气预热器一般采用金属材料和陶瓷材料，前者寿命短，后者设备庞大、维修困难；（3）空气预热器不能实现最佳空燃比控制，系统响应速度慢；（4）助燃空气温度的增高导致火焰温度增高，NO_x 的排放量大大增加（甚至可以达到0.01%以上），对大气环境造成了严重的污染。

10.4.1.2 蓄热室式预热装置（蓄热式烧嘴）

进入20世纪90年代，由于能高效回收烟气余热的蓄热体材料和高频换向设备问题的解决，高温空气燃烧技术逐步开始推广，蓄热式烧嘴在熔炼炉上配置较为普遍。蓄热式烧嘴系统通常由助燃风机、助燃风调节阀、换向阀、两个带蓄热床的烧嘴本体（配装蓄热小球或蜂窝状蓄热体）、排烟调节阀、排烟风机等几部分器件组成，配上点火及火焰检测、电气控制系统和一些辅助蓄热的检测、连锁保护装置就组成了一套完整的蓄热室式预热装置。

蓄热式烧嘴一般都需成对设计安装，采用蓄热式高温空气燃烧控制技术，基于脉冲燃烧控制方式的PID调节方式，两烧嘴工作时交替进行燃烧。如图10-7所示，当A烧嘴燃烧时炉膛内的高温烟气在排烟风机的强力作用下从B烧嘴抽出，烟气被B烧嘴蓄热床中的蓄热介质置换出来，温度冷却到250℃以下后排出；当B烧嘴燃烧时，冷空气穿过B烧嘴蓄热床被预热后，通常预热温度可达800以上再进入炉膛燃烧，切换燃烧后A烧嘴重复进行B烧嘴刚才的排烟蓄热操作。在电气程序的自动控制下，四个换向阀以一定的频率进行组合切换，使两个燃烧器始终处于蓄热与放热交替工作状态，从而实现烟气余热的最大回收利用和低 NO_x 排放。

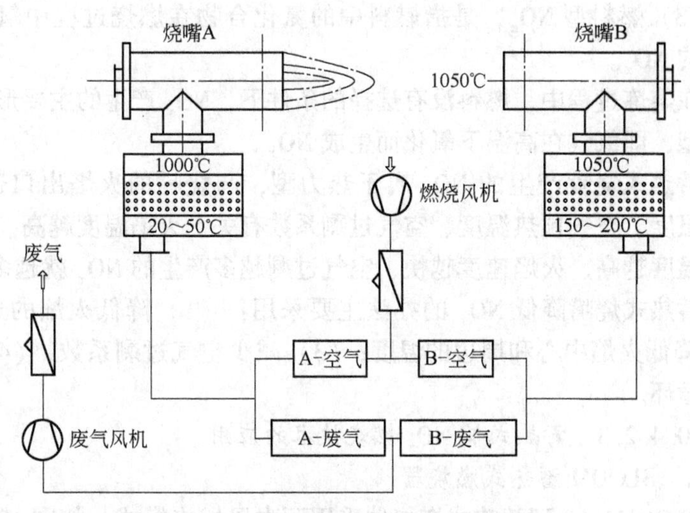

图 10-7　蓄热烧嘴工作原理示意图

10.4.2　蓄热式低 NO_x 燃烧技术

现代冶炼排放物中，NO_x 是一项重要的排放指标，各个冶炼炉在设计生产时，都必须考察 NO_x 的排放指标是否满足国家允许排放标准，未达标就绝不能投入使用。

10.4.2.1　氮氧化物产生的途径

在燃烧过程中所产生的氮氧化物主要为 NO 和 NO_2，通常把这两种氮氧化物统称为 NO_x，天然矿物燃料（天然气、煤炭、石油）燃烧过程生成的 NO_x 主要是 NO。在实际的燃烧过程中，所排放的氮氧化物也主要是 NO，约占 95%，极少部分是 NO_2，约占 5%。

10.4.2.2　燃料燃烧过程中 NO_x 的生成类型

燃料燃烧过程中 NO_x 的生成类型分为三种：

（1）热力型 NO_x。它是空气中的 N_2 在高温下氧化生成的，影响因素主要是温度、O_2 浓度和时间。

（2）快速型 NO_x。它是空气中的氮和燃料中碳氢离子团如 CH 等反应而生成的 NO_x，影响因素主要是燃气、空气的混合过程。

（3）燃料型 NO_x，是指燃料中的氮化合物在燃烧过程中氧化而生成的 NO_x。

在熔炼过程中，燃料没有选择的条件下，NO_x 产生的主要形式为热力型，即氮气在高温下氧化而生成 NO_x。

蓄热式烧嘴产生的 NO_x 属于热力型，与烧嘴的火焰出口速度、火焰温度、空气预热温度、空气过剩系数有关。火焰温度越高、空气预热温度越高、火焰速度越快、空气过剩越多产生的 NO_x 就越多。

蓄热式烧嘴降低 NO_x 的办法主要采用：（1）降低火焰的速度；（2）降低火焰中心和周边的温度；（3）减少空气过剩系数；（4）烟气再循环。

10.4.2.3 蓄热式低 NO_x 燃烧技术的应用

A BLOOM 蓄热式燃烧器

BLOOM1150 型蓄热式燃烧器采用两次风燃烧模式，如图 10-8 所示，一次风为冷风，燃料首先与一次风进行欠氧燃烧，燃烧不完全产物与二次风相遇后，进行充分的燃烧，火焰呈旋转状。该种烧嘴的火焰特点是：火焰较长、火焰速度不高、火焰呈旋转状，产生的 NO_x 较低。

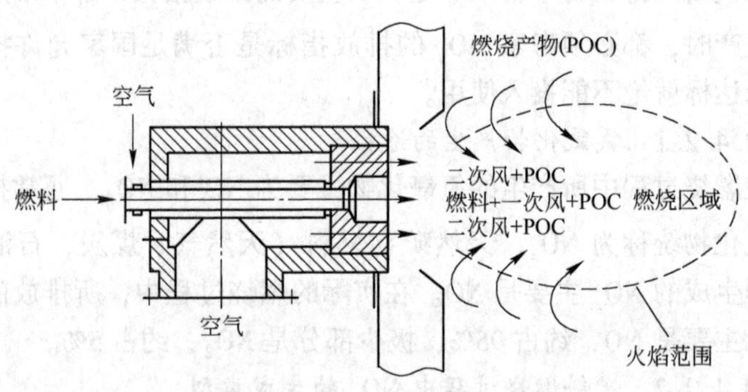

图 10-8 BLOOM1150 型蓄

该烧嘴燃烧时，燃气位于烧嘴的中心，从中心与二次风进行混合燃烧。如果没有一次风，火焰的中心温度就会很高。一次风为冷风，风量为最大风量的 20%~25%，一次风的作用是先与燃气在欠氧状态下进行不充分的燃烧，在欠氧状态下不会生成 NO_x，因为一次风为冷风，在燃烧时，就会降低火焰中心的温度，火焰温度下降了，自然生成的 NO_x 就会减少。该火焰在燃烧时呈旋转状态，可以把火焰周边的燃烧产物卷入火焰进行二次燃烧，这样就更加降低了 NO_x 生成的浓度，如图 10-9 所示。

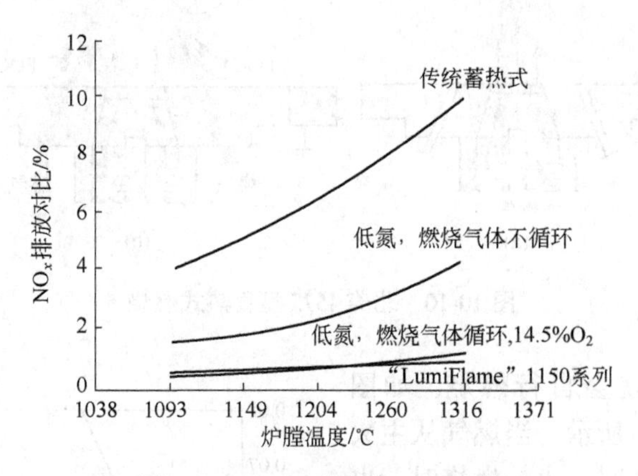

图 10-9 Bloom 产生的 NO_x 曲线

B North American 4575 型蓄热式燃烧器

North American4575 型蓄热式燃烧器，属低氧化氮高速高输入调节比燃气烧嘴，广泛应用于熔铝炉，采用切换燃料喷出口位置，来改变火焰的温度和速度及烟气再循环达到降低 NO_x 的目的。在主烧嘴两侧均加装有一侧置燃气喷嘴，通过改变燃气从主烧嘴口或侧置燃气喷嘴喷出的燃烧方式来降低 NO_x 的排放，如图 10-10 所示。

在正常燃烧模式下，炉膛温度低于 760℃ 时，烧嘴采用如图 10-10 (a)所示的烧嘴中心供燃料的方式，燃料和空气在烧嘴中预混燃烧后喷出。该方式燃烧时火焰的出口速度较高、火焰温度较高，有利于金属对热量的吸收。通过调整空/燃比值，使空气对天然气的过剩系数尽量地低，降低炉膛内的氧含量，在保证熔化效率的基础上降低 NO_x 的产生量。

当炉膛温度高于 760℃或更高时，金属熔化下塌后，改用侧置的燃料喷口喷出燃料，中心主烧嘴只是喷出预热的空气，使燃料与空气在炉内进行混合后燃烧，因炉膛温度已经高于天然气的自燃点，故燃

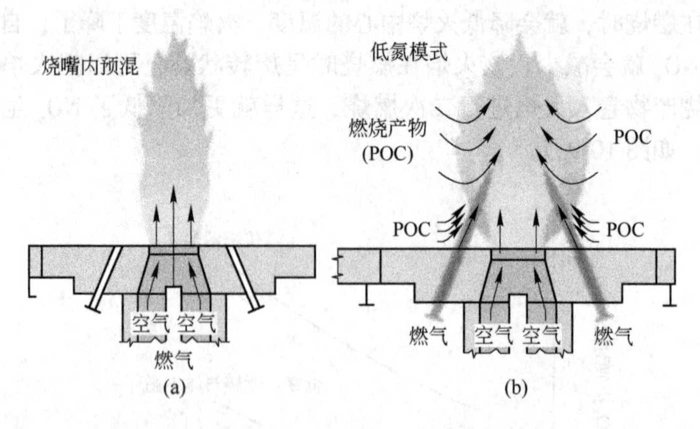

图 10-10 北美 4575 型蓄热式燃烧

气喷出后就会自行燃烧，如图 10-10（b）所示。当燃气从主火的两侧喷入时、火焰燃烧时，也会把火焰周边的燃烧后的气体卷吸进火焰内重新燃烧，抑制 NO_x 的产生。图 10-11 北美低氮蓄热式烧嘴产生 NO_x 的曲线表。

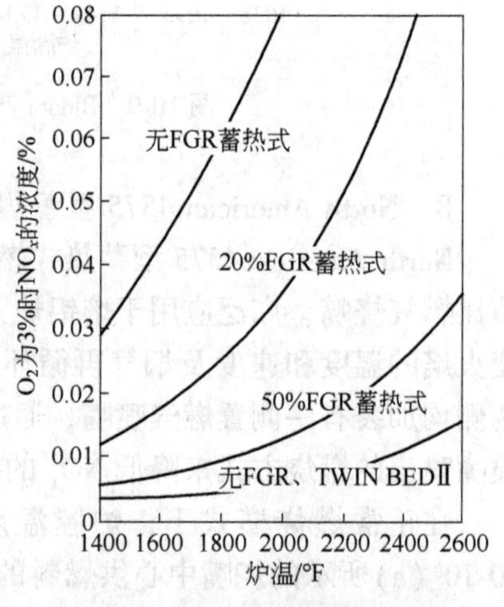

图 10-11 北美低氮蓄热式烧嘴产生 NO_x 曲线表

（注：FGR，燃烧气体循环；TWIN BED Ⅱ，烧嘴品牌）

BLOOM 与 NorthAmerican 蓄热式燃烧器，都是在烧嘴运行过程中 NO_x 大量产生时，采用降低火焰温度、降低火焰速度、减少空气过剩系数和烟气再循环燃烧的控制方式抑制 NO_x 的产生。因此，采用低氮氧化物蓄热式烧嘴，可节省燃料，提高热效率，降低铝的氧化烧损，提高熔体质量，同时高温段火焰刚性低，在高温时对炉衬的影响小，可提高炉内衬的使用寿命，并且由于工作过程中氮氧化物生成量很低，环保效益好。

10.4.3 电磁搅拌装置

近年来，电磁搅拌装置在国内外已得到很广泛应用，目前国际上有 ABB，国内生产电磁搅拌装置比较典型有石家庄爱迪尔、河北优利科等，广泛应用于国内铝熔铸企业，对提高生产效率，降低能耗、改善熔体质量很有裨益。

10.4.3.1 电磁搅拌装置工作原理

感应式电磁搅拌装置是一种应用电磁感应原理产生磁场作用于铝熔液从而使熔液有规律运动的装置。电磁搅拌主体装置——感应器中通以低频电流，以形成交变行波磁场，熔液在磁场的作用下产生感生电势和电流，此感生电流又与磁场相互作用产生电磁力，使熔液有规律地运动以达到搅拌的目的。通过改变行波磁场的方向及强度，便能有效调节熔液的搅拌方向及搅拌强度。图 10-12 为电磁搅拌装置工作原理示意图。

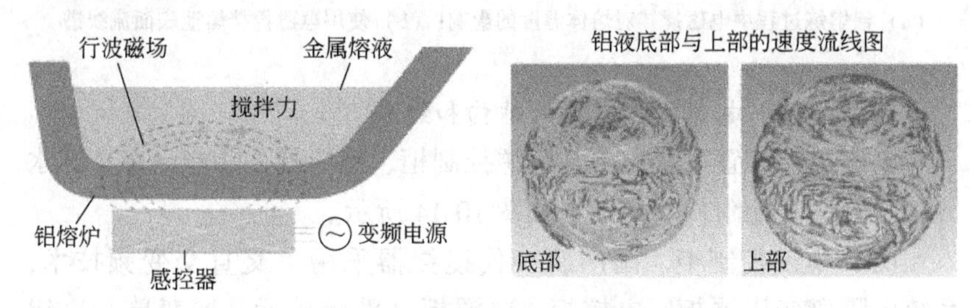

图 10-12 电磁搅拌装置工作原理示意图

熔融铝在搅拌力作用下，铝液表面的热量快速向下部传导，减少了铝液表面过热，使其上下温差小，化学成分均匀。电磁感应搅拌铝液过程与炉子加热过程可同时进行，不需要打开炉门，提高了炉子的生产效率，避免了炉内热量的散失和开炉门时铝液表面与空气反应造成的金属氧化。按照设定的交变磁场模式，电磁搅拌装置还可以把熔池表面的浮渣聚集到炉门附近，便于扒渣操作，减少扒渣时间。电磁搅拌装置可在熔化炉和保温炉下面行走，1 个电磁搅拌器可以兼顾熔化炉和保温炉 2 台炉子，也可以多熔化炉共享 1 个电磁搅拌器。安装电磁搅拌装置时，炉体结构须在传统结构的基础上进行适当改变，以防止炉体钢结构产生感应电流，影响对铝液的搅拌效果，安装于反射炉底部的电磁感应搅拌装置产生交变磁场。如图 10-13 所示为 ABB 公司炉底电磁搅拌装置工作原理图。

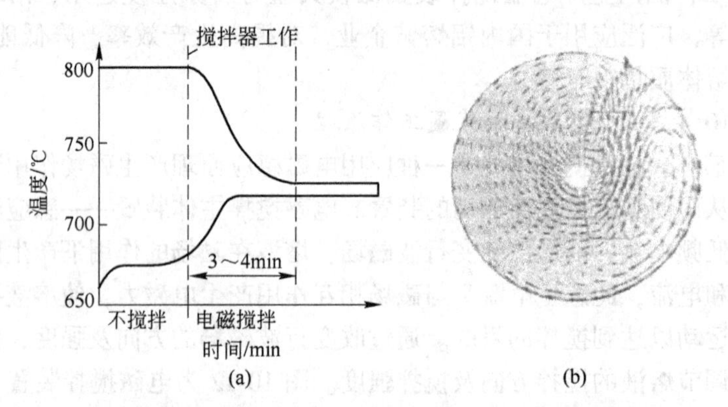

图 10-13　ABB 公司炉底电磁搅拌装置工作原理图

(a) 铝熔炼过程中电磁搅拌对熔体温度的影响；(b) 使用电磁搅拌熔池表面流线谱

10.4.3.2　电磁搅拌装置的结构和组成

电磁搅拌装置主要由电气电源控制柜、感应器、功能台车、纯水冷却装置、其他附件所组成，如图 10-14 所示。

(1) 电气控制柜。国产新一代搅拌器采用了交直交变频技术，系统由隔离变压器柜、电控柜、电源柜（整流单元、逆变单元）组成，功能分区明确，实现了模块化设计，光纤驱动；设备性能稳定，维护方便，达到了国际同类水平。控制柜为系统电气控制核心，由 PLC、HMI、常规电气控制器件组成。

(2) 感应器和功能台车。感应器均采用 E 型铁芯结构，由硅钢片叠制而成，根据绕组结构分为水平式集中绕组和垂直式集中绕组，如图 10-15 所示。

功能台车由行走系统、升降系统和台车本体组成；行走系统由行走电机、减速器、链条传动系统组成；液压式升降系统由支架，导向，液压系统等几部分组成；台车的移动及升降均设有到位锁定及极限位保护等功能。

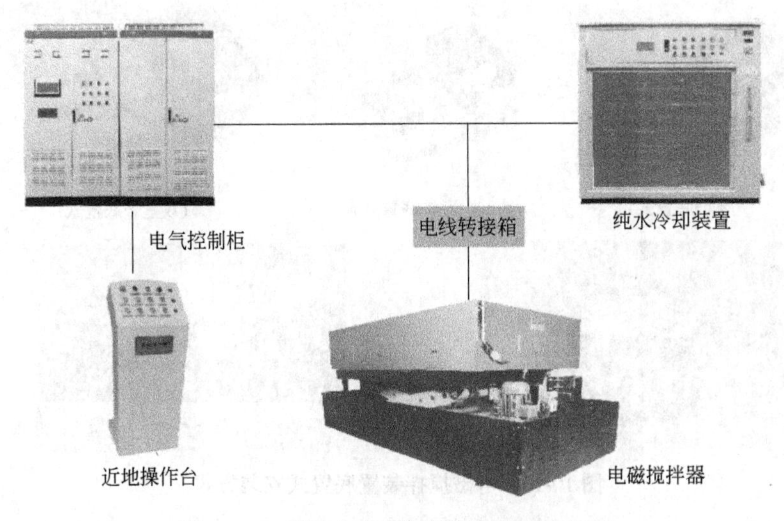

图 10-14　爱迪尔电磁搅拌装置的基本组成

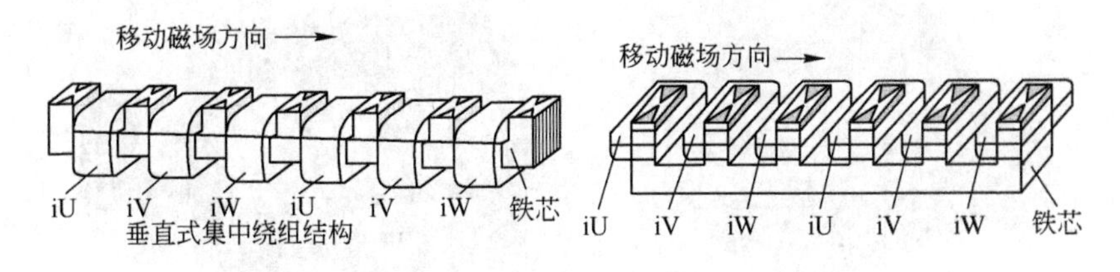

图 10-15　电磁搅拌绕组方式

(3) 纯水冷却装置。冷却设备由闭环纯水冷却回路和风冷式铝制热交换器组成。由于感应器冷却循环水有着不容忽视的作用，所以对感应器冷却循环水有相应的要求，推荐用水如蒸馏水、高纯水、工业纯水、软化纯净水或特制工业冷却循环水等。

10.4.3.3　电磁搅拌装置安装方式

电磁搅拌装置安装方式有底置式和侧置式两种。

(1) 底置式见图 10-16。

(2) 侧置式见图 10-17。

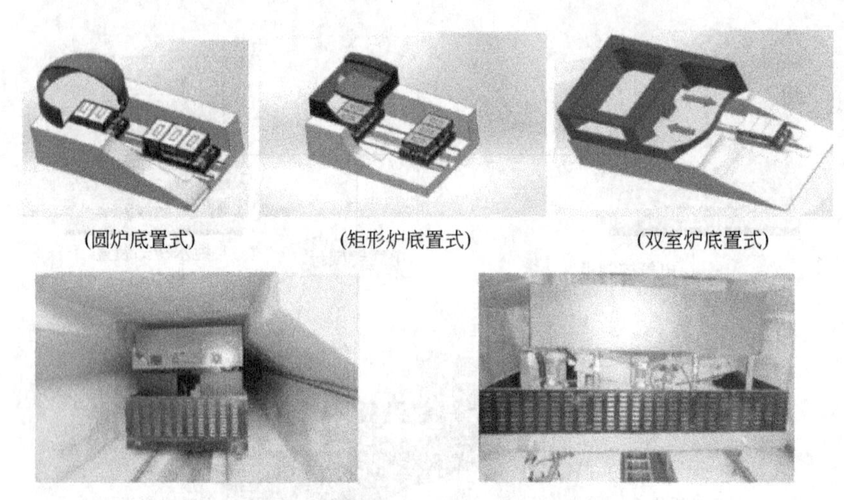

图 10-16 电磁搅拌装置底置式安装方式

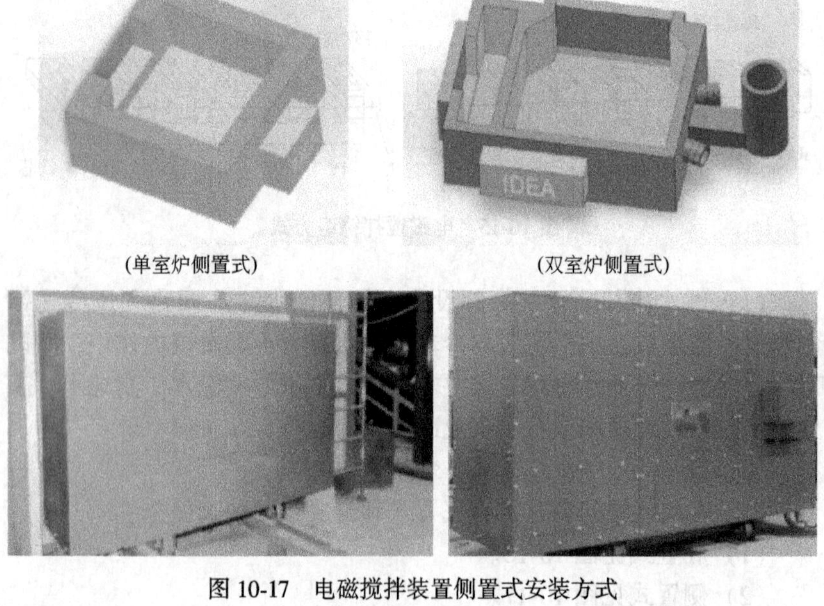

图 10-17 电磁搅拌装置侧置式安装方式

10.5 感应电炉

10.5.1 感应电炉的用途

铝熔铸用感应炉常用于废屑重熔，由于作用于炉料的电功率密度大以及电磁搅拌作用，电感应炉能够将碎屑等废料快速熔化，减少了熔化过程中金属损耗。另外，感应熔化炉可根据需要开启和关闭，所以，特别适合于工作负荷不均衡、间歇作业的情况。

10.5.2 感应熔化炉类型

感应熔化炉按频率分为工频、中频和高频，大中型炉一般选用工频、中频炉。

按炉体结构形式，感应熔化炉分为有芯和无芯电感应炉。

有芯感应炉电效率较高，但存在熔沟容易堵塞、熔沟金属不能全部倒出、更换金属牌号受限制等缺点。

无芯感应炉一般为坩埚式，不存在有芯炉熔沟容易堵塞的缺点，具有可灵活更换金属品种牌号等优点，但其电效率不如有芯炉高。

10.5.3 几种无芯感应熔化炉

图 10-18、图 10-19 和表 10-9 分别列出了几种无芯感应熔化炉的结构和主要技术参数。

表 10-9 几种无芯感应熔化炉主要技术参数

制造单位	西安电炉研究所			
型号	GWL0.5~200	GWL1.5~450	GWL3.5~1000	GWL7~1600
额定容量/t	0.5	1.5	3.5	7
额定功率/kW	200	450	1000	1600
额定电压/V	380	750/500	1000	1000
熔化率/t·h^{-1}	0.3	0.77	1.81	3

续表 10-9

制造单位	西安电炉研究所			
工作温度/℃	700	700	700	700
电耗/(kW·h)·t^{-1}	667	585	550	530
电源相数	3	3	3	3
变压器容量/kV·A	250	630	1250	2000
冷却水耗/$m^3\cdot h^{-1}$	5.2	7	13	20
炉体重量/t	7.8	14	20	35
外形尺寸（长×宽×高）/mm×mm×mm	2800×2600×3500	3520×3200×4000	3900×3600×4500	5000×4800×5400

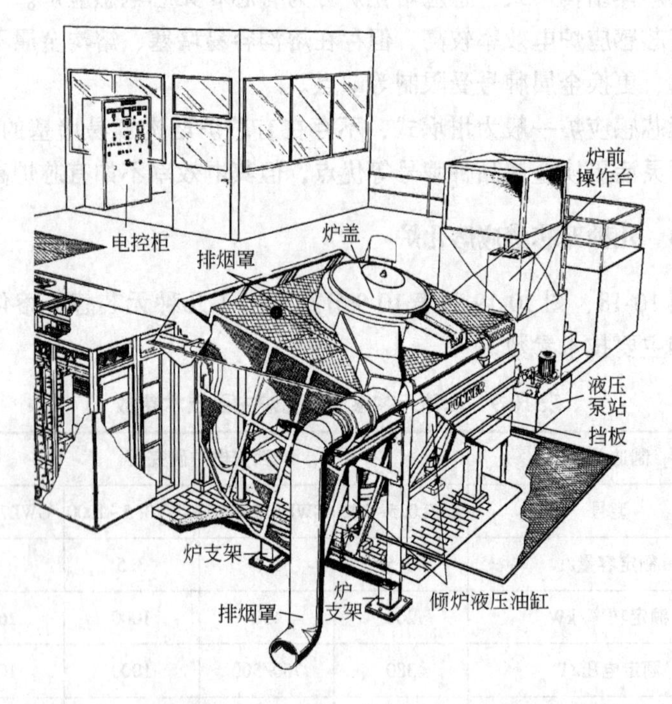

图 10-18 德国容克（JunKer）公司无芯感应熔化炉结构图

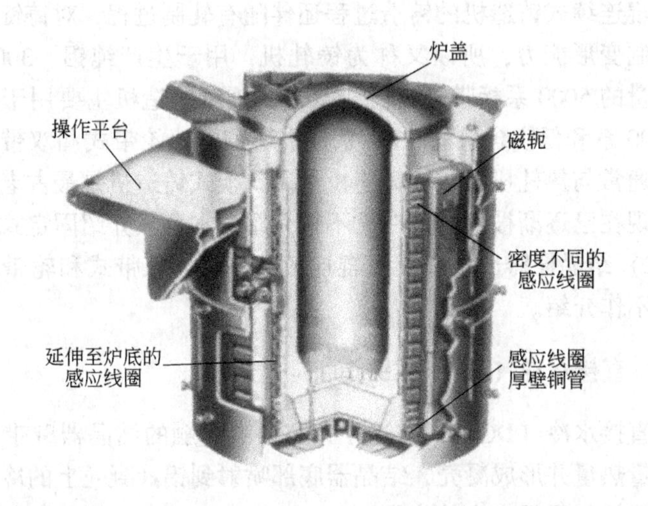

图 10-19 美国应达（Inductotherm）公司无芯感应熔化炉体结构图

10.6 铸造机

10.6.1 铸造机的用途

铸造机的用途是把合格的熔融铝铸造成规定截面形状的合格铸锭。

10.6.2 铸造机的分类

按照铸锭成型时冷却器的结构特点，铸造机可分为固定不动的直接水冷（Direct Chill 缩写为 DC）结晶器铸造机和铁模铸造机，冷却器随铸锭运动有双辊式、双带式、轮带式铸造机。按照铸造周期铸造机可分为连续式和半连续式铸造机。按照铝液凝固成铸锭被拉出铸造机的方向铸造机可分为立式（垂直式）、倾斜式和水平式铸造机。

目前应用最多的是直接水冷（DC）立式半连续铸造机，它可以铸造各种合金牌号和规格的板锭以及实心和空心圆铸锭。直接水冷水平式连续铸造机和轮带式铸造机一般用于铸造小规格圆铸锭以及小规格方锭。

双辊连续式铸造机的铸造过程还伴随有轧制过程，对铸锭具有一定的轧制变形能力，所以又称为铸轧机，用于生产纯铝、3000系和低镁含量的5000系板带坯铸锭。双带式连续铸造机主要用于生产纯铝、3000系和低镁含量的5000系板带坯铸锭。轮带式和双带式连续铸造机通常与热轧机组成连铸连机组。铁模式铸造机是最古老的铸造方式，现在已逐渐被淘汰，在此不作介绍。本章只介绍固定式直接水冷（DC）结晶器铸造机，而双辊连续铸轧机、双带式和轮带式连铸轧本书不作介绍。

10.6.3 直接水冷（DC）式铸造机

在直接水冷（DC）式铸造中，与铝液接触的结晶器壁带走铝液表面少量热量并形成凝壳，结晶器底部喷射到铝液凝壳上的冷却水带走了铝液结晶凝固产生的热量。

如上所述，直接水冷（DC）式铸造机按铸锭被拉出结晶器的方向分类，可分为立式和水平式，按照铸造周期可分为连续式和半连续式。连续式铸造机能够在保持铸造过程连续的前提下，利用锯切机和铸锭输送装置把铸锭切成定尺长度，然后送到下道加工工序。半连续式铸造机则是将铸锭铸至一定长度后须终止铸造过程，把铸锭吊离铸井后，再开始下一铸造。

10.6.3.1 立式半连续铸造机

铸造过程中铝液重量基本压在引锭座上，对结晶器壁的侧压力较小，凝壳与结晶器壁之间的摩擦阻力较小，且比较均匀。牵引力稳定可保持铸造速度稳定，铸锭的冷却均匀度容易控制。按铸锭从立式半连续铸造机结晶器中拉出的牵引动力可分为液压油缸式、钢丝绳式和丝杆式。液压铸造机牵引力稳定，可按照工艺要求设定各种不同的牵引速度模式，速度控制精度高，铸造井深度比其他形式的铸造机大，目前许多大型铸造机采用了液压油缸内部导向技术，取消了铸造井壁安装的引锭平台导轨，避免了因导轨粘铝或者磨损而影响引锭平台的正常上下运动，提高了运动精度。钢丝绳式铸造机结构简单，但因钢丝绳磨损快，易被拉长变形，从而导致引锭平台牵引力和铸造速度稳定性较差，影响铸锭质量。丝杆式铸造机由于其悬臂传动和支撑结构特点，不适合于同时铸造多根铸锭。近年来，丝杆式铸造机已很少见了。

为了长期稳定地生产出高质量铸锭，并且保证铸造过程的安全，可编过程控制器（PLC）已广泛应用于显示和控制铸造工艺参数，如铸锭长度、铸造速度、冷却水量、熔体温度、金属流量、结晶器润滑油量和气滑式结晶器的供气量等。铸造机的PLC还可与炉子和其他设备的控制系统联锁，实现紧急情况时停炉、控制晶粒细化线喂入速度等功能。表10-10~表10-13和图10-20、图10-21分别列出了几种立式半连续铸造机的主要技术参数和结构简图。

表10-10 120t立式半连续液压铸造机

制造单位	德国德马克（DEMAG）公司	液压油缸类型	完全内导向、柱塞式
吨位/t	100	液压油缸工作压力/MPa	3.5
铸锭最大长度/m	6.5	液压电机功率/kW	75
铸锭最大重量/t	100	控制方式	PLC自动控制
铸造平台规格/mm	2800×5100×900	冷却水耗量/t·h^{-1}	Max.400
铸锭截面规格/mm	630×1800、630×1570、	蒸气排放风机	轴流式
同时铸造根数/根	Max.7	蒸气排放能力/m·h^{-1}	40000
铸造速度/mm·min^{-1}	20~200	排放风机电机功率/kW	40
快速升降速度/mm·min^{-1}	1500		

表10-11 100t立式半连续液压铸造机

制造单位	法国普基（Pechiney）公司	同时铸造根数/根	5
使用单位	德国联合铝业（VAW）公司Rheinwerk工厂	铸造速度/mm·min^{-1}	20~200
吨位/t	120	快速升降速度/mm·min^{-1}	1500
铸锭最大长度/m	9.2	液压油缸类型	完全内导向、柱塞式
铸锭最大重量/t	120	控制方式	PLC自动控制

表 10-12 16t 立式半连续液压铸造机

制造单位	中色科技股份有限公司	同时铸造根数/根	Max. 4
使用单位	东北轻	铸造速度/mm·min^{-1}	12~260
吨位/t	16	快速升降速度/mm·min^{-1}	2000
铸锭最大长度/m	6	电机功率/kW	15.5
铸锭最大重量/t	16	机组外形尺寸(长×宽×高)/m×m×m	10×12×18
铸锭断面尺寸/mm	ϕ500 或 320×1040	机组重量/t	44.2

表 10-13 钢丝绳式铸造机

供货单位	中色科技股份有限公司	中色科技股份有限公司	大连重型机械厂
使用单位	沈阳造币厂	宁波双圆铝材厂	西南铝业（集团）
吨位/t	6.5	12	23
铸锭最大长度/m	6.5	6.5	6.7
铸锭最大重量/t	6.5	12	23
铸锭断面尺寸/mm×mm	150×420	ϕ104~254	300×2000 或 ϕ800
同时铸造根数/根	6	12	2
铸造速度/mm·min^{-1}	35~200	30~285	8.3~167
快速升降速度/mm·min^{-1}	2200	2000	5200
电机功率/kW	1.1	4	1.75
机组外形尺寸（长×宽×高）/m×m×m	12.6×4.3×11.5	1.35×4.6×7.6	12×6.94×11
机组重量/t	16.9	22.6	76.8

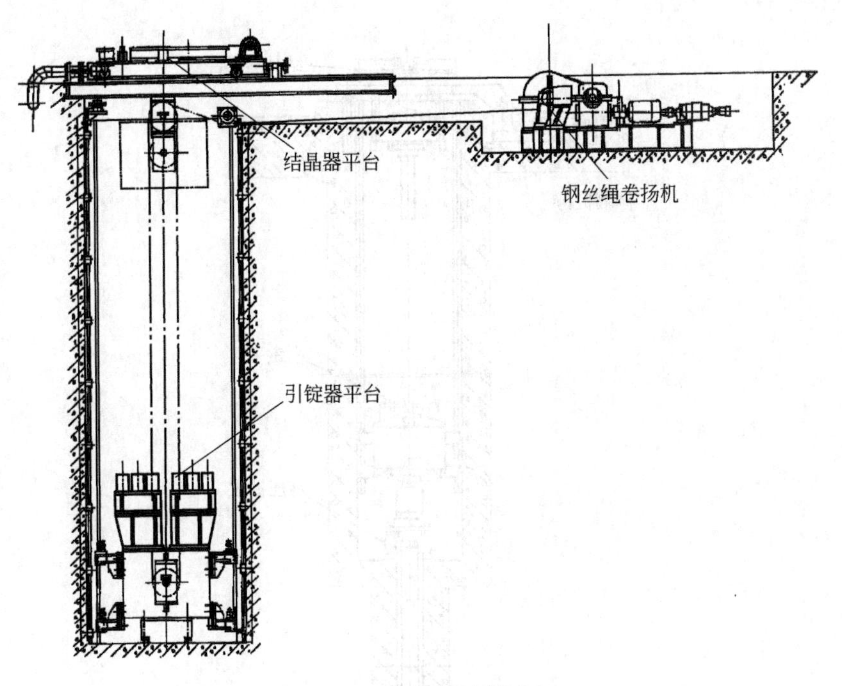

图 10-20 钢丝绳式铸造机

10.6.3.2 水平式连续铸造机

与立式铸造相比较，水平式铸造具有以下优点：

（1）不需要深的铸造井和高大的厂房，可减少基建投资；

（2）生产小截面铸锭时容易操作控制；

（3）设备结构简单，安装维护方便；

（4）铸锭铸造、锯切、堆垛、打包和称重等工序连在一起，形成自动化连续作业线。

但铝液在重力作用下，对结晶器壁下半部压力较大，凝壳与结晶器壁下半部之间的摩擦阻力较大，影响铸锭下半部表面质量。冷却过程中收缩的凝壳与结晶器壁的上半部产生间隙，造成上下表面冷却不均匀，影响铸锭内部组织均匀性。铸造大规格的合金锭容易产生化学

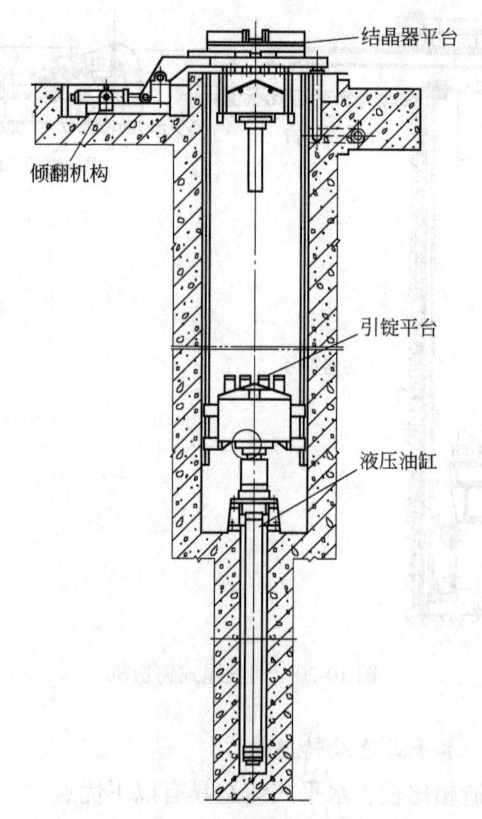

图 10-21 液压式铸造机

成分偏析。因此，水平式连续铸造机多用于生产纯铝小截面铸锭。在国外也有厂家用此法铸造 530mm×1750mm 的 3000 系和 5000 系大截面合金锭。

水平式连续铸造机包括铝液分配箱、结晶器、铸锭牵引机构、锯切机和自动控制装置，可以与检查装置、堆垛机、打包机、称重装置和铸锭输送辊道装置连在一起，形成自动化连续作业线。水平式连续铸造机结构见图 10-22，主要技术参数见表 10-14。

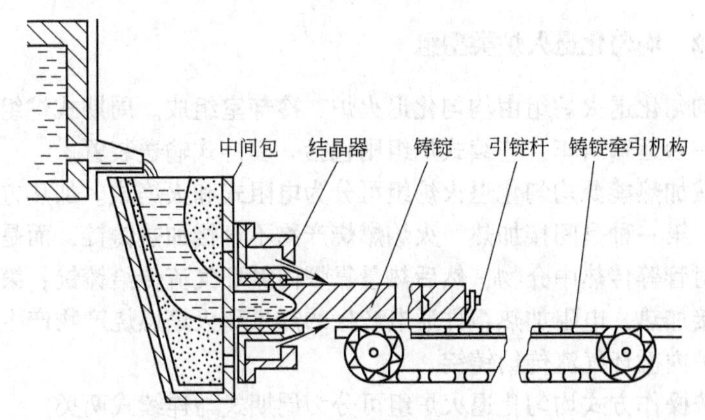

图 10-22 水平式连续铸造机结构图

表 10-14 德国联合铝业（VAW）公司 Innwerk 工厂水平式连续铸造机

铸造合金牌号	AlSi7Mg+Sb；AlZn10Si8Mg 等
同时铸造根数/根	20
铸锭断面尺寸/mm×mm	75×54
铸造速度/mm · min^{-1}	400~600
锯切机：可锯切铸锭定尺长度/mm	650~750
锯切 20 根铸锭周期时间/s	60
锯切铸锭速度/mm · s^{-1}	80
生产能力/kg · h^{-1}	6000

10.6.3.3 铸造工装

铸造工装详见第 6 章铸造工具的设计与制造。

10.7 均匀化退火炉

10.7.1 均匀化退火炉的用途

铸锭均匀化退火处理可消除铸锭内部组织偏析和铸造应力，改善铸锭下一步压力加工状态和最终产品的性能。

10.7.2　均匀化退火炉类型组

均匀化退火炉组由均匀化退火炉、冷却室组成。周期式炉组中还包括一台运输料车，连续式炉组则包括一套链式输送装置。

按加热能源均匀化退火炉组可分为电阻式和火焰式。加热方式有两种：第一种是间接加热，火焰燃烧产物不直接加热铸锭，而是先加热辐射管等传热中介物，然后热量靠炉内循环气流传给铸锭；第二种是直接加热，电阻加热组件通电产生的热量和火焰燃烧产物产生的热量靠炉内循环气流传给铸锭。

按操作方式均匀化退火炉组可分为周期式与连续式两类。

常用的是周期式，铸锭由加料车送入均匀化退火炉。完成升温保温工序后，整炉铸锭被运到冷却室内按照设定的速度冷却至室温，即完成了一个均匀化退火处理周期。

连续式炉组的工艺过程为铸锭被传送机构连续地送入均匀化退火炉，通过炉内不同区段完成升温、保温工序后，进入冷却室内，按照设定的速度冷却至室温，然后铸锭被传送机构连续地从冷却室运出。连续式炉组多用于产量较大和退火工艺稳定的中小直径圆棒。

10.7.3　几种均匀化退火炉组

10.7.3.1　电阻加热周期式均匀化退火炉组

电阻加热周期式均匀化退火炉组的主要技术参数和结构分别见表10-15和图10-23。

表10-15　10~50t电阻加热周期式均匀化退火炉组主要技术参数

制造单位	苏州新长光工业炉有限公司		
吨位/t	10	25	50
电阻加热周期式均匀化退火炉			
用　途	铝及铝合金铸锭均热		
炉子形式	电阻加热空气循环		

续表 10-15

制造单位	苏州新长光工业炉有限公司		
炉子装料量/t	10	25	50
	（随制品规格不同可以变化）		
铸锭规格/mm	直径按工艺要求，长度 5500~8000		
炉膛工作温度/℃	Max. 650		
铸锭加热温度/℃	550~620		
热源	卡口式电加热器		
加热器安装功率/kW	480	960	1800
加热器个数/个	12		
分区数/区	2		
加热及保温时间/h	4	4.5~5	6
均热时间	按工艺要求		
温控方式	智能仪表或 PLC 自动控制		
循环风机	高温轴流式		
铸锭冷却速度/℃·h^{-1}	200		
铸锭冷却时间/h	2~2.5		
铸锭冷却终了温度/℃	150		
冷却室风机	离心式风机		
运输料车			
装出料方式	复合式料车		
复合料车装料能力/t	25	35	55
工作行程/m	15~30		
行走速度/m·min^{-1}	5~15（变频调速）		
液压泵站工作压力/MPa	14~16		

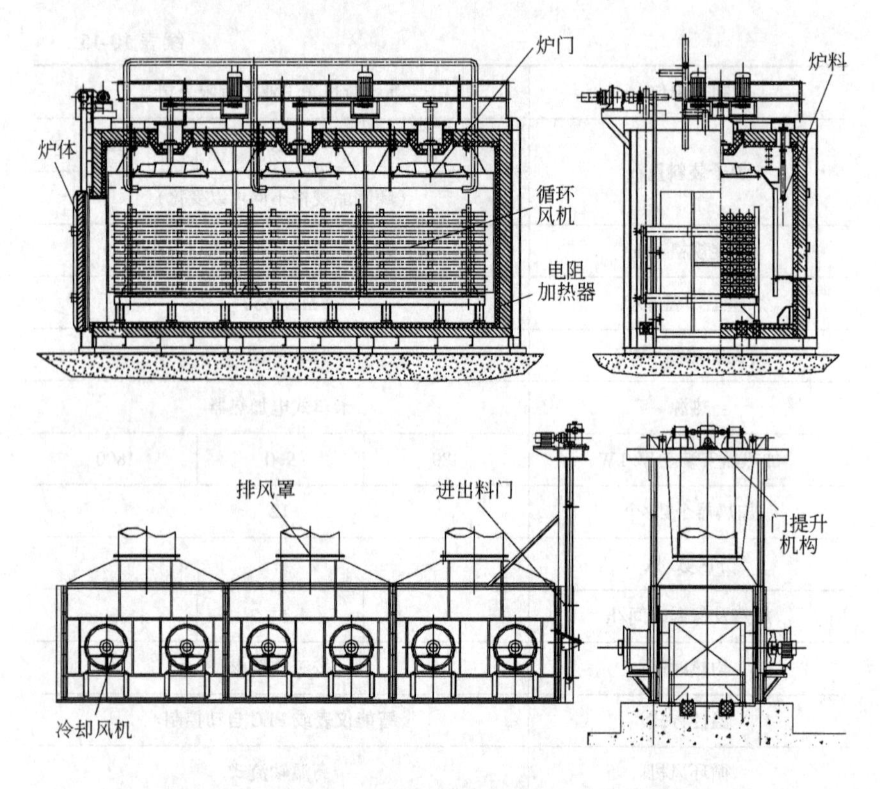

图 10-23　50t 电加热周期式均匀化退火炉组结构简图

10.7.3.2　火焰加热周期式均匀化退火炉组

火焰加热周期式均匀化退火炉组的主要技术参数和结构分别见表 10-16和图 10-24。

表 10-16　20~30t 火焰加热周期式均匀化退火炉组

制造单位	苏州新长光工业炉有限公司		
吨位/t	20	25	30
用途	铝及铝合金铸锭均热		
炉子形式	火焰加热空气循环		
每炉装料量/t	20	25	30
	(随制品规格不同可以变化)		

续表 10-16

制造单位	苏州新长光工业炉有限公司		
炉膛工作温度/℃	Max. 650		
铸锭加热温度/℃	550~620		
热源	轻柴油		
燃料发热量/$kJ \cdot kg^{-1}$	(9600~10000)×4.18		
热负荷/$kg \cdot h^{-1}$	136	272	
烧嘴形式及个数	燃烧供风一体化烧嘴 4 个		
加热及保温时间/h	4	4~4.5	4.5~5
均热时间	按工艺要求		
分区数/区	2		
温控方式	智能仪表或 PLC 自动控制		
循环风机	高温可逆轴流式		
铸锭冷却速度/$℃ \cdot h^{-1}$	200		
铸锭冷却时间/h	2~2.5		
铸锭冷却终了温度/℃	150		
冷却室风机	离心式风机		
运输料车			
装出料方式	复合式料车		
复合料车装料能力/t	25	30	35
工作行程/m	15~30		
行走速度/$m \cdot min^{-1}$	5~15（变频调速）		
液压泵站工作压力/MPa	14~16		
供货单位	苏州新长光工业炉有限公司		

注：本炉也可以采用燃气为热源，采用马弗管式加热。

10.7.3.3 火焰加热连续式均匀化退火炉组

火焰加热连续式均匀化退火炉组的主要技术参数和结构分别见表 10-17和图 10-25。

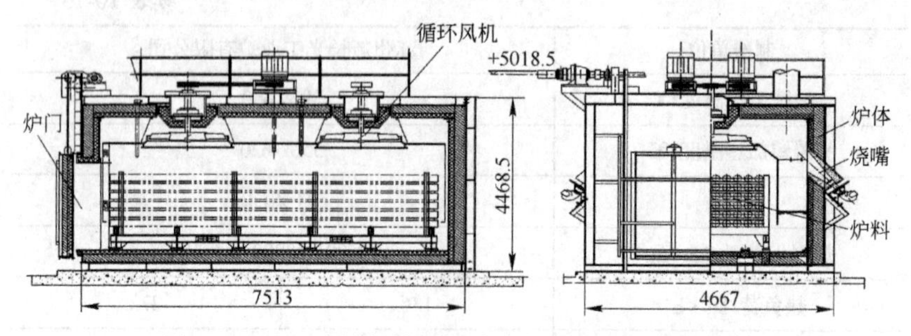

图 10-24 25t 火焰加热周期式均匀化退火炉结构简图

表 10-17 火焰加热连续式均匀化退火炉组

制造单位	苏州新长光工业炉有限公司
连续式铸锭火焰均热炉	
炉子用途	铝及铝合金铸锭均热
炉子形式	连续式火焰加热，空气循环
每炉装料量/t	13
铸锭规格/mm	ϕ(170~250)×6200(可根据工艺要求确定)
炉膛工作温度/℃	Max. 650
铸锭加热温度/℃	550~620
热源	轻柴油
燃料发热量/kJ·kg^{-1}	9600~10000×4.18
热负荷/kg·h^{-1}	130
烧嘴形式及个数	燃烧供风一体化烧嘴 6 个
加热及保温时间/h	4~4.5
均热时间	按工艺要求
加热室装出料方式	液压步进式
分区数/区	3
温控方式	PLC 自动控制
循环风机	高温轴流式 3 台
液压泵站工作压力/MPa	14~16

续表 10-17

制造单位	苏州新长光工业炉有限公司
冷 却 室	
冷却室装出料方式	链带式
铸锭冷却速度/℃·h^{-1}	200
铸锭冷却时间/h	2~2.5
铸锭冷却终了温度/℃	150
冷却室风机	6台（轴流式）
冷却室装料量/t	13
链带传动速度/m·min^{-1}	2~10（变频调速）

注：本炉也可以采用燃气为热源，采用马弗管式加热。

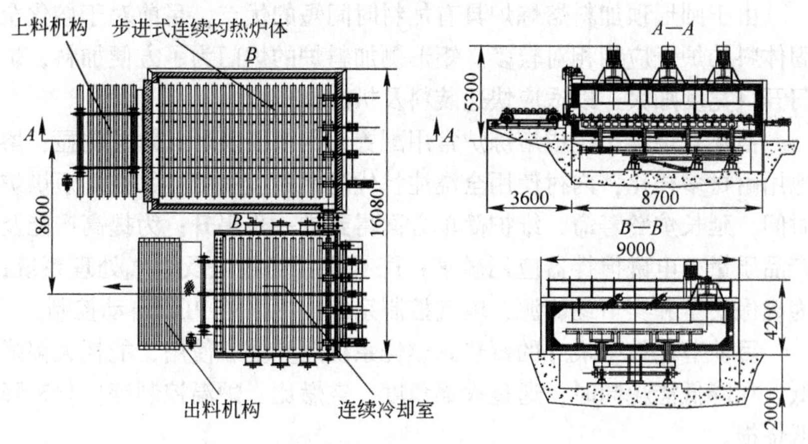

图 10-25 火焰加热连续式均匀化退火炉组

10.8 熔铸设备的发展趋势

10.8.1 提高熔铸设备机械化、智能化水平

把炉料预处理装置（包括磁选除铁装置、干燥装置等）、熔炼炉、保温炉和铸造机等通过 PLC 系统连接起来，形成从炉料重熔处理到铸造成铸锭的连续机组，甚至与铸锭锯切、铣面、检查、称重等

后步工序连接起来，缩短了从炉料变为铸锭的生产周期，提高了生产效率。

圆锭连续式均热炉组可使每一根铸锭经过加热室、保温室后再由传送链送至冷却室，处理完的铸锭直接送至锯床，实现了均热和锯切工序的连续化和自动化。与批次式炉组相比，连续式炉组不但可以实现对铸锭的均匀加热和按照设定冷却速率均匀冷却，同时还能提高设备的利用率，使设备的布置紧凑，占用空间少，节约场地。

10.8.2　提高使用性能、降低能耗和减少烧损

10.8.2.1　熔炼炉

熔炼炉容量向大型化发展，最大熔炉达200t。熔炉容量加大要求有较高的熔化能力，目前普遍采用火焰反射式炉。

由于圆形顶加料熔炼炉具有加料时间短的优点，目前对于熔化全固体料的炉子应用相对较多。矩形侧加料炉的炉门为了方便加料，炉门开口宽度加大，以适应快速装料及扒渣操作。

蓄热式烧嘴系统成熔炼炉常用配置，其节能及环保效益明显；熔池用耐材多样化，内衬使用全浇注替代高铝砖应用较多，在缩短烘炉时间，延长炉龄寿命，维护简单方面得到进一步提升；为提高产能及产品质量，电磁搅拌器应用较多；配有完善的收尘及烟气处理系统；为确保安全和实节约能源，电气控制系统广泛采用PLC自动控制。

目前节能效果最好的蓄热式燃烧系统逐步推广使用，能耗大幅降低。在降低能耗同时，通过火焰角度、空燃比、炉温控制等优化来降低烧损。

10.8.2.2　保温炉

与熔炼炉配套设计的保温炉容量也向大型化发展。为保证铸造液面稳定性以及安全性，满足高水平铸造系统的要求，液压倾动炉应用最多。炉温和炉子放出铝液量可进行精确地自动控制，并与铸造工艺参数同时输入PLC，实现炉子与铸造机联动进行自动控制。火焰反射式保温炉采用火焰出口速度高、调节比大（1∶20）、自动控制、自动点火的燃烧器，可保证铝液温度控制精度达±3℃，倾动式保温炉可控制出口流槽液位精度为±2mm。

10.8.2.3 直接水冷（DC）立式半连续铸造机

直接水冷（DC）立式半连续铸造机经历了从钢丝绳传动到液压缸传动铸造井壁导向，直到目前的液压缸传动、液压缸内部导向的结构形式，其控制系统普遍采用PLC，并与保温炉控制系统联锁，实现了铝液温度、流量和冷却水流量、温度以及结晶器润滑油气量与铸速的最佳匹配。铸造机的辅助系统包括循环冷却水、压缩空气和润滑油供给系统都应具有高的可靠性，能够提供合格的循环冷却水、高纯度的压缩空气和润滑油，并有应急补水系统，保证整个铸造过程安全、稳定。

附　录

附录 1　中国变形铝及铝合金的化学成分

序号	牌号	化学成分（质量分数）/%														备注
		Si	Fe	Cu	Mn	Mg	Cr	Ni	Zn		Ti	Zr	其他		Al	
													单个	合计		
1	1A99	0.003	0.003	0.005	—	—	—	—	—	—	—	—	0.002	—	99.99	LG5
2	1A97	0.015	0.015	0.005	—	—	—	—	—	—	—	—	0.005	—	99.97	LG4
3	1A95	0.030	0.030	0.010	—	—	—	—	—	—	—	—	0.005	—	99.95	—
4	1A93	0.040	0.040	0.010	—	—	—	—	—	—	—	—	0.007	—	99.93	LG3
5	1A90	0.060	0.060	0.010	—	—	—	—	—	—	—	—	0.01	—	99.90	LG2
6	1A85	0.08	0.10	0.01	—	—	—	—	—	—	—	—	0.01	—	99.85	LG1
7	1A80	0.15	0.15	0.03	0.02	0.02	—	—	0.03	Ca：0.03；V：0.05	0.03	—	0.02	—	99.80	—
8	1A80A	0.15	0.15	0.03	0.02	0.02	—	—	0.06	Ca：0.03	0.02	—	0.02	—	99.80	—
9	1070	0.20	0.25	0.04	0.03	0.03	—	—	0.04	V：0.05	0.03	—	0.03	—	99.70	—
10	1070A	0.20	0.25	0.03	0.03	0.03	—	—	0.07	—	0.03	—	0.03	—	99.70	—
11	1370	0.10	0.25	0.02	0.01	0.02	0.01	—	0.04	Ca：0.03； V+Ti：0.02；B：0.02	—	—	0.02	0.10	99.70	—

续附录 1

序号	牌号	化学成分（质量分数）/%											其他			备注
		Si	Fe	Cu	Mn	Mg	Cr	Ni	Zn		Ti	Zr	单个	合计	Al	
12	1060	0.25	0.35	0.05	0.03	0.03	—	—	0.05	V：0.05	0.03	—	0.03	—	99.60	—
13	1050	0.25	0.40	0.05	0.05	0.05	—	—	0.05	V：0.05	0.03	—	0.03	—	99.50	—
14	1050A	0.25	0.40	0.05	0.05	0.05	—	—	0.07	—	0.05	—	0.03	—	99.50	—
15	1A50	0.30	0.30	0.01	0.05	0.05	—	—	0.03	Fe+Si：0.45	—	—	0.03	—	99.50	LB2
16	1350	0.10	0.40	0.05	0.01	—	0.01	—	0.05	Ca：0.03；V+Ti：0.02；B：0.05	—	—	0.03	0.10	99.50	—
17	1145	Si+Fe：0.55		0.05	0.05	0.05	—	—	0.05	V：0.05	0.03	—	0.03	—	99.45	—
18	1035	0.35	0.60	0.10	0.05	0.05	—	—	0.10	V：0.05	0.03	—	0.03	—	99.35	—
19	1A30	0.10~0.20	0.15~0.30	0.05	0.01	0.01	—	0.01	0.02	—	0.02	—	0.03	—	99.30	L4-1
20	1100	Si+Fe：0.95		0.05~0.20	0.05	—	—	—	0.10	①	—	—	0.05	0.15	99.00	—
21	1200	Si+Fe：1.00		0.05	0.05	—	—	—	0.10	—	0.05	—	0.05	0.15	99.00	—
22	1235	Si+Fe：0.65		0.05	0.05	0.05	—	—	0.10	V：0.05	0.06	—	0.03	—	99.35	—
23	2A01	0.50	0.50	2.2~3.0	0.20	0.20~0.50	—	—	0.10	—	0.15	—	0.05	0.10	余量	LY1

续附录1

序号	牌号	化学成分（质量分数）/%														备注
		Si	Fe	Cu	Mn	Mg	Cr	Ni	Zn		Ti	Zr	其他		Al	
													单个	合计		
24	2A02	0.30	0.30	2.6~3.2	0.45~0.70	2.0~2.4	—	—	0.10	—	0.15	—	0.05	0.10	余量	LY2
25	2A04	0.30	0.30	3.2~3.7	0.50~0.80	2.1~2.6	—	—	0.10	Be：0.001~0.01②	0.05~0.40	—	0.05	0.10	余量	LY4
26	2A06	0.50	0.50	3.8~4.3	0.50~1.0	1.7~2.3	—	—	0.10	Be：0.001~0.005②	0.03~0.15	—	0.05	0.10	余量	LY6
27	2A10	0.25	0.20	3.9~4.5	0.30~0.50	0.15~0.30	—	—	0.10	—	0.15	—	0.05	0.10	余量	LY10
28	2A11	0.7	0.7	3.8~4.8	0.40~0.8	0.40~0.8	—	0.10	0.30	Fe+Ni：0.7	0.15	—	0.05	0.10	余量	LY11
29	2B11	0.50	0.50	3.8~4.5	0.40~0.8	0.40~0.8	—	—	0.10	—	0.15	—	0.05	0.10	余量	LY8
30	2A12	0.50	0.50	3.8~4.9	0.30~0.9	1.2~1.8	—	0.10	0.30	Fe+Ni：0.50	0.15	—	0.05	0.10	余量	LY12
31	2B12	0.50	0.50	3.8~4.5	0.30~0.7	1.2~1.6	—	—	0.10	—	0.15	—	0.05	0.10	余量	LY9

续附录 1

序号	牌号	化学成分（质量分数）/%														备注
		Si	Fe	Cu	Mn	Mg	Cr	Ni	Zn		Ti	Zr	其他		Al	
													单个	合计		
32	2A13	0.7	0.6	4.0~5.0	—	0.30~0.50	—	—	0.6	—	0.15	—	0.05	0.10	余量	LY13
33	2A14	0.6~1.2	0.7	3.9~4.8	0.40~1.0	0.40~0.8	—	0.10	0.30	—	0.15	—	0.05	0.10	余量	LD10
34	2A16	0.30	0.30	6.0~7.0	0.40~0.8	0.05	—	—	0.10	—	0.10~0.20	0.20	0.05	0.10	余量	LY16
35	2B16	0.25	0.30	5.8~6.8	0.20~0.40	0.05	—	—	—	V：0.05~0.15	0.08~0.20	0.10~0.25	0.05	0.10	余量	—
36	2A17	0.30	0.30	6.0~7.0	0.40~0.8	0.25~0.45	—	—	0.10	—	0.10~0.20	—	0.05	0.10	余量	LY17
37	2A20	0.20	0.30	5.8~6.8	—	0.02	—	—	0.10	V：0.05~0.15 B：0.001~0.01	0.07~0.16	0.10~0.25	0.05	0.15	余量	LY20
38	2A21	0.20	0.20~0.60	3.0~4.0	0.05	0.8~1.2	—	1.8~2.3	0.20	—	0.05	—	0.05	0.15	余量	—
39	2A25	0.06	0.06	3.6~4.2	0.50~0.7	1.0~1.5	—	0.06	—	—	—	—	0.05	0.10	余量	—

续附录 1

序号	牌号	化学成分（质量分数）/%													备注
		Si	Fe	Cu	Mn	Mg	Cr	Ni	Zn		Ti	Zr	其他 单个	其他 合计	Al	
40	2A49	0.25	0.8~1.2	3.2~3.8	0.30~0.6	1.8~2.2	—	0.8~1.2	—	—	0.08~0.12	—	0.05	0.15	余量	—
41	2A50	0.7~1.2	0.7	1.8~2.6	0.40~0.8	0.40~0.8	—	0.10	0.30	Fe+Ni：0.7	0.15	—	0.05	0.10	余量	LD5
42	2B50	0.7~1.2	0.7	1.8~2.6	0.40~0.8	0.40~0.8	0.01~0.20	0.10	0.30	Fe+Ni：0.7	0.02~0.10	—	0.05	0.10	余量	LD6
43	2A70	0.35	0.9~1.5	1.9~2.5	0.20	1.4~1.8	—	0.9~1.5	0.30	—	0.02~0.10	—	0.05	0.10	余量	LD7
44	2B70	0.25	0.9~1.4	1.8~2.7	0.20	1.2~1.8	—	0.8~1.4	0.15	Pb：0.05；Sn：0.05 Ti+Zr：0.20	0.10	—	0.05	0.15	余量	—
45	2A80	0.50~1.2	1.0~1.6	1.9~2.5	0.20	1.4~1.8	—	0.9~1.5	0.30	—	0.15	—	0.05	0.10	余量	LD8
46	2A90	0.50~1.0	0.50~1.0	3.5~4.5	0.20	0.40~0.8	—	1.8~2.3	0.30	—	0.15	—	0.05	0.10	余量	LD9
47	2004	0.20	0.20	5.5~6.5	0.10	0.50	—	—	0.10	—	0.05	0.30~0.50	0.05	0.15	余量	—

续附录1

序号	牌号	化学成分（质量分数）/%														备注
		Si	Fe	Cu	Mn	Mg	Cr	Ni	Zn		Ti	Zr	其他		Al	
													单个	合计		
48	2011	0.40	0.7	5.0~6.0	—	—	—	—	0.30	Bi：0.20~0.6 Pb：0.20~0.6	—	—	0.05	0.15	余量	—
49	2014	0.50~1.2	0.7	3.9~5.0	0.40~1.2	0.20~0.8	0.10	—	0.25	③	0.15	—	0.05	0.15	余量	—
50	2014A	0.50~0.9	0.50	3.9~5.0	0.40~1.2	0.20~0.8	0.10	0.10	0.25	Ti+Zr：0.20	0.15	—	0.05	0.15	余量	—
51	2214	0.50~1.2	0.30	3.9~5.0	0.40~1.2	0.20~0.8	0.10	—	0.25	③	0.15	—	0.05	0.15	余量	—
52	2017	0.20~0.8	0.7	3.5~4.5	0.40~1.0	0.40~0.8	0.10	—	0.25	③	0.15	—	0.05	0.15	余量	—
53	2017A	0.20~0.8	0.7	3.5~4.5	0.40~1.0	0.40~1.0	0.10	—	0.25	Ti+Zr：0.25	—	—	0.05	0.15	余量	—
54	2117	0.8	0.7	2.2~3.0	0.20	0.20~0.50	0.10	—	0.25	—	—	—	0.05	0.15	余量	—
55	2218	0.9	1.0	3.5~4.5	0.20	1.2~1.8	0.1	1.7~2.3	0.25	—	—	—	0.05	0.15	余量	—

续附录 1

序号	牌号	化学成分（质量分数）/%														备注
		Si	Fe	Cu	Mn	Mg	Cr	Ni	Zn		Ti	Zr	其他 单个	其他 合计	Al	
56	2618	0.10~0.25	0.9~1.3	1.9~2.7	—	1.3~1.8	—	0.9~1.2	0.10	—	0.04~0.10	—	0.05	0.15	余量	—
57	2219	0.20	0.30	5.8~6.8	0.20~0.40	0.02	—	—	0.10	V：0.05~0.15	0.02~0.10	0.10~0.25	0.05	0.15	余量	LY19
58	2024	0.50	0.50	3.8~4.9	0.30~0.9	1.2~1.8	0.10	—	0.25	③	0.15	—	0.05	0.15	余量	—
59	2124	0.20	0.30	3.8~4.9	0.30~0.9	1.2~1.8	0.10	—	0.25	③	0.15	—	0.05	0.15	余量	—
60	3A21	0.6	0.7	0.20	1.0~1.6	0.05	—	—	0.10④	—	0.15	—	0.05	0.10	余量	LF21
61	3003	0.6	0.7	0.05~0.20	1.0~1.5	—	—	—	0.10	—	—	—	0.05	0.15	余量	—
62	3103	0.50	0.7	0.10	0.9~1.5	0.30	0.10	—	0.20	Ti+Zr：0.10	—	—	0.05	0.15	余量	—
63	3004	0.30	0.7	0.25	1.0~1.5	0.8~1.3	—	—	0.25	—	—	—	0.05	0.15	余量	—

续附录 1

序号	牌号	化学成分（质量分数）/%														备注
		Si	Fe	Cu	Mn	Mg	Cr	Ni	Zn		Ti	Zr	其他		Al	
													单个	合计		
64	3005	0.6	0.7	0.30	1.0~1.5	0.20~0.6	0.10	—	0.25	—	0.10	—	0.05	0.15	余量	—
65	3105	0.6	0.7	0.30	0.3~0.8	0.20~0.8	0.20	—	0.40	—	0.10	—	0.05	0.15	余量	—
66	4A01	4.5~6.0	0.6	0.20	—	—	—	—	Zn+Sn：0.10	—	0.15	—	0.05	0.15	余量	LT1
67	4A11	11.5~13.5	1.0	0.5~1.3	0.20	0.8~1.3	0.10	0.50~1.3	0.25	—	0.15	—	0.05	0.15	余量	LD11
68	4A13	6.8~8.2	0.50	Cu+Zn：0.15	0.50	0.05	—	—	—	Ca：0.10	0.15	—	0.05	0.15	余量	LT13
69	4A17	11.0~12.5	0.50	Cu+Zn：0.15	0.50	0.05	—	—	—	Ca：0.10	0.15	—	0.05	0.15	余量	LT17

续附录 1

序号	牌号	化学成分（质量分数）/%														备注
		Si	Fe	Cu	Mn	Mg	Cr	Ni	Zn		Ti	Zr	其他		Al	
													单个	合计		
70	4004	9.0~10.5	0.8	0.25	0.10	1.0~2.0	—	—	0.20	—	—	—	0.05	0.15	余量	—
71	4032	11.0~13.5	1.0	0.50~1.3	—	0.8~1.3	0.10	0.50~1.3	0.25	—	—	—	0.05	0.15	余量	—
72	4043	4.5~6.0	0.8	0.30	0.05	0.05	—	—	0.10	①	0.20	—	0.05	0.15	余量	—
73	4043A	4.5~6.0	0.6	0.30	0.15	0.20	—	—	0.10	①	0.15	—	0.05	0.15	余量	—
74	4047	11.0~13.0	0.8	0.30	0.15	0.10	—	—	0.20	①	—	—	0.05	0.15	余量	—
75	4047A	11.0~13.0	0.6	0.30	0.15	0.10	—	—	0.20	①	0.15	—	0.05	0.15	余量	—
76	5A01	Si+Fe：0.40		0.10	0.30~0.7	6.0~7.0	0.10~0.20	—	0.25	—	0.15	0.10~0.20	0.05	0.15	余量	LF15
77	5A02	0.40	0.40	0.10	或 Cr 0.15~0.40	2.0~2.8	—	—	—	Si+Fe：0.6	0.15	—	0.05	0.15	余量	LF2

续附录 1

序号	牌号	化学成分（质量分数）/%														备注
		Si	Fe	Cu	Mn	Mg	Cr	Ni	Zn		Ti	Zr	其他		Al	
													单个	合计		
78	5A03	0.50~0.8	0.50	0.10	0.30~0.6	3.2~3.8	—	—	0.20	—	0.15	—	0.05	0.10	余量	LF3
79	5A05	0.50	0.50	0.10	0.30~0.6	4.8~5.5	—	—	0.20	—	—	—	0.05	0.10	余量	LF5
80	5B05	0.40	0.40	0.20	0.20~0.6	4.7~5.7	—	—	—	Si+Fe：0.6	0.15	—	0.05	0.10	余量	LF10
81	5A06	0.40	0.40	0.10	0.50~0.8	5.8~6.8	—	—	0.20	Be：0.0001~0.005 ②	0.02~0.10	—	0.05	0.10	余量	LF6
82	5B06	0.40	0.40	0.10	0.50~0.8	5.8~6.8	—	—	0.20	Be：0.0001~0.005 ②	0.10~0.30	—	0.05	0.1	余量	LF14
83	5A12	0.30	0.30	0.05	0.40~0.8	8.3~9.6	—	0.10	0.20	Be：0.005 Sb：0.004~0.05	0.05~0.15	—	0.05	0.10	余量	LF12
84	5A13	0.30	0.30	0.05	0.40~0.8	9.2~10.5	—	0.10	0.20	Be：0.005 Sb：0.004~0.05	0.05~0.15	—	0.05	0.10	余量	LF13
85	5A30	Si+Fe：0.40		0.10	0.50~1.0	4.7~5.5	—	—	0.25	Cr：0.05~0.20	0.03~0.15	—	0.05	0.10	余量	LF16

续附录 1

序号	牌号	化学成分（质量分数）/%											其他			备注
		Si	Fe	Cu	Mn	Mg	Cr	Ni	Zn		Ti	Zr	单个	合计	Al	
86	5A33	0.35	0.35	0.10	0.10	6.0~7.5	—	—	0.50~1.5	Be：0.0005~0.005 ②	0.05~0.15	0.10~0.30	0.05	0.10	余量	LF33
87	5A41	0.40	0.40	0.10	0.30~0.6	6.0~7.0	—	—	0.20	—	0.02~0.10	—	0.05	0.10	余量	LT41
88	5A43	0.40	0.40	0.10	0.15~0.40	0.6~1.4	—	—	—	—	0.15	—	0.05	0.15	余量	LF43
89	5A66	0.005	0.01	0.005	—	1.5~2.0	—	—	—	—	—	—	0.005	0.01	余量	LT66
90	5005	0.30	0.7	0.20	0.20	0.50~1.1	0.10	—	0.25	—	—	—	0.05	0.15	余量	—
91	5019	0.40	0.50	0.10	0.10~0.6	4.5~5.6	0.20	—	0.20	Mn+Cr：0.10~0.6	0.20	—	0.05	0.15	余量	—
92	5050	0.40	0.7	0.20	0.10	1.1~1.8	0.10	—	0.25	—	—	—	0.05	0.15	余量	—
93	5251	0.40	0.50	0.15	0.10~0.50	1.7~2.4	0.15	—	0.15	—	0.15	—	0.05	0.15	余量	—

续附录 1

序号	牌号	化学成分（质量分数）/%														备注
		Si	Fe	Cu	Mn	Mg	Cr	Ni	Zn		Ti	Zr	其他		Al	
													单个	合计		
94	5052	0. 25	0. 40	0. 10	0. 10	2. 2~2. 8	0. 15~0. 35	—	0. 10	—	—	—	0. 05	0. 15	余量	—
95	5154	0. 25	0. 40	0. 10	0. 10	3. 1~3. 9	0. 15~0. 35	—	0. 20	①	0. 20	—	0. 05	0. 15	余量	—
96	5154A	0. 50	0. 50	0. 10	0. 50	3. 1~3. 9	0. 25	—	0. 20	① Mn+Cr：0. 10~0. 50	0. 20	—	0. 05	0. 15	余量	—
97	5454	0. 25	0. 40	0. 10	0. 50~1. 0	2. 4~3. 0	0. 05~0. 20	—	0. 25	—	0. 20	—	0. 05	0. 15	余量	—
98	5554	0. 25	0. 40	0. 10	0. 50~1. 0	2. 4~3. 0	0. 05~0. 20	—	0. 25	①	0. 05~0. 20	—	0. 05	0. 15	余量	—
99	5754	0. 40	0. 40	0. 10	0. 50	2. 6~3. 6	0. 30	—	0. 20	Mn+Cr：0. 10~0. 6	0. 15	—	0. 05	0. 15	余量	—
100	5056	0. 30	0. 40	0. 10	0. 05~0. 20	4. 5~5. 6	0. 05~0. 20	—	0. 10	—	—	—	0. 05	0. 15	余量	LF5-1
101	5356	0. 25	0. 40	0. 10	0. 05~0. 20	4. 5~5. 5	0. 05~0. 20	—	0. 10	①	0. 06~0. 20	—	0. 05	0. 15	余量	—

续附录 1

序号	牌号	化学成分（质量分数）/%											其他			备注
		Si	Fe	Cu	Mn	Mg	Cr	Ni	Zn		Ti	Zr	单个	合计	Al	
102	5456	0.25	0.40	0.10	0.50~1.0	4.7~5.5	0.05~0.20	—	0.25	—	0.20	—	0.05	0.15	余量	—
103	5082	0.20	0.35	0.15	0.15	4.0~5.0	0.15	—	0.25	—	0.10	—	0.05	0.15	余量	—
104	5182	0.20	0.35	0.15	0.20~0.50	4.0~5.0	0.10	—	0.25	—	0.10	—	0.05	0.15	余量	—
105	5083	0.40	0.40	0.10	0.40~1.0	4.0~4.9	0.05~0.25	—	0.25	—	0.15	—	0.05	0.15	余量	LF4
106	5183	0.40	0.40	0.10	0.50~1.0	4.3~5.2	0.05~0.25	—	0.25	①	0.15	—	0.05	0.15	余量	—
107	5086	0.40	0.50	0.10	0.20~0.7	3.5~4.5	0.05~0.25	—	0.25	—	0.15	—	0.05	0.15	余量	—
108	6A02	0.50~1.2	0.50	0.20~0.6	或 Cr 0.15~0.35	0.45~0.9	—	—	0.20	—	0.15	—	0.05	0.10	余量	LD2

续附录 1

序号	牌号	化学成分（质量分数）/%														备注
		Si	Fe	Cu	Mn	Mg	Cr	Ni	Zn		Ti	Zr	其他		Al	
													单个	合计		
109	6B02	0.7~1.1	0.40	0.10~0.40	0.10~0.30	0.40~0.8	—	—	0.15	—	0.01~0.04	—	0.05	0.10	余量	LD2-1
110	6A51	0.50~0.7	0.50	0.15~0.35	—	0.45~0.6	—	—	0.25	Sn：0.15~0.35	0.01~0.04	—	0.05	0.15	余量	—
111	6101	0.30~0.7	0.50	0.10	0.03	0.35~0.8	0.03	—	0.10	B：0.06	—	—	0.03	0.10	余量	—
112	6101A	0.30~0.7	0.40	0.05	—	0.40~0.9	—	—	—	—	—	—	0.03	0.10	余量	—
113	6005	0.6~0.9	0.35	0.10	0.10	0.40~0.6	0.10	—	0.10	—	0.10	—	0.05	0.15	余量	—
114	6005A	0.50~0.9	0.35	0.30	0.50	0.40~0.7	0.30	—	0.20	Mn+Cr：0.12~0.50	0.10	—	0.05	0.15	余量	—
115	6351	0.7~1.3	0.50	0.10	0.40~0.8	0.40~0.8	—	—	0.20	—	0.20	—	0.05	0.15	余量	—
116	6060	0.30~0.6	0.10~0.3	0.10	0.10	0.35~0.6	0.05	—	0.15	—	0.10	—	0.05	0.15	余量	—

续附录 1

序号	牌号	化学成分（质量分数）/%											其他			备注
		Si	Fe	Cu	Mn	Mg	Cr	Ni	Zn		Ti	Zr	单个	合计	Al	
117	6061	0.40~0.8	0.7	0.15~0.40	0.15	0.8~1.2	0.04~0.35	—	0.25	—	0.15	—	0.05	0.15	余量	LD30
118	6063	0.20~0.6	0.35	0.10	0.10	0.45~0.9	0.10	—	0.10	—	0.10	—	0.05	0.15	余量	LD31
119	6063A	0.30~0.6	0.15~0.35	0.10	0.15	0.6~0.9	0.05	—	0.15	—	0.10	—	0.05	0.15	余量	—
120	6070	1.0~1.7	0.50	0.15~0.40	0.40~1.0	0.50~1.2	0.10	—	0.25	—	0.15	—	0.05	0.15	余量	LD2-2
121	6181	0.8~1.2	0.45	0.10	0.15	0.6~1.0	0.10	—	0.20	—	0.10	—	0.05	0.15	余量	—
122	6082	0.7~1.3	0.50	0.10	0.40~1.0	0.6~1.2	0.25	—	0.20	—	0.10	—	0.05	0.15	余量	—
123	7A01	0.30	0.30	0.01	—	—	—	—	0.9~1.3	Si+Fe：0.45	—	—	0.03	—	余量	LB1
124	7A03	0.20	0.20	1.8~2.4	0.10	1.2~1.6	0.05	—	6.0~6.7	—	0.02~0.08	—	0.05	0.10	余量	LC3

续附录 1

序号	牌号	化学成分（质量分数）/%														备注
		Si	Fe	Cu	Mn	Mg	Cr	Ni	Zn		Ti	Zr	其他		Al	
													单个	合计		
125	7A04	0.50	0.50	1.4~2.0	0.20~0.6	1.8~2.8	0.10~0.25	—	5.0~7.0	—	0.10	—	0.05	0.10	余量	LC4
126	7A05	0.25	0.25	0.20	0.15~0.40	1.1~1.7	0.05~0.15	—	4.4~5.0	—	0.02~0.06	0.10~0.25	0.05	0.15	余量	—
127	7A09	0.50	0.50	1.2~2.0	0.15	2.0~3.0	0.16~0.30	—	5.1~6.1	—	0.10	—	0.05	0.10	余量	LC9
128	7A10	0.30	0.30	0.50~1.0	0.20~0.35	3.0~4.0	0.10~0.20	—	3.2~4.2	—	0.10	—	0.05	0.10	余量	LC10
129	7A15	0.50	0.50	0.50~1.0	0.10~0.40	2.4~3.0	0.10~0.30	—	4.4~5.4	Be：0.005~0.01	0.05~0.15	—	0.05	0.15	余量	LC15
130	7A19	0.30	0.40	0.08~0.30	0.30~0.50	1.3~1.9	0.10~0.20	—	4.5~5.3	Be：0.0001~0.004 ②	—	0.08~0.20	0.05	0.15	余量	LC19
131	7A31	0.30	0.6	0.10~0.40	0.20~0.40	2.5~3.3	0.10~0.20	—	3.6~4.5	Be：0.0001~0.001 ②	0.02~0.10	0.08~0.25	0.05	0.15	余量	—

续附录 1

序号	牌号	化学成分（质量分数）/%														备注
		Si	Fe	Cu	Mn	Mg	Cr	Ni	Zn		Ti	Zr	其他 单个	其他 合计	Al	
132	7A33	0.25	0.30	0.25~0.55	0.05	2.2~2.7	0.10~0.20	—	4.6~5.4	—	0.05	—	0.05	0.10	余量	—
133	7A52	0.25	0.30	0.05~0.20	0.20~0.50	2.0~2.8	0.15~0.25	—	4.0~4.8	—	0.05~0.18	0.05~0.15	0.05	0.15	余量	LC52
134	7003	0.30	0.35	0.20	0.30	0.50~1.0	0.20	—	5.0~6.5	—	0.20	0.05~0.25	0.05	0.15	余量	LC12
135	7005	0.35	0.40	0.10	0.20~0.7	1.0~1.8	0.06~0.20	—	4.0~5.0	—	0.01~0.06	0.08~0.20	0.05	0.15	余量	—
136	7020	0.35	0.40	0.20	0.05~0.50	1.0~1.4	0.10~0.35	—	4.0~5.0	Zr+Ti：0.08~0.25	—	0.08~0.20	0.05	0.15	余量	—
137	7022	0.50	0.50	0.50~1.0	0.10~0.40	2.6~3.7	0.10~0.30	—	4.3~5.2	Zr+Ti：0.20	—	—	0.05	0.15	余量	—
138	7050	0.12	0.15	2.0~2.6	0.10	1.9~2.6	0.04	—	5.7~6.7	—	0.06	0.08~0.15	0.05	0.15	余量	—

续附录 1

序号	牌号	化学成分（质量分数）/%														备注
		Si	Fe	Cu	Mn	Mg	Cr	Ni	Zn		Ti	Zr	其他		Al	
													单个	合计		
139	7075	0.40	0.50	1.2~2.0	0.30	2.1~2.9	0.18~0.28	—	5.1~6.1	⑤	0.20	—	0.05	0.15	余量	—
140	7475	0.10	0.12	1.2~1.9	0.06	1.9~2.6	0.18~0.25	—	5.2~6.2	—	0.06	—	0.05	0.15	余量	—
141	8A06	0.55	0.50	0.10	0.10	0.10	—	—	0.10	Fe+Si：1.0	—	—	0.05	0.15	余量	L6
142	8011	0.50~0.9	0.6~1.0	0.10	0.20	0.05	0.05	—	0.10	—	0.08	—	0.05	0.15	余量	—
143	8090	0.20	0.30	1.0~1.6	0.10	0.6~1.3	0.10	—	0.25	Li：2.2~2.7	0.10	0.04~0.16	0.05	0.15	余量	—

①用于电焊条和焊带、焊丝时，铍含量不大于 0.0008%；

②铍含量均按规定量加入，可不做分析；

③仅在供需双方商定时，对挤压和锻造产品规定 Ti+Zr 含量不大于 0.20%；

④作铆钉线材的 3A21 合金的锌含量应不大于 0.03%；

⑤仅在供需双方商定时，对挤压和锻造产品规定 Ti+Zr 含量不大于 0.25%。

附录2 中国变形铝合金牌号及与之近似对应的国外牌号

中国（GB）	美国（AA）	加拿大（CSA）	法国（NF）	英国（BS）	德国（DIN）	日本（JIS）	俄罗斯（ГОСТ）	欧洲铝协会（EAA）	国际（ISO）
				1199					1199
1A99	1199	9999	A9	（S1）	Al99. 98R	AIN99	（AB000）		Al99. 90
（LG5）					3. 0385				
1A97							（AB00）		
（LG4）									
1A95	1195								
1A93	1193						（AB0）		
（LG3）									
1A90	1090				Al99. 9	（AIN90）	（AB1）		1090
（LG2）					3. 0305				
1A85	1085		A8	1A	Al99. 8	A1080	（AB2）		1080
（LG1）					3. 0285	（Al×s）			Al99. 80
1080	1080	9980	A8	1A	Al99. 8	A1080			1080
					3. 0285	（Al×s）			Al99. 80
1080A			1080A					1080A	
1070	1070	9970	A7	2L. 48	Al99. 7	A1070	（A00）		1070
					3. 0275	（Al×0）			Al99. 70
1070A			1070A		Al99. 7		（A00）	1070A	1070
（L1）					3. 0275				Al99. 70（Zn）
1370			1370						
1060	1060				Al99. 6	A1060	（A0）		1060

续附录 2

中国（GB）	美国（AA）	加拿大（CSA）	法国（NF）	英国（BS）	德国（DIN）	日本（JIS）	俄罗斯（ГОСТ）	欧洲铝协会（EAA）	国际（ISO）
（L2）						（ABC×1）			
1050	1050	1050	A5	1B	Al99. 5	A1050	1011		1050
		（995）			3. 0255	（Al×1）	（АД0，Al）		Al99. 50
1050A	1050	1050	1050A	1B	Al99. 5	A1050	1011	1050A	1050
（L3）		（995）			3. 0255	（Al×1）	（АД0，Al）		Al99. 50（Zn）
1A50	1350								
1350	1350								
1145	1145								
1035	1035								
（L4）									
1A30						（1N30）	1013		
（L4-1）							（АД1）		
1100	1100	1100	A45	1200	Al99. 0	A1100			1100
（L5-1）		（990C）		（1C）		（Al×3）			Al99. 0Cu
1200	1200	1200	A4		Al99	A1200	（A2）		1200
（L5）		（900）			3. 0205				Al99. 00
1235	1235								
2A01	2117	2117	A-U2G		AlCu2. 5Mg0. 5	A2117	1180		2117
（LY1）		（CG30）			3. 1305		（Д18）		AlCu2. 5Mg
							1170		
2A02							（ВД17）		

续附录 2

中国（GB）	美国（AA）	加拿大（CSA）	法国（NF）	英国（BS）	德国（DIN）	日本（JIS）	俄罗斯（ГОСТ）	欧洲铝协会（EAA）	国际（ISO）
（LY2）									
2A04							1191		
（LY4）							（Д19П）		
2A06							1190		
（LY6）							（Д19）		
2A10							1165		
（LY10）							（В65）		
2A11	2017	CM41	A-U4G	（H15）	AlCuMg1	A2017	1110		2017A
（LY11）					3. 1325		（Д1）		AlCu4Mg1Si
2B11	2017	CM41	A-U4G				1111		
（LY8）							（Д1П）		
2A12	2024	2024	A-U4G1	GB-24S	AlCuMg2	A2024	1160		2024
（LY12）		（CG42）			3. 1355	（A3×4）	（Д16）		AlCu4Mg1
2B12							1161		
（LY9）							（Д16П）		
2A13									
（LY13）									
2A14	2014	2014	A-U4SG	2014A	AlCuSiMn	A2014	1380		2014
（LD10）		（CS41N）		（H15）	3. 1255		（АК8）		AlCu4SiMg
2A16									
（LY16）	2219		A-U6MT				（Д20）		AlCu6Mn

续附录 2

中国（GB）	美国（AA）	加拿大（CSA）	法国（NF）	英国（BS）	德国（DIN）	日本（JIS）	俄罗斯（ГОСТ）	欧洲铝协会（EAA）	国际（ISO）
2B16 （LY16-1）									
2A17 （LY17）							（Д21）		
2A20 （LY20）									
2A21 （214）									
2A25 （225）									
2A49 （149）									
2A50 （LD5）							1360 （AK6）		
2B50 （LD6）							（AK6-1）		
2A70 （LD7）	2618		A-U2GN	2618A （H16）		2N01 （A4×3）	1141 （AK4-1）		2618 AlCu2MgNi
2B70 （LD7-1）									
2A80							1140		

续附录 2

中国（GB）	美国（AA）	加拿大（CSA）	法国（NF）	英国（BS）	德国（DIN）	日本（JIS）	俄罗斯（ГОСТ）	欧洲铝协会（EAA）	国际（ISO）
（LD8）							（AK4）		
2A90	2018	2018	A-U4N	6L. 25		A2018	1120		2018
（LD9）		（CN42）				（A4×1）	（AK2）		
2004				2004					
2011	2011	2011			AlCuBiPb	2011			
		（CB60）			3. 1655				
2014	2014	2014	A-U4SG	2014A	AlCuSiMn	A2014			2014
		（CS41N）		（H15）	3. 1255	（A3×1）			Al-Cu4SiMg
2014A									
2214	2214								
2017	2017	CM41	A-U4G	H14	AlCuMg1	A2017			
				5L. 37	3. 1325	（A3×2）			
2017A								2017A	
2117	2117	2117	A-U2G	L. 86	AlCuMg0. 5	A2117			2117
		（CG30）			3. 1305	（A3×3）			Al-Cu2Mg
2218	2218		A-U4N	6L. 25		A2218			
						（A4×2）			
2618	2618		A-U2GN	H18		2N01			
				4L. 42		（2618）			
2219	2219								
（LY19,147）									

续附录 2

中国（GB）	美国（AA）	加拿大（CSA）	法国（NF）	英国（BS）	德国（DIN）	日本（JIS）	俄罗斯（ГОСТ）	欧洲铝协会（EAA）	国际（ISO）
2024	2024	2024	A-U4G1		AlCuMg2	A2024			2024
		（CG42）			3. 1355	（A3×4）			Al-Cu4Mg1
2124	2124								
3A21	3003	M1	A-M1	3103	AlMnCu	A3003	1400		3103
（LF21）				（N3）	3. 0515	（A2×3）	（AMц）		Al-Mn1
3003	3003	3003	A-M1	3103	AlMnCu	A3003			3003
		（MC10）		（N3）	3. 0515	（A2×3）			Al-Mn1Cu
3103								3103	
3004	3004		A-M1G						
3005	3005		A-MG05						
3105	3105								
4A01	4043	S5	A-S5	4043A	AlSi5	A4043	AK		4043
（LT1）				（N21）					（AlSi5）
4A11	4032	SG121	A-S12UN	（38S）		A4032	1390		4032
（LD11）						（A4×5）	（AK9）		
4A13	4343					A4343			4343
（LT13）									
4A17	4047	S12	A-S12	4047A	AlSi12	A4047			4047
（LT17）				（N2）					（AlSi12）
4004	4004								
4032	4032	SG121	A-S12UN			A4032			

续附录 2

中国 (GB)	美国 (AA)	加拿大 (CSA)	法国 (NF)	英国 (BS)	德国 (DIN)	日本 (JIS)	俄罗斯 (ГОСТ)	欧洲铝协会 (EAA)	国际 (ISO)
						(A4×5)			
4043	4043	S5		4043A	AlSi5	A4043			
				(N21)	3. 2345				
4043A								4043A	
4047	4047	S12		4047A		A4047			
				(N2)					
4047A								4047A	
5A01									
(2101,LF15)									
5A02	5052	5052	A-G2C	5251	AlMg2. 5	A5052	1520		5052
(LF2)		(GR20)		(N4)	3. 3523	(A2×1)	(АМГ2)		AlMg2. 5
5A03	5154	GR40	A-G3M	5154A	AlMg3	A5154	1530		5154
(LF3)				(N5)	3. 3535	(A2×9)	(АМГ3)		AlMg3
5A05	5456	GM50R	A-G5	5556A	AlMg5	A5456	1550		5456
(LF5)				(N61)			(АМГ5)		AlMg5Mn0. 4
5B05							1551		
(LF10)							(АМГ5П)		
5A06							1560		
(LF6)							(АМГ6)		
5B06									
(LF14)									

续附录 2

中国（GB）	美国（AA）	加拿大（CSA）	法国（NF）	英国（BS）	德国（DIN）	日本（JIS）	俄罗斯（ГОСТ）	欧洲铝协会（EAA）	国际（ISO）
5A12（LF12）									
5A13（LF13）									
5A30（2103,LF16）									
5A33（LF33）									
5A41（LT41）									
5A43（LF43）	5457					A5457			5457
5A66（LT66）									
5005	5005		A-G0. 6	5251（N4）	AlMg1 3. 3515	A5005（A2×8）			
5019								5019	
5050	5050		A-G1	3L. 44	AlMg1 3. 3515				
5251								5251	
5052	5052	5052	A-G2	2L. 55	AlMg2	A5052			5251

续附录 2

中国（GB）	美国（AA）	加拿大（CSA）	法国（NF）	英国（BS）	德国（DIN）	日本（JIS）	俄罗斯（ГОСТ）	欧洲铝协会（EAA）	国际（ISO）
		（GR20）		2L. 56，L. 80	3. 3515	（A2×1）			Al-Mg2
5154	5154	GR40	A-G3	L. 82	AlMg3	A5154			5154
					3. 3535	（A2×9）			Al-Mg3
5154A	5154A								
5454	5454								
5554	5554	GM31P				A5554			
5754	5754								
5056	5056	5056	A-G5	5056A	AlMg5	A5056			5056A
（LF5-1）		（GM50R）		（N6,2L. 58）	3. 3555	（A2×2）			Al-Mg5
5356	5356	5356		5056A	AlMg5	A5356			
		（GM50P）		（N6,2L. 58）	3. 3555				
5456	5456								
5082	5082								
5182	5182								
5083	5083	5083		5083	AlMg4. 5Mn	A5083	1540		5083
（LF4）		（GM41）		（N8）	3. 3547	（A2×7）	（AMГ4）		Al-Mg4. 5Mn0. 7
5183	5183		A-G5	（N6）		A5183			Al-Mg5
5086	5086		A-G4MC						5086
									Al-Mg4
6A02	6151	（SG11P）				A6151	1340		6151
（LD2）						（A2×6）	（AB）		

续附录 2

中国（GB）	美国（AA）	加拿大（CSA）	法国（NF）	英国（BS）	德国（DIN）	日本（JIS）	俄罗斯（ГОСТ）	欧洲铝协会（EAA）	国际（ISO）
6B02									
（LD2-1）									
6A51									
（651）									
6101	6101		A-GS/L	6101A	E-AlMgSi0. 5	A6101			
				（91E）	3. 2307	（ABC×2）			
6101A				6101A					
				（91E）					
6005	6005								
6005A			6005A						
6351	6351	6351	A-SGM	6082	AlMgSi1				6351
		（SG11R）		（H30）	3. 2351				Al-Si1Mg
6060							6060		
6061	6061	6061	A-GSUC	6061	AlMgSiCu	A6061	1330		6061
（LD30）		（GS11N）		（H20）	3. 3211	（A2×4）	（АД33）		AlMg1SiCu
6063	6063	6063	A-GS	6063	AlMgSi0. 5	A6063	1310		6063
（LD31）		（GS10）		（H19）	3. 3205	（A2×5）	（АД31）		AlMg0. 7Si
6063A				6063A					
6070	6070								
（LD2-2）									
6181								6181	

续附录 2

中国（GB）	美国（AA）	加拿大（CSA）	法国（NF）	英国（BS）	德国（DIN）	日本（JIS）	俄罗斯（ГОСТ）	欧洲铝协会（EAA）	国际（ISO）
6082								6082	
7A01	7072				AlZn1	A7072			
（LB1）					3. 4415				
7A03	7178						1940		AlZn7MgCu
（LC3）							（B94）		
7A04							1950		
（LC4）							（B95）		
7A05									
（705）									
7A09	7075	7075	A-ZSGU	L95	AlZnMgCu1. 5	A7075			7075
（LC9）		（ZG62）			3. 4365				AlZn5. 5MgCu
7A10	7079				AlZnMgCu0. 5	A7N11			
（LC10）					3. 4345				
7A15									
（LC15，157）									
7A19									
（919，LC19）									
7A31									
（183-1）									
7A33									
（LB733）									

续附录 2

中国（GB）	美国（AA）	加拿大（CSA）	法国（NF）	英国（BS）	德国（DIN）	日本（JIS）	俄罗斯（ГОСТ）	欧洲铝协会（EAA）	国际（ISO）
7A52（LC52,5210）									
7003（LC12）						A7003			
7005	7005					7N01			
7020								7020	
7022								7022	
7050	7050								
7075	7075	7075（ZG62）	A-Z5GU		AlZnMgCu1.5 3.4365	A7075（A3×6）			
7475	7475								
8A06（L6）							АД		
8011（LT98）	8011								
8090								8090	

注：1. GB—中国国家标准，AA—美国铝业协会，CSA—加拿大国家标准，NF—法国国家标准，BS—英国国家标准，DIN—德国工业标准，JIS—日本工业标准，ГОСТ—俄罗斯（前苏联）国家标准，EAA—欧洲铝业协会，ISO—国际标准化组织；

2. 各国牌号中括号内的是旧牌号；

3. 德国工业标准和国际标准化组织的铝合金牌号有两种表示法，一种是用字母、元素符号与数字表示，另一种是完全用数字表示；

4. 表内列出的各国相关牌号只是近似对应的，仅供参考。

参 考 文 献

[1] 唐剑，刘静安，等．铝合金熔炼与铸造技术［M］．北京：冶金工业出版社，2009.

[2] 肖亚庆，谢水生，刘静安，等．铝加工技术实用手册［M］．北京：冶金工业出版社，2005.

[3] 王祝堂，田荣璋．铝合金及其加工手册［M］．2版．长沙：中南大学出版社，2000.

[4] 周家荣．铝合金熔铸生产技术问答［M］．北京：冶金工业出版社，2008.

[5] 唐剑，等．铝合金熔铸技术的现状及发展趋势［J］．铝加工，2001：(4) 5~9.

[6] 谢水生，刘静安，等．铝加工生产技术500问［M］．北京：化学工业出版社，2006.

[7] 唐剑，牟大强，黄平，等．防止7B04合金氧化膜缺陷的研究［J］．铝加工，2004，4：41~43，47.

[8] 谭新强，等．新一代铝合金晶粒细化剂Al-Ti-C［J］．铸造，2000，7.

[9] 牟大强．双级保温过滤箱的研制［J］．铝加工，1999，4.

[10] 杨长贺，高钦．有色金属净化［M］．大连：大连理工大学出版社，1989.

[11] 刘相法，边秀房．铝合金组织细化用中间合金［M］．长沙：中南大学出版社，2012.

[12] 周国斌．从二十多年熔融金属事故报告中吸取的经验教训总结［J］．轻金属，2005，12：78~81.

[13] 程远明．铝加工缺陷［J］．哈尔滨：黑龙江科学出版社，1986.

[14] 沈正祥，等．铸造工艺中蒸汽爆炸形成机制分析［J］．中国安全生产科学技术，2018，5：150~154.

[15] 王德满．铝熔铸生产的劳动环境及保护［J］．轻合金加工技术，2005，1：23~26.

[16] Leonhard，等．高纯铝生产全过程的氢含量控制［J］．铝加工，2006，3.

[17] 于世林，杜振霞．化验员读本下册仪器分析［M］．北京：化学工业出版社，2017.

[18] 周西林，韩宗才，叶建平．原子光谱仪器操作入门［M］．北京，国防工业出版社，2015.

[19] 张胜华，曹圣泉．铝合金组织细化处理［J］．铝加工，2001，24 (1)：24~27.

[20] Claude Dupuis, Zhou Wang, JEAN-Pierre Martin et al., An Analysis Of Factors Affecting The Response of Hydrogen Determination Techniques for Aluminum Alloys, Light Metals, 1992: 1055~1067.

[21] Wolfgang Schneider. Improved Technology of The Airsol Veil Billet Casting System [J]. Light Metals, 1994: 985~989.

[22] Yves Caron, Denis Bernard And Gay. Leblanc, A New Advanced Mould Technology for Sheet Ingot Casting [J] . Light Metals. 1994: 991~998.

[23] Robert B, K Dean Bowles. Practical Low Head Casting (LHC) Mold for Aluminum Ingot Casting [J]. Light Metals, 1995: 1071~1075.

[24] Serge Lavoie, Eric Pilote, Marc Awder, et al. The Alcan Compact Degasser, A Trough-Based Aluminum Theatment Process [J]. Light Metals, 1996: 1007~1010.

[25] Dawid D Smith, Leonard S Aubrey. LIMCA Ⅱ Evaluation of The Performance Characteristics of Single Element and Staged Ceramic Foam Filtration [J]. Light Metals, 1998: 893~914.

[26] Michael Miniedzinski, Dawid D. Smith, Leonard S. Aubrey, et al. Staged Filtration Evaluation at An Aircraft Plate and Sheet Manufacturer [J]. Light Metals, 1999: 1019~1030.

[27] Martin Syvertsen, Frede Frisvold Thorvald, Abel Engh And Didrik S. VossDevelopment of A Compact Deep Filter for Aluminium [J]. Light Metals, 1999: 1049~1055.

[28] Gary Parher, Tabb Williams, Jennifer Black. Production Scale Evaluation of A New Design Ceramic Foam Filter [J]. Light Metals, 1999: 1057~1062.

[29] Cibula A, Ruddle R W. The Effect of Grain -size on the Tensile Properties of High-strengh Cast Aluminum Allys [J]. The Joumal of the Institue of Metals, 1949~1950, 76 (4): 361~376 .

[30] Sigworth G K. The Grain Refining of Aluminum and Phase Relationships in the Al-Ti-B System [J] . Metallurgical and Materials Transaction A, 1984, 15 (2): 277~282.

冶金工业出版社部分图书推荐

书　　名	作　者	定价(元)
快速凝固粉末铝合金	陈振华	89.00
铝电解和铝合金铸造生产与安全	杜科选	55.00
铝及铝合金加工技术	孙志敏	20.00
铝合金连续铸轧和连铸连轧技术	侯　波	36.00
铝合金热轧及热连轧技术	赵世庆	30.00
铝合金中厚板生产技术	钟　利	38.00
铝合金冷轧及薄板生产技术	尹晓辉	42.00
铝合金管、棒、线材生产技术	魏长传	42.00
铝合金型材生产技术	刘静安	39.00
铝合金挤压工模具技术	刘静安	35.00
铝箔生产技术	段瑞芬	28.00
铝合金锻造技术	刘静安	58.00
铝及铝合金粉材生产技术	钟　利	25.00
铝合金型材表面处理技术	吴小源	39.00
铝合金材料主要缺陷与质量控制技术	刘静安	52.00
铝合金生产安全及环保技术	田　树	29.00
铝合金生产设备及使用维护技术	李凤轶	38.00
铝合金特种管、型材生产技术	赵世庆	36.00
铝合金材料组织与金相图谱	李学朝	228.00
金属材料学（第3版）	强文江	66.00
金属材料学	颜国君	45.00
冶金与材料热力学	李文超	70.00
冶金与材料近代物理化学研究方法（上册）	李文超	56.00
冶金与材料近代物理化学研究方法（下册）	李文超	69.00
高纯金属材料	郭学益	69.00
金属学及热处理	范培耕	38.00